건강을 위한 식이요소에 대한
상식과 소나무 가치

건강을 위한 식이요소에 대한
상식과 소나무 가치

이광묵 著

한국학술정보(주)

아는 것이 힘이다

기지미정, 기소취미정
(其知彌精, 其所取彌精);
기지미조, 기소취미조
(其知彌粗, 其所取彌粗).

아는 것이 정밀할수록
더 좋은 것을 차지하게 되고,
아는 것이 거칠수록
차지하는 것도 그만큼 거칠다.

〈呂氏春秋 孟冬紀 異寶에 있는 말〉

학식과 견문이 깊고 넓을수록 사물을 대하는 그 사람의 태도가 신중하고 정밀해 그렇지 못한 사람에 비해 더 좋은 것을 차지하게 되고 더 큰 가치를 깨닫게 된다.

당장 눈앞의 이해득실에만 집착하는 사람은 미래를 향한 더 큰 가치를 위해 오늘을 투자할 용기와 의욕을 지니지 못한다. 따라서 맑은 마음 밝은 눈, 열린 귀가 그만큼 큰 미래를 만들어 낸다.

서 언

우리네 도심지를 걷다 보면 온통 간판의 홍수 속에서 살고 있음을 느낄 수 있을 것이다. 그 간판 중에서 가장 큰 비중을 차지하는 간판이 바로 우리네 배를 채워줄 수 있는 음식점과 해괴망측한 음식물 명칭으로 가득 차 있다.

그중에는 전통 음식도 있으나 국어사전에도 없는 닭강정, 주물럭, 뼈다귀탕 등등 아무렇게나 우리네들의 배만 채우면 된다는 식이 아니면 호기심에 들어오라는 것인지 상술의 호재를 이용해서 부를 축적하려는 간판들이 많이 있다.

식품에 대해 공부한 사람으로 정말 책임 의식을 느낄 때가 많다. 식당만이 아니다. 약국 안을 들어가면 건강보조식품이라는 코너를 만들어 진열대에 놓인 이름 또한 가지각색이다. 바로 식품이 약으로 착각하여 만병통치를 이룰 수 있는 양 선전하고 있다.

식품은 식품으로 제 기능을 다해야 좋은 식품이다. 식품이라는 것은 인체에 활력을 넣어 활동할 수 있도록 인체의 건강을 가져다주는 가장 근본이 되는 것으로 식품이 없으면 인체의 활력은 끊어지고 그러다 보면 생명은 없어지는 것이다. 즉 내 몸이 없어지는 것이다.

당 장구령(張九齡)의 수신(修身)에 "몸이란 모든 일이 있게 되는 근본이며 백 가지 행동의 발단이다.【만사지소유립, 백행지소유거(萬事之所由立, 百行之所由擧)】"는 말이 있다. 이는 내 몸이 곧 생명체이기 때문이다.

그래서 중국 사람들은 예로부터 식의동원(食醫同源: 잘 먹는다는 것은 예방 의학적인 면에서 가장 중요하다) 또는 구복(口福: 복은 입에서 들어간다)이라는 말을 건강을 지키기 위해서 써 왔다고 한다.

과학은 나날이 진보하여 마치 인류는 질병 같은 것이 과학의 힘으로 극복된 듯한 느낌을 준다. 그러나 병자는 그 수를 헤아릴 수 없을 정도로 늘어만 가고 성인병(成人病)이나 만성병(慢性病)은 현대 의학도 어떻게 할 수 없는 막다른 벽에 부딪치고 있다고 한다. 아울러 인간은 우수한 두뇌를 가지고 있으면서도 약하기 그지없어 질병에 감염되거나 부상을 당하면 누구에게나 의지하려는 약자의 본능을 나타내게 되었고 나아가 그들의 주변에 시선을 주게 됨으로써 주위에 산재하고 있는 사물의 응용과 불분명한 약과 식품에 기대하는 것은 물론 신에 대한 기도나 주술(呪術)에 의한 정신적인 치료방법의 안출로 기대를 표출하니 이 과정에서 무수한 인명이 손상되었다는 사실은 주지의 일이다. 그런데도 자신을 돌보기는커녕 지금의 현실을 돌이켜 볼 때 불안과 초조, 그리고 일의 반복적 수행에서 오는 정신적 피로에 지쳐 있는 현대인들의 면모를 보면 교육수준은 높은 데 비해 식품문화는 갈수록 저하됨을 느낄 수가 있다. 건강은 중요시하면서도 이에 부응을 못하는 현대인들, 이제는 높은 교육수준답게 우리의 건강관리를 위한 식품문화에 관심을 가질 때다. 식품문화에 관심이 높을수록 건강수명도 길어져 불안과 초조 그리고 스트레스의 근본을 식문화로 거뜬히 제거할 수 있다고 확신한다.

　　따라서 우리의 것을 소중히 여겨 현대인에게 조금이라도 보탬이 될 수 있고자 식품에 대한 최소한의 상식과 그리고 식품과 약과의 구별에, 음식물과 소화과정, 또한 값비싼 명약에만 관심이 쏠려 있는 현대인들에게 '버려진 돌이 모퉁이 돌이 되고 진흙 속에 보석이 파묻혀 있듯이' 거들떠보려고도 하지 않는 산속의 청정한 소나무, 이것이 바로 우리 문화와 민족성을 지켜준 민족수(民族樹)이며 그 소나무가 우리 민족의 건강에 이바지하는 효용가치에 대하여 기록하였고 또한 인체의 신비를 이루고 있는 내장, 골격, 근육, 혈관 및 신경 등이 하나의 유기체로 되어 있기 때문에 생체일자(生體一者)의 견지에서 인간생활에서 오는 불합리(不合理)로 초래되는 능력의 저하에서 오는 내장이나 기관의 병에 대한 상식을 알고자 할 때 인체 주요 장기에 대해 알아야 하기 때문에 알기 쉽게 요약을 하였다. 또한 범람하는 건강식품이 꼭 필요한 것인가를 다루었으며 끝으로 생명의 근원이라는 기(氣)와 이온, 물에 대한 귀중한 상식을 정리함으로써 건강과 밀접한 식품의 영양학적인 기초상식을 망라하였다. 한번 사는 인생 즐겁고 건강하게 살기 위해서는 몸과 마음을 건강하게 하고 "의사를 찾기보다는 영양사를 찾아라"는 영국의 속담처럼 식이요소에 대해서 알아야 하기 때문에 그에 대한 상식을 망라하였으므로 많은 참고가 되기를 바라는 마음이다. 아울러 "건강한 자가 인생 최후의 승리자"라는 것을 알아야 한다.

2006년 12월 20일
이 광 묵

목 차

1. 생명(生命)에 관하여

한수현 화타원화찬〈화타신의 비전〉(권일) 漢譙縣 華佗元化撰 〈華佗 神醫 秘傳〉(卷一) 제7페이지의 '논생사대요(論生死大要)'에 다음과 같은 글이 있다.

불병(不病)이면서 오행(五行)이 끊기는 자는 죽는다.
불병(不病)이면서 성(性)이 변하는 자 죽는다.
불병(不病)이면서 갑자기 말이 문란한(語妄) 자는 죽는다.
불병(不病)이면서 갑자기 말을 못하는(暴不語) 자 죽는다.
불병(不病)이면서 숨을 헐떡이는 자 죽는다.
불병(不病)이면서 강중(强中)하는 자 죽는다.
불병(不病)이면서 갑자기 종만(腫滿)하는 자 죽는다.
불병(不病)이면서 대변이 막히는 자 죽는다.
불병(不病)이면서 갑자기 맥(脈)이 없는 자 죽는다.
불병(不病)이면서 갑자기 어지럽고 취(醉)한 것 같은 자 죽는다.

이것은 내외(內外)가 우선 진(盡)하기 때문이다. 역(逆)하는 자는 즉 죽고 순(順)하는 자는 나이를 더한다. 무(無)는 生을 갖는 자이다. 즉 생(生)은 자연 순응이고 사(死)는 자연에 거스르는 것이다.

프랑스의 생물학자 마르셀 프르낭(Marcel Prenant)은 "지상(地上)에 있어서의 생명의 유지를 설명할 수 있는 유일한 생물학의 본질적 사실은 살아 있는 물질의 확대(擴大)하는 힘이다"(Le fait essentiel

18

de la biologie, qui seul peut expliquer la maintien de la vie sur
terre, est la puissance de'xpansion de la matie're vivante. M.
Prenant)라고 말하고 있다. 즉 '확대하는 자연력이 생명력이다.' 그러
므로 우리들이 이것으로 좋다고 만족했을 때는 거기에는 확대하는 힘
이 없어진 것이므로 그것은 죽음에의 일보이다. 우리들은 언제나 생성
발전을 염원하며 노력하지 않으면 안 된다. 정신적으로도 육체적으로
도 무한히 '어질게 된다, 능하게 된다, 착하게 된다.'이다. 이렇게 하여
점차 우리들은 이상의 인간 즉 신에 접근하는 것이다.

석가는 범부(凡夫)와 불(佛)과의 사이에 52의 단계가 있다고 하였
다. 이것은 건강 문제에 관해서도 말할 수 있는 것으로 참된 건강과
빈사(瀕死)의 환자, 또는 생사일여(生死一如)의 혼수(昏睡), 혹은 가
사(假死)의 상태와의 사이에는 갖가지의 단계가 있다. 그리고 그것은
그 사람의 그 상태에 있어서의 건강일자(健康一者)이다. 그리하여 질
병이라고 하는 것은 이 건강의 어떤 단계에 주어진 가명(假名)으로,
그것은 참된 건강으로 나아가려는 생체노력(生體努力)의 현현(顯現)
임에 틀림없다. 즉 보기에 따라서는 그것은 확대하는 힘인 것이고, 그
것이 생명력이다.

항간에서 흔히, 사물(事物)이 너무 완전하면 마(魔)가 든다고 하는
데 그것은 만족하기 때문에 생명력의 발전이 정지하는 것이다. 내가
언제나 "한 가지의 결점을 남기라."고 하는 것은 이 때문이다.

우익대사(藕益大師)는 그의 저 〈정토십요(淨土十要)〉권칠(卷七)에서

일념신 불구무병(一念身 不求無病)
신무병 즉빈욕내생(身無病 則貧欲乃生)
빈욕생 필파계퇴도(貧欲生 必破戒退道)

지병성공 병불능뇌(知病性空 病不能惱)
이병약 위량약(以病若 爲良藥)

하나로 몸을 생각하되 무병을 구하지 말라. 몸에 병이 없으면, 즉 빈욕(貧欲)이 생기고, 탐욕이 생기면 반드시 파계퇴도(破戒退道)가 된다. 병성(病性)이 공(空)임을 알면, 병도 괴롭히지 못할 것이니, 병고(病苦)로써 양약(良藥)을 삼는다고 되어 있는데, '병고(病苦)를 양약(良藥)으로 삼는' 경지에 이르면, 그것은 도(道)를 터득한 것이다. 일광(日光)의 양명문(陽明門)에 역주(逆柱)에 걸고 있는 것이다.

또 〈논수법(論水法)〉이라고 제(題)하여

"무릇 물을 좋아하는 자는 물로써 구(救)해지고, 얼음을 좋아하는 자는 얼음으로써 도움을 받는다. 병자의 기호(嗜好)는 억지로 그 위배(違背)를 걱정하지 말라. 또 억지로 억제(抑制)하지 말라. 이와 같이 종수(從隨)하면 즉 십(十)은 그의 십(十)을 살리고, 백(百)은 그의 백(百)을 살린다. 질병 치고 치유되지 않음이 없다."라고 병자가 바라는 바를 참되게 관찰하고, 이에 공여(供與)하는 것이 바르게 병을 다루고 이를 회복하는 방법이다. 발한하면 수분, 염분, 비타민C를 잃게 되므로, 병고(病苦)생체(生體)는 이의 보급을 바라고 있다. 그러므로 이것을 보급하지 않으면 안 된다. 설사에 대한 생수의 음용도 같은 경우이다. 그런데 우리들의 부자연한 생활이 오랜 시일을 거쳐 왔기 때문에 생체의 진정한 요구를 감득(感得)하는 힘이 마비되었다. 그러므로 부지불식(不知不識) 중에 자연을 모독하고 질병에 걸려서, 끝내는 천부의 수명을 단축하고 마는 것이다.

길익동동(吉益東洞)의 소설(所說)을 그 문인(門人) 학충원일(鶴沖元逸)이 〈의단(醫斷)〉이라 하여 저술한 것 중에 다음과 같은 것이 있다.

"죽고 살고 하는 것은 천명이다. 다만 하늘이 이를 행할 뿐이다. 의 원(醫員)이 어찌 능히 이를 죽이고 살리고 할 수 있겠는가. 그러므로 인(仁)도 연(延)할 수 없고, 용(勇)도 빼앗을 수 없고, 지(智)도 측량할 수 없고, 의(醫)도 구할 수 없다. 다만 질병으로 인하여 죽는 것은 명(命)이 아니다. 독(毒)은 약(藥)의 능히 치(治)하는 바일뿐, 생각건대 사생(死生)은 의(醫)의 관여할 바 아니고 질병은 의(醫)가 마땅히 고쳐야 할 바다." 그러므로 선생왈(先生曰), '인사(人事)를 다하고 천명(天命)을 기다린다.'고 적어도 인사(人事)를 다하지 않고서야 어찌 명(命)에 맡길 수 있겠는가. 이러므로 술(術)이 분명하지 않고, 방(方)이 적중되지 않아, 죽음을 이루는 것은 명(命)이 아니다. 옛날의 방(方)을 취하여 지금의 병에 체험하여 능히 중경(仲景)의 규칙(규구, 規矩: 바른 거동)에 일치하고도 죽는 것은 명(命)이다. 이것을 신명에 물어서 오인(吾人: 나, 우리인류)은 부끄럼이 없을 뿐.

인간은 어떠한 형태의 치유법을 강구하여도 건강을 회복할 수 없는 것은 천명이거나 아니면 그 실행에 결하는 점이 있기 때문이다. 그래서 가장 중요한 것은 환자와 주위(周圍)와의 의견이 일치하지 않는 경우가 가장 크고, 다음은 과식이다. 과식하고 중증이 회복된 예는 드물다고 한다. 더구나 중풍이나 뇌일혈 또는 당뇨병 같은 것은 특히 병후에 과식에 빠지기 쉽다. 그리하여 이 과식이 좀처럼 고쳐지지 못하고 아깝게도 치유될 수 있는 병이 낫지 않을 경우도 있다. 무엇보다도 기능성 식품은 질환을 미연에 방지, 어떠한 질환이든 그 맹아기(萌牙期: 식물의 새로 트는 싹)에 뿌리를 끊어서 항상 건강을 유지할 수 있게 된다면 기능성 식품의 권유자에게 밝은 미래가 그리고 희망이 달성될 것이다.

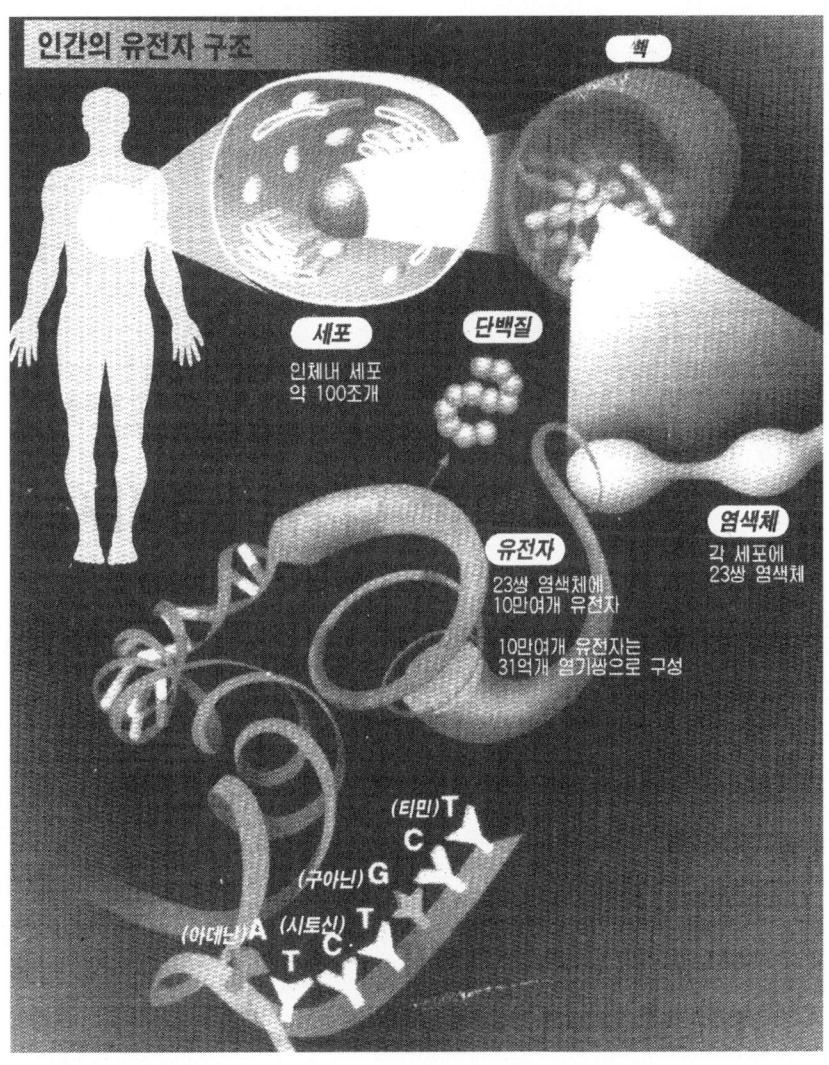

2. 식품의 개념

1) 식품의 의의

히포크라테스(BC 460-3)는 그리스의 의성(醫聖)으로 생명은 열, 냉(冷), 습(濕), 건(乾)의 4원 성질로 되고 인체는 4액(四液) 즉 혈액(血液), 점액(粘液), 황담즙(黃膽汁), 흑담즙(黑膽汁)의 평형에 의해 이루어진다고 하였다. 이 4액은 음식물에서 만들어지고 그 평형이 깨지면 병이 생긴다고 하였으며 식이(食餌)는 질병 치료의 기본임을 주장했다. 동양의 경우 중국에서는 신체의 각 부분을 음(陰)과 양(陽)으로 구분하고 이 음과 양이 조화를 잃을 때 병의 원인이 된다고 생각해 왔다.

성경적으로는 하나님이 인간을 만드신 후에 모든 생물을 관리하도록 그 책임을 명시하셨으며 음식물에 대한 선고를 다음과 같이 내리셨다.

- "하나님이 가라사대 내가 온 지면의 씨 맺는 모든 채소와 씨 가진 열매 맺는 모든 나무를 너희에게 주노니 너희의 식물이 되리라. 또 땅의 모든 짐승과 공중의 모든 새와 생명이 있어 땅을 기는 모든 것에게는 내가 모든 풀을 식물로 주노라 하시니 그대로 되니라"고 성경 창세기 1장 29-30절에

- "여호와 하나님이 그 땅에서 보기에 아름답고 먹기에 좋은 나무가 나게 하시니 동산 가운데에는 생명나무와 선악을 알게 하는 나무

도 있더라"고 성경 창세기 2장 9절에

• "여호와 하나님이 그 사람을 이끌어 에덴동산에 두사 그것을 다스리며 지키게 하시고 여호와 하나님이 그 사람에게 명하여 가라사대 동산 각종나무의 실과는 네가 임의로 먹되 선악을 알게 하는 나무의 실과는 먹지 말라. 네가 먹는 날에는 정녕 죽으리라 하시니라"고 성경 창세기 2장 15-17절에 기록된 바와 같이 성서의 가르침은 먹는다는 것 자체가 '목적'이 아니고 인간이 살아서 신의 창조질서에 참여하기 위한 '수단'에 지나지 않는다는 것이 성서적 의의가 된다. 또 '죄의 대가는 사망'이므로 잘못된 방법으로 먹는 것은 반드시 다병단명(多病短命)의 운명을 면할 수 없다는 게 성경의 교훈으로 기록되어 있다. 인간은 활동할 수 있도록 지으신 이의 특권 속에서 우리에게 주신 음식의 소중함을 성경적으로 나타내신 말씀으로 "날(日)을 중히 여기는 자도 주를 위하여 중히 여기고 먹는 자도 주를 위하여 먹으니 이는 하나님께 감사함이요 먹지 않는 자도 주를 위하여 먹지 아니하며 하나님께 감사하느니라 우리 중에 누구든지 자기를 위하여 사는 자가 없고 자기를 위하여 죽는 자도 없도다(로마서14장 6-7절)"와 같이 성경에는 먹을거리에 대한 말씀이 놀랍게도 전체성서 중에 10%를 차지하고 있음을 우리는 깨닫고 부적당한 음식물은 가급적 피해 병의 근원을 없애야 되겠다.

이와 같이 사람이 생물체의 기본구조를 소유하고 있는 한 먹지 않고 살 수 있는 인간은 아무도 없다. 따라서 우리는 식품의 섭취가 인간이 생물체로서의 생존을 위한 제일의 요소임을 쉽게 이해할 수 있을 것이다. 인간의 생명 활동을 영위하기 위해 인체가 외부에서 섭취해야 하는 모든 물질을 영양소(Nutrient)라고 부르고 있으며 이 영양소를 공급해주는 물질이 식품(Foods)이라고 정의할 수 있다. 따라서 이상적인 식품은 우리의 생명 활동 즉 운동, 성장, 대사, 정신활동, 번식 등의 활동을 위한 인체를 효율적으로 운영할 수 있도록 영양소가 골고루 함유하고 있어야 하고 또한 감사한 마음을 갖고 즐겁게 섭취함으로써 잘 소화, 이용될 수 있다.

▷ 식품 영양(營養)의 기초(基礎)에 대한 발견

의학과 화학이 문예부흥 이후에 크게 발달하면서부터 17세기에 해부학이 발달 인체조직의 기능에 대해서 연구되게 되었고 생리학이 생기게 되어 W. Harvey(1578-1657)의 혈액순환, J. B. Van Helmont (1578-1644)의 탄산가스 발견, R. Boyle(1627-1691)의 공기가 동물에 필요하고 혈액가스 존재의 발견 또한 A. L. Lavoisier(1973)가 생체 내 산화현상이 물질의 연소와 동일한 현상임을 증명하였으며 특히 식물이 갖는 에너지(칼로리)량을 측정하는 근거를 주었다. 이외에 화학의 발달은 인체나 식물의 성분을 명백히 알게 만들어 주었고 식물의 소화(분해), 흡수 및 인체에 이용되는 과정 등 일련의 대사를 알게 만들었다(1836년 L. Gmelin이 처음으로 신진대사 또는 물질대사라는 말을 썼다). 1789년 A. F. Fourcroy가 동물 조직의 성분을 세 가지로 나누고 함질소성분인 단백질을 타 성분과 구별하였다. W. Prout는 1834년에 우유를 완전한 식품이라 하고 여기서 단백질, 지방, 당질의 3성분을 분류해서 3대 영양소를 쓰기에 이르렀다. 단백질에 대하여는 G. J. Mulder-(1802-1880), E. Fischer(1852-1911) 등에 의해 구성 Amino acid까지 연구가 이루어졌고 당은 1802년 J. L. Prout가 포도당을 발견한 것을 비롯하여 C. Bernard(1813-1878)는 혈당의 존재를 밝히고 또는 식품중의 당이 간 glycogen과 직접 관계한다는 사실 등을 밝히기에 이르렀다. 또 1911년 C. Funk는 미당(米糖)에서 그리고 효모에서 각기증(脚氣症)을 예방할 수 있는 유효성분을 추출하여 이를 Vitamine이라 명명하여 이것은 생명에 필요한 함질소화합물인 amine이라는 뜻이고. 수용성과 지용성으로는 1915년 E. V. McCollum이 발견하였다.

▷ 식양생(食養生)의 의의(意義)

우리의 생활을 위해서 섭취하는 음식물은 단순하게 매일 필요로 하는 열량만을 보급하는 것이 아니라 생장을 위한 골격 형성 성분의 공급 또는 생활 활동을 원활하게 해주는 Vitamin류의 공급도 아울러 해주어야 한다. 이와 같은 뜻에서의 식품을 생각할 때 다음과 같은 요소가 함유되어 있어야 한다.

- 필요한 에너지를 함유하고 있어야 한다.
- 체 조직 형성을 위한 유효성분을 고루 함유하고 있어야 한다.
- 소모물질의 보완을 위한 성분을 충분히 가져야 한다.
- 체 기능을 순조롭게 만들 수 있는 물질을 함유하고 있어야 한다.

이와 같이 생활 기능에 필요한 식품에 함유되어 있는 물질을 영양소라 부른다. 완전한 영양소를 충분히 함유하고 있는 식품을 충분히 매일 섭취하는 것이 곧 건강증진의 지름길이 되는 것이다. 식양생에 대해서 원나라 궁정의 전속으로 있던 어느 숙수(熟手)가 1330년에 지은 책에 의하면 음식물은 본래 양생(養生)의 문제라 논하고 서론에 다음과 같은 주의를 게재하였다. 건강에 유의하는 사람은 음식을 조절하고, 근심되는 일을 없애고, 욕망을 줄이고, 감정을 억제하고, 체력에 마음을 쓰고, 말을 많이 하지 않고, 성패(成敗)를 가볍게 여기고,

슬픈 일이나 괴로운 일에 마음을 태우지 않고, 어리석은 야망을 버리
고, 호오(好惡)의 염을 피하고, 시력과 청각을 진정하고, 내장의 섭생
에 충실하여야 한다. 정신에 수고를 끼치고 영혼을 괴롭게 하는 일만
없다면 어찌 병이 생길 리가 있겠는가. 그렇기 때문에 심신을 양생하
려는 사람은 공복을 느낄 때에만 먹어야 하며 절대로 만복을 피해야
한다. 또 갈증을 느꼈을 때에만 마셔야 하며 역시 만복상태가 되도록
마셔서는 안 된다. 긴 시간을 두고 소량씩 먹을 것이며 너무 많은 양
을 쉴 새 없이 취해서는 안 된다. 만복일 때 약간 공복을 느끼고 공복
일 때 약간의 만복을 느끼도록 해야 할 것이다. 만복은 폐를 해치고
공복은 정력을 해친다고 함으로써 식생활을 올바르게 행하여 생명을
길러 나가는 것, 즉 건강한 사람은 그 건강을 상실하지 않도록 유지하
면서 가능하면 훨씬 더 나은 건강을 획득하고 이 건강으로 병을 물리
치는 강건한 육체를 소유하며 천수를 다한다는 뜻을 담고 있고 병약
자는 우선 병을 고치고 다음 병약체질을 교정하는 것이 선행되며 그
로부터 건강유지-건강증진-장수로 이어져 나아가야 한다는 것이다.
우선 건강이란 용어를 세계보건기구의 정의를 빌리지 않고 일반적이
고 알기 쉬운 자기판단법으로 보면

• 사회 통념상 보통의 사회생활을 영위하고 있고 자타 모두 인정
할 수 있는 상태
• 자기의 신체에 통증이나 이상을 느끼는 부분이 전혀 없는 상태
• 잠을 잘 잘 수 있고 아침에 일어났을 때 피로가 모두 풀려 몸과
마음이 모두 상쾌한 기분으로 충분할 때

이와 같이 식양생은 나 자신의 생애 중에서 가장 큰 가치 있는 생
활방법이다. 성서에도 "자기의 생명을 사랑하는 자는 잃을 것이요 이

세상에서 자신의 생명을 미워하는 자는 그것을 가지고 영생에 이르느니라"고 기록되어 있다. 따라서 당질(糖質), 단백질, 지방과 같은 열량소와 골격형성, 체액의 침투압조정, 생체 내 대사기능조절 등의 역할을 하는 무기질, 비타민과 같은 보전소(保全素)를 막론하고 인체의 소요량 이상 충분히 함유된 양의 식사를 하여 자신과 가족의 건강을 유지하려 하는 것이 식양생이다.

▷ 뇌와 음식물의 관계

뇌는 일종의 화학공장으로서 수십 종류의 심리적 작용을 하는 물질을 만들어 내고 있다. 이들 물질에 의하여 지능(Intelligence)과 기억(Memory)등이 좌우되고 있다. 이 원료가 되는 것이 음식물이다. 뇌는 신경계를 통할하는 사령관으로서 중추신경계 중에서 가장 중요한 부분이다. 살아나가기 위해서는 신경계에 충분한 영양을 보급하고 유지하여야 된다. 뇌는 중량으로서 중추신경계의 90%를 차지하고 있으며 중추신경계의 중요한 역할은 신체의 각 부분의 연락과 외부와의 정보교환이다. 뇌는 특유한 통신 시스템을 가지고 있다. 각개의 신경세포(neuron)는 신경전달물질(acetylcholine)에 의하여 수천 개의 세포와 취할 수가 있다. 전달물질은 음식물에 포함되는 영양소를 원료로 하여 뇌에서 만들어진다. 뇌 내부 또는 몸속에 구성되어 있는 신경세포 간의 연락은 전기적 또는 화학적으로 수행된다. 신경세포 중에서는 주로 전기가 전선을 전도되는 것과 같이 전기적으로 세포에서 세포로 정보전달은 Synapse 간격을 지나면서 화학적으로 진행된다. 뇌중에서 음식물 중의 물질로부터 신경전달물질이 만들어지는 데는 네 가지 과정을 경과하여야 한다. 그 첫째, 원료가 되는 물질이 소화관에서 흡수되어야 하고 둘째, 혈류에 따라서 뇌의 특정한 장소에 운반되어야 하며 셋째, 효소에 의하여 특정한 신경전달물질로 변환되어야 하며 넷째, 만들어진 전달물질이 적절한 장소에 저장되어 필요에 따라서 분비되어야 한다. 우리들의 음식물이 신경전달물질의 생산량을 좌우하고 뇌의 기능과 정서, 행동 등에 변화를 일으키는 것이 알려져 있으므로 두뇌 속에 많이 들어있는 물질을 많이 함유한 음식물을 섭취하는 일은 창조적 두뇌를 형성시키는 영양관리의 중요한 인자가 될 수 있다. 식품소재는 가공하면 할수록 비타민 등의 영양소가 파괴되는 것이며 생선회 등의 생식은 최고의 식품인 동시에 식품소재 그 자체의 참맛을 감상할 수 있다. 인간의 건강은 발육기에 해당되는 유아기에서 학동기까지의 식생활에 의하여 결정된다고 말한다.

Arthur Winter and Ruth Winter는 그의 저서 『Eat Right, Be Bright』(두뇌의 영양학)에서 좋은 두뇌형성을 위하여 다음과 같이 제안하고 있다.

① 지방은 총 Calorie의 30% 정도로 하고, 포화지방산(육류, 달걀, 유제품 등)10%, 일가불포화지방산(식물 유)10%, 그리고 다가 불포화지방산(어패류)10%
② Cholesterol 섭취량은 1000Kcal당 100mg
③ 단백질은 다종류를 15%
④ 탄수화물은 전체 Calorie의 55%를 복합시킨 당질로써 섭취한다.
⑤ 기타는 염분, 설탕, 식품첨가물은 극소량을 섭취하도록 한다.

이 제안에 의하면 쌀밥과 어패류를 중심으로 한 우리의 전통적인 식생활은 우리의 건강을 수호하는 근본이 됨으로 이를 과학적으로 더욱 개발해 나가야 될 것이다.

▷ 두뇌의 건강과 음식효능

　인간의 신체에 있는 지방은 체온 36-37℃임으로 저온이 되면 응고하는 지방이 혈액 중에서는 응고하지 않기 때문에 활동할 수 있다. 어류는 저온인 한류와 고압인 심해에서도 유영하는 변온동물이다. 저온 혹은 고압력에 대해서 견뎌낼 수 있는 지방을 가지고 있지 않으면 자기의 신체가 응고되어 죽는다. 어류가 생존하기 위해서는 응고되지 않는 지방이 필요하다. 어류에 많이 포함되어 있는 DHA는 -45℃에서 응고된다. DHA는 분자구조가 매우 유연하다. 이 DHA가 지질 이중막에 많이 함유되어 있으면 세포막이 유연하게 된다. 세포의 막은 외측과 내측이 항상 내외로 유동하는 마그마와 같은 것이다. 항상 유동하고 있는 물질 속에서 DHA가 많다는 것은 저온도에서도 응고하지 않는다는 분자구조의 유연성으로 보아서 세포의 막이 연하다. 적혈구의 가역성(可塑性) 또는 변형능(變形能)은 매우 중요하며 적혈구의 막 속에 DHA가 많으면 항상 분자적으로 유연하기 때문에 모세혈관까지 피가 잘 통한다. 즉 DHA가 적혈구에 포섭되어 변형능이 향상되어 있으면 혈류가 좋아진다. 뇌 세포 중의 세포막의 부분이 유연하다는 것은 항상 유동성이 풍부하다는 것이다.

　뇌 연화증으로서 영양이 도달하지 않으면 세포가 사멸하여 세포의 수는 감소되어도 잔류되어 있는 세포가 활성화되어 있으면 된다. 이 활성화할 때에 DHA가 혈액뇌관문(BBB)을 통해서 세포 중의 지질이중 막의 막 성분 중에 들어가면 막의 유동성이 높아지고 유연해진다. 이 메커니즘에 의하여 이 신경정보전달을 통어하는 acetylcoline의 전달성이 매우 양호하게 된다. DHA의 성질에서 막의 성분이 유연하게도 세포가 연하게 되면 신경정보의 전달성이 좋아진다. DHA는 죽은 세포를 살릴 수는 없다. 그러나 잔류되어 있는 세포를 활성화시킬 수는 있다. 따라서 같은 학습을 하면 전달성을 좋게 하는, 즉 학습능력을 향상시킬 수가 있을 것이다. 신경세포의 막 유동성이 쇠약되어 있으면 전달성은 좋아지지 않는다. DHA가 세포 내에 들어 있으면 이 학습에 대해서 따라갈 수 있는 세포의 막 구조로 되어 있다고 볼 수 있다. 따라서 아이들의 학습능력을 향상시키는 데 좋고 늙어서 기억력과 학습기능이 저하되는 것을 억제하는 데도 좋을 것이다.

일반적으로 35세를 지나면 뇌 세포는 점차로 감소되나 잔류되어 있는 세포를 활성화할 수가 있으면 청년에서 중년까지의 사람들에게도 같은 학습을 하였을 때 더욱 효과가 올라간다는 것을 기대할 수가 있다. 식사 중에 DHA를 증가시키든지 또는 어류를 많이 섭취하면 세포를 활성화시키는 기능을 강화시킬 수가 있다.

2) 지난 1세기 동안의 한국인(韓國人) 식습관(食習慣) 변화(變化)의 방향과 특징

조선말기(朝鮮末期)에서부터 오늘에 이르기까지 우리나라는 외세(外勢)의 침략과 전쟁 그리고 서양문물(西洋文物)의 급격한 유입에 의하여 커다란 변화를 경험(經驗)한 1세기를 지나왔다. 이들 변화는 우리의 식습관(食習慣)을 크게 변화시키기에 충분한 요인들로 작용하였다고 평가된다. 1800년대의 조선말기(朝鮮末期)까지는 한발 기근(饑饉)과 같은 천재지변(天災地變)으로 식량(食糧)의 부족상태가 간헐적(間歇的)으로 있었으며 신분계급(身分階級)에 따라 다수의 서민(庶民)이 식량부족 상황에 있었다고 본다. 이들 부족 계층(階層)은 구황식물 등 다양한 식량자원을 자연에서 채취(採取)하여 부족한 영양을 보충할 수 있었던 것으로 판단된다. 더욱 중요한 것은 이 시대의 식사

목표는 첩 수를 달리한 반상(飯床) 구조(構造)에서 구현(具現)하려 하였으며 현대의 영양학 지식으로 판단하여도 손색이 없는 균형식단 (均衡食單)을 가지고 있었던 것이다.

이러한 우리의 전통식단(傳統食單)이 일제 침략에 의한 식량의 강제 공출로 인하여 크게 위축(萎縮)되기 시작하였다. 이 시기는 곡물(穀物)과 두류(豆類)의 국내 공급량이 일제의 강제공출로 급격히 하락하였던 것이다. 이러한 식량부족 사태가 분단과 전쟁으로 더욱 심화(深化)되어 1950년대에는 1세기 중에 가장 심각한 식량난을 처하게 된다. 이 1950년대의 에너지 공급량은 이조말기의 2/3수준으로 떨어져 이 시기에 수행된 국민영양조사에서 각종 임상적인 영양 결핍(缺乏) 증세가 관찰된 것은 당연한 일이다. 이러한 사실은 15세 소년의 체중변화에서도 나타나듯이 1940년부터 60년대 말까지 조사된 평균체중은 1900년대 초에 비하여 6kg 즉 12% 감소된 것을 알 수 있다. 이와 같이 1950년대의 극심한 식량난에서 평가된 우리나라 영양조사결과를 우리의 전통식단이 열등(劣等)하기 때문이라고 판단하고 서구식(西歐式) 식습관을 모방(模倣)하는 것이 영양개선이라고 생각하게 된 것이다.

이러한 잘못된 인식으로 인하여 해방 후 우리의 영양교육은 서구모방형(西歐模倣型)으로 일관하였으며 서구식 식습관으로의 변화를 가속화시킨 것이다. 전쟁 중의 기아(飢餓) 상황에서 한국인은 미국의 잉여농산물 원조(剩餘農産物 援助)에 크게 의존하게 되었으며 특히 미국으로부터 공급받은 분유와 밀가루는 기아(飢餓)를 모면할 수 있는 유일한 식품재료였다. 우유를 먹지 않던 한국민족이 전쟁의 특수상황 (特殊狀況)에서 우유를 먹도록 강요된 것이다. 이러한 상황전개(狀況 展開)가 1970년대 후반부터의 경제성장과 더불어 우유의 소비증대가 급격히 일어나게 하였으며 동물성 식품과 설탕을 선호하는 서구식 식습관으로 급선회되었고 식량 자급 도는 급격히 하락하게 된 것이다.

식량부족상태에서는 영양공급량보다 조사된 섭취량(攝取量)이 더 높게 나타나지만 충분한 식량공급이 될 때에는 공급량보다 섭취량이 낮게 조사되고 있다. 특히 1980년대 이후 이러한 격차가 크게 나타나 식량의 낭비구조(浪費構造)로 이행함을 지적해 주고 있다. 조선말기의 전통식단 구성은 총에너지 중 탄수화물, 단백질, 지방의 구성비가 77 : 15 : 8인 것으로 나타났으며 1940 - 60년대의 전쟁 중에는 영양공급의 구성비가 82 : 12 : 6으로 악화되었다. 이것이 1970년대 후반 즉 후기 성장기에 와서야 비로소 조선말기 수준인 75 : 12 : 13으로 회복되었다. 그러나 이때의 구성비는 유지류(乳脂類)의 생산증대가 크게 나타나고 있는 것이 특징이며 이것이 조선말기의 영양공급 구성과 큰 차이를 내는 점이라고 볼 수 있다. 1986년 이후의 공급 에너지 구성비를 보면 69 : 13 : 18로 우리의 전통식단의 구성비에서 크게 변모(變貌)되고 있으며 특히 지방질의 구성비가 크게 증가되는 성인병(成人病)의 발병률(發病率)과 때를 같이하고 있다.

3) 문헌(文獻)에 나타난 식생활(食生活)과 현재(現在)의 식생활(食生活) 변화(變化) 비교(比較)

인간의 역사 중에서 식생활의 역사는 매우 중요한 위치를 차지하고 있으나 우리나라의 식생활에 대한 연구는 극히 드물어 이는 옛 학자들이 조리(調理)와 가공(加工)에 대하여 이야기하는 것을 꺼렸을 것으로 사료되며 단지 시문집(詩文集), 기행문(紀行文), 전칙 등에 산발적(散發的)으로 조리 관계 기록이 나타나 있을 뿐이다. 또한 식품 이름, 조리, 가공 용어 등이 시대와 지역에 따라 변하였기 때문에 명칭과 실물을 결부시키기가 매우 어려워 선조들의 식생활에 대한 정확한 자료를 얻기 힘들었지만 조선시대 중반기 이후에 나온 조리서(調理書) [閨閣叢書], [閨壺是議方], [是議全書], [閨壺要覽], [要錄] 등에서 나타나는 식생활의 형태와 현재의 식생활 형태를 비교해 봄으로써 우리나라 식생활 형태의 변천(變遷)을 살펴보고자 한다.

▷ 주식(主食)의 변천(變遷)

우리나라는 농경민족(農耕民族)으로서의 현저(顯著)하여 우리의 식생활에서 가장 품목(品目)이 많고 사용빈도(使用頻度)와 범위(範圍)가 넓은 것은 곡물(穀物)이다. 우리의 선조들은 곡류로 여러 음식을 다양하게 조리하여 식생활을 풍요(豊饒)롭게 하여 왔으며 조선시대의 주요 곡물은 쌀, 수수, 조, 보리, 팥, 메밀, 옥수수, 메주콩 등이었고 이 중 쌀은 우리 민족의 주요 식품이었다고 이기열(1987)은 보고하였고 최초의 곡물음식은 죽의 형태로 초기농경시대부터 곡물에 여러 나물류, 어패류, 수조육류를 섞어서 끓인 죽이 주식으로 상용되어 왔다고 윤서석(1980)은 말하고 있으며 정국례(1974)는 기원전후해서 시루를 이용한 입식(粒食)의 취반 수단이 시작되어 떡과 찐 밥으로 발전하였다고 말하고 있다. 그 후 삼국시대 후기에 이르러 벼농사가 일반화되면서 쌀의 생산이 늘어날 무렵 솥이 쓰이게 되어 현재의 '밥 짓기'가 개발된 것이며 이 시기를 우리나라에서 주부식이 분리된 시기라고 역사가들은 풀이하고 있다고 윤서석(1972)은 보고한 바 있다. 이와 같은 취반 방법이 개발되면서 이전의 죽이나 떡은 대용주식, 구황구급식, 보양식(保養食) 혹은 별식(別食)으로 자리를 옮겨 오늘날로 이어지고 있다. 송유명(1982)의 석사학위논문에서 우리나라 전통조리법에 대한 연구에서 『규합총서』와 오늘날의 요리 책에서 나타나는 주식의 형태를 비교한 결과 밥의 종류로는 피밥만이 사라지고 『규합총서』에 나타난 주식의 형태가 오늘날까지 이루어지는 것이 많았으나 죽의 종류에 있어서는 팥죽과 육류의 어죽만이 현재까지 남아 있어 주식으로서 죽의 위치가 크게 사라져 가는 일면을 보여주고 있다. 또한 1968년 연세대학교에서 실시한 지역별 영양 실태 조사보고에 따르면 山村(강원도 안흥), 漁村(구룡포), 農村(개정) 및 都市(서울)의 4개 지역에서 3일간의 조사기간 동안 사용된 주식으로 쌀과 기타 잡곡과의 혼식은 총 34종이나 되었다. 그 외에 죽 종류가 8가지, 떡 종류가 6가지, 그리고 국수 종류가 6가지로 전체주식 종류는 모두 62가지로 나타났다. 주식의 내용을 보면 산악지대인 안흥은 옥수수 쌀밥 37%, 어촌지대 구룡포는 보리밥이 76.4%, 농촌지역 개정은 쌀밥이 63.8%, 서울은 쌀밥이 89.8%로 나타나 아직도 지역별 생산물이 주식 및 부식 섭취에 영향을 주고 있음을 지적해주고 있다.

▷ **부식(副食)의 변천(變遷)**

부식류는 크게 동물성 식품과 식물성 식품으로 나뉜다. 동물성 식품으로는 농경(農耕)이 시작된 이래 다양한 종류의 어패류(魚貝類)와 수육류가 계속적으로 식용되어 왔으며 이들의 조리방법에서도 탕류, 구이, 찌개류, 회류, 찜, 편, 포 등 이전의 조리방법이 조선시대말기 이후로 100여 년 동안 거의 변화를 찾아볼 수 없었다. 1971년에 발표된 지역별 식생활조사에 의하면 부식의 주요조리법인 국, 찌개, 조림, 나물, 볶음, 구이 및 전, 젓갈, 그리고 김치 등에 사용된 주재료는 구한말시대에서 오늘에 이르기까지 별 차이가 없었으나 도시에서는 조리시에 마아가린, 글루탐산소다, 설탕 등의 조미료와 화학합성품이 많이 사용되고 치즈 같은 유제품이 서울에서 주로 쓰이고 있음이 보고되었다. 우리나라 식생활에서 부식으로 식물성 식품이 차지하는 비중은 매우 크며, 선조들은 인체에 해가 없는 자연생채물(自然生菜物)은 모두 식용해 왔었다. 여기에 남방지역으로부터 조선시대후기에 고구마, 고추, 호박 등이 들어와 커다란 변화를 주었다고 윤서석(1972)은 보고하고 있다. 또한 선조들이 겨울철에 대비할 채소음식(菜蔬飲食)으로 개발한 것이 김치이며, 소금에 절인 김치의 역사는 한사군시대까지 거슬러 올라간다(강인희 등1984). 그러나 그 시기의 김치는 오늘날과 같이 고추를 넣은 것이 아니었고, 17세기에 고추가 전래된 후 17세기 후반에서 18세기 전반 사이에 붉은 김치가 정착, 보급되었다고 이성우(1984), 이규태(1984)는 말하고 있다. 김치의 다양화는 식생활을 다양하게 변화시켰고, 향토음식의 개발에도 많이 기여하였다. 1983년 이승교 등(1984)의 연구에 의하면 104종에 달하는 침채류를 담가 먹고 있는 것으로 나타났으며, 이 중 배추 통김치, 배추김치, 깍두기, 열무김치, 나박김치의 5종은 지역을 초월하여 사용하고 있는 것으로 나타났다. 그러나 생활이 변모해 감에 따라 점차 공장에서의 대량생산이 이루어지고, 김치 제조방법을 표준화시키기 위한 노력이 활발해졌다고 조재선 등(1979), 유태종 등(1974)은 보고한 바 있다. 이렇게 부식에서 고추의 사용으로 인해 담백(淡白)한 맛을 즐기던 시대에서 종합된 맛을 즐기는 시대로 변화된 점을 제외하곤 식품의 사용이나 조리방법에 있어서 커다란 변천을 찾아보기 힘들다.

▷ 기호식품(嗜好食品)의 변천(變遷)

우리나라 식생활에서 가장 커다란 변화를 보인 것은 기호식품의 변천이라 할 수 있다. 조선시대부터 내려오는 대표적인 기호식품은 주류와 다과류(茶菓類), 다식(茶食), 강정, 빈사과 등을 들 수 있으나, 1900년대부터 외국에서 수입한 설탕으로 만든 각종 당 제품과 양과자의 등장으로 인해 한국 재래의 다과는 대중으로부터 소외되기에 이르렀다. 한과류뿐 아니라 음료나 주류의 기호에 있어서도 식품가공기술의 발달에 따라 큰 변화를 보이게 되었다. 신라, 고려시대에 성행하던 차 마시던 풍습은 조선시대 중기이후로 거의 쇠퇴하고 사원(寺院) 일부에만 남겨 있을 뿐이다. 조선시대의 청량음료는 화채(花菜), 책면, 가련, 수정과, 배숙 등이었고, 1930년대 이후부터는 일부 도시인들이 커피, 홍차 등을 마시기 시작하였으며, 특히 여름철에는 사이다, 레모나 등이 성행하였다. 1945년 이후 차에 대한 기호가 본격적으로 시중에 퍼지게 되었고, 커피를 마시는 풍습이 중년층의 직업인과 학생들 사이에 퍼져 차츰 생활화되고 있으며, 콜라류와 탄산음료, 분말주스 등을 년 중 사용하고 있다고 강인희 등(1984)은 보고한 바 있으며 문수재 등(1986)의 보고에 의하면 여대생을 대상으로 연차적인 식품섭취변화를 살펴보았을 때, 1977년에는 63.5g/day의 음료를 마셨으나, 1980년에는 124.6g/day로 크게 늘어났으며, 이들 음료 중 커피가 차지하는 비율이 가장 컸다. 또한 남, 여 대학생을 대상으로 한 연구에 의하면 여러 음료 중 커피에 대한 기호도가 가장 높으며, 콜라, 사이다 등 여러 종류의 청량음료에 대한 기호도 역시 크게 높아지고 있는 것으로 나타났다.

기호식품으로서의 알코올의 섭취도 크게 증가하였다. 우리나라는 상고시대부터 양조법(釀造法)이 발달되어 왔으며, 고려후기 원(元)으로부터 소주법(燒酒法)이 전래된 후 더욱 술의 종류가 다양해졌다. 1800년 중엽의 역주방문(曆酒方文)에 나타난 조선시대 술의 종류를 보면 41가지의 술 제조방법이 적혀 있으며, 백미, 진말과 찹쌀, 누룩가루를 주원료로 사용했었음을 알 수 있다. 한국사회의 대표적인 술은 약주, 소주, 탁주 등이며, 일제시대에 들어와 일본주(淸酒)와 포도주(葡萄酒) 및 합성양주가 점차 대중화되었고, 방문주(方文酒)는 가정에서의 양조 금지법으로 특수기호법을 제외하고는 점차 쇠퇴되었다. 해방이후 양주의 범람으로 도시인들 사이에서 칵테일 형식이 유행하게 되었고, 근래에는 맥주 등의 섭취가 날로 증가하고 있다. 이상에서 살펴본 바와 같이 우리나라 고유의 기호식품은 점차 쇠퇴해가고 있는 실정이나 음료의 경우는 최근 고유의 차 마시기를 적극 권장하여 옛 모습을 찾아가려는 움직임을 보이고 있다.

4) 식생활과 효소

▷ 식생활

옛날 어머니들은 신(神)이 준 재료를 인간이 정성을 다해 음식을 만든다고 해서 "신인합작(神人合作)"이라고 했다. 그렇게 정성 들인 음식으로 정성을 먹인 어머니들은 요즘은 어떠한가? 바쁘다는 핑계, 변화하는 사회의 조류(潮流)를 따라가야 한다는 눌변(訥辯), 핵가족의 생활리듬을 바꾸지 않으려는 나태함 등등 학문적, 문화적 수준은 향상되었으나 식문화는 퇴조하고 있다. 향상된 이 모든 것은 생명이 있어야 존재하는데도 생명의 존엄성을 너무 가볍게 생각하는 어머니들의 생활로 가족의 건강은 무너지고 있다는 것이다. 요즘 마트에서는 옛날의 어머니들이 정성 들여 만들었던 음식의 종류들을 만들어 공급하는 인스턴트 음식들로 꽉 차 있다. 이 음식은 가축들을 살찌우게 하는 사료와 마찬가지다. 그래서 아이들의 체형은 우람한데 체력이 없다는 말을 듣게 되는 것이다.

음식다운 음식이려면 그 음식을 만드는 사람의 정성이 깃들어야 한다. 정성이 담기지 않은 음식은 음식이 아니라 살찌우게 하는 사료와

2. 식품의 개념 39

도 같다. 된장찌개 하나라도 정성껏 마련하던 어머니의 맛을 현대는 잃어가고 있는 실정이다. 이제라도 정성이 담긴 음식을 손수 만들어 그 음식으로 가족의 양기(養氣)를 하고 정기(正氣)를 갖고 건강한 삶이 창조되는 바른 식생활이 되어야 하겠다.

▷ 효소란

효소는 생물에 의해서 만들어지는 단백질성 촉매물질이며 세포대사의 기능적 단위이고 조직적인 순서대로 작용함으로써 수백 가지 반응을 단계적으로 촉매함으로 영양물질은 분해되고 화학에너지가 보존되고 전환된다. 따라서 효소는 생명현상을 유지하는 필수 불가결한 것으로 생활 세포 중에서 생성되는 생체촉매(biocatalyzer)이다. 이 효소는 단백질로 된 촉매로서 화학반응의 속도를 빠르게 하는데 그 촉매작용에는 최적인 pH와 온도를 가지고 있어 이 조건에서 활성이 가장 높아진다.

일반적으로 화학반응속도는 온도의 상승과 함께 증가하며 온도가 $10°C$ 높아지면 반응속도는 3~3.5배로 되어 효소반응 역시 온도가 높은 쪽이 반응속도가 빨라지지만 효소는 단백질이기 때문에 온도가 너무 높아지면 변성되어 활성은 낮아진다. 미생물효소의 경우 pH 3~9, $30~60°C$에 최적이다. 그러나 대부분 효소는 $50°C$ 전후에서 열변성이 시작되며 온도가 높을수록 변성속도가 빨라져서 급속하게 활성이 저하된다. 즉 $70°C$ 전후의 고온에서는 완전히 실활(失活)하지만 고온에서 생육하는 미생물효소 중에는 $90°C$에서 1시간 가열하여 99%이상 활성을 유지하는 내열성 효소가 존재한다는 것이다.

또한 효소는 반응을 촉진시키는 촉매작용을 하는데 효소에 따라 10^7배~10^{20}배 정도로 효소가 진행하는 반응속도가 빠르다. 즉 1000만

시간이 걸리는 반응을 효소는 불과 1시간 만에 진행시켜 버린다는 것이다. 이러한 효소는 음식물의 소화·흡수 등 모든 장기에서 주어진 임무를 달성하는 생명 활동을 유지해 나아가는 존재이다.

그러나 공업공해가 심한 상황에서 효소의 이용은 그 효소의 특성을 최대한 이용하는 것이 의의가 있지만 독소라든지 항생물질을 비롯하여 강력한 생리활성을 가진 물질을 생산하는 미생물 및 생물이 있다. 이와 같은 물질의 생산균으로부터 효소를 제조할 경우 고도로 순수화가 이룩되지 않는 한 그 효소제품 중에는 필연적으로 이들 물질이 혼입되게 되어 그와 같은 효소를 이용할 경우에는 아주 큰 위험이 따르게 된다. 따라서 적용대상이 되는 물질(생물 및 미생물)이 순수하여야 효소의 작용에 따라서 목적하는 화학변화만을 추구할 수 있다는 것을 알아야 한다.

▷ 효소의 발달

발효 숙성된 식품으로 한국인의 식생활에서 약방 감초 격인 된장, 고추장, 김치, 젓갈 등은 미생물이 만들어 내는 효소의 작용으로 발효 숙성된 영양식품이다. 특히 효소과학의 급진적 발달로 효소비료나 세제까지 개발한 상태이다.

디스크로 알려진 추간판 헤르니아도 경우에 따라서는 효소 한방으로 낳는 수가 있다. 뿐만 아니라 고된 수술로도 속 시원히 낳지 않던 축농증도 리소짐이란 효소와 기타 적절한 영양치료로 나을 수 있다. 따라서 효소는 산업혁명 못지않게 인간을 여러 가지 속박 속에서 해방되어 그 기능과 작용에 대해 가장 중요한 위치를 차지하고 있다. 이러한 효소는 화학공장에서 특별히 높은 압력과 온도하에서 무기촉매에 의해 일어나는 화학반응을 36도란 체온과 낮은 압력하에서 순식간

에 해치운다.(1000만분의1시간) 그리고 인체 내에서 효소에 의해 일어
나는 생화학 반응은 무려 300만 건에 달하리라는 추산이다.

▷ 발암물질을 분해하는 야채효소

불고기와 야채를 곁들여 먹는 이유는 체질개선이 아니다.

불에 탄 고기나 생선에 발암물질이 들어 있다고 1976년 일본 국립
암 센터에서 공포하였는데 수육이나 어육에는 <u>트립토판이라는 아미노
산이 풍부한</u> 데 비해 이것이 고열에 의해 분해되는 과정에서 트리프
P1과 트리프P2라는 물질을 생성하며 이것이 발암성이 있다는 것이다.
이때 신선한 야채를 곁들여 섭취하는데 그 이유는 신선한 녹황색야채
에는 <u>카타라제와 프옥시다제</u>라는 효소가 풍부하여 이 효소들이 발암
물질 트리프P1과 트리프P2를 분해하여 독성을 없애버릴 수 있다는
것이다. 따라서 '병 주고 약 주기'식으로 자연은 인간에게 문제와 답을
함께 준 결과이다.

특히 우리나라 된장에 발암물질이 있다는 외국인들의 보고가 한때
있었는데 곰팡이가 만들어 내는 <u>아플라톡신</u>이 발암물질이라는 것은
사실이나 우리의 것인 개량메주에는 전혀 없다.

그리고 된장에는 발암물질을 상당량 무해한 것으로 만들어 버릴 수
있는 특별한 물질이 들어 있어 오히려 암 예방에 도움이 된다는 사실
이 밝혀졌다. 된장은 발효과정에서 알코올이 생기게 마련이고 또한 메
주콩에는 리놀산이 대단히 풍부하므로 효소작용에 의해서 리놀산에스
텔이 생성, 이것은 발암물질을 해독시키는 작용이 있어 된장국이 암
예방에 좋다는 것이다.

▷ 식품변패 방지에 효소 이용

식품저장 중에 일어나는 변패 방지에 가장 광범위하게 이용되고 있는 효소는 Glucose Oxidase이다. 이 효소는 다음과 같이 Glucose를 산화해서 Gluconic acid를 생성하며 동시에 O_2를 소비한다. 또한 생성된 H2O2는 Catalase의 병용에 의해서 제거할 수 있다.

$$C_6H_{12}O_6 + O_2 + H_2O \xrightarrow{\text{Glucose Oxidase}} C_6H_{12}O_{71} + H_2O_2$$

$$H_2O_2 \xrightarrow{\text{Catalase}} H_2O + O$$

이와 같이 효소반응에 의해서 식품으로부터 Glucose 및 O_2를 제거한다는 것은 식품의 변패방지에 매우 유효하다. 즉 반응성이 풍부한 Glucose의 aldehyde기는 식품 중위 단백질, 펩티드, 아미노산, 아민 등과 반응(Maillard reaction)해서 갈변현상을 일으켜서 외관을 손상시킬 뿐만 아니라 풍미를 현저하게 손상시키는 원인이 되는 여러 가지의 반응을 일으킨다. 한편 식품 중의 O_2도 반응성이 풍부해서 식품의 품질저하에 원인이 되는 여러 가지의 반응을 촉진한다. 또한 과실이나 야채 등의 조직에 존재하는 Phenol oxidase에 의해서 식품이 갈변하는 일도 많지만 그때의 반응에도 O_2가 관여한다. 그래서 효소(Glucose Oxidase)를 사용하여 온화한 반응조건에서 Glucose라든지 O_2를 제거하면 식품 본래의 풍미를 손상하지 않고 변패를 방지할 수가 있다. 또한 O_2의 제거는 미생물에 의한 오염이라든지 부패의 방지에도 도움이 된다.

▷ 효소 이상으로 발생되는 질병의 수

효소의 결손이나 부족 그리고 활성능저하(活性能低下) 등 효소이상으로 발생하는 질병의 수는 대단히 많다. 현재 발견된 것은 다음과 같다.

- 당대사이상(糖代謝異常) :   17종
- 아미노산 및 유기산대사이상(有機酸代謝異常) :   40종
- 용혈성빈혈(溶血性貧血) 및 기타 혈액질환 :   14종
- 무코다당증(多糖症) 및 유사질환 :   16종
- 내분비이상(內分泌異常) :   5종
- 핵산대사이상(核酸代謝異常) :   5종
- 기타 :   9종
  총   115종

　오늘날 효소작용의 부실로 인해 발생되는 질환은 무려 115종이나 확인되었다. 앞으로 심각해지는 공해문제, 식생활의 부정적 변화, 의학의 발달에 따라 이 수는 대폭 늘어날 것으로 판단된다.
　효소는 생명현상의 주역이고 효소의 활동이 정지된다는 것은 곧 죽음을 의미하는 것이기 때문에 효소활동을 원활하게 한다는 것이야말로 건강의 제1조인 것이다. 따라서 효소요법은 모든 건강장애를 개선시킬 수 있는 열쇠가 될 수 있는 것이다.

- 효소요법으로 잘 개선되는 질병 [효소요법연구의 권위자 시게노(重野)박사의 임상 예]

　고혈압(高血壓), 고혈당(高血糖), 위십이지장궤양(胃十二指腸潰瘍), 만성위염(慢性胃炎), 당뇨병(糖尿病), 간장장애(肝臟障碍), 류머티즈관절염(關節炎), 통풍(痛風), 추간판탈출증(椎間板脫出症), 요통(腰痛), 자율신경실조증(自律神經失調症), 갱년기장애(更年期障碍), 네프로제,

기립성조절장애(起立性調節障碍), 알레르기체질(體質), 소아천식(小兒喘息), 악성습진(惡性濕疹), 백내장예방(白內障豫防) 등

▷ 효소요법에서 효소의 이로운 작용

효소원액에 들어 있는 각종 효소 외 비타민, 무기질, 아미노산 등은 다음 6가지의 작용을 충실히 수행할 것으로 생각된다.

① 체내의 환경정비작용   ② 혈액의 정화작용
③ 세포부활작용   ④ 분해소화작용
⑤ 항염증작용   ⑥ 항균작용

이것이 오늘날 점차 증가해가고 있는 반 건강인(半健康人)의 건강장애를 개선하는 요체가 된다. 효소는 체내의 노폐물과 독성물질을 배제하고 염증조직을 분해하여 배출함으로써 체내환경을 정화한다. 세포의 활력을 향상시키고 혈액순환을 순조롭게 함으로써 신진대사를 촉진시킨다. 자율신경계와 내분비계의 활동에도 영향을 미쳐 밸런스의 유지를 돕는다.

이러한 건강개선은 식사의 잘못을 근본적으로 고쳐나가는 토대 위에서만이 가능하다.

기능성 식품의 위력은 식사개선을 전제로 하는 데서 이루어져 효소로서 잘 개선되는 질병은 약 60-80%이상의 개선이 이루어졌다고 한다.

5) 인체와 무기질

▷ 무기질의 태동

인체가 필요로 하는 무기질은 지구표면에 분포되어 있는 가벼운 무기질들이다. 지구는 태양으로부터 떨어져 나온 것으로 인식하고 있다. 태양의 최외각 온도가 6,000℃이였을 것이고 태양으로부터 지구가 분리될 때는 지구의 온도도 6,000℃이었을 것이고 태양으로부터 멀어지면서 냉각되는 과정에서 지구의 자전과 공전은 구심력(Centripetal force)을 일으켜 무기질 중 무거운 것은 지구의 중심으로 가벼운 것만이 지구의 표면에 남아 형성된 것이 지구 표면이고 자연의 환경조건이다. 생물이 발생된 곳은 지구의 표면이지 땅속도 아니요 대기의 공간도 아니다. 그러기에 지구에서 발생된 생체를 구성하고 있는 무기질은 가벼운 것들뿐이다.

태초의 지구상에는 유기물이 전혀 없었으며 지구의 진화에 따라 무기질을 중심으로 유기물이 합성되고 중합되었던 것이다. 유기물의 합성과 중합에는 무기질이 촉매로서 개입되어야 하기 때문에 무기질은 생명체 발생의 시발물(Start switcher)로 작용된다. 결국 인체의 발생을 태동시킨 유기질의 합성과 중합 그리고 분해 작용은 무기질의 작용으로 가능하게 된다.

▷ 무기질의 기작

인체는 하나의 거대하고 복잡하면서도 화학적인 원리를 정연하게 지키는 반응로(Reacter)이다. 그리고 이들 반응은 더하거나 뺌의 숫자적 논리와 체내에 존재하는 성분간의 한정된 반응만이 일어난다.

  건강한 인체를 유지하고 원활한 대사를 지속시키기 위해서는 대사의 효율성, 조직의 유연성, 신경의 민감성을 지탱할 수 있도록 체질을 보존해 주는 것이 현명하다. 생체가 가지고 있는 물질들은 체액이 약알칼리(pH7.35~7.45)로 유지될 때 기능이 순조롭게 이행되고 생리화학적 대사도 원만하게 진행된다. 그런데 이들 체액을 조절하여 주는 성분이 바로 유기물질이 아닌 무기질들이다. 식품에 분포되어 있는 무기질은 음이온과 양이온으로 분류되고 상대는 이온과 신속하게 결합하여 중화되고 잔류하게 되는 무기질이온의 특성에 영향을 받아 생리작용의 방향이 정해진다. 생체 내에서의 양이온과 음이온의 작용능력을 알칼리도(Alkalinity)로 표시하며 이 수치에 의해 건강상태를 예측할 수 있다.

  체액의 알칼리도(Alkalinity)는 생리대사의 기본조건이 된다. 지구상의 생명체인 식물과 동물은 세포로 이루어졌고 세포가 가지고 있는 세포질은 75~90%의 수분에 잠겨진 점조성 단백질로 되어 있다. 세포질은 매질(Media)의 온도, 염(Salt)의 농도, 그리고 산(Acid)에 민감하다. 이는 세포질이 지방과 탄수화물이 혼재되고 있으나 생리기능을 발휘하는 물질은 단백질이기 때문이다.

  무기질은 신체조직과 대사를 맡고 있는 효소단백질의 중합반응에서도 촉매로서 중요한 작용을 한다. 같은 아미노산의 종류와 배율인데도 촉매로 작용하는 무기질 종류에 따라 유전자의 기능에 영향을 주어 중합도(Degree of polymerization)를 결정하게 된다. 중합반응에서 알칼리성 촉매는 중합도가 작은, 즉 중합의 길이가 짧고 규칙적인 분자배열을 갖는 레졸(Resol)형 중합물을 생성하고 산성촉매는 중합의 길이가 클 뿐만 아니라 불규칙적인 노볼락(Novolac)형 중합물을 생성하여 각기 다른 조직물을 만들어 준다. 인체에서 효소와 같은 생리기능을 발휘하는 단백질은 저급 중합물에 해당된다. 체내에서 작용하는 알칼리 중합 촉매로는 나트륨, 칼슘, 아연 등이 있으며 산성촉매는 인과 황 등이 있다.

3. 건강과 질병

1) 건강에 미치는 식생활

▷ 건강이란

세계보건기구(World Health Organization)가 1946년에 발표한 건강(health)에 관한 정의는 "건강이란 신체적, 정신적 그리고 사회적으로 완전하게 양호한 상태이고 단지 질병이 없거나 허약하지 않다는 것만은 아니다(Health has been defined as a state of complete physical, mental and social well-being, and not merely the absence of disease or infirmity. WHO, International Health Conference, NewYork. 1946)고 한 것이 이제는 매우 실감 있게 받아들여져 가고 있다. 최고수준의 건강을 향유하는 것은 모든 사람이 갖는 기본적인 권리의 하나이다. 그것은 모든 인류의 건강은 평화와 안전보장을 달성하는 기초가 되며 개인과 국가의 완전한 협력에 의해서만 가능하다. 한 나라에서 국민이 모두 건강을 유지하지 못하면 사회의 질서는 흐트러지고 문화도 예술도 발달하지 못하게 된다. 길게 보면 생산성도 점차 떨어져서 결국은 멸망의 위기에 처하게 될 것이다. 결핵을 위시해서 감염증이 병인별 사망률의 중요한 위치를 차지하였던 과거에 있어서는 예를 들면 '뚱뚱한 것'은 건강하다고 생각되었다. 그러나 비만이 여러 가지 성인병의 위험인자라고 알려진 오늘날 뚱뚱하다는 것은 건강하지 않다는 것을 의미한다. 이와 같이 건강의 개념도 시대배경에 따라서 다르다. 건강을 적극적인 면에서 생각하면 생존의 기초가 되는 신체능력, 환경변화에 대한 적응능력, 스트레스나 질병에 저항하는 능력을 강화하는 것 그리고 더 나아가서 정신면에서의 올바른 판단, 자기의지에 의한 행동, 정신적 스트레스에 대한 저항력 등을 강화하는 것이 오늘날의 건강에 대한 입장이라고 말할 수 있다.

고대 희랍의 의사 헤로휠스는 "만약 건강이 없으면 학문도 기예(技藝)도 다 그 효용을 나타낼 수 없고 힘도 쓸 수 없고 부(富)도 소용도 없고 웅변도 또한 무력하다. That science and art have equally nothing to show, that strength is incapable of effort, wealth useless, elquence powerless, if Health in wanting.〈Herophilus〉"고 하였다.

따라서 건강은 인생의 최대 행복이고 고래로 인간의 행복은 그 병약(病弱)보다도 큰 것이 없다.

▷ 건강과 질병

건강이란 우리 몸과 그 환경과의 관계를 반영하고 있는 것이다. 건강은 몸이 효과적인 적응이나 개체를 둘러싼 것에 상반되는 힘에 대해서 연속적이고 동적인 보다 좋은 방향으로 조정되고 있으며 개체와 그 환경과의 사이에 균형을 이루고 있는 상태라고 말할 수 있다. 이에 반해서 질병(disease)이란 이들 관계가 균형이 깨지고 결과적으로 몸의 조정능력이 상실된 상태를 말한다. 그렇지만 몸은 변화가 심한 생활환경 속에서 가해지는 압력에 대해서 저항 또는 적응하여 생리적인 항상성(homoeostasis)을 유지하고 있으므로 어떤 시점에서는 건강하다고 판정되어도 다른 시점에서는 이상이 될 수도 있다. 그러므로 건강 또는 질병 및 죽음에 이르는 변화는 연속적인 것이라고 말할 수 있다.

건강을 좌우하는 요인은 대단히 많은데 그중에서 특히 큰 몫을 담당하고 중요한 것은 영양이며 영양을 유지하기 위한 건강관리 방법을 터득 생명의 유지, 성장발육, 활동 등 사람의 주요한 생활현상 모두를 영양에 의해서 좌우, 좋은 영양 없이는 이들의 목적을 달성할 수가 없도록 적절하게 자기의 건강을 관리할 줄 알아야 한다. 우리 국민의 건강관리 방법에 대하여 알아보면 표와 같이 경제성장의 발달로 국민 개개인의 건강 의식수준이 상당히 달라지고 있음을 알 수 있다. 근년에 이르러 우리들의 근육활동은 경제가 성장 발달되고 기계 및 기술이 혁신됨에 따라 필연적으로 제한을 받게 됨으로써 모든 사회활동(학교생활, 노동작업, 가정작업, 교통기관) 등에 있어서도 몸을 많이 쓰지 않게 되어 신체운동의 강도와 시간이 점차로 감소되는 경향에 있음은 엄연한 사실이다. 이로 말미암아 운동부족을 초래하여 건강 및 체력은 악화되며 게다가 자연파괴, 각종공해 등에 의하여 건강 또한 침해되어 인간은 정말 불행한 생활을 하지 않을 수 없게 되었다. 건강을 유지하고 증진하기 위해서는 건강 자체보다도 건강하게 사는 것이 더 중요시하게 되었다. 우리가 건강하게 살기 위해서는 소극적으로 질병을 치료하고 예방할 뿐 아니라 개인가족 및 우리가 사는 지역사회의 건강을 항구적으로 확보하고 개선하는 계속적인 노력이 요구된다. 따라서 건강은 인격적으로 만족할 만하고 사회적으로 유익한 생활을 할 수 있는 힘을 주는 것으로서 우리가 우리에게 주어진 환경에서 개인의 전 기능을 발휘하는 바탕이 된다. 이러한 건강을 적절히 유지하고 증진하게 하는 것을 건강관리라고 말한다.

99년 통계청이 보건의 날(4월 7일)을 맞이하여 우리나라 국민의 건강에 대한 의식수준의 향상 및 관심에 대한 발표결과를 참고하면 건강관리를 하고 있는 인구비율이 89년에 29.7%에서 92년에는 44.2%로 늘어나 건강관리에 대한 관심이 높아지고 건강관리방법으로는 주로 운동, 식사조절 등을 활용하고 있으나 담배, 술 절제는 미미하고 30대와 40대가 건강관리에 깊은 관심을 갖고 있음을 알 수 있다. 따라서 인간의 행복 근원이 건강에 있고 건강함으로써 행복을 찾을 수 있다는 자명한 진리를 재인식하여 적극적인 태도로써 건강관리에 임해야 할 것이다.

[표 1] 건강관리 방법

단위: %

구분	1995년도						1998년도					
	운동	식사 조절	담배, 술 절제	보약 영양제	기타	아무 것도 안함	운동	식사 조절	담배, 술 절제	보약 영양제	기타	아무 것도 안함
평균	9.1	7.0	3.5	6.5	3.6	70.3	14.3	11.8	2.8	7.8	7.4	55.8
남	14.5	4.9	7.0	6.5	3.9	63.2	20.3	8.4	5.5	8.2	8.2	49.4
여	4.3	8.9	0.3	6.6	3.3	76.6	8.6	15.0	0.2	7.5	6.7	62.0
시부	10.9	8.7	4.1	6.8	4.6	64.9	16.6	15.0	0.2	7.5	6.7	62.0
군부	4.6	2.6	2.1	5.8	0.9	84.0	7.3	7.2	2.6	7.7	3.2	64.8
15-19	13.1	6.4	0.4	2.1	1.3	76.7	18.1	10.7	0.6	2.6	3.2	64.8
20-29	11.7	8.8	3.5	3.7	4.2	68.2	16.5	13.9	3.2	3.8	8.3	54.4
30-39	8.3	7.1	4.3	6.6	5.4	68.4	13.9	12.3	3.3	7.8	10.8	51.9
40-49	8.2	7.0	4.5	7.7	5.0	67.6	14.7	11.5	2.9	9.3	10.0	51.7
50-59	6.6	6.1	4.5	10.1	2.6	70.1	11.9	11.0	3.5	11.6	6.0	56.0
60+	4.6	5.1	3.3	12.3	1.4	73.3	8.6	9.2	2.6	15.1	2.6	61.8

*조사인원: 10만 명
*자료: 통계청, 사회통계조사, 1998

▷ 영양불량에 따른 건강

영양상태가 좋다고 해서 반드시 건강한 몸이 보장되는 것은 아니다. 그러나 영양상태가 좋으면 영양결핍으로 인해서 생기기 쉬운 질병을 예방하든지 영양과 관계가 깊은 질병을 약화시킬 수 있다. 일반적으로 영양불량(malnutrition)이란 것은 특정 영양소가 장기간에 걸쳐서 결핍되든지 반대로 과잉이 될 경우에 생긴다. 영양불량은 특히 음식물의 내용이 질적, 양적으로 좋지 않은 사람들에게 많다. 이들은 자신들 스스로 좋지 않은 음식물을 섭취하는 것이 아니고 부득이한 사정에 의한 경우가 대부분일 것이다. 영양소의 섭취부족으로 인한 영양불량은 수입이 중류 이상 사람들에게는 드물고 주로 가난한 사람이나 노인, 영양소의 요구량이 많은 성장기의 어린이, 임산부 등에 많았으며 금세기 초까지 많았던 비타민 결핍증은 이런 종류의 영양불량으로 특히 이 중에서는 영양부족(undernutrition)이 많았다. 한편 영양소의 과잉 섭취로 인한 영양불량은 과잉영양(Overnutrition)으로 소득수준이 높은 계층에서 흔히 볼 수 있는 비만을 비롯하여 관동맥성심질환, 대장암 및 유방암, 당뇨병, 아테롬성동맥경화증, 간경변 등이 있는데 이런 질병을 일본인은 성인병(adult diseases)이라고 하며 성인기 이후에 발생하는 만성 퇴행성 질환의 총칭으로 예를 들면 악성신생물(암), 심질환, 고혈압성질환, 뇌혈관질환, 노쇠, 당뇨병, 간 질환 및 소화성괴양 등을 포함해서 말한다. 그 밖의 원인으로 영양불량을 걱정하지 않으면 안될 때는 위장장해 때문에 영양소의 흡수가 나쁜 사람들이고 빈곤이나 질병이 직접 영양불량의 원인이 될 때는 2가지 이상의 영양소가 모두 결핍되는 경우가 많다. 이러한 때에는 분명한 임상증세가 나타나지 않고 피로감이나 무력감, 불안감 등을 느낄 때가 많다. 특히 영양불량이 오랫동안 지속되면 이와 같은 증상도 모르고 지나치는 경우가 많다.

▷ 식품 섭취량에 따른 질병

서독, 덴마크, 일본, 미국과 같은 선진국에서는 인구의 노령화에 따라서 영양과 관련된 성인병이 증대되고 있다. 이들 선진국의 주요 사인별 사망률을 보면 75년에는 심질환을 필두로 하여 악성 신생물 그리고 뇌혈관질환의 순으로 높았다가 89년 이후에는 순환기계 질환이 단연 우위를 차지하고 있다. 선진국의 식사내용을 보면 동물성 단백질 비(比)가 높고 지방질 에너지(比), 특히 포화지방산의 비율이 높다.

[표 2] 주요국의 주요사인의 사망률 비교

주요 국가	주 요 사 인 순 위				
	1	2	3	4	5
서 독(75년)	심장병 (328),	악성신생물 (247),	뇌혈관질환(169),	사고 (54),	폐·기관지염(53)
덴마크(75년)	심장병 (351),	악성신생물 (235),	뇌혈관질환 (96),	폐·기관지염(60),	사고 (37)
일 본(90년)	순환기계질환(249),	악성신생물 (178),	뇌혈관질환(100),	암 (96),	사고 (85)
중 국(89년)	순환기계질환(205),	악성신생물 (113),	뇌혈관질환(112),	사고 (86),	암 (72)
미 국(88년)	순환기계질환(397),	허혈성심질환(208),	악성신생물(198),	사고 (106),	암 (82)
영 국(90년)	순환기계질환(516),	허혈성심질환(296),	악성신생물(281),	뇌혈관질환 (134),	암 (110)
프랑스(89년)	순환기계질환(319),	악성신생물 (247),	사고 (127),	뇌혈관질환 (91),	허혈성심질환(90)
소 련(90년)	순환기계질환(548),	허혈성심질환(287),	뇌혈관질환(189),	악성신생물	사고 (173)
한 국(59년)	폐·기관지염 (78),	결핵 (39),	위염 (31),	악성신생물 (26),	뇌혈관질환 (20)
(80년)	악성신생물 (92),	뇌혈관질환 (76),	사고 (73),	고혈압성질환(67),	심장병 (39)
(91년)	순환기계질환(158),	사고 (135),	악성신생물(106),	뇌혈관질환 (73),	암 (71)
(2000년)	뇌혈관질환 (146),	심장질환 (141),	사고 (98),	간 질환 (86),	암 (74)

*()안의 숫자는 인구 10만 명당 사망률임.
　사고내용은 손상, 중독, 교통, 타살, 자살 포함
　암은 위암, 간암, 폐암, 결장암 포함

이들의 국민체위는 우수하고 결핵 등의 전염성질환은 대단히 적으며 평균수명도 길다. 또 총 단백질과 지방질 섭취량이 많으므로 순환기계 질환이 비교적 많음을 위 표에서 볼 수 있다. 이와는 반대로 국민소득 수준이 낮은 인도, 파키스탄, 아프리카, 동남아시아 등지에서는 동물성 단백질과 지방질의 섭취량이 낮고 곡류의 섭취가 많아 국민체위는 낮고 결핵 등의 전염성질환에 대한 저항력이 저하되어 영아 사망률은 증가되고 평균수명은 현저히 짧아지게 되며 반면 성인병의 이환율은 낮다. 이와 같이 질병구조와 섭취식품양상을 연관시켜 볼 때 적절한 영

양섭취란 양자 모두에서 장점만을 취할 수 있도록 섭취식품의 양상이
나 그 질 또는 양을 적정한 값으로 하여야 한다는 것을 알 수 있다. 한
국의 주요사인변화(위 표)를 보면 1970년대 이후의 선행사인으로 성인
병을 꼽을 수 있으며 1990년 이후 선진국과 마찬가지로 순환기계질환
이 많아 이것은 1950년대에 세균감염에 의한 사망이 선행사인이었던
것과 대조가 된다. 2000년대에는 암에 의한 사망률은 꾸준히 증가추세
에 있으며 암의 종류에 있어서 위암과 자궁암은 감소하나 대장암이나
유방암은 증가하고 있다. 아직은 우리의 평균적인 식생활 형태가 구미
선진국과는 달라서 동물성지방이나 에너지 섭취량 등이 많다고는 할
수 없고 성인병이 비록 선행사인이라고는 하나 인구 10만 명당 사망률
은 아직 선진국에 비하여 매우 낮은 상태이다. 그러나 이들 성인병이
점차 증가하는 추세이므로 균형 잡힌 영양섭취를 식생활의 기본 목표
로 하여 과다한 에너지, 동물성 지방, 식염의 섭취를 피하여 각종 성인
병을 미리 예방할 수 있도록 유도하여야 한다. 참고로 우리나라의 98년
도 사망원인을 계층별로 발표된 통계에 의하면 다음 표와 같다.

98년도 우리나라의 주요사인 통계

순위/년령	1위		2위		3위		4위	
30대	운수사고	22.3	자살	21.5	간 질환	11.3	심장질환	9.1
40대	간 질환	43.7	운수사고	28.3	자살	27.6	뇌혈관질환	25.2
50대	뇌혈관질환	85.1	간 질환	79.5	간암	62.7	심장질환	57.3
60대	뇌혈관질환	288.9	심장질환	133.1	폐암	118.9	위암	118.4
70세 이상	뇌혈관질환	1,134.2	심장질환	500.0	당뇨병	264.8	만성하기도 (폐)질환	244.9

*조사인원: 10만 명
*자료: 통계청, 1998

2) 건강의 칠효설(七效說)

생명은 식품에 의해 지탱되고 있다. 그러나 식품을 기호적인 물질로 이해하는 경향이 짙어지고 있음에 식품에 대한 개념과 논리가 방황하고 있다. 그리고 식품이 인체에 미치는 영향을 이론이 아닌 구전으로만 옮겨지고 있는 실정으로 식품소재에 대한 즉흥적인 판단은 과(過)와 부족을 일으키기 쉬워 인체가 필요로 하는 성분의 균형 상실로 이어진다.

인체를 건강하게 유지하기 위해 많은 조건을 제시하겠지만 기본은 7가지 성분을 충분히 공급하므로 가능하다. 인체를 운영하는 데는 지구상에 수많은 생명체가 제 나름대로의 필요한 물질에 의지하여 생존하고 있듯이 사람도 무한(無限)이 아닌 제한된 물질에 의해 생명을 보존하고 유지하고 있는 것이다. 그러기에 사람이라는 존재가 지구의 한 부분을 차지하고 있으며 사람에게 유익한 것과 유해한 것이 지구상에 더불어 존재하고 있다. 물론 이들의 평형상태에서 작용(정의 반응)과 반작용(빈의 반응)에 의해 유한한 성장에 멈추게 된 것이 현재의 사람모습이다. 만일 지구의 모든 물질이 사람만을 위해 존재한다면 사람의 성장은 멈춤이 없을 것이고 그렇지 못하다면 인류의 발생부터 불가능한 지구의 조건이었을 것이다.

옛 사람들은 경험을 토대로 인체에 유익한 성분을 가려냈고 이들 물질들을 선택하는 데 주저함이 없었다. 인체의 건강을 유지한다는 것은 생리 조절기능의 원만함을 의미하는 것으로 이들을 동양적인 표현으로는 건강의 칠효설(七效說)이라고 말할 수 있다. 즉 인체가 건강하고 장수할 수 있는 이 칠효설은 '보기구설(補氣救說), 익혈복맥(益血腹脈), 양심안신(養心安神), 생진지갈(生津止渴), 보폐정천(補肺定喘), 건비지사(健脾止瀉), 탁독합창(托毒合瘡)' 등이다. 이 칠효설을 구체적

으로 설명한다면

① 보기구설(補氣救說): 원기를 보충하고 허탈을 구하여 준다는 의미로 피로회복과 체중조절을 첫째로 하고 있으며 이를 위해서 피로는 산성체질에서 일어나기 때문에 체액을 알칼리로 조정해주고 체중을 조절해 주기 위해서는 체지방을 체외로 배설할 수 있는 방법이다. 체질을 알칼리로 조정해주는 식품 성분으로는 칼슘과 아연 등 양이온성 무기질을 섭취하므로 가능하고 체지방의 체외 배출은 지방을 유화시켜 피부로 배출시킬 수 있는 담즙(레시틴)과 같은 유화제의 섭취이다. 여기에 적당한 근육 운동은 체 지방의 배출을 증가시킬 수 있게 된다.

② 익혈복맥(益血腹脈): 혈액을 만들어 주고 맥박의 끊임을 회복시킨다는 의미로 빈혈, 저혈압, 심장쇠약의 해결이다. 이는 철과 칼슘 무기질의 보충으로 가능하다.

③ 양심안신(養心安神): 배짱을 길러주고 정신을 안정시킨다는 의미로 노이로제를 없애주고 자율신경의 실조를 회복시키는 일이다. 노이로제는 정신적 불안으로 신경전달 물질의 부족과 연속적인 근육의 긴장에서 발생하므로 신경전달물질인 콜린의 보충과 긴장으로부터 해방되기 위해 칼슘의 충분한 공급으로 체질을 알칼리로 유도하므로 긴장의 풀어줌과 정신의 안정을 기할 수 있다.

④ 생진지갈(生津止渴): 진액을 만들며 갈증을 없애줌을 의미하는 것으로 당뇨병을 치료한다는 뜻이다. 당뇨병은 만병의 근원이고 합병증의 유발을 일으키기 때문에 진액의 생산과 갈증의 소멸은 당의 대사에 참여하는 인슐린의 활성화로 이를 해결할 수 있으므로 아연 무기질의 역할에 해당된다.

⑤ 보폐정천(補肺定喘): 폐력을 보안하고 천식을 멈추게 한다는 뜻으로 폐결핵과 천식의 치료이다. 폐결핵과 천식은 외부로부터 침입하는 미생물과 체내에서 발생되는 비루스에 큰 영향이 있으므로 이들의

침입과 발생을 저지하는 철, 구리와 칼슘과 더불어 항균, 향미성 물질이 많이 함유되어 있는 향신료와 저급 지방산으로 구성된 지방산에스테르로 미생물의 번식과 비루스 발생을 저지할 수 있다.

⑥ 건비지사(健脾止瀉): 위장을 튼튼하게 하여주고 설사를 멈추게 한다는 뜻으로 위장의 튼튼함은 강력한 세포증식에 도움을 주는 아연 무기질과 흡수성 단백질인 올리고펩티드(Oligopeptide)로 가능하고 설사의 원인이 되는 유해 균들의 번식을 방지하는 식이섬유로 해결이 가능하다. 식이섬유는 유익 균들을 번식시키는 먹이가 되면서 유익 균들이 배설하는 물질로 유해 균들이 사멸하게 되므로 설사는 멈추게 된다.

⑦ 탁독합창(托毒合瘡): 독을 제거하고 종기를 치유한다는 행위로 장내의 독성물질은 식이 섬유로 흡착제거하고 종기의 치유는 미생물들의 생존을 억제하는 칼슘과 구리, 향신료와 저급지방 그리고 새로운 세포를 생산 증식하는 아연 무기질이 도움된다.

위에서 언급한 무기질들은 일상에서 잘 섭취하지 않는 식품 등에 많이 들어 있기 때문에 식품섭취는 골고루 섭취하는 것이 건강한 인체를 보유할 수 있는 길이다.

건강을 참답게 지탱하고 장수하고자 한다면 유혹에 빠지지 말고 주체성 있고 자신감 있는 선택만이 이들을 가능하게 한다는 것이다.

3) 몸의 건강함의 특징을 말하는 어휘

- 주안(駐顏): 노인이 되어도 얼굴의 아름다움과 싱싱함이 변하지 않는 말
- 불노(不老): 나이를 먹어도 늙지 않는다는 말
- 불기(不飢): 밥을 먹지 않아도 허기가 지지 않고 속이 든든하다.

- 연년익수(延年益壽) : 수명이 길어진다.
- 발백복흑(髮白復黑) : 흰머리를 다시 검어지게 한다.
- 치락갱생(齒落更生) : 빠졌던 치아가 다시 돋아난다.
- 면여동자(面如童子) : 얼굴이 어린아이처럼 혈색이 좋고 싱싱하다.
- 양사웅장(陽事雄壯) : 남성의 스테미너를 웅장하게 한다.
- 수발불백(鬚髮不白) : 수염이나 머리털이 희어지지 않는다.
- 안모불쇠(顔貌不衰) : 얼굴이 젊은 그대로를 유지한다.
- 명목(明目) : 시력을 밝게 한다.
- 내한서(耐寒署) : 추위와 더위를 모른다.
- 보오장(補五臟) : 오장을 보해준다.
- 총리이목(聰利耳目) : 귀와 눈을 밝게 해준다.
- 경신(輕身) : 몸이 경쾌하다. 홀가분하다는 뜻으로 사람이 건강할 때의 가장 뚜렷한 특징을 나타내는 말

4) 건강 정보 바로 알기

경험담이 건강정보를 주는 것이 아니다. 건강은 기본적으로 과학이요 상식이며 안전성이 중요하다. 따라서 건강 미신에 기준을 두지 말고 지금부터 설명하는 구비조건을 참고하여 신중을 기해야 하겠다.

첫째, 모든 질병에 대한 공포심을 제거하고 나을 수 있다는 확신을 가져야 한다.

료깐(艮寬 : 일본의 옛 승려)이 "병이 들었을 때는 앓고 있는 것을 다행으로 생각합니다. 이것이 병에서 해방되는 묘법인가 합니다."라고 한 것은 누구나 가지고 있는 조그마한 병을 받아들임으로써 큰 병에서 빠져 나올 수 있음을 말하고 있는 것이다. 그러므로 "질병은 곧 스

승이다."라는 말과 같이 질병으로 인한 고통과 갈등 등 잃은 것도 많지만 건강을 회복하면 얻은 것 또한 많다. 중국 속담에 '고통을 낙으로 바꾼다'는 말이 있지만 병도 보기에 따라서는 건강에 대한 의식을 높일 수 있다는 점에서 유익한 점이 많은 것이다. 따라서 질병이 발생했다는 것은 고치는 방법도 있다는 것이다. 그러나 건강은 일조일석에 얻어지는 것이 아니며 본인 스스로 고뇌를 헤치면서 인내를 갖고 질병에서 벗어나려는 강한 의지가 있어야 행복이 찾아온다는 것이다.

둘째, 바른 식생활을 가져야 한다.

모든 의료와 보건의 동향이 옛날처럼 의약관계 전문인의 독점이 아니라 모든 사람 각자가 스스로 자기의 몸과 마음에 합당한 생활을 영위하는 가운데 자기의 건강을 자기스스로 지켜야 한다는 방향으로 되어가고 있다. 그러기 위해서는 가장 기본이 되는 것은 바른 식생활의 실천이다. 이렇게 함으로써 질병을 미연에 방지하고 병이 생기더라도 바른 식생활로 인한 식이요법의 대체로 자가 치유가 가능하다는 것이다.

셋째, 허위와 과대광고에 속지 말아야 한다.

건강 미신이 바로 허위와 과대광고이며 더 나아가 건강 서적이나 경험담이다. 사람은 생긴 모양이 다르며 그에 따른 체질 또한 다르다. 어느 사람이 섭취하여 나았다고 나도 낫는다는 법은 없다. 또한 식품과 의약에 대한 상식이 없는 사람들의(비전문가) 과대 망상적인 언변술에 속는 것은 결코 자기스스로의 생명을 단축하는 것이다. 따라서 좋은 제품이라고 믿음이 갈 때는 다시 한 번 다음과 같은 사항을 확인하는 것이 좋다('과대선전에 속는 건강식품'란 참조)

① 근거 연구논문과 통계치가 제시되어 있어야 한다.

② 임상실험 대상 수가 많아야 하며 주장하는 효과가 단기간 조사된 것보다는 장기간 조사된 것이 더 믿을 만하다.

③ 부작용이나 안정성에 대한 부연설명이 같이 곁들여 있으면 믿을

만한 내용이다. 모든 식품은 효과보다도 부작용이나 안전성이 있느냐에 있기 때문에 효과가 아무리 커도 부작용이나 안전성에 문제가 있게 되면 사용해서는 안 된다.

④ 효과가 없다는 다른 주장도 같이 실려 있다면 양심적으로 편협해지지 않으려고 신중을 기한 것이므로 믿음을 준다.

⑤ 관련된 연구와 실제 투여 후 효과가 구별되어야 한다.

⑥ 제품의 연구자가 실제 관련분야 전문가인가를 확인하여야 한다. (학력과 경력 중시)

넷째, 전문병원을 찾아 자기 건강을 관리해야 한다.

근래 고도산업화의 사회로 발전함에 따라 급격한 생활환경의 변화와 아울러 인생의 가치관도 크게 변동되어 가고 있다. 따라서 종전에 없던 여러 가지 만성병이 우리들의 보건을 침해하고 있다는 사실을 명심하여 전문의와 상담하는 것이 본인의 건강을 유지하는 데 가장 바람직하다.

다섯째, 잠재능력을 개발해야 한다.

인체의 구조는 실로 정교하게 되어 있다. 본래 모든 사람이 '선인'에 못지않은 뛰어난 기능을 가지고 있으나 그 태반은 발휘되지 못하고 숨겨진 채 인생은 끝나고 만다. 뇌의 세포는 생전에 20%밖에 사용되지 못하므로 1백 년을 산다고 해도 80%는 사용도 못해 보고 죽는 것이다. 요즈음 자연과학의 발달로 인하여 인체조직의 신비가 밝혀지고 있는데 이 인체의 해명에서 최후까지 남게 되는 것이 인간의 가장 고귀한 능력인 마음(정신작용)의 문제이다. 중국에서는 "마음은 천·지·인을 순환하는 움직임을 가진 물질이다."라고 전해지고 있을 정도로 정신작용의 진리에 접근, 인체 잠재능력을 개발하여 생로병사(生老病死)의 '네 가지 고통'을 살고 있는 기쁨, 늙어 가는 기쁨, 앓고 있는 기쁨, 죽음의 기쁨의 네 가지 기쁨으로 바꿀 수가 있다고 한다.

5) 장수민족과 비교

사람들의 수명이 얼마나 될까라는 숙제는 태곳적부터 던져져 왔으나 아직 누구도 잘 모른다. 성경에는 아담이 930세, 아담의 8대손 모드셀라가 969세로 최장수라는 기록이 있지만 노아의 홍수 이후로는 백 수십 년으로 격감하다가 다윗왕은 70세에 세상을 떠났다. 그 외 기록이 정확하다는 서국 제국들의 연감과 우리나라의 왕조실록이 있다. 이 중 영국의 귀족연감은 세계적으로 신뢰도가 가장 높은 연감으로 이에 의하면 지난 10세기 동안 영국 귀족 중세기인(100세 이상의 장수자)은 단 2명에 불과하였고 우리나라 조선왕조의 평균수명은 44년 6개월이었다고 한다. 특히 불노장생약을 구하기 위해 엄청난 노력을 기울인 진시왕은 49세에 죽었다.

현재의 수명은 어떠한가? 우리나라는 남자 70세, 여자 78세로 국민 평균수명은 74세이고 가까운 일본은 국민들의 평균 수명이 80세로 세계 최장수국이 되어 있다. 그리고 기록상 최장수인은 쟌칼망이란 프랑스 여인으로 122.5년을 살다가 21세기 초(2001년)에 세상을 떠났다. 이러한 역사적인 사실에 비춰볼 때 극진한 봉양과 각종 보약 등 잘 먹고 한다고 해서 수명이 늘어나지 않음을 알 수 있다.

식생활 면에서 한국인은 매우 흥미 있다. 웅담, 녹용, 야생동물 잡아 먹기, 보신탕 등 유별난 것을 찾아 헤매는 것은 세계 제일이다. 좋은 것 많이 찾아 먹는 한국인이 일본인보다 당연히 오래 살아야 옳지 않겠는가. 그런데 결과는 정반대다. 일본인이 세계제일의 장수를 누리게 된 배경은 식생활 개선이 되어 편식을 하지 않고 균형식을 하게 됐기 때문이다. 현대의 식품 영양학에서는 먹어서 안 되는 식품이란 없다고 한다. 먹어서 두드러기가 나거나 설사를 일으키는 호전반응이 아닌 알레르기를 일으키는 식품이 아니면 먹어서 안 되는 것은 없다. 제철에

나는 여러 가지 식품을 골고루 먹는 것 이상 이상적인 식생활이 없기 때문이다. 그러한 식생활을 실천에 옮겨 성인병을 모르고 건강하게 살고 있는 민족이 장수 민족이다. 그러므로 한국인의 건강 미신의 추종은 이제 끝을 맺을 때가 된 것 같다. 건강 미신은 터무니없는 건강비법, 허무맹랑한 자가치료법, 종잡을 수 없는 의료관행, 과학적이 아닌 건강생활, 비전문가이면서 유명세 가진 사람의 허무맹랑한 선전은 믿으면서 전문가의 말은 믿지 않는 과대망상증, TV와 같은 매체에 의한 현혹, 언론지의 광고, 달콤하고 편견투성이 책에 나타난 경험담, 확인도 못해 보는 과대선전(유기농법, 자연계란) 등의 현혹에 쉽게 동화되지 말고 현재의 생활에서 식문화에 대한 관심을 가져 최소한의 상식이 장수의 비결임을 자각하여야 한다.

대부분의 장수민족은 좋다는 음식을 찾아 섭취하는 것이 아니고 메이커에 그리고 외국 제품에 현혹하지 아니하고 민족이 가지고 있는 전통 식문화를 계승하여 조상의 얼을 이어가고 있다는 것이다. 그러기 위해서 본래의 환경을 유지하고 청정한 자연의 민족유래의 고유식품을 장려함은 물론 식품회사의 광고는 어디까지나 광고로 참고할 뿐이며 또한 편식에 의존하지 아니하고 균형식으로 과학적인 식문화를 이루고 있음을 알아야 한다.

4. 영양에 대한 지식

1) 영양의 기본 원칙

영양의 기본 원칙은 식사 중의 영양소가 균형을 이루도록 하고 양이 많지도 적지도 않게 하는 것이다. 사실상 식사의 내용이나 재료가 항상 변화가 많으면 영양소의 부족이나 과잉의 염려가 적어진다. 영양적으로 균형이 잘 취해진 식사란 식품을 솜씨 좋게 섞어서 누구나 만족할 수 있도록 만들어낸 것을 말한다. 섞었다든지 오염된 것 같은 식품은 물론 예외로 하고 이 세상에는 나쁜 식품이 있는 것이 아니고 나쁜 식사가 있는 것이다. 매끼 반드시 영양의 균형이 취해질 필요는 없으나 될 수 있으면 매일 필요한 영양소를 적당한 양만큼 섭취하게끔 배려하는 것이 좋다.

▷ 대사(代謝)란?

생 세포 내에서 일어나는 모든 화학반응을 말하는 것으로 신체가 식품으로부터 에너지를 얻고 사용하는 모든 방법을 포함한다. 즉 소화관을 통해 흡수된 각종 영양소가 혈액이나 lymph액에 의해 각 조직에 운반된 후 복잡한 화학반응을 거쳐 그 조직을 구성하거나 에너지원으로 소비되고 불필요한 최종산물을 체외로 배설하는 작용을 의미하는데 이를 신진대사 또는 물질대사라고 한다.

대사에는 동화작용(Annabolism)과 이화작용(Catabolism)이 있으며 동화작용은 흡수된 영양소로서 성장과 생명유지에 필요한 물질을 합성하는 화학반응을 말하고 이화작용은 이미 합성되어 사용되던 물질 중 노폐한 것을 작은 물질로 분해하는 화학반응을 말한다.

이와 같은 신체가 어떻게 에너지 공급을 하는지를 알기 위해서는 대사에 대해 이해를 하여야 한다.

▷ 영양소의 분해와 합성

식품에서 얻은 각각의 영양소는 소화를 통해 흡수되기 쉬운 형태로 분해된 다음 주로 소장에서 흡수되어 혈액 중에 들어가 혈액에 의하여 전신의 세포에 보내진다. 만약 신체가 에너지를 필요로 한다면 탄수화물로부터의 glucose, 지질로부터의 glycerol과 fatty acids, 단백질로부터의 amino acids가 더 작은 입자로 분해되며 이때 에너지를 발생한다. 또한 세포에 에너지가 필요하지 않을 때 각 기초단위들은 체조직을 형성하는데 glucose는 glycogen으로 합성되고 glycerol과 지방산은 지질, 아미노산은 단백질로 되며 기초단위인 간단한 화합물이 크고 복잡한 구조를 형성하는 합성반응은 에너지를 필요로 한다.

▷ 5대 기본 생명물질

5대 기본 생명물질이란 햇볕, 공기, 물, 소금, 바른 먹을거리로 집약할 수 있다.

목숨을 유지할 수 있는 가장 우선순위를 꼽으라면 당연히 공기라고 할 수 있다. 단 5분만 안 마셔도 죽는 '공기'가 제일 차지하여야 할 것이며 오염된 공기는 사람을 약하게, 병들게 해서 드디어는 죽게 한다. 목숨을 부지하는 수단으로 공기 다음에 중요한 것은 '물'이라고 하겠다. 5일간만 안 먹으면 죽게 된다. 우리 몸의 약 70%가 물이므로 물이 우리 몸의 주성분이다. 오염된 물을 지속적으로 먹게 되면 우리 체액이 독수로 변하고 전신의 세포는 독수에 떠있는 섬들이 될 것이니 건강이 존재할 수가 없다. 특히 공기보다 더 근본적이고 중요한 것은 '햇볕'이다. 양지에서 자란 야채의 무게는 음지에서 자란 것 보다 곱 이상 무거울 정도로 햇볕에는 우리가 건강을 유지하는 데 극히 중요한 성분이 내포되어 있다. 태양광선이 미치지 못한다면 이 지구는 얼음덩어리가 되어서 모든 생물이 다 사멸하고 만다. 따라서 건강, 비 건강 따질 여건이 없다. 공기, 물, 햇빛, 그다음에 중요한 것은 음식물로서 소금과 바른 먹을거리가 건강생활의 기본조건이 된다는 것이다.

우리가 선택하여 섭취할 수 있는 음식물을 온전한 방법으로 적절히 먹으면 공기, 물, 햇빛이 다소 오염되어 있는 환경을 피할 수가 없다고 해도 그 해독을 상당부분 줄일 수 있다. 이 음식물 중에서 가장 중요하고 필수적인 것이 소금이다. 체액의 염성이 적당한 상태로 유지되지 못하면 모든 질병에 대한 저항력을 상실하고 우리의 피와 살은 썩고 말 것이며 균형이 무너지거나 상처를 입은 몸을 원상태로 복구할 수 있는 능력이 작동되지 못한다. 어떤 의미에서는 공기보다 물보다 더욱 근본적으로 생명 활동의 기초적인 요소로 작동하고 있다고 볼 수 있다. 만물을 살아있게 할 수 있는 가장 궁극적인 힘은 햇빛과 소금에서 나온다. 성경에서 이야기하는 빛과 소금이란 이러한 의미이다. 올바른 소금을 올바른 방법으로 섭취하는 것과 바른 먹을거리를 선택하여 적절하게 먹어주는 것이야말로 몸과 마음을 건강하게 유지하기 위하여 우리가 의지로 선택하여 취할 수 있는 부분이다.

2) 영양의 허와 실

▷ 건강식품, 자연식품(Healthy food, Natural food)

최근에 소위 '건강식품'이나 '자연식품'이 한국뿐만 아니라 세계적으로 붐을 이루고 있다. 그러나 건강식품에 대해서는 세계 어느 나라에서도 명확한 정의는 없다. 어느 시대나 건강에 대해서 그 도가 지나칠 정도로 많은 관심을 갖는 사람들을 볼 수 있다. 최근에는 특히 농약 등으로 식품이 오염되는 경우나 식품을 가공할 때 여러 가지 화학물질이 첨가되는 경우가 있어 사람들은 더욱더 건강에 큰 관심을 기울이게 되었다. 이와 같은 움직임에 호응해서 이재에 밝은 상인은 우리 집 식품은 농약의 오염이 없으며 다른 집 식품보다 건강에 좋다고 선전하고 있다. 이런 부류의 상점에서는 대부분이 판매하는 식품에 '자연식품'이라는 말을 사용하고 있다. 가두어 키우지 않고 산이나 들에 풀어서 키우는 닭의 달걀이라든가, 퇴비만으로 재배한 식품이라고 비싸게 팔고 있으며 마치 이것은 보통의 식품보다 영양가가 우수한 것 같이 선전하고 있다. 소위 말하는 '건강식품'이나 '자연식품'이 보통의 식료품 상점이나 슈퍼마켓의 식품보다 건강상 우수하다고 하는 것은 과학적인 근거가 없다. 식품은 원래 생명유지에 필요한 것이며 어떤 식품이든 건강에 좋지 않은 것은 없다.

▷ 산성식품과 알칼리성식품(Acidity food and Alkaline food)

"흑설탕은 알칼리성 식품이기 때문에 백설탕보다 영양이 좋다" 또는 "와인은 알칼리성 식품이므로 몸에 좋다"라는 등의 말이 있듯이 산성식품을 많이 먹으면 몸이 산성이 되기 때문에 좋지 않고 반대로 알칼리성 식품은 몸에 좋다고 일반적으로 알려져 있다. 식품을 산성과 알칼리성 식품으로 나누는 이론은 1889년에 스위스의 바젤대학의 생리학 교수였던 Bunge에 의해서 제안되었다. 그는 "육류의 단백질에 들어있는 황(S)은 몸 안에서 산화되면 황산으로 되므로 체 조직을 산성으로 만든다. 그러므로 이것을 중화하기 위해서는 알칼리성의 식품을 섭취할 필요가 있다"라는 학설을 제안한 바 있다.

오늘날 생리학, 영양학 등 현대과학의 발달로 사람의 몸에는 항상 산성과 알칼리의 균형을 유지하는 기능이 있다는 것이 밝혀졌다. 육류의 일부는 물론 황산으로 되는 것은 틀림없는 사실이지만 육류를 계속 먹는다고 우리 몸이 산성이 된다는 증거는 없다. 그리고 또 몸이 갖고 있는 중화 또는 활동을 위한 물질은 먹는 음식물로부터 만들어지는 것이 아니다. 건강한 사람이 영양소의 밸런스가 취해진 음식을 먹을 때도 몸 안에서는 알칼리의 약 10배나 되는 산이 만들어지게 된다. 그러나 이런 대량의 산은 산-염기(알칼리)평형의 조정기능에 의해서 처리되므로 대량의 알칼리성 식품을 먹을 필요는 없다. 결론적으로 말하면 소위 말하는 산성식품을 먹어도 또는 알칼리성 식품을 먹어도 몸 안의 산성과 알칼리성의 밸런스를 조정하는 데는 전혀 관계가 없는 것이다.

식품을 산성과 알칼리성으로 분류하는 것은 광물 자체에 의해서가 아니다. 식품을 300-500℃의 열에서 태워 얻은 재를 물에 녹여서 이것이 산성인가 알칼리성인가를 판정하는 것이다. 즉 태운 재 안에 녹아서 산이 되는 무기질이 있는지 또는 알칼리가 되는 무기질이 있는지를 조사하는 것이다. 식품에 따라서는 1가지 식품 중에 이 2가지 성질의 무기질이 같이 들어 있을 수도 있다. 그러면 이와 같은 식품의 산성과 알칼리성은 입으로 먹은 음식물의 경우에 그것이 사람의 몸 안에서 혈액이나 체액의 산도를 바꿀 수 있는가를 살펴보면 그런 일은 있을 수 없다. 건강한 성인은 실험적으로 우리가 먹는 음식물이 몸 안에서 만드는 정도의 산을 먹어도 혈액의 산도는 정상범위에 있는 것이다. 이 문제의 산 알칼리 식품 설은 약 70년 전에 양풍을 배척하는 일본의 쇄국주의와 군부에 의해 받아들여져서 제2차 세계대전 중에 부족한 육류의 소비를 막으려는 정책으로 이용되었으며 한때 쌀 생산이 부족하던 시기에 쌀의 소비를 적게 하려고 "쌀은 산성식품이므로 몸에 나쁘다"고 하여 밥 대신에 빵을 권장하게 되었다. 우리나라에서도 10여 년 전에 식생활개선의 일환으로 쌀을 절약하기 위해서 '혼식'을 권장하였는데 이때도 "쌀은 산성식품이고 산성식품은 몸에 좋지 않다"라고 설명하는 것이 편리하기 때문에 그대로 홍보에 이용했던 것 같다.

최근에는 국민이 건강에 대한 관심이 지나친 나머지 성인병의 예방에도 콜레스테롤이나 설탕 등도 관련시켜서 산 알칼리성의 문제로 해결하려는 잡지나 매스미디어의 내용을 볼 수 있다. 때로는 유명한 학자도 이를 신봉하는 사람이 있으므로 일반인의 과학지식에 커다란 혼란을 가져오게 된다. 분명히 알아야 할 것은 식품에 들어있는 원소 중 나트륨, 칼륨, 칼슘, 마그네슘 등은 실험실에서 태우면 양이온으로 되고 황, 인, 염소 등은 음이온으로 된다. 그러나 이것은 실험실에서 시험관 내에서의 반응이고 몸 안에서 일어나는 반응과 혼돈해서는 안 된다.

▷ 현재의 영양

인간은 불을 발명하고부터 식물[食物]을 조리하게 되어 비타민과 그 외의 영양소가 파괴되어 이 때문에 영양부족이 되어 신체 조직세포가 활력을 잃게 되고 세균에 침범당하거나 암이나 근종(筋腫) 등이 생기는 것이다. 영양의 불완전은 또 피부나 사지(四肢)에 영향을 미치고 정신에도 나쁜 영양을 미치는 것이다. 또 식물[食物]이 정선(精選)되는 면에서도 영양상의 불완전을 초래하는 것이다. 백사탕, 백미, 흰 빵, 어류(魚類)나 육류(肉類)로서 머리나 뼈나 장부(臟腑)를 빼면 이 때문에도 영양상의 결함을 일으킨다.

물건을 삶으면 식물[食物]이 함유하는 단백질은 2분의 1로 줄어 버리고 천연으로 들어있는 염분(鹽分)은 4분의 1이 되어버린다. 따라서 삶든지 굽든지 한 것을 먹을 경우에는 2분의 1로 준 단백질과 4분의 1로 준 염분과를 보급하기 위하여 생으로 먹으면 소량이면 될 것을 삶든지 굽든지 하여 불을 사용한 것은 그 생의 양의 2배나 4배를 먹지 않으면 안 되고 그 위에 열로써 영양소는 응축(凝縮)되니까 그 응축된 영양소를 흡수할 수 있도록 부드럽게 풀기 위하여 소화기관이 여분의 일을 부담하게 된다. 또 식물[食物]의 양이 많으면 그 때문에 발생해 나오는 유해한 부산물이나 잔재물의 처리를 위하여 간장과 신장과 장이 불필요한 일을 하지 않으면 안 된다. 그만큼 생체는 과로를 강요당하고 노쇠를 재촉하는 것이 되는 것이다.

인간이 다른 자연에 서식(棲息)하는 동물에 비하여 식량(食量)이 많은 것도 나이를 먹으면 주름이 지거나 백발이 되거나 머리가 벗어지는 것도 이 삶든가 굽든가 한 것을 먹기 때문이다. 여우나 너구리 곰이나 늑대가 대머리가 된 것이 없는 것이고 비둘기나 꿩이 백발이 된 것을 본 사람이 없는 것도 그들이 화식(火食)을 하지 않기 때문이다. 그리고 보면 음식물에 대한 올바른 지도가 건강 건설에 크나큰 역할을 하고 있다는 것을 알 수 있을 것이다.

▷ 영양의 균형은 중요하다

이제는 우리 주변에서 영양부족이나 결핍에 의한 질환은 방글라데시나 자이레 난민들에게서나 들리는 낯선 이야기가 되어 있다. 오히려 영양이 과다하여 비만이 되고 그로 인하여 고혈압, 당뇨병, 관상동맥 질환, 관절염 등이 출래되고 있다.

원래 생체는 비상시를 위하여 일부 에너지원성 영양소를 저장하는 장치가 되어 있는데 이를 오용하여 과량이 체내에 들어와 축적되기 때문에 생긴 것이다. 그러나 우리 주변에는 이러한 비만만이 문제가 아니라 언제부터인가 보신을 한다는 명목하에 산과 들의 진기한 들짐승부터 각종 식물들을 비싼 값에 사들여 복용하는 일들이 만연되고 있다. 속설에 따라 동물들을 섭취함으로써 그와 유사한 생태를 체득하리라고 기대하는 매우 그릇된 사고들이 퍼져 나가는 이유는 무엇보다도 과거 전통사회와 다른 생활패턴에서 삶과 자신의 신체에 대한 자신감을 상실하였기 때문이라고 본다. 특히 우리 국민들의 일부 계층은 자신과 자연을 동일시하는 착각을 하고 있다.

생체는 어떠한 음식물이 들어오더라도 일단 당, 지방산, 아미노산과 같은 기본 구성단위로 분해해 버린 다음 세포가 원래부터 가지고 있는 유전자의 지시에 따라 필요한 성분을 필요한 때에 필요한 만큼만 엄격하게 조정하여 생합성하고 이용하다가 분해한다. 따라서 호랑이 뼈를 먹는다고 해서 다리가 튼튼해진다거나 닭고기를 먹으면 닭살이 돋는다는 등의 낭설에 현혹되어서는 안 된다. 또한 식품이라는 것은 정결하고 고루고루 영양가를 갖추어 정성스럽게 섭취하는 것이 중요하지 특별하게 좋다는 음식을 선호하는 것은 바람직하지 못하다. 오렌지나 당근이 좋다고 하니 날것으로, 주스로 또한 각종 음식에 섞어 계속 먹었다가 온 몸이 노랗게 변하는 카로텐혈증에 걸리는 사람도 있다. 좋다고 무턱대고 먹다가 온갖 문제가 생긴다. 지나치면 부족함만 못하다는 옛말이 영양에서 큰 문제가 된다.

더욱이 세계 장수마을의 조사뿐 아니라 동물실험 등에서 밝혀진 사실들은 장수의 비결은 특정한 식이에 있는 것이 아니라 오히려 절식하는 데 있음을 가르쳐 주고 있다. 조상들이 항상 자식들에게 식탁에서 "밥은 칠 부만 먹어라" 하던 가르침의 지혜가 새삼스럽다. 또한 우리 선조들이 개발하여 왔던 우리의 전통식단이 요즈음 새롭게 건강식이로 부각되고 있다. 충분한 양의 채소류 섭취와 발효음식, 영양소 분배가 서양식단보다 퇴행성 변화를 억제하는 데 효과가 높을 것으로 기대되고 있다. 그러나 무엇보다도 어떤 특정성분, 특정 영양소에 대하여 편견을 갖는 것은 금물이며 항상 균형을 갖춘 그리고 적절한 양을 맛있게 먹는 방법으로 식단을 발전시켜야 한다.

3) 식이(食餌, Diet)

수야남북(水野南北) 저 『상법수신록(相法修身錄)』《남북상법극의발췌자서(南北相法極意拔萃自序)》에 말하기를 사람은 식(食)을 본(本)으로 한다. 가령 양약(良藥)을 쓴다고 해도 식 부작(食 不作)이면 성명(性命)을 보지(保持)할 수 없다. 고로 양약(良藥)은 쓴다고 해도 식(食)이다. 내가 수년간 상업(相業)을 한다고 해도 식(食)의 귀한 것을 모르고서 사람을 상(相)한즉, 빈궁단명(貧窮短命)의 상이 있어도 유복(有福)하고 장명(長命)인 자도 있다. 또 부귀연명(富貴延命)의 상이 있다고 해도 빈궁(貧窮)하고 단명(短命)한 자도 있다. 이런고로 상(相)을 보아 길흉(吉凶)을 기린다고 하여도 명백(明白)하게 정(定)할 수가 없다. 이것 모두 식(食)의 신(愼)과 부신(不愼)과에 달렸다는 것을 알고, 연후(然後)에 상(相)함에, 우선 식(食)의 다소(多少)를 듣고 생애(生涯)의 길흉(吉凶)을 가리어 만(萬)에 일실(一失)이 없다. 고로 이것을 나의 상법(相法)으로 정한다고 하였다. 그러나 다음은 예외라고 한다.

빈궁단명(貧窮短命)의 상(相)이 있어도 식(食)을 근신(勤愼)하는 자는 복(福)이 있어 무병장수(無病長壽)하고, 부귀연명(富貴延命)의 상(相)이 있는 자도 식(食)을 부신(不愼)하여 대식미식(大食美食)하는 자는 빈궁(貧窮)하고 병신단명(病身短命)이 된다고 하며 "명(命)은 식(食)에 있다"라고 말해서 먹지 않으면 생명을 유지할 수 없다. 또 "기즉천(氣卽天)"이란 말이 있다. 기운이 곧 하늘이란 뜻이겠는데 사람이 기운을 차려 움직이고 생각하고 하기 위해서는 음식을 먹어야 한다. 즉 음식을 먹는 일은 기(氣)를 먹는 일이다. 즉 하늘 기운을 먹는 거나 같다. 그렇다면 사람이 하늘 기운을 먹는 일에 더욱 조심스러워야 하고 감사해야 하고 올바른 마음과 자세로 임해야 한다는 것이다.

4) 한국인의 영양섭취의 문제점

영양학적 관점에서 볼 때는 80년대 이전을 영양결핍시대라 하고 80년대 이후를 영양과잉시대로 구분할 수가 있는데 40대 중반 이후의 시대는 이런 시대를 경험하였지만 젊은층은 영양결핍시대를 모른 채 영양 과잉시대만을 경험했기 때문에 몸통은 크지만 체력은 허약함을 우리는 많이 보아왔다. 그 이유는 많이 있겠지만 가장 큰 원인은 영양섭취의 불균형이라고 말할 수가 있다. 뉴밀레니엄에는 적극적인 영양 차원에서 질 좋은 영양소를 어떻게 효과적으로 섭취하느냐가 관건이다. 이제는 몸에 좋은 것을 찾느라 보양식 한방보약 건강보조식품을 찾을 시기도 아니고 그렇다고 아무거나 내키는 대로 먹어서 기분 좋으면 그만이라는 식의 무관심도 버려야 한다. 우리나라는 건강수명이 세계 119개국 중 81위인 반면 섬나라 일본은 1위인 것은 그들만이 가지고 있는 조상의 얼을 이어가려고 노력 전통식품의 발전과 계승이 아닌가 본다. 서구식 인스턴트식품, 패스트푸드 등 우리의 전통과 고유의 맛을 상실한 식품만을 좋아하는 젊은 세대들은 몸통은 크지만 그 몸통을 지탱할 체력적 유지가 어려운 것은 영양적 불균형이 가장 큰 원흉이라 아니할 수가 없다. 그렇다면 그 문제점이 무엇인가를 알아볼 필요가 있다.

▷ 열량과 영양소 구성

영양소 구성의 국제표준은 탄수화물 65%, 지방 20%, 단백질 15%다. 한국인 가운데 386시대 이후의 성인은 이에 가까운 것으로 나타나지만 연령이 낮아질수록 지방의 섭취비율이 올라가고 있다. 성인의 하루 평균 섭취권장열량은 남자 2천5백 kcal, 여자 2천 kcal다. 갈수록 육류섭취가 늘어나 요즈음은 3천 kcal를 넘는 게 예사다. 육류 섭취가 늘기도 하지만 버터, 마가린, 식용유로 튀기는 음식이 늘었다. 설탕, 소스, 케첩 등 당분과 기름이 섞인 첨가물의 사용이 증가했기 때문이다. 또 청량음료나 주스를 자주 먹게 된 것도 그 이유가 된다.

▷ 넘쳐나는 가공식품

가공식품이 성인병의 원흉이 되고 있다. 가공식품은 우선 농축된 고열량의 지방분과 당분이 많아 조금만 먹어도 권장 열량을 섭취하기 십상이다. 화학조미료가 많이 첨가돼 미각이 바뀔 수 있으며 뇌에 들어가 신경전도물질처럼 작용해 뇌 기능을 교란시킬 수도 있다. 방부제는 소화불량 알레르기 천식을 유발하고 잠재적으로 암까지 유발할 수 있다. 가공식품은 고열과 고농도의 염분으로 처리했기 때문에 인체대사에 필요한 효소와 비타민이 부족하다.

▷ 질 좋은 영양소 섭취

지방질 당분의 섭취를 줄이고 단백질 비타민 무기질의 섭취를 늘려야 한다. 무엇보다 질 좋은 영양소를 가려 섭취해야 한다. 같은 지방이라도 몸에 이로운 것과 해로운 것이 있다. 같은 식용유라도 포화지방산은 다량 섭취할 경우 비만, 심장병, 당뇨병, 대장암, 유방암 등을 유발한다. 반대로 탄소 간 이중결합이 많은 불포화지방산은 항산화작용, 항암, 항염증, 혈전응고억제 등의 효과를 나타낸다. 포화지방산은 대부분의 동물성 기름과 코코넛유, 팜유, 마가린유 등이다. 불포화지방산은 참기름, 들기름, 해바라기유, 홍화유 등에 많다. 등 푸른 생선에 나오는 ω-3지방산은 심장질환, 기관지천식, 류머티즘의 예방과 개선에 좋다. 그러나 어떤 기름이든 과잉되면 나쁘다.

▷ 되살려야 할 전통

한국식단의 우수성은 세계가 주목하고 있다. 쌀밥 같은 습식(濕食)을 하는 민족은 빵 같은 건식(乾食)을 주식으로 하는 민족보다 장수한다. 김치, 젓갈, 청국장 같은 발효음식은 항암 항노화 효과가 우수하다. 한국음식은 6대 영양소를 고루 갖추고 있고 면역력과 약성이 높은 재료가 많아 질병에 대한 저항력을 높여주고 치료효과도 발휘한다. 아침밥을 꼭 먹는 습관도 지켜져야 한다. 굶고 집을 나서면 뇌에 혈당이 부족해져 직무나 학습에 집중력이 떨어지고 점심때 많이 먹게 돼 식곤증으로 오후 내내 피로가 쌓인다. 아이에게 분유나 조제된 이유식을 먹이는 관행도 개선돼야 할 문제다. 면역성분이 든 모유와 엄마가 정성 들여 만든 이유식으로 대체해야 아이들이 잔병치레를 하지 않게 된다. 비만 성인병의 잠재적 위험에도 덜 노출된다.

5) 콜레스테롤은 어떤 물질인가?

콜레스테롤(cholesterol)은 지방의 일종으로 우리 몸에서 필수적인 작용을 하며 식품에서 적정한 양을 섭취하지 않으면 몸 안에서 합성하여 사용한다. 따라서 콜레스테롤(cholesterol)이 동맥경화증 등 성인병을 유발시키는 불필요한 물질로 이해하고 있는 것은 영양에 대해 잘못 이해하고 있기 때문이다.

콜레스테롤(cholesterol)은 식품을 먹어서 얻는 것과 몸 안에서 합성되는 두 가지가 있으며 식품에서 콜레스테롤(cholesterol)을 다량 섭취하게 되면 몸 안에서 합성되는 양은 줄어들고 식품에서 섭취량이 적으면 합성량이 증가하여 몸 안에서 일정한 콜레스테롤(cholesterol) 수준을 유지하도록 조절한다. 콜레스테롤(cholesterol)이 흡수되기 위해서는 먼저 콜레스테롤 에스터 형태가 소장(小腸)에서 담즙산에 의해서 유화되어야 한다. 그 후 췌장에서 분비된 콜레스테롤 에스테라아제에 의해서 지방산과 콜레스테롤로 분해된 후 흡수된다. 그러므로 섭취된 식품의 콜레스테롤(cholesterol)의 흡수는 지방 섭취량과 담즙산의 영향을 많이 받는다. 따라서 식품 중의 콜레스테롤(cholesterol)은 혈중 콜레스테롤(cholesterol)을 약간 증진시키거나 거의 영향을 주지 않는 것으로 건강한 사람은 체내의 조절능력이 있음이 실험결과에서 보고되고 있다. 사람마다 약간의 차이는 있겠지만 1일 몸 안에서 합성되는 콜레스테롤(cholesterol) 양은 1.2g정도로 간에서 담즙산으로 분해된다. 이러한 콜레스테롤(cholesterol)은 세포벽의 구성 성분이며 세포원형질에 다량 함유되고 또 뇌와 신경조직에도 함유되어 있어서 각 조직세포의 기능을 원활히 수행하도록 하며, 성호르몬과 비타민 D와 담즙산을 합성하는 기본 물질이다. 또한 프로게스테론, 테스토스테론과 에스트로겐 등 성호르몬뿐만 아니라 코르티졸(cortisol)과 알도스테론(aldosterone) 호르몬 합성의 전구물질이다. 따라서 우리 몸 안의 콜레스테롤(cholesterol) 수준을 유지하는 것은 성장과 성의 성숙을 위하여 매우 중요하다. 다시 말하면 콜레스테롤(cholesterol)은 인체에 절대적으로 필수불가결한 영양 중 하나로 콜레스테롤(cholesterol)이 너무 적어지면 우선 체중이 감소하고 지구력이 떨어지며 피부와 모발이 나빠지고 성호르몬 생성을 위한 가장 중요한 기저물질이므로 이것이 낮아지면 성 기능이 감퇴하고 조기 폐경과 갱년기 장애를 격화시킨다.

전구물질인 코르티졸(cortisol)은 포도당 신생작용을 증진하며 지방과 단백질의 분해를 촉진하여 에너지대사를 증진시켜 노동이나 운동을 할 때, 스트레스를 많이 받을 때 코르티졸(cortisol)의 분비량은 증가된다. 알도스테론(aldosterone)은 나트륨과 염소와 중탄산의 신장 재흡수를 증가시켜서 혈액량과 혈압을 증가시킨다. 이러한 호르몬의 합성장소는 부신피질이다.

기본 물질인 비타민 D는 칼슘과 인의 장내 흡수를 증진시켜서 골격의 성장과 단단함을 유지시키며 혈액의 칼슘농도의 항상성을 유지시켜 주는 중요한 체내작용을 한다. 콜레스테롤(cholesterol)의 분해산물인 담즙산은 지방의 소화와 흡수에 필수적인 물질로 주로 간에서 콜레스테롤(cholesterol)이 분해되어 생성된다. 담즙산은 담낭에 농축되어 있다가 지방 식품을 섭취하면 소장으로 배출되며 지방을 유화시켜서 분해효소들의 작용을 용이하게 하며 담즙산이 부족하면 지용성 비타민의 흡수가 저해된다. 특히 콜레스테롤(cholesterol)은 지단백질(lipoprotein)의 구성 성분으로서 지방을 체내 각 세포로 운반하는 작용을 하며 지단백질은 지방, 인지질, 콜레스테롤(cholesterol)과 단백질로 구성되는데 그 함량이 각기 다르고 그 작용도 다르다. 혈액 내 대부분의 콜레스테롤(cholesterol)은 저점도 지단백질(LDL)에 존재하며 각 조직세포로 운반된다. 고점도 지단백질(HDL)은 콜레스테롤(cholesterol) 농도가 가장 낮고 단백질 함량이 가장 높다. HDL은 콜레스테롤(cholesterol)이 각 세포에서 쓰이고 난 지단백질을 운반하는 작용을 한다. 따라서 혈액 내의 LDL의 증가는 곧 콜레스테롤(cholesterol)의 증가를 의미하며 동맥경화증의 위험요소로 지적되고 있는 반면에 HDL의 혈액 내 증가는 동맥경화증을 예방하는 요소이다. HDL의 농도를 높일 수 있는 식이요소로 불포화지방산, 비타민 C와 섬유질 등은 혈중 지방과 콜레스테롤(cholesterol) 농도를 낮추는 효과를 나타내며 운동 역시 지단백질 중 HDL의 농도를 높여준다. 따라서 체중조절과 함께 운동하는 것은 혈중 지질농도를 낮추는 데 현저한 효과를 나타낸다. 또한 식품을 섭취하는 데 있어서 동물성 지방을 섭취하면 인체 콜레스테롤(cholesterol)이 많이 얻어지는 것이 아니고 단지 10%이하인 것으로 밝혀져 체지방량의 증감은 식사보다는 체내에서 만들어지는 원발성 고지혈중에 더 큰 영향을 받는다는 것이다. 그러므로 과로와 스트레스를 피할 수 있는 낙천적인 성격을 가지도록 노력하여야 하며 세계적인 장수민족의 식단에는 콜레스테롤(cholesterol) 함량이 결코 적지 않다는 것이다.

이러한 내용으로 보아 콜레스테롤(cholesterol) 자체가 나쁜 물질이 아니며 성인병의 주범도 아니라는 것이다.

6) 과학발전의 역행에 의해 음식에서 생기는 질병

현대사회는 문명의 혜택으로 과거의 감염병이 의학, 약, 예방법, 환경위생 등의 향상으로 사라져 가고 있다. 그러나 한편으로는 인류의 생존과 미래에 중대한 위협이 되는 갖가지 문명병, 공해병이 격증하고 기타의 사회병폐가 심화되고 있다. 암을 비롯한 고혈압, 뇌졸중, 심장병 등 성인병이 늘고 있어 어느 가정이나 한두 가지 성인병에 대한 걱정은 있게 마련이다. 성인병은 곧 식원병(食源病)이다. 현대 문명에서는 대부분이 식원병에서 오는 것이므로 지금의 식생활을 시급히 개선할 필요가 있다. 우리들은 보통 자연식 하면 이상한 강장제나 정력제로 알고 있으나 그것은 잘못 생각이며 자연식은 우리 가까이에 있는 것이다. 우리는 일상생활 속에서 '자연스럽다, 인간답다'라는 말을 흔히 사용하고 있다. 이 말들은 언뜻 듣기에 순수하고 소박한 느낌을 준다고 단순히 생각할 수도 있으나 그 말들에는 어떤 중요한 공통점이 있다는 것을 잊어서는 안 된다. 그 공통점이란 자기운동성, 자기회복력, 자연치유력 같은 것을 통한 조화(balance)이다. 곧 꾸밈이 없고 무리가 없는 상태를 나타내는 말이다.

늦가을의 들녘에 낙엽이 진다. 낙엽을 보면서 저무는 한해가 아쉬워 감상에 젖기 전에 한번 그 낙엽의 자연스러움 곧 자연의 섭리를 생각해보자. 그 낙엽은 떨어져 땅에 묻혀 썩음으로 해서 다음해의 새로운 생명체의 성장을 위한 밑거름이 되는 즉 순환하는 대자연의 섭리가 있음을 알 수 있다. 낙엽을 이렇게 내버려두는 것이 '낙엽의 자연스러움'이다. 낙엽을 주워 책갈피에 접어두는 소녀의 센티멘털리즘은 '자연스러움'이 아니다.

인간도 하나의 피조물 즉 자연물이며 자연의 법칙 속에 있음을 인정해야 한다. 이것이 '인간의 자연성' 자연스러운 인간의 모습이다.

동양에서 자연을 대아(大我)라 하고 인간을 소아(小我)라 했음은 이런 이치의 이해에서 나온 것이다. 즉 자연의 mechanism과 인간 육체의 mechanism의 유사성, 대자연의 구조의 축소판적 성질을 일컬음이다. 물론 그렇다고 해서 인간이 자연의 부속물로서만 종속되어 과학의 발달을 부정하며 무조건 자연으로 돌아가자는 이야기는 아니다. 자연을 이용하고 극복하는 것은 인간만이 갖는 지혜이기 때문이다. 그러나 여기서 문제가 되는 것은 인간을 이롭게 해야 할 과학의 발전이 정복욕 같은 욕망을 만족시키기 위해서 또는 단순한 편리만을 도모하기 위해 발전하게 됨으로써 인간을 위협하는 역작용을 낳고 있다는 사실이다. 병충해 방지와 증산을 위해 농약이나 화학비료가 대량 투입되었을 때 당장은 인간에게 이롭다고 생각될지 모르나 이것이 다시 인체에 돌아올 때 해로운 독소로 된다. 토질은 악화되고 더욱 악성의 병충해가 생기고 그러면 더욱 강한 약을 살포하는 식의 악순환이 심각하게 반복되고 있다. 또 인간 자체도 의존적이 되어가고 있다. 그 예로 호르몬 주사를 계속 인체에 투입하게 되면 신체내의 호르몬 생성 기능이 퇴화되어 스스로 자신의 건강을 유지시키는 힘을 상실하게 되는 것도 같은 경우라 할 수 있다. 결국 인간에 의해 자연과 인간의 조화가 깨져버린 상태 즉 무리가 생기는 것이며 이것이 불건강(不健康)의 징후인 것이다. 여기서 다시 조화를 되찾아 건강하고자 하는 몸부림이 나타난다는 것은 자기 운동성 회복을 위한 자연스러운 현상이며 인간적인 본능이라 할 수 있다. 인간은 자연계를 통해 에너지원인 음식물을 공급받음으로써 생명을 유지할 수 있다. 즉 건강한 자연으로부터 건강한 에너지원을 공급받아야 건강한 인간 생활이 가능함은 당연한 이치이다. 이 건강한 에너지원이 바로 자연식이다.

7) 자연식품의 어원(語源)과 필요성

▷ 자연식품의 발생원인

현재 인류가 먹고 있는 자연식품의 실상을 보면 평상시에는 약 400여 종, 전시에는 1천여 종 가량으로 차별이 있다고 한다. 평상시에는 먹지 않던 식품을 비상시에는 찾게 되며 이런 세월을 초근목피 시절이라고 일컬으며 이때 먹었던 식품을 구황식품이라고 불려왔다.

자연식품을 위주로 먹고 있고 식품오염이나 환경오염 등이 비교적 적은 인도, 베트남, 콜롬비아, 아프가니스탄, 페루 등은 평균 수명이 50세 전후인 것을 볼 때 선진국 사람들이 생각하는 것처럼 자연으로 돌아가는 것이 곧 건강, 장수를 유지할 수 있는 길이라고 생각하는 것은 잘못인 것이다. 통계에 나와 있는 장수국(長壽國)은 이른바 선진국으로서 문명의 혜택을 입고 있으며 영양을 충분히 섭취하고 있는 그룹에 속해 있음이 옛날과 다르다.

40억의 인구 중 충분한 식품을 섭취하고 있는 수는 약 8억 정도이고 최대한의 영양을 섭취하지 못하고 굶주리고 있는 사람이 약 9억에 이르고 있다고 알려져 있다. 이런 현실에서 자연식품을 논하면서 그 필요성을 인정하고 있는 것은 충분한 식품을 섭취하면서도 미식을 하고 있는 집단 때문이다. 그들은 미식(米食)에 의한 비만, 심장병, 뇌졸중, 당뇨병, 암 등의 폐해 때문에 자연 건강식품의 재인식과 필요성이 생기게 되었다고 강조하고 싶다. 또한 문명의 부산물인 환경오염, 식품공해 등이 건강을 좀먹는 결과가 되어 그것이 자연식품의 자연발생적 요인이 되고 있다는 것이다.

과학의 눈부신 발전으로 평균수명이 늘기는 하였으나 그만큼 골치 아픈 질병들이 늘고 있는 것도 사실이다. 즉 문명의 공과가 자연식품의 발생을 초래하게 되었다.

▷ 자연건강식품의 중요성

독일에선 1890년대에 건강식품을 먹도록 생활을 개혁하려는 운동이 시작되었다. 그래서 이것을 '레포름(reform)'운동이라 부르게 되었다. 베를린에서 그때부터 이미 도시의 공해문제가 거론되었고 식생활에서도 육류의 과식이 몸에 해롭다고 인식되기에 이르렀다. 그래서 베를린에 사는 유지들이 교외에 나아가 이른바 건강촌을 건설하고 식품을 자급자족하면서 생활을 개혁하려 했다. 이 개혁운동은 당초에는 채식주의가 주체를 이루었으나 지금은 영양균형이 주축을 이루고 있다. 이러한 결과들을 우리는 잘 음미해야 할 문제이다. 지금 일부 사람들이 말하고 있는 것처럼 자연식이란 곧 채식을 뜻하는 것으로 몰고 가는 느낌이 있는데 이것은 큰 잘못인 것이다.

단백질, 당질, 지방, 무기질, 비타민 등의 균형 없이 건강을 바란다는 것은 있을 수 없는 일이다. 건강이나 강장이란 균형 있는 영양공급과 신진대사가 제대로 이루어지는 데서 성립되는 것은 확고부동한 사실이다. 우리가 먹는 식품에는 발암성물질과 같은 유해한 물질이 있는가 하면 정반대의 항암작용을 나타내는 항암물질도 있는 것이다.

미국 캘리포니아대학의 에임스교수가 지적한 바와 같이 '자연은 인자하지 않다'는 것이다. 버섯은 '하이드라진'이라고 하는 다양한 종류의 물질을 내포하고 있고 셀러리, 무화과, 파슬리는 모두가 빛을 받으면 활성화되는 발암물질이 있다고 한다. 콩과 일부의 차와 면실유, 알팔파나 물(요즘 건강자연식품으로 각광을 받고 있음)에 이르기까지 암의 위험을 증진시키는 화합물을 가지고 있다는 것이다. 그는 일반의 암은 인공물질로만 생각하고 있으나 그것은 사실이 아니라고 주장하고 있다.

또 꼭 알아두어야 할 것은 음식을 조리하는 방법에 따라서도 식품속에 있는 발암물질의 수준을 높인다는 것이다. 보기를 들면 태우거나 거무스름하게 구운 식품 등이 여기에 해당된다. 평소에 우리가 먹는 식품이 완전무결하게 무해하기를 바라는 것은 거의 불가능한 일이다. 또한 식품은 한 가지가 완전무결한 것도 없다는 사실을 알고 식생활에 임하여야 건강을 유지할 수 있는 것이다.

어떠한 질병에 어떤 식품이 좋다고 하는 것은 식이요법상의 문제이지 절대적인 것은 아니다. 자연식에서 가장 문제되는 것은 어느 한 식품에 대해 맹신을 하는 일이다.

▷ 각광받는 자연식

자연식은 세계적으로 붐을 일으키고 있고 외국에서는 오래 전부터 여러 가지 많은 시도가 있어 왔다. 공해식품에 대한 시험 연구가 나날이 발전하고 있고 식품공해도 유발된 여러 가지 질병의 사례와 기록이 발전되어 주부에게 경종을 울리는가 하면 자연식품 판매점이 나날이 늘어 일반소비자에게 큰 환영을 받고 있다. 미국에서는 건조식품으로 동양전래의 두부가 크게 각광을 받고 있다고 하며 북미 유럽에서는 하얀 정맥빵 대신 검정빵 즉 현미빵이 일반화되고 서독 등지에서는 자연건강운동의 제도적으로 법의 보호를 받아 자연식품을 제조, 판매하려면 일정한 교육을 받아야 한다고 한다. 일본만 하더라도 자연건강식품이 크게 각광을 받아 전체식품의 30%이상으로 시장 매상이 되고 있다는 보도를 본 바 있다.

우리나라에서도 최근 자연식에 대한 관심이 크게 고조되어 현미, 보리를 찾는 인구가 늘어나고 있다. 이해 많은 사람들이 보리를 찾는 풍조가 일게 된 것은 식량 절약 차원이 아니고 국민건강의 측면에서 환영할 일이 아닐 수 없다.

▷ 자연식이란?

그렇다면 자연식이란 무엇인가?

자연식이란 최근 사용되기 시작한 일종의 통속어이지 학술용어는 아니다. 따라서 자연식에 대한 정의는 내리기 어렵다. 유럽이나 미국에서도 이 점은 마찬가지이다. 그래서 일반적으로 자연식을 건강식

(Health food)이라 말하기도 하고 자연식이라 말하기도 한다. 경우에 따라서는 유기식(Orgarnie food)이라 부르기도 한다.

미국에서는 이러한 식품을 파는 곳을 건강식 판매소(Health Food Store)라 부르는 것을 보면 건강식이란 말을 이러한 식품의 총괄적 명칭으로 볼 수 있다. 따라서 일반식과 구별이 애매모호하다. 자연식의 정의를 엄격히 내린다면 "인공적인 수단을 가하지 아니하고 자연의 섭리에 따라 생산된 가공되지 않은 식품"이라고 할 수 있다. 그러나 이러한 정의를 요즘 우리가 먹고 있는 식품의 현실에 비추어 볼 때 비현실적이므로 약간 양보하여 "영양 가치를 크게 떨어뜨리지 아니한 방법으로 약간 가공한 식품 또는 저장과 보존을 위한 첨가물의 법정 규정량을 엄격히 지킨 식품"이라고 말할 수 있다.

표백, 탈색, 착색, 겉보기의 신선도를 위한 가공, 인공감미 등 무용무익한 가공을 일체 하지 않은 식품이어야 자연식이라고 할 수 있다. 이렇게 볼 때 우리 주변에서 흔하게 널려있는 야채들이 대개 자연식에 속한다고 볼 수 있다. 그리고 미국에서 불리고 있는 유기식이란 화학비료, 살충제, 제초제 등의 농약을 사용하지 아니하고 퇴비로 재배된 농작물과 가축, 가금에 있어서는 항생물질, 공해요소를 지닌 사료를 주지 아니하고 기른 쇠고기, 돼지고기, 닭고기 등을 말한다.

▷ **자연식품 섭취방법**

자연식품의 대표적인 것이 야채류이므로 생활 속에서 푸른 야채를 먹는 기본 원칙을 예로 들어보면

첫째, 식단에 태양을 충분히 받은 푸른 야채를 공급하도록 한다.

둘째, 식사할 때 식욕이 왕성한 초기에 만복이 되기 전에 다른 음식보다도 먼저 야채를 충분히 섭취하도록 한다.

셋째, 날것에 가까운 형태로 먹는다. 인간은 잡식동물이어서 초식을

주로 섭취하나 소나 말처럼 식물성 섬유를 분해하는 효소를 갖지 않고 있어 야채를 많이 먹을 수는 없지만 당근이나 무, 파슬리, 셀러리 등 생식이 가능한 것은 그대로 먹도록 하는 것이 좋다.

넷째, 가급적이면 양념을 하지 말고 본래의 맛을 그대로 살려 먹도록 한다. 가장 좋은 것은 약간 데쳐 싱겁게 익혀먹는 것이다. 이렇게 하면 물리지 않고 많이 먹을 수 있다.

다섯째, 치아가 없거나 약한 경우 외에는 즙으로 해서 마시지 않는다. 주스로 마시면 타액 중의 소화효소가 잘 분비되지 않으므로 영양소가 흡수되기 어렵기 때문이다. 이상 기본 원칙을 지키면서 섭취하는 것이 가장 바람직하다.

최근에는 비닐하우스 재배로 과거에 비해 계절에 관계없이 야채가 많이 나온다. 그러나 춘하추동이라는 계절에 맞는 리듬이 있는 것처럼 인간의 몸에서 생체리듬이 있어 여름에는 수분이 많은 것으로 수박 같은 것이 좋으며 겨울에는 부피가 많은 것으로서 양배추 같은 것을 본능적으로 찾게 된다. 이것을 무시하고 겨울에 온실에서 얻은 수박을 먹는다든지 하는 것은 영양학적으로 무의미한 것이다. 제철의 것은 영양가치도 높을 뿐만 아니라 값도 싸고 품질도 뛰어나다. 원칙을 알고 행하는 것과 그렇지 않은 것은 적지 않게 건강을 좌우하는 것으로 된다.

8) 신체의 구성 원소와 식품의 열량

우리 몸은 약 27종의 원소로 구성되어 있으며 자연계에는 약 105종의 원소가 존재한다. 우리 몸에 가장 많은 원소는 산소로서 우리 몸의 약 65%를 차지하며 탄소는 18%, 수소 10%, 질소 3%정도이다. 나머지 약 4%는 무기질 원소들이다. 무기질을 제외한 원소들은 모든 식품에 지방, 단백질, 탄수화물과 같은 화물과 같은 화합물의 형태로 들어 있다. 무기질도 화합물의 형태로 들어있는 경우가 많다. 따라서 몸을 구성하는 원소들은 모두 식품을 섭취함으로써 얻을 수 있다. 이러한 우리 몸의 구성 원소들을 화합물, 즉 영양소인 수분, 단백질, 지방, 무기질, 소량의 탄수화물, 미량의 비타민으로 구성하고 있으며 각 영양소를 구성하고 있는 원소의 조성은 모두 다르다. 칼로리를 내는 영양소는 유기물질이므로 탄소가 주가 되어 구성되어 있다. 탄수화물 지방은 탄소 산소 수소로 구성되어 있고 단백질은 이 세 원소 이외에 질소도 갖고 있다. 탄소가 연소하면 탄산가스가 되면서 1g에 8.08 칼로리를 발생하고 수소가 연소하면 물이 되면서 34.5칼로리를 발생한다. 따라서 영양소에 수소가 많을수록 칼로리를 많이 낸다. 영양소가 체내에 흡수된 후에 발생하는 열량은 1g에 탄수화물 4.1칼로리, 지방 9.45칼로리, 단백질 4.35칼로리이다. 그러나 흡수율이 탄수화물 98%, 지방 95%, 단백질 92%이므로 실제로 체내에서 발생하는 열량가는 탄수화물 4칼로리, 지방 9칼로리, 단백질 4칼로리가 된다.

신체의 구성 원소

원 소	%	원 소	%	원 소	%
산소(O)	65	인(p)	1.0	마그네슘(Mg)	0.25
탄소(C)	18	칼륨(k)	0.35	철(Fe)	0.004
수소(H)	10	황(S)	0.25	망간(Mn)	0.0003
질소(N)	3.0	나트륨(Na)	0.15	구리(Cu)	0.00015
칼슘(Ca)	1.8	염소(Cl)	0.15	요오드(I)	0.00004

▷ 에너지 대사

사람의 몸을 움직이려면 힘, 즉 에너지가 필요하며 에너지는 음식에서 공급된다. 그러므로 음식을 먹지 않으면 힘이 없고 극단으로 가면 움직일 수 없게 된다. 움직인다는 것은 의식적으로 어느 부분의 근육을 신축시키는 것이며 이때 에너지가 사용된다. 또한 의식적으로 움직이지 않아도 호흡·순환 등 여러 가지 대사 작용이 이루어져야 생명이 유지된다. 이러한 대사과정을 유지하려면 에너지가 필요하다. 뿐만 아니라 음식을 소화하고 흡수하는 과정에서도 에너지가 필요하다. 이상과 같이 사람이 생명을 유지하려면 무의식적으로 근육을 움직이는 기초대사, 의식적으로 움직이는 활동대사, 먹은 음식의 소화·흡수가 이루어지도록 하는 열 생산작용(특이 동적작용) 등을 위하여 에너지가 필요하고 이외에도 성장기 때 성장을 지속하고 배설하기 위해서도 에너지가 필요한 것이다. 이러한 에너지대사에 대해서 좀더 자세히 설명하면 다음과 같다.

• 기초 신진 대사: 사람이 생명을 유지하기 위해 본인이 의식하지 않는 동안에 일어나는 대사로 호흡작용, 심장의 신축 활동, 혈액 순환, 신장의 여과작용, 세포의 합성작용, 근육의 긴장 등에 필요한 열량을 기초 신진대사량이라고 한다. 보통 성인의 기초대사량은 1200~1400 칼로리이다. 기초대사량은 체중 신장 체표면적에 따라 달라진다.

• 활동대사: 기초대사량을 제외한 근육활동은 에너지를 많이 필요로 한다. 에너지 소모가 적은 활동부터 차례로 적으면 잠자기, 누워있기, 앉아있기, 바느질하기, 노래 부르기, 설거지하기, 비질하기, 가벼운 운동, 걷기, 층계 내려가기, 수영 순이다. 층계 오르기는 에너지 소모량이 가장 많다.

• 특이동적작용 대사(열 생산작용: 일정량의 칼로리 영양소를 섭취했을 때 그 양 이상의 열량을 내는 것을 특이동적작용 대사량이라고 한다. 먹은 음식이 소화 흡수되려면 소화기관 근육의 활동과 소화액의 합성 분비로 에너지가 필요한 때문에 체내에 저장되었던 열량을

소비하게 된다. 일반적으로 이 대사량은 기초 신진대사량과 활동대사량을 합친 것의 10%로 계산한다. 우리가 섭취할 에너지양을 계산할 때는 특이동적 대사량을 생각하여 에너지 소비량보다 10% 정도 더 섭취하도록 해야 한다.

9) 식품에 대한 선택

논어 제1권에 "온고이지신 가이위사의(溫故而知新 可以爲師矣)" 즉 문화유산이 전승(傳承)을 기반으로 하여야만 새로운 문화의 창조도 가능한 것같이 식생활에서도 마찬가지로 "식자만물지시, 인지소본자야(食者萬物之始, 人之所本者也)"라 하였으니 식생활이 일상생활에서 얼마나 중요한가를 알 수 있다. 이러한 식생활의 근본이 되는 식품은 활동의 에너지를 내는 중요한 역할을 하는 것으로 섭취할 때 만복감과 더불어서 즐거움을 주는 관능적(官能的)요소가 중요하게 고려되는 경향도 있다.

특히 한국 음식에는 자연의 멋이 깃든 음식이 많으며 또한 우리 선조는 식생활에 있어서 절제를 강조하였는데 "규합총서"에 「그러므로 음식으로 의약을 삼아 나날이 부치는 듯하게 먹어야 하니」의 구절로 보아서 절제를 강조한 생활태도를 알 수 있다.

이제는 식생활의 다섯 단계 중에서 우리는 생명유지와 생리적 요소를 충당하는 살아남기 위한 생존(Survival)의 단계를 지나 음식이 무엇인지 알고 먹는 인지(Recognition)의 단계와 선택(Selection)의 단계도 지나 기호(Preference)의 단계에 이르렀으나 마지막 예술(Art)의 단계에는 못 미치는 것 같다.

이러한 발전단계에서도 일부 계층은 식생활의 인지(認知)와 선택

(選擇)에 혼란을 자초하며 특정식품이 우리 건강을 좌우하는 것으로 착각하면서 국내식품은 외국 식품에 비하여 질과 안전성 그리고 영양적인 가치 등이 뒤떨어지는 것으로 착각, 자신의 무지(無知)는 물론 민족의 혼까지 상실시키는 사례가 일어나고 있다는 사실이 안타까울 뿐이다.

이러한 사고(思考)를 가진 우리 민족을 빗대어 식습성(食習性)에 대한 속설(俗說)을 보면 일본인은 눈으로 먹고, 중국인은 맛으로 먹고, 한국인은 배로 먹는다고 하여 우리 민족은 그저 배 부르는데 주력하는 민족으로 빗대고 있는 것이 아닌가 한다.

그러나 사실 우리 민족은 자연의 멋과 풍류로 예술의 경지에 이르는 식문화(食文化)를 가진 민족임을 자부하여야 한다.

지금은 식문화를 형성하는 데 중요한 것은 바람직하고 현실적인 영양실천 모델을 만들어 환경·연령·성별·지역 등 개인 간의 식품 선택에 상당한 요인으로 작용하는 맛에 대한 습성을 파악함으로써 영양섭취에 크게 영향을 줄 것으로 기대한다.

따라서 모든 식품에 관련된 산·학·연 모두가 우리 민족의 얼을 되새기며 어떠한 식품보다도 우리의 것으로 우리 민족의 건강을 책임질 수 있는 식품을 연구, 제공함으로써 음식문화의 새 장을 창조하기 위해 계속적인 연구를 해야 할 것이다.

10) 식이요법을 통한 건강 유지

음식은 사람을 성장하게 하고 건강을 유지하는 데 필요하고 생활에 즐거움을 주며 정신적 안정감과 생활에 대한 의욕을 북돋아 주고 또는 대인관계를 원만하게 하는 촉매제의 역할도 한다. 그래서 식사를 어떻게 하느냐는 문제는 중요하다. 또 어떤 성분을 섭취하고 식사량은 얼마나 하느냐는 신체기능에 큰 영향을 준다. 인류 초기시대에 식사의 내용은 야생과일이나 풀뿌리로 한정되어 있었다. 그러나 오늘날은 식사의 내용이 광범위하고 다양하게 변모되었다. 서방 세계의 경우를 살펴보면 과거에는 식물성의 섭취가 오늘날보다 많았었다. 오늘날은 식물성의 섭취가 줄어들고 단백질과 지방의 함량이 높은 음식을 주로 먹고 있다. 이러한 식사 형태는 여러 가지 고질적인 병을 야기하고 있음은 잘 알려진 일이다. 과거에는 비타민 결핍증이나 전염병과 같은 단순한 인자에 의한 병이 대부분이었다. 그런데 지금은 복합적인 원인에 의한 병이 더 많다. 이런 면에서 보더라도 식이요법은 중요한 역할을 하고 있음은 주지의 사실이다. 보통 고질적인 질병을 야기하는 음식들이 식이요법의 식단에 포함되어 있는 경우도 있을 수도 있으나 주의하여 적절한 양을 섭취한다면 고질적인 병은 미연에 방지할 수도 있다. 또 식습관도 중대한 영향을 미친다.

사람은 선천적으로 좋아하는 음식이 있다. 좋아하는 음식만 먹고 싫어하는 음식은 먹지 않게 된다. 어려서부터 여러 가지 음식을 골고루 먹는 습관을 길러야 한다. 개인의 식습관은 자신이 소속된 사회의 풍습과 문화적 배경에 영향을 받게 된다. 어머니의 기호나 가족의 분위기, 경제상태에 의해서도 영향을 받게 된다. 일단 형성된 식습관은 고치기 힘들지만 영양, 식품, 식습관 등의 중요성에 관한 지식을 터득하면서 스스로 바람직한 음식을 선택하여야 할 것이므로 여기에 참고가 될 수 있도록 식이요법에 관한 조언을 하고자 한다.

▷ 칼로리 조절

건강에 관심이 있는 사람은 하루에 섭취하는 칼로리를 산출해 보아야 한다. 섭취한 칼로리 양과 소비한 칼로리 양의 균형을 이루도록 조정을 해야 한다. 보통 사람들은 신진대사과정과 정신적, 육체적 노동에 소비된 칼로리 양이 자신이 섭취한 칼로리보다 초과하길 바라지 않는다. 그런데 칼로리 소비문제는 개인적 차이가 상당히 크다. 개인적 차이는 키, 나이, 활동성과 근육에 존재하는 지방조직의 비율 등을 말한다. 아직까지 잘 알려진 연구결과는 아니지만 신진대사에 있어서 개인적 차이가 작용한다고 한다. 마른 사람들은 뚱뚱한 사람에 비해 대체적으로 활동적이다. 그래서 하루에 소비되는 칼로리도 마른 사람의 경우에 더 많다. 뚱뚱한 사람은 소비되는 칼로리가 적어서 살이 찌기도 하지만 실제적으로는 과식이나 운동부족으로 살이 찌는 예가 더 많다. 특히 밤에 과식을 하는 경우 큰 문제이다. 좋은 식습관은 골고루 먹는 것과 아침식사는 왕처럼 하고 점심식사는 왕자처럼 하고 저녁 식사는 거지처럼 하는 것이다. 즉 저녁에 가까워질수록 식사량을 줄여 가는 것이 좋다고 한다.

오늘날 미국사회에서 비만은 큰 문제이다. 비만 사례는 점점 늘어가고 또한 외견상 보기 흉하다. 더 위험한 것은 고질적 질병을 동반한다는 것이다. 심장질환, 뇌일혈, 고혈압, 당뇨병, 암 등을 유발하기도 한다. 또 신체의 면역 기능에도 손상을 준다. 때문에 비만은 본인이 신경을 쓰고 해결해야 할 문제이다. 지방이 늘어난 것과 몸무게의 증가는 수시로 체크하여야 하며 살이 쪘을 때는 제일 먼저 자신이 섭취한 칼로리를 확인하고 분명히 설탕이나 지방, 알코올을 과다 섭취하였을 때는 식사에서 거의 제외시키든가 아니면 줄이도록 하여야 한다. 또한 운동량을 확인하여 운동에 게을렀다면 반성하고 꾸준히 운동을 하는 습관을 길러야 한다. 운동하는 데 많은 시간을 투자하는 것이 적당한 칼로리 섭취로 조화가 이루어져서 자신의 건강을 비만에서부터 보호해 줄 것이다.

▷ 지방 섭취

음식물에는 여러 종류의 영양소가 함유되어 있다. 영양소는 체내에서 에너지를 발생하여 생명을 유지하게 하고 활동을 할 수 있게 하고 체 조직을 형성하고 생리작용을 조절하는 기능을 하고 있다. 중요한 영양소로는 지방, 단백질, 탄수화물, 콜레스테롤, 미네랄 등이 있다. 이 영양소들이 체내에 섭취되었을 때 건강에 어떠한 영향을 주는지에 대하여 알아보고 건강을 위해서는 어떻게 이 영양소의 섭취를 조절해야 하는지 살펴보고자 한다.

칼로리 섭취를 통해 얻을 수 있는 3대 영양소는 지방, 단백질, 탄수화물이다. 그중에서도 지방은 에너지원이다. 탄수화물과 단백질은 1g당 4칼로리를 내는 데 비해 지방은 1g당 9칼로리 열량을 공급한다. 지방은 글리세롤(glycerol) 한 분자와 지방산 세 분자로 결합되어 있으며 이를 글리세리드(glyceride)라고도 한다. 지방산에는 여러 종류가 있으므로 지방산에 따라 지방의 종류가 달라진다. 보통 지방산은 포화지방산과 불포화지방산으로 양분되고 불포화지방산은 단순 불포화지방산과 복합 불포화지방산으로 구성되어 있다. 불포화지방산은 수많은 수소원자를 가지고 있다. 단순 불포화지방산은 수소원자를 받아들일 수 있는 빈 공간을 하나 가지고 있고 복합 불포화지방산은 여러 개의 빈 공간을 소유하고 있다.

보통 포화, 불포화의 개념을 지방이 불포화, 포화된 것으로 생각하지만 사실은 지방산이 포화, 불포화된 것을 의미한다.

포화지방산은 실내에서 고체로 존재하고 불포화지방산은 액체로 존재한다. 동물성 지방은 대부분 포화지방산이고 예외적으로 어류지방은 불포화지방산에 속한다. 모든 식물성 지방은 불포화지방이고 필수지방산(essential fatty acids: prostaglandins의 전구체로 리놀레산, 리놀렌산)이다. 그런데 식물성 지방은 보존기간을 연장시키고자 화학처리를 할 경우가 있다는 것을 숙지하여 화학 처리된 가공 식물성 음식은 피하는 것이 좋다.

지방이 종류에 따라 다른 효과가 나타나므로 자신이 섭취한 지방의 종류를 알고 통제하는 것이 아주 중요한 일이다. 즉 포화지방산은 혈액 내에 있는 콜레스테롤(담즙, 담석, 뇌, 난황 따위에 있는 지방성 물질)의 양을 증가시키므로 동맥경화의 직접적인 원인이고 또 다른 심장질환을 유발한다. 따라서 지나친 포화지방산의 섭취는 자제되어야 한다.

단순 불포화지방산은 혈액 내에 있는 콜레스테롤의 양을 감소시켜 준다. 복합 불포화지방산은 콜레스테롤과는 무관하다. 중류 이상의 가정에서의 식단은 칼로리의 46%가 지방이라고 한다. 이런 식단에서는 칼로리의 15-17%는 포화지방산을 섭취할 수밖에 없을 것이다. 이런 생활환경에서 포화지방산의 비율은 높은 반면 단순 불포화지방산의 섭취 비율은 4%내지 8%로 비교적 낮은 비율을 섭취할 수밖에 없다.

지방을 필요 이상 섭취하면 피하, 복강, 근육 사이에 저장된다. 그러므로 과량 섭취하면 비만해진다. 반대로 부족하면 첫 단계로 글리코겐이 분해하여 에너지를 발생하고 그 이상이 부족하면 저장된 지방이 사용되어 체중이 감소한다. 특히 포화지방산을 과량 섭취하면 심장질환, 뇌일혈, 고혈압, 당뇨병, 암을 유발할 가능성이 커진다. 이런 이유 때문에 미국의 심장 보호협회에서는 포화지방산의 섭취를 줄이라고 권고한다. 대신에 심장을 보호하려면 단순 불포화지방의 섭취량을 늘리라고 권하는 홍보활동을 적극적으로 해 왔다. 단순 불포화지방은 어린이의 성장을 촉진시키고 피부의 건강을 돕는다고 한다.

식이요법을 통한 건강유지 및 노화방지계획에서는 하루 칼로리 섭취량의 25%를 지방에서 얻으라고 한다. 사실은 25%보다 더 낮은 비율이 바람직하다. 현재 비율이 40%이니 점차적으로 줄여 나가는 것이 바람직하다. 일본의 경우에는 하루 칼로리 중 10-15%를 지방으로 섭취하고 있다. 학자들에 의하면 식사와 질병과의 상관관계를 비교해 볼 때 아주 이상적인 비율이라고 한다. 식이요법을 통한 건강유지 및 노화방지계획에서는 지방은 하루 칼로리의 25% 미만으로 그리고 복합 불포화지방은 10%정도로 정하는 것이 좋다. 복합 불포화지방은 식물섬유에 많이 함유되어 있고 결핍되면 피부가 건조하고 더께가 생기는 증세가 나타난다. 복합 불포화지방산의 섭취 비율은 보통 미국인이 섭취하는 비율보다 높은 수치이다. 그 수치를 더 높게 하지 않는 이유는 장기적으로 볼 때 높은 섭취가 효과적이라고 하는 연구가 아직까지는 나오지 않았기 때문에 국립연구원에서는 10%로 정했다. 또 대부분의 복합 불포화지방산의 섭취를 식물성 식품에만 의존하게 되므로 한계가 있기 때문이다. 그런데 새롭게 등장한 것이 생선 지방이다. 특히 생선 지방은 혈액 내에 콜레스테롤의 양을 감소시켜주고 혈액의 응혈을 막아 주는 것으로 알려져 있다. 생선 지방은 우수한 식품이다. 규칙적으로 섭취하면 아주 건강에 도움이 될 것이다.

▷ 콜레스테롤 섭취

포화지방산의 섭취는 콜레스테롤의 양을 증가시킨다는 사실을 설명하였다. 그러나 콜레스테롤을 증가시키는 요소가 포화지방산만은 아니다. 동물성 음식 내에 있는 콜레스테롤이 콜레스테롤을 증가시키기도 한다. 하루 총 칼로리 중에 콜레스테롤의 비율이 낮으면 낮을수록 건강에는 더 유익하다. 우리의 신체는 이미 필요한 양의 콜레스테롤을 다 섭취한 상태이다. 따라서 그 이상의 콜레스테롤의 섭취는 건강을 해친다. 또 동맥경화를 유발할 가능성이 크다. 최근 미국에서는 소나무에서 sitostanol를 추출하여 마가린을 만들어 생산하고 있으면서 많

은 실험을 한 바 있다. sitostanol은 영양성분은 없으나 콜레스테롤의
흡수를 저해하는 성분이라고 발표한 바 있다.

콜레스테롤 수치 보는 법

총 240㎎/㎗이하 조절이 '치쵸 목표' 고혈압·흡연 등 따라 기준 달라져

• 콜레스테롤 수치 〈단위: 혈중 농도 ㎎/㎗〉

	정 상	요주의	고위험
총콜레스테롤	200미만	200~239	240이상
저밀도 콜레스테롤(LDL)	130미만	130~159	160이상
중성지방(TG)	150미만	150~239	240이상
고밀도 콜레스테롤	심질환 위험 감소 60이상	심질환위험 증가 35이하	

▷ 탄수화물 섭취

탄수화물은 C, H, O의 세 가지 원소로 구성되어 있다. 탄수화물에
는 여러 종류가 있으나 결합되어 있는 당의 수에 따라 단당류, 이당
류, 다당류로 나눈다. 그중 영양과 관련된 것으로 단당류에 포도당, 과
당, 갈락토오스가 있다. 이당류에는 설탕, 엿당, 젖당이 있으며 다당류
에는 녹말, 텍스트린, 글리코겐, 섬유소가 있다. 단당류에는 가장 간단
하고 기본이 되는 당으로 모두 물에 용해되며 단맛을 가지고 있다. 포
도당은 식물이 무기질에서 최초로 유기물로 합성하는 영양소로 사람

의 생리작용에 있어서도 중심이 되는 가장 중요한 것이다. 이 당은 채소나 과일의 액즙에 과당과 설탕과 함께 존재한다.

과당도 역시 채소와 과일의 액즙에 존재한다. 이 당은 단맛이 가장 강하고 가장 결정화되지 않는 성질을 가지고 있다. 갈락토오스는 자연 식품에는 단독으로 거의 존재하지 않고 포도당과 함께 젖당을 형성하여 젖에 존재한다.

이당류는 두 분자의 단당류가 결합된 물질로 물에 용해되고 단맛을 가지고 있으며 산이나 효소에 의해 두 개의 단당류로 분해된다. 설탕은 채소와 과일의 액즙에 존재한다. 당류의 단맛을 비교할 때는 설탕이 기준이 된다.

녹말 같은 다당류는 수백 개의 포도당이 결합되어 만들어진 복잡한 물질이다. 단맛이 없고 물에 용해되지 않으나 산이나 효소에 의해 가수분해된다.

탄수화물은 사람들이 보통 생각하고 있는 것보다 훨씬 더 중요한 에너지원이다. 신체에서 탄수화물의 기능은 뇌를 움직이게 하는 것과 지방의 흡수를 돕는 것이다. 또 모든 행동을 할 때 힘의 근원이 되기도 한다. 그리고 조직세포를 튼튼하게 만들어 준다. 건강을 유지하려면 탄수화물의 영양분을 충분하게 섭취하라. 특히 신선한 과일과 야채에는 탄수화물이 많이 함유되어 있다. 음식물을 골고루 섭취하면 신체의 균형유지에 도움이 되는 비타민, 미네랄 등 다른 영양분을 더 쉽게 얻을 수 있게 된다.

모든 음식물은 정제나 가공처리를 한 상태로 섭취하지 말도록 하고 가장 영양분이 많은 상태로 섭취하는 것이 좋다. 쌀도 현미로 섭취하는 것이 좋고 오렌지도 주스로 정제해서만 섭취하지 말고 다른 방법으로 섭취하는 것이 좋다.

미국인들은 보통 하루 총칼로리의 45%를 탄수화물에서 얻는다고 한다. 이 수치는 현재 지방 섭취 비율보다는 약간 높은 수치이지만 과

거의 지방 섭취 비율보다는 더 낮은 수치이다. 식이요법을 통한 건강 유지 및 노화방지계획에서는 탄수화물의 비율을 60%로 정한다. 그 차이가 15%나 생기는데 이 부족분은 신선한 과일이나 야채, 현미로 보충하도록 해야 한다. 또 가공 처리되거나 정제된 탄수화물의 비율은 총 1일 칼로리의 15%나 된다. 이것은 심각한 문제이다. 건강을 생각한다면 정제된 당의 섭취를 줄이도록 하여야 한다. 또한 β 카로틴의 풍부한 녹황색 채소와 양배추 같은 십자과 식물의 섭취를 권장한다. 또 다당류에 속해 있는 섬유소는 사람에게 유용한 영양소는 아니지만 여러 가지 기능을 한다. 우선 사람의 소화액에는 섬유소를 가수분해하는 효소가 없기 때문에 영양소는 아니지만 그러나 섬유소를 섭취하면 장벽을 자극하여 소화를 촉진시키는 기능을 한다. 완만한 소화를 위해서는 매끼 상당량의 섬유소 섭취가 필요하다. 또 섬유질 채소는 종류가 다양하고 몇 가지 병을 예방해 준다. 밀 속에 있는 섬유소는 결장암을 예방해 주고 사과에 있는 섬유소는 동맥경화를 예방 해 준다. 탄수화물도 과량 섭취하게 되면 체내에 저장되어 비만을 부른다. 비만을 예방하려면 섬유소의 섭취를 늘리도록 해야 한다.

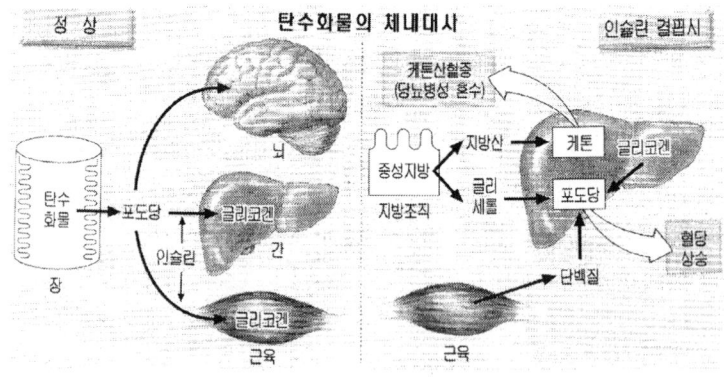

▷ 단백질 섭취

단백질이란 고분자 화합물로서 주로 아미노산이 peptide결합을 해서 생긴 것이라고 정의할 수 있다. 단백질에는 단순 단백질(Simple protein), 복합 단백질(Conjugated protein), 유도 단백질(Derived protein)이 있다. 단순 단백질(Simple protein)은 가수분해에 의해 아미노산만이 생기는 것이고, 복합 단백질(Conjugated protein)은 아미노산 이외에 당, 지방, 기타물질을 유리하는 물질들이 결합되어 있는 것이다. 유도 단백질(Derived protein)은 단백질이 가수분해되는 중간산물들로 천연 단백질의 구조 또는 조성에 큰 변화를 일으킨 결과 생긴 단백질이다.

식이요법을 통한 건강유지 및 노화방지계획에서는 단백질 섭취량을 하루 총칼로리의 15%로 정하고 있다. 이 수치는 미국인이 섭취하는 단백질 비율과 거의 비슷하다. 그러나 전통적인 식단에서 단백질은 대부분 콜레스테롤의 함유량이 높은 육식류였다. 반면에 여기서는 저지방 저칼로리의 단백질 식품을 권장한다. 그 예로 우유는 저지방, 저칼로리 식품으로 손꼽힌다. 또 다이어트에도 큰 효과가 있는 최고의 단백질 식품이다. 또 저지방 치즈나 저지방 요구르트, 달걀흰자도 고단백 권장 식품이며 지방이 적은 육류나 어류식품도 권장한다. 단백질 중에는 체내에서 합성되는 것과 합성되지 못하는 것이 있는데 합성되지 못하는 아미노산을 필수 아미노산이라고 한다. 필수 아미노산은 반드시 음식에서 섭취해야 하는데 영양상 필요한 아미노산으로는 이소로이신(Isoleusine), 로이신(Leusine), 리진(lysine: 동물성 단백질에 많고 식물성 단백질에는 적은 편), 메티오닌(Methi-onine), 페닐알라닌(Phenylalanine), 트리토판(Tryptophane), 트레오닌(Threonine), 발린(Valine) 등이 있다.

또 단백질이 낮은 식품이라도 다른 단백질과 함께 섭취하면 부족한 필수 아미노산을 다른 단백질에서 보충 받아 단백질의 질이 높아진다.

따라서 여러 종류의 음식을 골고루 섭취하는 습관을 길러야 한다. 단백질은 우리 체내에서 여러 가지 중요하고 복잡한 작용을 한다.

① 체 조직 구성: 단백질의 가장 큰 작용은 체 조직을 구성하는 일이다. 근육, 피부, 머리카락, 손톱, 발톱 등은 모두 단백질로 구성되어 있다.

② 에너지 공급: 사람이 에너지 식품을 필요한 양만큼 섭취하지 못하였을 경우에는 단백질이 연소하여 에너지를 발생한다. 그러나 단백질로 에너지를 공급하면 비경제적이다.

③ 체내 생리작용의 조절: 조직 내 삼투압을 조절함으로써 체내 수분 함량을 조절하고 체내에서 생성된 산과 알칼리를 중화시키는 역할을 한다. 단백질의 섭취량이 부족하면 성장이 둔화되고 피부가 거칠어지고 머리카락이 뻣뻣해지고 윤기가 없어진다.

어릴 때 심한 단백질 부족은 카시오카 같은 단백질 결핍증을 발생시킨다. 이 병은 아프리카나 동남아 어린아이들에게서 볼 수 있다. 보통, 사람들은 단백질의 섭취를 증가시키는 것이 건강에 큰 보탬이 된다고 생각하고 있지만 사실은 다르다. 단백질의 섭취를 늘린다고 해서 근육의 활동성이 강화되는 것은 아니다. 노동의 강도, 스트레스, 연령, 환경이 변하더라도 단백질 필요량은 쉽게 달라지지 않는다. 단백질의 과량 섭취는 오히려 위험하다. 과다 섭취된 단백질은 콩팥에 저장되었다가 건강에 해롭게 작용하므로 피하는 것이 좋다.

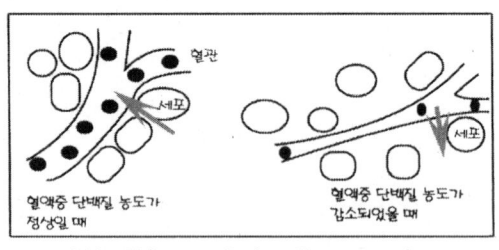

수분의 균형에 미치는 혈액 중 단백질의 효과

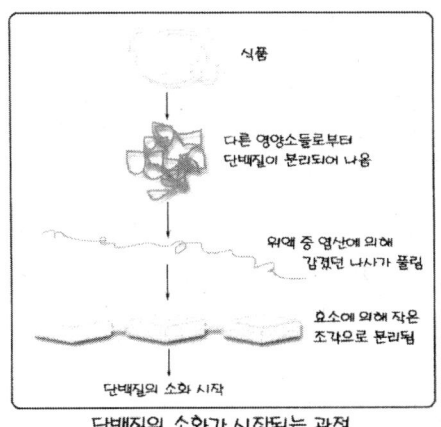

단백질의 소화가 시작되는 과정

▷ 비타민 섭취

비타민은 아주 적은 양으로 정상적 성장과 건강을 유지시켜 주는 영양소다. 비타민은 체 조직의 구성 성분은 아니지만 대부분 효소를 돕는 기능을 한다. 비타민은 그 화학적 구조와 체내에서의 기능이 아주 광범위한데 주로 효소의 조효소(Coenzyme)나 Prosthetic group으로 화학반응에 관여한다. 특히 비타민은 수많은 질병을 일으키는 주범인 활성산소의 피해를 막아주는 항산화제의 역할을 한다. 그래서 항산화제를 '젊음을 유지해 주는 보조제'라고 하는데 이러한 대표적인 항산화제로는 비타민의 종류 중 앞 글자를 따서 영어로 '일류'라고 하는 뜻을 가진 단어 '에이스(ACES)'로 즉 A는 프로비타민 A(베타카로틴), C는 비타민 C, E는 비타민 E(토코페롤), S는 셀레니움이다. 이러한 비타민은 보통 우리 몸에서 비타민이 합성되지 않으므로 반드시 식사로 섭취해야 한다. 비타민 B_1, B_2, folic acid, 비타민 K 등은 소장 내에 있는 미생물에 의해 합성이 되나 그 양이 적고 그 이외에 비타민 A, choline, niacin 등은 선행물질이 있을 때에 형성된다. 비타민은 크게 지용성과 수용성 비타민으로 나뉜다. 지용성 비타민은 지방에 용해되는 것으로 비타민 A, D, E, K가 있고 이들은 식사지방과 같이 체내로 흡수되어 몸에 저장된다. 수용성에는 비타민 B복합체와 비타민 C가 있다. 비타민 B복합체에는 티아민(Thiamin) 리보플래빈(Riboflabin), 니아신(Niacin), 비타민 B_6, 판토테산(Pantothenic acid), B_{12} 등 여러 종류가 있다.

비타민 A는 간, 버터, 달걀노른자가 가장 좋은 공급원이다. 우유와 달걀의 비타민 A 함량은 계절에 따라 달라진다. 이것은 성장과 관련이 있고 시각, 치아, 신경의 건강과 관련이 있다. 이것이 부족하면 야맹증이 발생한다. 또 눈, 호흡기, 소화기, 생식기, 비뇨기에 장애가 생긴다. 필요이상으로 섭취하면 간에 저장되어 간장을 해친다. 공급원은 체중 1kg당 20I.U(International Unit = 비타민 A alcohol 0.3 μ g이나 β -carotene은 0.6μ g에 해당) 정도가 필요하며 보통 성인은 5,000I.U로 최소 요구량의 약 2배를 권장하고 있다. 임신부는 6,000I.U, 수유부(授乳婦)는 8,000I.U, 어린이는 1,300-5,000I.U를 권장한다. 비타민 D는 정상적인 생활을 하면 체내에서 필요한 비타민 D가 충분히 합성된다. 공급원으로 보통 성인은 생선, 우유 등을 충분히 먹고 햇볕을 충분히 쪼이면 비타민 D가 결핍될 우려가 없다. 영양소 요구량에서 권장한 400I.U는 광선을 쪼이지 못하는 사람이 건강을 유지하는 데 필요한 양이다. 비타민 E는 일명 토코페롤로 불린다. 비타민 E는 정상적인 생식기능에 도움을 주고 근육과 간 건강에 도움을 준다. 또 적혈구의 응혈현상을 방지한다. 공급원으로 식품계에 널리 분포되어 있고 보통 성인은 하루에 14mg을 먹는다고 한다. Horwitt는 사람의 필요량에 대해 연구한 결과 식사와 조직 내의 복합불포화지방산 함량에 따라 필요량이 다르며 대개 5-30mg이라고 하였다. 대개 체중 0.75kg에 1.25mg이 필요하며 성인 남자는 30 I.U(1I.U는 α -tocopherol acetete 1mg에 해당한다.), 여자는 25I.U, 유아는 3-6I.U, 어린이 사춘기는 10-25I.U가 필요하다. 비타민 K는 성인은 장내 세균에 의하여 합성된 비타민 K를 흡수하여 이용하기 때문에 결핍증이 거의 없다. 비타민 K는 혈액의 응고와 관련이 있다. 공급원으로서 사람에게 필요한 양이 아직 정해지지 않았고 신생아를 제외한 모든 사람은 보통 식사에서 취하는 양과 장내 세균에 의해 합성된 양으로 충분하다. 대개 하루 1-2mg이면 된다. 출혈을 막기 위해서는 한 번에 1mg짜리 비타민 K를 먹는다. 식물성 식품에 많이 있고 동물성 식품에는 소량 존재한다. 티아민 (Thiamin: 비타민 B_1)은 정상적인 에너지대사를 하려면 모든 동물은 티아민이 필요하다. 반추동물(소, 양, 염소)은 위에서 미생물에 의해 합성이 충분히 되지만 그 외에 다른 동물은 자기가 필요한 만큼 외부에서 취해야 한다. 티아민이 부족하면 신경염이나 각기병에 걸리기 쉽다. 티아민의 요구량은 사람의 체중, 열량, 섭취량 소장에서 합성되는 양에 따라 결정이 된다. 특히 탄수화물 섭취량과 관련이 맺어져 있다. 탄수화물보다는 단백질과 지방이 티아민의 소비를 억제한다. 보통 1000Cal 당 0.5mg을 권장하고 있으며 2000Cal 이하를 취하는 노인도 꼭 1mg 이상을 먹어야 하는데 그 이유를 보면 노인은 성인보다 이용률이 낮기 때문이다. 특히 과일이나 채소에는 거의 없고 특별히 함량이 높은 것은 돼지고기나 신선한 밀의 배아이다. 이스트에도 풍부하나 사람들이 많이 이용하지 못하고 있다. 리보플래빈은 푸른 채소, 두류, 어패류, 우유, 달걀, 내장, 말린 버섯 등에 다량으로 함유되어 있다. 이 비타민은 탄수화물, 지방, 단백질의 대사과정에서 작용한다. 이 비타민이 부족하면 구순구각염, 설염, 안질 등이 나타난다. 비타민 C는 가장 불안정한 비타민이다. 이 비타민은 물에 쉽게 용해되므로 채소를 요리할 때 손실되기 쉽다. 비타민 C는 근육에서 콜라겐 형성에 관여한다. 따라서 비타민 C가 부족하면 체내의 모든 부분에서 콜라겐이 형성되지 못하므로 괴혈병이 발생한다. 비타민 C는 채소와 과일에만 존재한다. 특히 푸른색이 진한 녹색 잎 채소에 가장 많고 과일 중에는 딸기. 토마토, 귤 등에 많다. 비타민은 신체기능에 아주 극소량이 필요한 영양소이다. 신체 내에서 충분한 양을 합성하지 못하기 때문에 비타민 필요량은 전적으로 음식물 섭취에 의존해야 한다. 따라서 적절한 식단 구성이 중요한 과제다. 식사 때마다 비타민의 섭취를 고려해야 하는지 고심하지 말고 균형 잡힌 식사를 하고 있다면 하루에 필요한 충분한 비타민을 섭취하고 있는 것이다. 건강한 사람들에게는 필요 이상의 비타민 섭취는 별 도움이 되지 않는다는 것을 명심하여야 한다.

▷ 무기질 섭취

인체에 필요한 무기질에는 칼슘, 인, 칼륨, 황, 나트륨, 염소, 마그네슘, 철, 망간, 구리, 요오드, 코발트, 아연, 플루오르 등이 있다. 주요 무기질인 칼슘, 인, 마그네슘, 나트륨, 칼륨, 염소, 유황은 하루에 100mg이 필요하다. 철, 아연, 구리, 요오드, 크롬과 같은 미량 원소들은 하루에 극히 적은 양이 필요하다. 또한 주요 무기질과 미량 원소 사이에는 기능상 큰 차이가 있다. 주요 무기질은 종종 유기 조직체 역할을 한다. 예를 들어 150파운드 나가는 사람이 1200g의 칼슘을 섭취하면 칼슘의 99%가 골격조직에 흡수된다. 반면에 미량원소는 신체의 신진대사과정에 관여하게 된다. 비타민의 경우처럼 무기질의 섭취문제도 식이요법을 통한 건강 및 노화 방지를 위해서 균형 있는 식사를 하면 미량 원소들도 필요한 만큼 섭취할 수 있을 것이다. 칼슘과 나트륨은 노화방지를 위해서는 반드시 필요한 원소이다.

칼슘은 체내에 가장 많이 있는 무기질로서 다른 모든 무기질을 합한 것의 약 2배가 된다. 칼슘의 대부분은 인과 결합하여 인산칼슘으로 치아와 뼈를 구성한다. 어린 시절에 칼슘이 부족하면 새가슴, 안짱다리, 밭장다리, 구루병적 염주와 같은 구루병이 발생한다. 성인 여성에게도 골연화증의 골다공증이 발생하기도 한다. 나머지 칼슘은 근육수축을 돕고 신경흥분을 전달하여 혈액응고에 관여한다. 칼슘은 특히 여성들에게 중요한 영양소이다. 미국 여성들은 하루 권장량의 절반도 섭취하지 못하고 있는 실정이다. 여성들의 하루 권장량은 800mg이다. 부족한 칼슘 양을 보완하기 위해서 20대부터 매일 100mg이상 섭취해 나가면 권장량에 가까워질 수도 있다. 따라서 녹색 채소를 포함한 식물성 식품과 우유 및 유제품에서 칼슘을 섭취하라.

또한 건강 및 노화방지에 도움을 주는 원소는 나트륨이다. 나트륨은 식탁에서 소금으로 등장한다. 그런데 소금은 고혈압의 직접적인 원인이 되므로 삼가는 것이 좋다. 고혈압 환자의 30%가 과량의 소금 복용이 그 원인이라고 한다. 보통 사람들의 경우에 소금의 위험성을 인지하지 못하다가 병이 걸리고 나서야 비로소 조심을 하게 된다. 적당한 소금 섭취가 건강에 유익하다. 식사 때에 소금의 섭취를 줄여 나가길 권하고 싶다.

그 외 중요한 무기질로서 철과 요오드를 들 수 있다. 철은 성인의 체내에 3-4g 함유된 미량 원소이다. 체내 철의 2/3는 혈액에 산소를 운반하는 헤모글로빈의 성분으로 존재한다. 그러므로 장기간 철 섭취량이 부족하거나 다량 출혈하면 빈혈증이 발생한다. 빈혈증은 유아기, 사춘기, 소녀, 임신부에게 많이 발생한다. 나머지 3/1은 근육, 혈액, 연골 조직에 존재하는데 대부분 근육의 붉은색을 주는 미오글로빈의 성분으로서 헤모글로빈이 운반해 온 산소를 받았다가 포도당이 연소할 때 사용할 수 있도록 한다. 성인 남자의 경우에는 충분한 양의 철을 흡수하고 있으나 성인 여성은 대부분 부족한 편이므로 빈혈증세가 나타난다. 육류와 달걀 같은 식품을 권장한다. 요오드는 체내에 미량 존재한다. 요오드의 섭취량이 부족하면 기초대사량(생명을 유지하기 위하여 의식하지 않는 동안에 호흡작용, 순환작용, 배설작용, 세포내 작용 같은 생리작용에 필요한 에너지를 말한다)이 저하되어 기운이 없고 체중이 증가하게 된다.

11) 비만과 다이어트

▷ 비만에 대하여

비만은 섭취한 열량 중에서 소모되고 남은 부분이 지방으로 전환되어 체내에 과잉으로 축적된 상태를 말할 수 있으며 그 원인으로는 유전적, 심리적 요인도 있지만 환경적 요인 즉 잘못된 식생활과 생활습관에 의해 생기기 쉽다. 다시 말해 에너지를 필요량보다 더 많이 섭취하거나 영양의 불균형으로 인한 지방대사장애로 지방의 이용과 연소가 효율적으로 되지 않아서 비만이 되기도 한다고 한다. 비만은 이제 선진국뿐만 아니라 우리나라에서도 국민 건강관리에 있어서 커다란 관심사로 대두되고 있어 10대, 20대에서는 비만에 대한 우려로 무리한 감량을 함으로써 사망에 이르게 되는 불상사가 종종 언론을 통해 발표되고 있음을 볼 수 있다. 물론 비만이 되었을 때에는 불편하기도 하지만 외모에 장애를 주고 있기 때문에 어린 나이에도 불구하고 사춘기의 아름다움을 마음껏 발산시키고 싶은 욕망이 있겠지만 굶는 것이 비만을 해소시키는 것은 결코 아님을 알아야 한다. 물론 비만은 여러 가지 성인병을 유발시키기 때문에 특히 식생활에 신경을 써서 생활습관을 바꾸어 나가면 해결된다는 것이다.

▷ 다이어트란

다이어트란 식이조절과 운동을 통해 체내에 과잉으로 축적된 지방을 분해하여 에너지로 만들어 소비함으로써 체중을 감량하는 것을 의미한다. 체중을 감량하기 위해서는 소모하는 열량보다 적은 열량을 섭취하여 체내에 저장된 지방을 연소시켜야 한다. 그러나 열량을 줄이는 대신 신체의 건강유지와 지방대사에 필요한 단백질, 비타민, 무기질 등의 필수 영양소는 균형 있게 섭취하여야 한다. 이것이 바로 적절한 식이요법이다. 따라서 건강을 지켜주는 합리적인 다이어트란 적절한 식이요법, 운동요법, 행동수정요법 등을 통해 이루어져야 한다.

▷ 다이어트를 위한 식생활

건강과 다이어트에 필요한 규정식은 다양성, 균형, 절제의 원칙을 따름으로써 필요로 하는 영양분과 열량을 얻을 수 있다. 다시 말하면 먹는 음식이 다양할수록 어떤 단일 영양분의 결핍이나 과다를 일으킬 가능성이 적어진다고 한다. 또한 다양성은 식사를 흥미롭고 즐겁게 하기 때문에 식사에 관해서 따분함을 느끼고 부주의할 가능성이 적어진다. 특히 바람직한 체중을 달성하고 유지하기 위해 에너지 생산과 식품소비를 균형 있게 하는 것이 중요하다. 이 말은 지방과 탄수화물, 단백질 등 에너지를 생산하는 영양분의 종류를 균형 있게 섭취하는 것이 가장 중요하며 포화지방이 적은 복합탄수화물과 섬유질이 풍부한 식품을 권하고 싶다는 것이다. 또한 모든 연구기관들에서는 식사의 절제를 제일 권장하고 있다. 이유는 소량으로 몸에 좋다면 더 많이 먹었을 때 몸에 더 좋을 수가 없기 때문이다.

대부분의 사람들이 칼로리, 지방, 콜레스테롤, 당분, 염분 등의 섭취를 줄이는 것이 이로울 것이라고 지적하고 있지만 그것이 실행되지 않고 있다. 그리고 영양소도 과다 섭취할 때 이로울 것이 없다. 예를 들면 단백질을 필요이상으로 섭취하였을 때 그것이 몸의 근육을 더 크게 만들거나 운동능력을 향상시키지는 않기 때문이다. 따라서 무기질과 비타민도 과다 섭취는 이로울 것이 없다는 논리다. 그러므로 영양학적으로 건강한 방법으로 체중을 줄이는 것을 돕고 자신의 건강한 식생활을 장려하는 식이요법을 선택하는 것이 중요하다. 미국인들에게 장려되는 체중 줄이는 비결을 발췌해 보면 다음과 같다.

- 현실적인 목표를 설정하라.
- 건강한 식사로 과잉체중을 계속 줄이겠다고 결심하라.
- 당신의 식생활 중 문제가 있는 영역을 파악하고 식이요법을 시작하기 전에 1주일 동안 식품기록을 시작하라. 그 기록을 점검하여 고칼로리 간식, 기분에 좌우되는 식사, 주말의 과식과 같은 특별한 문제를 발견하라.
- 문제가 어디에 있는지를 알 때까지 칼로리를 계산하기 위해 칼로리 표를 이용하라.
- 사전에 계획하라. 결코 식사의 내용을 그때그때 결정하지 말라.
- 식이요법을 시작한 처음 몇 주일 동안에는 당신의 식사량을 측정하여 너무 많이 먹지 않음을 확인하라.
- 좋아하는 음식을 완전히 포기하는 대신 양을 줄여라.
- 작은 접시에 음식을 담아라.
- 간식을 좋아하면 칼로리가 적은 것을 조금씩 먹어라.
- 음식을 두 그릇째 먹는 것을 피하라.
- 버터, 크림, 기름진 고기, 샐러드드레싱, 맛 좋은 케이크, 피자 등과 같은 당분, 알코올, 지방이 많은 열량이 농축된 음식을 줄이거나

완전히 피하라. 부피가 크고 몸을 보호하는 무기질과 비타민이 풍부한 채소, 과일 희석한 주스 등을 대신 먹어라.

- 텔레비전을 보거나 책을 읽으면서 먹거나 마시는 것을 피하라.
- 음식의 맛을 내기 위해 고칼로리의 그레비 소스를 사용하는 대신에 저칼로리의 식물성 양념을 사용하라.
- 매일 각 식품군의 식품을 다소 먹어 끼니와 간식의 균형을 잡아라.
- 칵테일 시간에 빠지고 전반적으로 알코올 섭취량을 줄여라. 칼로리가 없는 물을 많이 마셔라.
- 천천히 먹어라.
- 고칼로리 식품을 집에 두지 않음으로써 유혹을 피하라.
- 가끔 결심을 지키지 못해도 죄책감을 느끼지 말라. 그저 다시 지켜라.
- 움직여라. 지금 하는 것보다 매일 적어도 30분 더 신체적 활동과 운동을 증가시키도록 노력하라.
- 성공할 수 있고 성공할 것이라고 자신을 믿어라.

▷ 체중감소제품 구입 시 주의사항 및 운동량

허위와 과대광고로 인한 비효과적인 체중 감소 식이요법과 병행되어 제조된 식품들을 없앤다는 것은 불가능하다. 그러므로 자기 몸 관리를 위해서는 어떤 제품이 좋은가 또는 어떠한 운동을 하여야 할 것인가를 결정하는 것은 자기 자신임으로 광고와 판매관행이 정직한지를 판단해야 한다. 그래서 전문가들은 대부분 피라미드 판매방식을 사용하는 식이요법을 피하라고 한다. 또한 100%의 성공이나 획기적인 방법을 주장하는 모든 식이요법이 완전한 진실을 말하지 않음을 명심해야 한다. 특히 구변이 좋은 세일즈맨이 가정방문으로 판매하는 제품은 정부 관계기관에서 인정된 제품인가를 먼저 확인 조회하기 전에는 피하는 것이 좋다. 과학에는 비밀이나 음모가 없다. 그런데도 다른 의사들과 약사들이 소유하지 못한 특별한 식이요법 약과 호르몬 주사를 가지고 있다고 주장하는 식이요법 의사나 약사가 더러 있다. 그러나 식이요법 약에 관해서는 많은 연구가 이루어져 그중 식욕억제제인 일부는 처음에 식욕을 억제시켜서 몇 달 동안 식이요법을 지킬 수 있도록 도움을 주어 감식이 이루어지도록 한다. 그러나 일반적으로 식이요법이 끝날 무렵에는 식욕 억제제를 복용한 사람과 그렇지 않은 사람의 체중에 별 차이가 없다는 것이다. 특히 호르몬 주사와 다른 종류의 약은 체중감소를 촉진하는 데 효과가 없거나 미미한 것으로 밝혀졌으며 일부는 자체의 위험을 내포하고 있다는 것이다.

그러나 자신이 칼로리 섭취량을 줄이면서 운동량을 증가시킨다면 몸이 건강해지고 몸매가 더 날씬해져서 좋으며 또한 에너지 소비가 증가하면 다이어트를 덜 엄격하게 해도 되므로 좋다. 활동이 늘어난다고 해서 음식을 더 먹게 되는 것은 아니다. 사실 운동은 과잉 열량을 태워 버리고 휴지 신진대사가 감퇴하지 않도록 돕는다. 자신이 선택하는 육체적 활동이 반드시 강력해야 건강에 도움이 되는 것은 아니다. 만약 이제까지 앉아서 일을 했다면 걷기, 계단 오르기, 물건 들기 등을 매일 조금씩 더 많이 하도록 한다. 그다음 1주일에 여러 차례 최대한 견딜 수 있을 정도로 심폐기능을 증진시키는 강도 높은 운동을 추가한다. 이렇게 하면 많은 양의 칼로리가 소모될 수 있다. 운동의 선택은 자신이 가장 좋아하는 운동을 선택하는 것이 효과적이다. 그래야만 계속하기가 쉽다. 만약 자신의 몸매와 체중에 관하여 부끄럽게 여긴다면 혼자서 운동을 하거나 친한 사람과 함께 운동을 한다. 그것도 잘 되지 않으면 건강관련 시설을 이용하면 좋다. 단 이러한 시설을 이용할 때는 많은 비용을 선불로 낼 것을 종용하는 회사는 피하는 것이 좋고 규정식을 제공하면서도 비용이 합리적인 회사는 믿을 만하다는 것이다.

▷ 체중감소를 위한 지침

체중감소를 진정으로 원한다면 집념을 가지고 원칙 있는 생활을 하여야 하는데 그러하지 못하니 성공보다는 곧 다시 과체중으로 돌아가는 요요현상이 나타나기도 하는 것이다. 그래서 체중을 줄이고자 하는 사람들에게 아래와 같은 지침을 제시하여 본다.

- 기본개념

• 약을 쓰거나 수술을 받거나 운동만으로는 체중을 줄이지 못한다. 이러한 방법들은 비만의 원인을 그대로 두고 증상만 치료하는 것이기 때문이다. 근본원인은 식습관이기 때문에 식습관 변화에 초점을 맞추어야 한다.

• 강한 의지력이 필요하다. 과체중이나 비만인 사람은 유전적으로 배부름(포만감)을 덜 느끼는 다시 말해 '렙틴'이라는 호르몬의 분비가 상대적으로 적게 나오는 사람들이다. 그러기 때문에 이를 극복하기 위해서는 본인 의지에 달려 있다. 체중을 줄이는 데는 대단히 고통스러울 수도 있지만 그 고통의 정도는 후에 올 질병과 사망 그리고 불행과 비교할 때 상대가 안 될 정도로 낮음을 명심하여야 한다.

- 기본 식사지침

• 반드시 세끼 식사를 한다. 한 끼라도 식사를 거르면 혈당이 감소하여 더 먹게 된다.

• 무슨 일이 있어도 간식은 절대 하지 않는다. 10일만 노력하면 습

관이 되어 간식에는 관심이 없어진다.

- 물은 자주 마신다. 적어도 하루에 8잔(150㎖) 이상 마신다.
- 고칼로리 식사는 피한다. 고칼로리 식품은 흰 빵, 케이크, 도넛, 맥도날드, 파파이스 등등……
- 적당한 육식과 채식을 병행한다.
- 식사의 양을 30%정도 줄인다. 10일만 지나면 우리 몸이 소식에 적응하게 되고 습관화되어 오히려 많이 먹지 못하게 된다.
- 새로운 식습관을 습관화해야 한다.

만일 이러한 방법이 어려워 이행할 수 없다면 계속 실패하여 과체중으로 지내는 수밖에 없다.

12) 식품과 영양소의 용어

우리의 생활을 위해서 섭취하는 음식물을 단순하게 매일 필요로 하는 열량만을 보급하는 것이 아니라 생장(生長)을 위한 골 형성성분의 공급 또는 생활 활동을 원활하게 해주는 비타민류의 공급도 아울러 해주어야 한다. 이와 같은 뜻에서 식품을 생각할 때 다음과 같은 요소가 있어야 한다.

- 필요한 에너지를 함유하고 있어야 한다.
- 체 조직 형성을 위한 유효성분을 고루 함유하고 있어야 한다.
- 소모물질(消耗物質)의 보완을 위한 성분을 충분히 가져야 한다.
- 체 조직(體組織)을 순조롭게 만들 수 있는 물질을 함유하고 있어야 한다.

이와 같이 생활기능에 필요한 식품에 함유되어 있는 물질을 '영양소'라 한다. 이러한 것들을 간단하게 요약하면 다음과 같다.

▷ 탄수화물

여러 가지 영양소 중 가장 에너지원이 되는 영양소이다. 체내에서 열량을 발생하는 탄수화물은 어느 것이든 단당류로 바뀐 다음 흡수된다. 흡수된 탄수화물은 혈액에서 섞여 간으로 운반된다. 혈액에는 0.1%의 포도당이 항상 함유되어 있는데 이를 혈당(血糖)이라고 한다. 조직에서 에너지를 낼 때는 조직 내의 포도당이 연소되며 더 필요할 때에는 혈당에서 공급되며 감소된 혈당은 간에서 보충된다. 에너지를 내는 데 사용되고 남은 포도당은 글리코겐으로 간 근육에 저장되고 그러고도 남았을 때는 지방으로 피하나 근육 내장기관 사이에 저장된다.

식품에 함유되어 있는 탄수화물에는 많은 종류가 있는데 영양소로서 생각할 수 있는 탄수화물은 단당류, 이당류, 다당류로 크게 구분된다. 단당류에는 포도당, 과당, 갈락토오스가 있으며 이당류에는 맥아당, 자당, 서당, 다당류에는 전분, 텍스트린, 글리코겐 등이 있다.

• 포도당: 광합성(光合成)에 의하여 식물에서 최초로 합성되는 것으로 영양 생리적으로 가장 중요하다. 탄수화물이 체내에서 이용될 때는 일단 포도당으로 변한 다음에 이용되기 때문이다. 단맛을 가진 포도당은 동물에는 혈액에 혈당으로 약간 존재할 뿐이고 주로 식물 즙이나 과일에 들어 있다. 포도는 그 무게의 20%가 포도당이며 옥수수, 둥근 파, 감자 등에도 상당량 들어 있다. 포도당은 식품 내에 존재할 뿐 아니라 전분이 산이나 효소에 의해 분해될 때 생성되기도 한다.

• 과당: 꿀의 약 반은 과당이다. 그 외에 식물 즙과 과실에 함유되

어 있다.

• 갈락토오스: 유당의 구성 성분으로 젖에 존재하며 자연식품에는 거의 존재하지 않는다.

• 자당: 설탕은 거의 100%가 자당이며 포도당과 과당이 결합되어 만들어진 것이다. 단맛이 강하고 물에 잘 녹는데 사탕수수와 사탕무에 많이 들어있다.

• 맥아당: 포도당 2분자가 결합되어 만들어진 것으로 엿기름과 꿀에 소량 함유되어 있다. 엿이나 식혜를 만들 때 전분이 가수분해되어 맥아당이 생성된다.

• 유당: 포유동물의 젖에만 존재한다. 포도당 갈락토오스가 결합되어 만들어진 유당은 단맛이 가장 약하다. 물에 녹지 않으며 위에서 잘 발효되지 않아 한꺼번에 많이 먹어도 위를 자극하지 않아 좋다. 또 장내에서는 정장작용(整腸作用)도 한다.

• 전분: 식물에만 존재하는 전분은 수백 개의 포도당이 결합되어 만들어진 것으로 물에 녹지 않고 단맛도 없다. 그러나 열을 가하면 교질용액이 된다.

• 덱스트린: 수십 내지 수백 개의 포도당이 결합되어 있는 상태로 전분이 가수분해되어 생기는 중간 분해산물이다. 덱스트린은 물에 잘 녹고 단맛은 없다.

• 글리코겐: 동물성 전분이라고도 하는 글리코겐은 동물의 간과 근육에만 존재한다. 물에 녹으나 단맛은 없다.

▷ 단백질

단백질은 체내에서 에너지를 낼뿐 아니라 여러 가지 독특한 작용을 하기 때문에 영양학적으로 보았을 때 중요한 위치를 차지하고 있다.

단백질의 특성은 질소를 함유하고 있다는 점으로 다른 영양소로는 단백질을 대신할 수가 없다. 인체의 구성단위인 세포의 원형질은 단백질이 주성분이다. 단백질은 수천 개의 아미노산이 결합되어 만들어져 있는데 음식에서 흡수된 아미노산은 각 조직으로 운반되어 새로운 조직을 구성한다. 수명이 다한 세포는 분해, 배설되기 때문이다. 특히 영아기(嬰兒期)에는 섭취한 단백질의 1/3이 신체조직을 형성하는 데 사용된다. 또한 성인도 특수한 경우 즉 소모성 질환(결핵), 고열을 동반한 전염성질환, 심한 출혈, 화상, 수술 등일 때는 단백질을 많이 섭취해야 한다. 이는 침식된 부분의 조직을 재구성해야 하기 때문이다. 단백질은 조직을 만드는 일 외에도 효소 호르몬 글루타치온의 구성 성분이기도 하며 체 조직을 구성하고 남은 단백질은 에너지를 공급하기도 한다.

- 아미노산: 정의하기는 매우 어려우나 우선 간단하게 '아미노기($-NH_2$) 또는 이미노기($-NH-$)를 가지고 있는 유기산'으로 정의할 수 있다.
- 필수아미노산: 단백질의 구성 원소에는 반드시 질소가 함유되어 있는데 질소는 아미노산의 형태로 존재한다. 식물에서 볼 수 있는 아미노산은 22종이며 단백질은 보통 8~18종의 아미노산으로 구성돼 있다. 이소루우신 라이신 루우신 메티오닌 페닐알라닌 바알린 트레오닌 트립토판의 8종은 성인의 필수아미노산이며 어린이는 이외에 히스티딘 아지닌을 체내에서 합성할 수 없으므로 어린이의 필수아미노산은 10종이다.
- 완전 단백질과 불완전 단백질: 단백질 식품 중에 우유에 있는 카제인, 락트알부민, 계란의 오브알부민, 오브비테린, 대두의 글라이시닌, 곡류의 에데스틴, 글루테닌, 글루테린 등은 성장을 돕고 생명을 유지시켜 주는데 이런 단백질을 완전 단백질이라고 한다. 또 성장에는

영향을 미치지 않으나 생명을 유지하는 데에 필요한 단백질은 부분적 불완전 단백질이라고 하며 성장과 생명유지에 전혀 도움을 주지 않는 것을 불완전 단백질이라고 한다. 부분적 불완전 단백질은 밀의 그리아닌, 보리의 호루테인, 연맥의 프로라민 등이 있고 불완전 단백질에는 옥수수의 쩨인, 고기의 젤라틴 등이 있다.

▷ 지방

지방은 에너지 영양소로 열의 발생량이 대단히 많다. 여분의 지방은 우리 체내에서 저장되는데 남자는 1일에 45~60g, 여자는 33~44g의 지방을 섭취하는 것이 좋다. 지방 섭취량 초과는 비만증 간 질환 심장병 등의 원인이 된다. 지방은 지방산 3분자와 글릴세롤 1분자가 결합되어 형성된 것으로 식품에 흔히 함유되어 있는 지방산은 팔미산, 스테아린산, 오레인산 등이다. 지방산 중에 인체에 꼭 필요하면서 체내에서 합성되지 못하기 때문에 반드시 음식물에서 섭취해야 하는 것을 필수 지방산이라고 하는데 리노레익 애씨드, 아라키도닉 애씨드 등이 그것이다.

- 콜레스테롤: 인지질이 과산화수소(H_2O_2)에 의해
- 부족시: 체중감소, 지구력이 떨어지고 피부와 모발이 나빠진다. 성호르몬 생성을 위한 가장 중요한 기저 물질이므로 이것이 낮아지면 성 기능이 감퇴하고 조기 폐경과 갱년기 장애를 격화시킨다.
- 생성: 스테롤의 70%는 내인성, 30%는 외인성, 육류에 의해 만들어지는 것은 단지 10%, 따라서 체 지방량의 증감은 식사보다는 체내에서 만들어지는 원발성고지혈증에 더 큰 영향 폐쇄성 황달이나 갑상선기능저하 등으로 증가하는데 호르몬제, 경구피임약, 진통제, 카페

인 등의 섭취로 증가된다.

▷ 식품(Food)

식품(food)은 생명유지와 생활을 영위하기 위한 각종 영양소와 기호성을 가진 영양공급물질로 유해물질이 들어있지 않은 천연물 또는 일부 가공한 가공품을 말하며 사람이 일상적으로 음식물로 섭취하는 것을 말한다. 따라서 식품이란 먹게끔 의도적으로 만든 것이 된다. 식품의 종류는 기후, 풍토, 종교, 식습관, 생활수준 등에 따라 달라진다. 인식을 체계화하기 위해서 재료, 영양소성분, 형태 등에 따라서 분류되기도 한다. 식품은 또한 유통이나 가공의 대상이 되는 음식물에도 사용되는 경우가 많다. 즉 인스턴트식품, 냉동식품 등이다.

- 식량(food)은 생산 공급에 관계되는 경우에 흔히 사용되고 식품(Food)은 소비와 관계되는 경우에 흔히 사용된다.
- 음식물(food)은 사람에게 있어서 '먹을 것'을 가리키며 일반적으로 음식물이 될 수 있는 것에는 동물 및 식물이 있는데 생태학적으로 보면 먹이사슬(food chain)에서 사람에 의해서 먹혀지는 것이 된다. 들에 있는 풀 중에는 음식물이 되는 것이 있는데 이것은 식품도 아니고 식량도 아니다.
- 식이, 식사(diet, meal)는 하루에 먹는 음식물의 종류와 양을 말한다.
- 식생활(dietary life)이란 인간생활에 있어서 먹는 것에 관한 것을 총괄해서 말하는 것이다. 한국인의 식생활은 쌀 중심으로 채소, 어패류, 콩류 등을 섞어 먹는 전통적인 형태를 취하고 있다.
- 식품재료: 식품으로서 조건을 가지고 있으면서 직접 섭취할 수

없는 상태

- 위화식품(Adulterated food): 고의적 또는 비고의적으로 독성 혹은 유해물질이 식품에 혼합한 것으로 화학물질뿐만 아니라 특정하게 사용한 의도적 화학첨가물 등 모든 물질에 오염된 식품
- 위칭식품(Misbranded food): 부당 상표 표시 행위로 식품포장에 기재된 내용과 식품의 실제 내용과 다른 경위의 식품
- 자연식품(Natural and organic foods): 일부 가공 처리되었거나 전혀 가공하지 않은 식품
- 고의식품(Intentional foods): 생체대사를 위해 고의적으로 섭취된 고체, 액체, 기체상태의 모든 물질
- 보충식품(Food supplements): 영양소를 가지고 있기 때문에 때때로 식품 첨가물로 이용되기도 한다.
- 모형식품(Formula foods): 이미 안정성이 확인된 물질이나 원료로부터 새로운 식품을 만들었을 때 사용하는 용어로서 원료의 관점에서 식품을 분류할 때 사용될 수 있는 식품의 한 형태라고 할 수 있으며 식품의 성분이 식품자체로 사용될 수 있는 경우
- 규격식품(Foods standard): 표준식품이라고도 하는데 규격화(identity), 품질화(quality)와 관련된 것으로 크기, 품질, 성분 그리고 식품의 상품적 가치 결정에 크게 기여
- 다이어트 식품(Diet food): 보건, 의료 등 특정 목적을 위해 어떤 규정된 내용을 갖는 식품을 말한다. 다이어트 식품의 기본적 성격으로서는 과잉섭취하기 쉬운 영양소를 제한하거나 대사개선을 도모하는 영양조정식품(nutrition control food) 등의 의미를 포함하고 있다.
- 식품첨가물: 식품에 고의적으로 첨가되는 화학 합성품이다. 즉 식품에 오염된 물질을 제외한 식품자체성분 또는 식품 자체 내에 이미 혼입되어 있는 물질, 그리고 첨가한 화학물질뿐만 아니라 식품을

생산, 가공, 저장 또는 포장할 때 사용되는 모든 물질을 뜻하지만 공중보건에 유해한 물질이거나 위생법규에 위반되는 일체의 물질은 제외되는 것이 보통이다.

- 보존제(Antimicrobial agents, Preservatives, Antiseptics, 보존료, 방부제, 항미생물제제): 넓은 의미로 식품의 변질, 부패 및 화학적 변화를 방지하여 식품의 영양가와 신선도를 유지시키기 위해 사용되는 첨가물로서 살균제, 산화방지제 등을 포함, 좁은 의미로는 미생물의 증식에 의해서 일어나는 식품의 부패나 변패를 방지하기 위해 사용되는 첨가물로 일반적으로 방부제라고 말한다.

▷ 비타민(vitamin)

자연계의 식품 중에 미량으로 들어 있는 유기화합물로서 생물의 정상적인 대사(생리기능)에 필요한 영양소이다. 비타민은 체내에서 충분한 양이 합성되지 않으므로 외부로부터 섭취해야 된다. 만일에 이들 비타민이 음식물 중에 없거나 부족하게 되면 특유한 결핍증을 일으킨다. 비타민은 유기화합물이란 점에서 미량의 무기질과 구별된다. 또한 미량만 있으면 된다는 점에서 필수아미노산과도 다르다.

▷ 무기질

인체를 구성하고 있는 많은 화학원소(element) 중에서 주로 물과 유기물을 만들고 있는 H, O, C, N을 제외한 나머지를 일괄해서 미네랄 또는 무기질(minerals)이라고 총칭한다. 영양학에서 무기질의 분류는 편의상 그 소요량이 1일당 100mg이상인 것을 무기질(mineral)이라 하고 그 소요량이 그보다 적은 것을 미량원소(trace element)라고 한다.

▷ 천연 그대로의(native) 식품

본래의 완전한 구조를 가진 농산물을 말한다.

▷ 조직적으로 가공된(formulated) 식품

자연 상태에서는 찾아볼 수 없는 제품으로서 많은 원료성분으로 가공된 식품

▷ 부패 및 변패식품이란

• 부패식품: 식품에 함유되어 있는 함질소화합물이 분해를 받아 악취나 불쾌한 맛을 내는 물질 또는 유해물질 등이 생성하는 현상을 말하고 혐기성 세균이 원인이 되지만 때로는 통성염기성 혹은 호기성 세균이 원인 미생물이 되어 일어난다.
• 변패식품: 보통 식품 전반에 일어나는 변질을 총칭하는 것이고 협의로는 부패 이외의 여러 가지 원인에 의한 식품의 악변을 지적하는 것이고, 미생물에 의하여 일어나는 변질(주로 탄수화물의 분해, 산패, 곰팡이의 발생), 산화, 노화 그리고 갈변 등의 원인에 의한 변질을 가리킨다.

▷ 식품에서 흔히 쓰는 용어

• 대사 작용(Metabolism): 생 세포 내에서 일어나는 모든 화학반응을 말하는 것으로 신체가 음식으로부터 에너지를 얻고 사용하는 모든 방법 즉 세포내 전체적인 화학과정을 말하며 이화작용과 동화작용

포함된다. 다시 말해서 소화관을 통해 흡수된 각종 영양소가 혈액이나 lymph액에 의해 각 조직에 운반된 후 복잡한 화학반응을 거쳐 그 조직을 구성하거나 에너지원으로 소비되고 불필요한 최종산물을 체외로 배설하는 작용을 의미하는데 이를 신진대사 또는 물질대사 또는 간단히 대사라 한다.

• 동화작용(Anabolism) : 영양소 분자가 복합체 분자의 합성을 위하여 거대 분자를 형성하는 과정 즉, 단순물질로부터 복합물질(단백질 등)을 만드는 과정을 말한다. 다시 말해서 흡수된 영양소로서 성장과 생명유지에 필요한 물질을 합성하는 화학반응이다.

• 이화작용(Catabolism) : 신체의 직접적인 요구를 충족시키는 데 사용되는 에너지 발생을 위한 영양소의 산화(Oxidation) 또는 연소 (Burning)를 의미한다. 즉 복합물질(음식)을 부수어 단순물질로 만들고 에너지를 방출하는 과정으로서 이미 합성되어 사용하던 물질 중 노폐한 것을 작은 물질로 분해하는 화학반응을 말한다.

• 산화: 화합물에 의하여 전자(또는 수소)를 잃게 되는 것
• 환원: 화합물에 의하여 전자(또는 수소)를 받아들이는 것

▷ **식품으로부터 에너지를 얻기 위한 에너지 전환에 따른 용어**

• ATP(Adenosiiphosphate) : 에너지를 취하여 저장할 수 있는 기초적인 대사 즉 에너지 전달물질 해당작용(Glycolysis)이다.

• 해당작용(Glycolysis) : 포도당이 세포 내에 들어가므로 세포 내에서 EMP경로에 의하여 해당대사를 일으켜 에너지화된다. 포도당이 혈류로부터 세포내에 들어가는 것은 이자로부터 분비된 Insulin Hormone과의 작용에 의한 것으로 세포내에 들어가 해당작용에 들어가는 것이다. 만약 인슐린이 없다면 포도당을 혈류에 남게 되고 이로

인하여 당뇨병(Diabetes)을 야기하게 되고 세포내에서 당에 의한 에너지가 이루어지지 못함으로 기력이 없게 된다. 세포 내에서 첫 번째 포도당의 분해 작용, 즉 해당작용이 일어나는데 이 작용을 EMP 또는 해당작용이라 한다.

▷ 식품과 관련된 쓰레기(Food Waste)에 대한 용어 사용

• 국어학적 용어

- 음식쓰레기: 조리과정에서 다듬은 파, 마늘의 껍질, 상한 무, 배춧잎 등을 말하는 것으로 사람이 더 이상 먹을 의사가 없고 원치 않아서 내버리는 음식물이다.

- 음식찌꺼기: 접시바닥에 붙어 있는 소량의 음식물이나 부스러기 또는 하수구에 걸린 밥알이나 채소 부스러기, 이빨 틈새에 낀 음식물 등을 가리킬 때 적당한 말이다.

- 남은 음식물: 먹다 남긴 음식물로서 대개는 냉장고에 보관했다가 다시 먹는 음식물을 가리키는 것

• 통일된 용어

- 폐기물학에서 쓰레기의 정의를 보면 "소용이 없거나 원치 않아서 내버리는 물건"으로 되어 있다. 따라서 '음식찌꺼기'나 '남은 음식물'보다도 '음식쓰레기'가 보다 정확한 표현이다.

▷ 확실한 강장법

내장의 활동을 강화하고 기초체력의 증강을 꾀하는 것인데 그것을 위해서는 우선 혈액을 정화하는 데 무엇보다 중요하다. 그러기 위해서

는 자연의 원칙에 맞는 생활하는 것 이외의 방법은 없다.

▷ 바른 식생활

우리 땅에서 나는 식물로 될 수 있는 대로 가공을 덜한 것을 말할 수 있다. 따라서 하루에 물 2ℓ 이상씩 20일 마시면 몸의 물이 바뀌고 바른 음식을 한 달 이상 먹으면 간의 피가, 두 달 이상 먹으면 전신의 피가 바뀐다는 것이다.

5. 음식물과 소화

1) 소화기관의 기능

섭취된 식품이 몸에서 사용하기 위해서는 소화기관에서 여러 가지 물리·화학적 변화를 거치지 않으면 안 된다. 소화기관의 역할은 단백질, 탄수화물, 지방의 복합분자를 더 작은 분자로 분해하고 몸의 생화학적 기능은 계속 작동하게 하는데 필요한 영양소를 흡수하고 그 나머지를 변으로 몸 밖에 내보내는 것이다. 이런 일은 기계적으로 또 화학적으로 다양한 과정을 통해서 이루어진다. 예를 들면 씹는 것은 기계적 과정이며 소화관의 근육운동도 그렇다. 호르몬들은 음식 알갱이와 분자들을 분해하는 것을 돕는 산, 효소, 담즙과 같은 다른 화학물질의 분비를 자극하며 영양소를 방출하여 몸 전체에 흡수되게끔 한다. 건강식이 아닌 식사는 충치, 담석, 그리고 소화관의 암 등의 병을 일으킨다. 스트레스와 정서적 혼란은 또한 소화기관에 영향을 주며 종양을 야기할 수 있다.

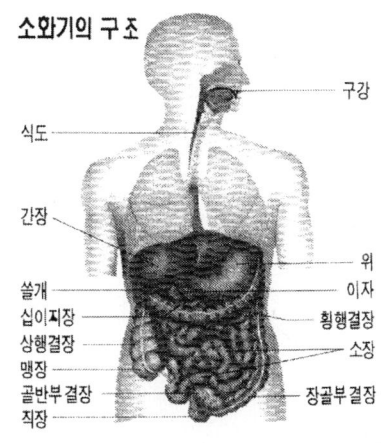

소화기의 구조

구강
식도
간장
위
이자
쓸개
십이지장
횡행결장
상행결장
소장
맹장
골반부결장
장골부결장
직장

2) 음식물의 소화 과정

위에서 언급한 바와 같이 소화관이라 함은 입으로부터 시작하여 항문에 이르는 약 9m쯤 되는 긴 관으로서 음식물을 소화시켜 영양을 흡수시키는 일을 한다. 한 줄로 열을 세워 놓는다면 입으로부터 시작하여 구강 - 인두 - 식도(24~25cm) - 위 - 십이지장(25~30cm) - 소장【공장(2~2.5m) - 회장(3.3~4.1m)】- 대장【맹장(5~6cm) - 상행결장(20cm) - 하행결장(25cm-S자형결장(45cm) - 직장(20cm) - 항문】의 순서가 되며 장 내용물은 1시간에 약 10cm 이동하고 변비일 경우 이동속도가 느리고 수분 흡수가 많다. 용량이 1.5~2ℓ인 위를 중심으로 그 위치를 대략 설정한다면 앞쪽은 복막이 있고 오른쪽 위에는 간장이 있고 안쪽으로 췌장이 있고 아래쪽은 소장과 대장이 둘러 싸여 있는 셈이 된다.

▷ 음식물이 소화되는 과정

(1) 입에서 잘게 씹어 침과 함께 삼킨다. 침에는 '프티알린'이라는 전분질을 녹이는 효소가 있어 밥에 든 전분질의 일부를 소화시킨다. 그러나 입안의 소화과정에서 박테리아와 당분이나 다른 탄수화물의 상호작용으로 감염이 일어나면 치아를 보호하고 있는 법랑질을 분해하여 충치를 만들기 때문에 끈적끈적한 당분음식을 덜 먹고 위생적으로 잘 관리하여 충치 예방에 주의하여야 한다.

(2) 식도를 따라 위장으로 내려온 음식물을 위액과 잘 섞어지라고 반죽을 한다. 위액은 산성이 강한 액체로서 염산이 들어 있다. 따라서 위산이 식도로 역류하게 되면 가슴앓이를 할 수 있다. 소화효소로는 단백분해효소인 펩신과 지방분해효소인 리파아제가 있다. 음식물중의 단백질은 펩신에 의해 우선 절반쯤 소화되지만 지방질과 전분질은 거

의 소화되지 못한다. 왜냐하면 펩신은 위액의 산성조건에서 잘 활동하지만 리파아제는 산성에서는 작용할 수 없기 때문이다. 또한 음식물이 위에 도착하면 유문선이라는 부분에서는 가스트린(Gastrin)이라는 호르몬을 분비한다. 이 호르몬은 다시 흡수되어 혈액으로 들어가 위액의 분비를 자극하는 일을 한다. 가스트린(Gastrin)은 위나 장의 운동을 활발하게 하며 췌액이나 담즙의 분비로 촉진한다.

(3) 위에서 염산으로 살균되고 충분히 반죽된 음식물은 유문과 십이지장을 거쳐 소장으로 내려가게 되는데 십이지장에서는 췌액과 담즙과 섞이게 된다. 왜냐하면 담즙이 흐르는 관과 췌액을 쏟아내는 관이 모두 십이지장에 연결되어 있기 때문이다. 본래 위 내용물은 산성을 띠고 있으나 담즙과 췌액이 알칼리성이므로 중화된다.

(4) 소장에 이르면 음식물 중의 지방질은 담즙에 들어 있는 담즙산 때문에 유화되어 췌액중의 '스테압신'이라는 지방소화효소의 작용을 받아 소화되고 단백질은 췌액의 '프로테아제'에 의해서 소화되며 전분질은 췌액의 '아밀라아제'에 의해 각각 소화된다. 소장에서도 역시 각종 소화효소를 함유한 소화액을 분비한다. 이렇게 음식물은 각종 소화효소의 작용을 받아 흡수되기 쉬운 상태로 분해된다. 그러나 십이지장으로 산이 너무 많이 들어가면 소화불량이나 종양에 걸릴 위험이 크기 때문에 음식을 대할 때에는 화를 내지 말아야 하며 또한 소장에 경련이 일어나면 심한 통증이 야기되는데 이는 강한 스트레스나 술, 담배가 주원인일 수도 있다.

(5) 소화가 끝난 영양성분들은 소장의 점막에서 흡수되어 문맥이라는 혈관을 통해 간장에 이른다. 간장은 이를 처리하여 혈액으로 보내 전신의 세포에 공급하는 것이다.

(6) 미처 소화되지 못했거나 아예 소화될 수 없는 성분들은 대장으로 보내어져서 분변으로 배설된다.

(7) 성인의 소화기관에서 하루에 분비되는 분비물의 양은 타액 1ℓ, 위액 1-2.5ℓ, 담즙 0.6-1ℓ, 췌액 0.6-2ℓ, 소장액 1-3ℓ이다.

(8) 소화기관에서 분비되는 소화효소를 정리하면 다음과 같다.

(가) 단백질 분해효소

펩신: 위액에 있는 효소이며 위액은 염산의 도움을 받아 단백질을 분해하여 알부민제와 펩톤을 만든다.

트립신: 췌액 속에 있는 효소이며 알부민제와 펩톤을 분해하여 아미노산을 만든다. 단백분해력은 펩신보다 약하다.

에렙신: 장액 속에 있는 효소이다. 알부민제와 펩톤을 분해하여 아미노산을 만든다.

(나) 탄수화물 분해효소

디아스타제(프티알린): 타액, 췌액 및 장액이 있으며 탄수화물을 분해하여 맥아당을 만든다.

말타아제: 췌액과 장액에 있는 효소이며 맥아당을 분해하여 포도당을 만든다.

인벨타제: 장액 속에 있는 효소이며 설탕을 분해하여 과당과 포도당을 만든다.

락타아제: 췌액과 장 속에 있는 효소이며 유당(乳糖)을 분해하여 갈락토오스와 포도당을 만든다.

(다) 지방 분해 효소

리파아제(스테압신): 위액, 췌액, 장액에 있는 효소이며 지방을 분해하여 지방산과 글리세린을 만든다.

(라) 단백질 응고 효소

라부: 위 속에 있으며 우유 속에 있는 단백질은 카제인을 응고시킨다.

(마) 산화 효소

옥시다제: 생체 안에서 산소는 이 옥시다제의 매개에 의한 여러 가지 복잡한 유기화합물을 산화 분해하여 탄산과 물을 만든다.

소화기관의 역할

소화기관	기 능	문 제 점	예방과 치료
입과 이	음식은 씹혀서 부서지고 침으로 축축해져서 소화과정을 시작한다. 그리고 나서는 부드러운 덩어리로 삼켜진다.	박테리아와 당분이나 다른 탄수화물의 상호작용으로 감염이 일어나면 치아를 보호하고 있는 법랑질을 분해하여 충치를 만든다.	끈적끈적한 음식을 덜 먹고 이를 위생적으로 잘 관리하면 충치 예방에 도움이 된다.
식도	부드러운 덩어리가 근육질의 식도를 통해 위로 내려간다.	대부분의 가슴앓이는 위산이 식도로 역류하기 때문에 야기된다.	가슴앓이는 제산제로 치료를 받을 필요가 있으나 음식을 덜 먹는 것이 도움이 될 수 있다.
담낭	담낭(쓸개, 왼편, 초록색)은 간에서 만든 담즙을 저장하며 담즙을 십이지장으로 방출한다.	지방 신진대사의 혼란으로 담석이 생긴다.	동물성 지방이 적은 건강식은 담석이 생길 확률을 감소시키는 것 같다.
위 이동시간 4시간	근육으로 된 주머니인 위는 음식을 산성액체와 섞어서 그 음식을 소장으로 보낸다.	자극이 있든지 감염이 일어나든지 산이 과도하면 고통과 구토를 야기할 수 있다. 자극성 있는 식품을 먹든지 술을 마시든지 흡연을 하면 종양을 악화시킬 수 있다.	불끈 화가 날 때에는 문제를 일으킬 수 있는 술과 음식을 피하고 흡연을 중단하도록 중단한다.
소장 (이동시간 4.5시간)	소장은 긴관으로 췌장과 담낭으로부터 진한 알칼리즘을 받아서 지방을 분해하고 위산을 중화시킨다. 소장의 꼭대기에 있는 십이지장에서는 액체가 된 음식이 이를 소화액과 섞인다. 소장의 중간과 아래 끝 부분에서 음식대부분의 흡수가 이루어진다.	십이지장으로 산이 너무 많이 들어가면 소화불량이나 종양에 걸릴 위험이 증대된다. 십이지장 궤양도 또한 술, 흡연, 스트레스와 관계가 있다. 소장에 경련이 일어나면 심한 통증을 야기할 수 있다.	위와 같음
대장 (이동시간 12시간)	음식과 액체가 흡수되는 관이나 음식 찌꺼기는 변이 된다.	변비로 작고 단단한 변이 생기면 불편과 고통을 느끼게 된다.	섬유질 식품은 변의 양을 늘림으로써 변비를 없애준다.

6. 식품과 약(藥)에 대하여

1) 식품과 약품의 차이

병은 우리 몸의 밖에서 쳐들어오는 세균이나 바이러스에 의해 일어나는 것이 아니라 자연의 질서 속에서 더 이상 살 수 없게 된 유기체를 다시 흙으로 환원시키기 위하여 세균이나 바이러스가 최후의 단계에서 등장한 것에 지나지 않다는 것이다. 그러므로 병은 자연에 반하는 식양생(食養生)으로 인하여 신체가 죽음으로 향하는 길목에서 나타난 경고 신호이며 이는 또 건강을 회복하기 위한 최후의 노력이 표현되는 양식인 것이다. 만약 병이 발생하지 않았다면 신체는 아무런 이상이나 방어수단도 없이 대자연의 법칙에 순응하면서 그대로 죽음의 문턱을 넘어가고 말았을 것이다. '하나뿐인 생명', 그 고귀한 생명의 주인은 바로 자신으로 알고 있으면서도 값진 생명을 지켜주는 건강에 대하여 무관심하게 지낼 때가 많다. 이러한 무관심은 약의 오용과 남용으로 인한 화학 약물의 부작용으로 현대 의학에서도 고치기가 힘든 각종 성인병 및 난치병을 낳고 있다. 오늘날 우리가 살고 있는 이 세상에는 그 수를 헤아릴 수조차 없는 많은 종류의 식품과 약들이 있다. 이 중에서 약은 우리의 건강을 지키는 데 어떠한 역할을 하고 있으며 식품과 어떻게 다른가?

식품은 영양물질로서 신체 내에 항상 존재하는 친숙한 생리적 물질이지만 약품은 신체에 대하여 거부반응을 일으키는 이물질로서 영양물질이 아니며 질병을 예방하거나 치료하는 데 사용되거나 건강에 유

익한 방향으로 신체의 기능을 바꾸어 주기 위하여 사용하는 화학적·
생물학적 물질이다.

식품은 원칙적으로 대사를 촉진하는 것이며 신체 항상성을 정상으
로 유지하는 것이지만 약품은 대사를 저해하며 신체 항상성을 교란하
는 경우가 대부분이다. 따라서 건강을 위해 좋은 것은 약(보약)이라는
재래의 잘못된 사고방식을 고칠 때가 왔다.

'의종필독' 의서는 옛말에 병으로 몸이 상한 것은 치료할 수 있으나
약으로 몸이 상한 것은 오히려 치료하기 힘들다고 기록되어 있음은
약의 위험성을 알려주고 있는 것으로 사료된다.

미국 FDA(식품의약품국)의 F(Food)가 D(Drug)보다 앞서있는 것
은 식품이 약품보다 우위에 있음을 의미한다.

2) 생약·한약과 화학약

생약(生藥, crude drug)은 질병의 치료, 예방 및 건강의 유지를 위
해서 자연계로부터 얻어지는 천연물(동·식물, 미생물, 광물 및 그 관
련 물질)을 그 본질을 변화시키지 않고 쓴 것을 의미한다. 즉 천연산
물의 하나인 약품식물을 의약의 목적으로 쓰기 위하여 그대로 말리거
나 간단히 가공하여 필요한 부위만을 약품으로 하거나 약효성분의 추
출 원료, 제지의 원료로 이용하는 경우 이들 약품식물을 포함한 천연
약품자원을 말할 수 있다. 그러므로 생약은 채집하여 건조시키거나 가
공하는 경우 천연물질의 분자구조가 변화되어서는 안 되며 다른 물질
을 혼합시킴으로써 품질이 좋아지거나 개량되어서도 안 된다. 즉 본질
이 변화되지 않은 상태의 천연약품을 생약이라고 부른다.

근대적인 개념의 생약이란 그 자체가 지닌 약효가 과학적으로 증명

되어 있는 천연약품을 말하고, 병 그 자체를 직접적으로 치료하기보다는 인간이 본래부터 가지고 있는 생명력, 즉 자연치유력을 개선시켜 우리의 건강을 유지하여 주기 때문에 거의 부작용이 없다고 볼 수 있다. 한약은 단순히 한방에서 경험에 의하여 쓰이는 약품식물의 일부를 말한다고 볼 수 있다. 화학적인 현대약품은 효과가 순식간에 나타나지만 부작용도 많고 산성 중독이 되면 끊고는 못 사는 것이 화학약이며 이것은 일시적인 대중요법에 불과하다.

▷ 생약치료의 장, 단점

▶ 장점
• 효과가 확실한 것이 많다.

생약은 단일성분으로 되어 있지 않고 복합된 여러 가지 성분이 섞여서 만들어지기 때문에 물에 녹지 않는 성분도 같이 들어있는 다른 성분(예, 사포닌)에 의하여 물로만 달여도 잘 녹아 나온다. 여러 가지 성분들이 서로 상호작용을 하여 유효성분 한 가지만의 경우보다도 약효가 더욱 촉진되는 수도 있다.

• 부작용이 없으며 유효성분의 지나친 작용 때문에 인체에 해로운 작용이 적게 일어난다.

생약에는 서로 약리작용이 반대되는 성분들이 들어있는 경우가 많다. 예를 들면 설사를 나게 하는 성분과 설사를 멈추게 하는 성분의 두 가지가 들어 있는 생약이라면 그 약효가 일방통행적인 약효가 아니고 설사가 생겼을 때에는 멈추게 하고 변비증이 있을 때는 변이 나오게 하는 양방통행(兩方通行)적인 정상화작용을 하는 경우도 있다.

• 작용이 완화하며 지속적이다.

생약에는 주성분 외에도 여러 가지 부성분이 들어 있기 때문에 유

효성분의 흡수와 배설에 영향을 주어 약효가 은근하게 나타나며 그
작용이 오랜 시간 동안 지속된다.

  ▶ 단점
  • 유효성분의 함유량이 일정치 않으며 따라서 사용량이 일정치 않다.
  유효성분은 생약의 채취기후, 토질, 종류, 저장방법 등에 따라서 변
동이 많다. 생약을 겉만 보고 같은 것이라고 사용하다가는 큰 실수를
하는 수가 있다. 그래서 생약요법이 발전되려면 생약을 과학적으로 분
석하여 성분이나 약효가 일정한 것이 확보되도록 되어 있어야겠다. 같
은 무라도 매운 것, 단 것, 싱거운 것도 있는 것처럼, 인삼도 우리나라
풍토에서 생산된 것이 외국산보다 우수하다는 것 등의 이설(異說)이
있을 수도 있고 특히 한방에서 사용하는 독한 약재 중에서 부자(附
子)라는 것이 있는데 그 속의 독성분인 아코니틴 성분이 품질에 따라
일정하지 못한 관계로 보통 때는 아무렇지도 않던 분량으로 중독이
생겨 다치는 수가 있다.
  • 유효성분 및 약리작용이 아직 밝혀지지 않고 있다.
  유효성분이 알려지지 않더라도 뚜렷한 임상효과만 있다면 문제가
없겠지만 그래도 하루빨리 유효성분들이 밝혀지는 것이 생약의 과학
화라 할 수 있겠다.
  • 사용하는 데 거추장스러우며 감각적으로도 현대생활에 잘 어울
리지 못한다.
  생약은 달여서 마시려면 약탕관이 있어야 하고 약 냄새를 풍기고
분량이 많아서 마시기도 거북한 것 등이 경우에 따라서는 결점이 될
수 있다. 이러한 결점을 제거하고 개량하기 위하여 생약을 원료로 하
였으되 현대약품형태(劑型)로 만들어져 취급하기 쉽고 복용하기 쉬운
약들이 만들어지고 있다.

- 진짜 가짜를 구별하기 힘들다.

생약은 외관을 보고 품질감정을 하는 경우가 많고 약초인 경우에는 완전히 익숙하지 않은 사람은 비슷하면서도 다른 식물을 잘못 아는 경우가 많아 착오가 생기는 경우가 적지 않다.

- 저장이 힘들다.

생약에는 벌레, 곰팡이들이 잘 생겨서 품질이 떨어지는 경우가 많으며 부피가 커서 저장이 거추장스럽다.

- 아직도 효과가 분명치 않은 것이 많다.

민간약으로 전해 내려오는 것일지라도 실제 연구결과로는 전혀 효과가 없는 것도 있다. 생약의 효과에 대해서 과학적인 검토가 되어 있지 않은 것을 기화로 과대선전과 맹신, 과신에 주의

3) 약의 허(虛)와 실(實)

열이 좀 난다든지 머리가 약간 쑤시기만 해도 사람들은 으레 아스피린 같은 해열·진통제를 먹는다. 그러나 거기에서만 그치지 않는다. 무턱대고 항생제까지 복용한다. 몸에 염증이 생겼을 것이라는 지레짐작으로 별다른 생각 없이 항생제를 복용하는 것이다. 이렇듯 걸핏하면 약을 먹는 것을 약의 남용(濫用)이라 하고 무분별한 약의 복용을 약의 오용(誤用)이라고 한다. 열이 좀 난다고 해서 해열제를 복용하고 기운이 없다고 해서 영양제나 정력강장제를 먹고 소화가 잘 안 된다고 해서 소화제를 먹어야 직성이 풀리는 현대인에게 이상야릇한 질병이 많이 생기는 이유는 생리적인 기능이 약화되고 질병에 대한 저항력이 떨어졌기 때문이다.

사람은 태어날 때부터 살아가는 힘을 몸 안에 지니고 있다. 이를 자

연양능력(自然良能力)이라고 한다. 현대인에게 전염병처럼 만연된 약
만능현상은 결국 이 자연양능력(自然良能力)을 파괴하고 질병에 대한
저항능력을 상실케 해 귀중한 목숨까지 빼앗기는 결과를 초래하고 있
는 것이다.

장생불사(長生不死)의 불로초(不老草)를 구하려 했던 진시황(秦始
皇)의 어리석음이 회자되고 있지만 필부(匹夫)일망정 오래 살고 싶다
는 욕망은 다를 바 없겠다. 이러한 인간의 욕망에 부응하여 오늘날 시
중에 선보이고 있는 의약품의 종류는 헤아릴 수 없을 만큼 많아 현재
국산의약품만 7~8천 종을 넘는다고 한다. 이렇게 많이 개발된 의약품
은 인류의 질병퇴치와 건강증진에 크게 기여해왔지만 반면에 부주의
나 무지의 소치로 오용이나 남용으로 인한 약해(藥害)도 적지 않다는
것은 안타까운 일이 아닐 수 없다.

지금부터 100년 전인 1899년 독일의 펠릭스 호프만에 의해 발명된
이래 전 세계에서 가정상비약으로 대접을 받으면서 가장 애용되어 왔
던 해열·진통제 아스피린조차도 남용하면 무서운 위궤양의 원인이 된
다는 사실이 밝혀지고 있다. 또한 인류가 만든 약품 중 가장 안정성이
높은 진정·수면제로 유럽 전역에서 각광을 받던 탈리도마이드를 임신
중에 복용한 부인들이 기형아를 낳았다는 사실로 전 세계가 큰 충격을
받은 바도 있다. 뿐만 아니라 나일론·제트엔진·IC 등과 함께 역사상
최대급의 기술혁신으로 평가받고 있는 페니실린의 경우 그 약효가 거
의 경이적이면서도 쇼크라는 부작용 때문에 일부에서는 아직도 사용이
기피되고 있는 점을 볼 때 약물의 사용이 얼마나 큰 위험부담을 안고
있는지 알게 된다. 특히 수유부·소아·노인·병약자의 경우 약의 선
택과 적량의 결정에 얼마나 신중해야 하는가를 깨달아야겠다.

의약품이란 사람 또는 동물의 질병을 진단 치료 경감 처치 또는 예
방할 목적으로 사용되는 것으로서 기구나 기계가 아닌 것으로 정의되

어 있으며 이 같은 의약품 외에 화학약품·공업약품·농약·시약(試藥)·화약·유약(釉藥)·구두약 등의 경우에도 광범위하게 약이라는 말을 사용한다. 또 비유적으로 물질이 아니면서도 몸이나 마음에 이롭거나 도움이 되는 것도 약이라고 하는 경우가 있다.

약은 일반 소비재 상품과는 다른 특성 즉 생명관련성·고품질성·공공복지성·고도의 전문성·외관상 상품특성의 비명시성·다종다양성·상품 차별성의 전달 곤란성 등의 특징을 지니고 있다. 바로 이 같은 특성 때문에 유통구조와 과대광고 등의 조건에 따라서 약의 오용과 남용을 초래하여 중대한 부작용 또는 약이 원인이 되어 생기는 약원병(藥原病)을 불러일으키곤 한다. 따라서 정부는 약의 오·남용을 좀더 적극적으로 방지키 위해 대중광고 치료제 의약품의 범위를 항생제, 호르몬제, 주사제, 고혈압, 당뇨병, 동맥경화증, 비만증 치료제 등 37종으로 언론매체를 통한 광고를 못하도록 하였다. 그러나 약의 오·남용을 막는 첩경은 약을 사용하는 당사자들이 약화 없는 약은 없다는 사실을 인식하고 또 아무리 좋은 약도 계속 사용하면 습관성·내성 등이 생기므로 고서(古書) 신농본초경에서는 상·중·하에서 약을 하로 취급했다.

4) 약은 독(毒)이다

우주 만물이 자연의 법칙 속에서 자기의 맡은바 소임과 질서를 지켜 나가듯이 우리의 몸속에서도 이루다 헤아릴 수 없이 많은 물질이 서로 조화를 이루어 질서를 지켜 나갈 때 건강한 생활이 이룩된다. 예부터 내려오는 동양 의학에서는 하늘과 사람이 하나가 되어 자연에 조화 있게 순응하는 것이 건강이라 하였다. 그런데 만약 어떤 이유에서 이와 같은 조화가 깨어질 때는 병이 생기는데 이때 우리 몸은 그 이유를 제거하기 위하여 온몸의 힘을 동원하여 방어태세를 취하고 나아가 싸우다가 힘이 모자라면 방어선이 무너짐으로써 나타나는 현상이 곧 질병이다. 그러므로 병을 치료하는 데는 첫째로, 원인을 없애야 하는 힘을 도와주고 둘째로, 몸 안의 모자라는 힘을 보존하는 물질 즉 약을 공급하여야 한다. 약은 치료의 전부가 될 수 없고 다만 보좌역에 불과하다는 것을 명심하여야 한다. 병이 생기게 된 원인부터 찾아내어 제거하지 않고 현재 나타난 증상만 없애려는 방법은 매우 위험한 일이다. 가령 우리 주변에서 흔히 볼 수 있는 두통, 감기, 소화불량, 설사가 나타났다고 하자. 이때 많은 사람들은 먼저 이러한 증상이 생기게 된 원인을 찾아내어 그것부터 제거하려는 것이 아니라 우선 나타난 증상 때문에 고통스런 두통에는 진통제, 기침에는 진해제, 소화불량에는 소화제, 설사에는 지사제를 무턱대고 한 줌씩 먹게 되는데 이것을 일시적으로는 그 증상을 멈출 수 있을지 모르나 어떤 기회에 또다시 재발하며, 그 약의 부작용으로 생각지 못한 질병으로까지 발전할 수도 있다는 사실이다.

"약은 원칙적으로 모두가 독"이다. 즉 병원체를 죽이는 극약이다. 다시 말하면 전쟁터에서 사용하는 무기는 장소와 대상, 시기에 따라 사용하면 나를 지켜주나 잘못 사용하면 위험을 초래할 수도 있으며 자신의 생명까지도 앗아간다는 뜻과 같다.

의약계에서는 미개발된 난치병에 대한 신 의약 개발에 수많은 의약연구자들이 밤낮 없이 연구에 몰두하고 있는 반면에 이러한 진지한 노력과는 반대로 우선 경제를 앞세워 돈만을 위하여 몰지각한 행동을 서슴지 않는 사람들의 과대광고와 선전 때문에 남용과 오용으로 일어나는 엄청난 사실은 각자 자신의 냉정한 판단과 약의 올바른 인식으로 건강을 지켜나가야 만이 장수할 수 있다. 이 세상에서 현재까지는 먹어서 젊어지고, 미용에 좋고, 두뇌가 명석해지는 약은 없다는 것이다.

약 포장지 표어처럼 "약 좋다고 남용 말고 약 모르고 오용 말자."

오직 건강은 "밥 잘 먹고 배설 잘하면 건강하다."

그러므로 약의 독성은 일부 약의 위험한 독성효과를 말한다. 다시 말하면 약을 투약하였을 때 환자에게 나타나는 예기치 않은 효과 즉 특이성(Idiosyncrasy)이 그 예가 될 수 있다. 또 의인성(Latrogenic: 치료 때문에 생기는) 장애가 약의 사용이나 개별환자의 약에 대한 감수성 때문에 발생할 수 있다. 부작용(Side effects)은 약을 사용하면 따라오는 의례적인 독성효과이며 금기(Contraindication)는 약을 사용하는 것이 위험하고 바람직하지 않은 환자의 상태로 과도한 약은 체내에서 축적되어 부작용을 일으키기도 한다.

▷ 정신약학

사고 · 감정 · 기분 및 불안에 영향을 미치는 의약품 등과 관련된 의학부분은 정신약학으로 알려져 있다. 이 약품들은 스트레스 · 불안 · 우울증 및 정신질환을 치료하는 데 사용된다. 항울제는 내인성 우울증 치료에 사용된다. 이 약품은 복용자를 '쾌활하게' 하거나 비정상적으로 원기 왕성하게 하지는 않지만 뇌의 신경전달물질의 상대적 결핍증을 치료한다. 치료를 받고 나면 환자의 기분은 우울한 상태로부터 정상적 상태로 변하므로 생화학적으로 유발한 우울증환자에게는 실질적 효과를 거둔다. 또한 스트레스와 불안을 줄이기 위해 약을 복용하는 사람의 80%가 수면을 위해 진정제를 복용하면 긴장을 줄이고 안정을 유지하기 위해 복용한다. 이 약들은 증상을 억제함으로써 일시적 고통을 완화시킨다. 그러나 약이 문제의 근본원인을 해결하는 것은 아니므로 증후는 계속될 것이며 무분별하게 남용할 경우 숙취 비슷한 부작용과 약품 의존증 같은 다른 심각한 문제들을 야기한다.

▷ 부작용

모든 약들은 인체에 수많은 효과를 나타낸다. 진정제와 안정제들은 복용자들을 긴장시키거나 완화하는 대뇌피질부에 영향을 미친다. 이러한 약들은 복용자들을 졸리게 하고 둔감하게 하고 결단력을 떨어뜨릴 수도 있다. 이 약들은 집중력과 기억력에 영향을 미칠 수 있으며 복용자들의 판단력을 다소 흐리게 만들 수도 있다는 것이다. 오랜 기간에 걸쳐 이 약들을 다량으로 복용할 경우 어눌증과 시각장애를 야기할 수 있으며 특히 노년층에서 그러하다는 것이다. 더욱이 사람들의 개별적 감수성의 차이 때문에 같은 약품의 복용에도 각기 다른 반응을 나타내고 각기 다른 부작용을 경험할 수도 있다.

▷ 약품 의존증

복용자의 정신에 영향을 미치는 모든 약들은 약 의존증, 즉 습관성을 야기한다. 약 의존증은 생리적인 것과 심리적인 두 가지로 분류될 수 있다. 약을 복용하였을 때만 효과적으로 인체의 기능이 발휘될 경우에 신체적 의존성이 생긴다. 인체는 그 약에 대한 내성이 점점 더 증대함으로 같은 정도의 효과를 얻기 위해서는 복용량을 증가시킬 필요가 생긴다. 결과적으로 인체는 그 약의 효능을 보상하려는 변화를 나타낸다. 약의 복용을 중지하면 인체의 기능은 심대한 장애를 받게 되고 약 복용중지로 인한 다른 증후들도 나타나기 마련이다. 특히 안정제들이 신체적 의존증을 야기해 심계항진, 손발의 경련, 식욕감퇴, 불면증, 극도의 긴장상태 등이 나타나서 복용중지하기가 어려워진다.

5) 약은 반드시 처방대로 먹어야 약이 된다

사람들이 가장 먼저 달라져야 할 것은 약에 대한 정보를 제대로 알고 정해진 대로 투약하는 것, 즉 '복약이행'이다. '복약이행'을 하지 않아 생기는 부작용은 심각하다. 환자 자신이 전문가로 착각될 때가 많다. 이제는 약으로 모든 병을 해결하려는 태도도 버려야 한다. 약은 질병을 치료하는 여러 방법 중의 하나이지 절대적인 것은 결코 아니다. 오직 건강은 자기 자신만이 지킬 수 있다는 것이다.

▷ 약물 부작용 조심을

약물 부작용은 약물의 사용 목적 이외에 원하지 않게 찾아오는 불청객이다. 이런 부작용은 같은 약물에 대해 모든 사람이 똑같이 겪는 것은 아니며 증상의 정도도 많은 차이가 난다. 특히 어린이나 노인은 약물의 대사나 배설속도가 느린 탓에 약물의 부작용이 흔할 뿐 아니라 증상이 심각한 경우도 많다. 또 약물 부작용은 남성보다 여성에게서 더 흔하다. 같은 성분의 약품이더라도 제조회사의 정제 기술에 따라 부작용의 발생 빈도가 다르게 나타나기도 한다. 또 여러 약물을 함께 쓸 때에 더 많이 생기는 등 약물의 부작용은 환자의 상태와 약물의 상호작용에 따라 다양하게 나타난다. 약물의 부작용은 메스꺼움, 속 쓰림, 설사 등의 소화기계의 부작용에서부터 피부발진, 가려움증, 어지럼증 등까지 다양하다. 약물에 따라서는 심장부정맥을 유발하거나 간·신장기능약화, 간질 발작 등을 초래하기도 한다. 항생제의 경우 체질에 따라 과민성 쇼크가 생기기도 하고 골수 기능 억제나 고열 등이 나타나기도 한다. 항생제를 장기간 사용한 경우 내성세균에 의한 2차 감염이 나타나 오히려 항생제가 병을 초래한 경우도 있다. 또 스테로이드 등 호르몬제는 골다공증, 쿠싱증후군 등 심각한 내분비 장애를 일으킬 수 있다. 비타민과 같은 영양제도 필요이상으로 많이 복용하면 요로결석, 동맥경화, 탈모 등을 불러올 수 있으므로 몸보신 목적으로 함부로 약을 먹는 일은 없어야 한다. 부작용이 전혀 없는 완벽한 약은 전혀 없다고 해도 과언이 아니다. 따라서 정확한 진단하에 꼭 필요한 약을 골라 적절한 용량, 용법 등으로 투여해야 치료효과를 최대화하고 부작용은 최소화할 수 있다.

▷ 복용시간 간격유지 매우 중요

약을 먹는 시간은 대개 식사시간을 기준으로 정한다. 세끼 식사는 대부분 일정한 시간에 함으로 약 복용시간을 기억하기 쉬워 일정하게 할 수 있기 때문이다. 하지만 식사가 약물의 체내 흡수와 효과 발현에 영향을 주므로 이에 대해 고려해야 한다. 두통약, 수면제 등처럼 약효를 빨리 내야 할 때에는 공복에 복용하는 것이 좋다. 훼스탈 등의 소화촉진제는 식전 30분전에 먹어야 효과가 최대로 된다. 미란타, 겔포스 등의 제산제는 식후 1시간이 가장 좋다. 그 시간에 위산의 분비가 가장 많고 약효지속시간도 길어지기 때문이다. 아스피린 등의 소염 진통제는 위를 자극할 수 있으므로 식사 직후에 복용하는 것이 좋다. 철분제도 식사직후 복용을 권장한다. 항히스타민제제 등 어지럽거나 졸리게 하는 약은 취침 전에 복용하면 부작용을 최소화할 수 있다. 고혈압 치료에 흔히 사용되는 이뇨제는 대개 아침에 복용해야 하며 비타민제는 아침에 복용하면 종일 그 효과를 볼 수 있다. 당뇨치료제는 식전 30분에 복용하는 약이 많은데 그래야 식사 후의 혈당 상승을 적절히 조절할 수 있다. 또 항생제는 먹는 시간을 정확하게 지켜 규칙적으로 복용해야 혈중 항생제 농도를 일정하게 유지해 세균 치료 효과를 거둘 수 있다.

복용시간 간격을 유지하는 것이 매우 중요하다. 다만 약에 따라 정해진 복용법이 각 개인에 맞게 만들어진 것은 아니다. 좀더 자세히 알아보면 확실히 복용시간 따라 약효가 달라진다. 그 이유로서는 똑같은 진정제를 먹어도 금방 효과가 나타날 때가 있는가 하면 아무리 기다려도 고통이 사라지지 않는 경우도 있다. 이것은 약마다 복용방법이 다르기 때문이다. 특히 약을 지정된 간격에 맞춰 정량을 복용하는 것이 무엇보다 중요하다고 전문가들은 말하고 있다. 위에서 언급하였지만 내복약은 대개 식사시간을 기준으로 복용시간을 정하는데 이것은 기억하기 쉽게 하기 위한 것이라고 한다.

• 식사 전

결핵치료제는 식사 후에 복용하면 약의 흡수율이 떨어진다. 식욕 촉진제나 위장운동촉진제(맥소롱) 구토억제제 등도 반드시 식사 전에 복용해야 할 약물이다. 협심증 같은 질환은 식사 후에 배가 불러 있는 상태에서 발작이 일어나므로 약도 식사 전에 복용해야 한다.

• 식사 직후나 식후 30분

소화제나 영양제 등 대다수 의약물들은 식후복용을 권장하고 있다. 특히 해열진통제나 신경통치료제 등 위 점막에 자극을 줄 수 있는 약물은 공복 시 복용을 피해야 한다. 위장장애를 유발하는 철분제도 식사직후 복용을 권장하고 있다. 식후 30분으로 제한돼 있는 약물은 자칫 복용시간을 잊어버릴 염려가 있다면 식사직후에 복용해도 무방하다.

• 식후 2시간 또는 식간 복용

이 시간은 음식이 소화된 후 공복을 느끼는 시간이다. 소화성궤양

치료제(겔포스)같이 위의 점막을 보호해주는 약물은 공복에 복용해야 한다. 단시간 내에 약효를 봐야 하는 진통제나 강심제 등도 공복에 먹는 게 좋다. 그밖에 배변을 도와주는 변비 치료제는 취침 전에 복용하는 게 좋다.

▷ 약은 물과 함께 복용하여야 한다

녹차는 그 속에 타닌이라는 성분이 함유되어 있어서 떫은맛이 난다. 만약 약에 철분이 들어가 있다면 타닌이 철분과 결합해서 타닌철이 된다. 그런데 이 타닌산철은 위장에서 흡수가 잘 안 되기 때문에 약의 효과를 떨어뜨린다. 약을 먹을 때는 커피나 차, 주스와 함께 마시지 말고 그냥 미지근한 물을 마시는 것이 약도 빨리 용해시키고 제일 안전하게 먹는 방법이다.

6) 노년기에는 약물의 오·남용이 건강을 해친다

노년기에 접어들면 생리적으로 기능이 퇴화되어 가고 있어 같은 약을 먹더라도 젊었을 때처럼 원활하게 흡수 대사되는 것이 아니기 때문에 약을 복용할 때 다음의 주의사항을 알아둘 필요가 있다.

첫째, 전문가의 조언에 따라 복용하여야 한다.

복용한 약물은 흡수 분포 대사 배설의 과정을 거치면서 약효를 나타내고 서서히 분자구조를 바꿔가면서 무독한 형태로 몸 밖으로 배출된다. 노인이 되면 위의 내용물을 아래로 내려 보내는 속도와 위 내 혈류 속도가 느려지며 위장의 pH가 증가해 정상보다 약간 알칼리화가 된다. 이에 따라 대체적으로 노인들이 복용하는 약물은 대사속도가 느려진다. 지용성 약은 잘 퍼지는 반면 친수성 약은 원래보다 적게 퍼진다. 약물의 대부분은 간장과 신장에서 대사된다. 늙으면 간의 혈류량이 절반 이상 감소하고 약물을 대사하는 여러 효소의 기능이 뚝 떨어진다. 고혈압 약(아테놀롤), 협심증 약(프로프라놀롤 나이트레이트), 여성 호르몬제(에스트로겐) 등은 간에서 대사되는 양이 적어져 더 강하고 오래 약효를 발휘한다. 또 노인들은 노폐물을 거르고 유익한 물질을 재흡수하는 신장 기능이 떨어져 있다. 항균제(설파메톡사졸), 스테로이드(트리암테렌), 항우울제(서트랄린)처럼 신장에서 대사되어 약효를 발휘하는 약은 복용량을 줄일 필요가 있다. 이는 환자가 스스로 체크하고 전문가의 조언에 따라야 한다.

둘째, 일상적으로 약을 복용할 때도 주의하여야 한다.

노인의 경우 여러 종류의 약을 복용함으로써 몸을 더 망가뜨린다. 약은 될 수 있는 한 노인의 생리에 맞는 약을 선택해야 하고 적은 양을 복용해야 한다. 노인들이 흔히 많이 복용하는 고혈압 약은 통풍, 녹내장, 전립선비대증, 발기부전 등을 유발 또는 악화시킬 수 있으므로 합병증을 최소화하는 방향으로 약을 바꾸거나 줄여야 한다. 심장대동맥이 나가는 부위와 목 주위의 경동맥에 혈압을 감지하는 센서가 있는데 노인들은 이 센스가 둔감하다. 이 때문에 노인들은 젊은이와 같은 양의 고혈압 약을 복용할 경우 어지럼증, 가슴 두근거림, 손끝 짜릿함 등을 느낄 수 있고 혈압이 약간 낮게 조절되므로 주의해야 한다. 앉았거나 누워있다 갑자기 일어날 때 어지럼증이 생겨 쓰러지는 경우가 생길 수 있으므로 조심해야 한다. 또 고혈압 약을 복용하는 도중 함부로 진통제를 복용하면 고혈압의 효과가 떨어진다. 노인들은 통증이 있을 경우 아스피린 인도메타신 같은 비스테로이드성 소염진통제를 자주 복용하는데 이로 인해 속 쓰림이 나타날 수 있다. 뇌졸중으로 피가 굳지 말라고 와파린이나 티클로피딘 같은 항응혈제를 복용하는 사람이 이 같은 소염진통제를 추가 복용하면 혈관이 터질 위험이 높아진다. 뿐만 아니라 속이 쓰리다고 제산제를 마구 복용하면 알루미늄 성분으로 인해 변비가 생길 수 있고 치매나 건망증이 악화될 수 있다. 당뇨병 약을 복용하는 환자가 아스피린이나 마그네슘 제산제를 복용하면 지나친 저혈당을 일으킬 수도 있다.

7) 생약을 무시한 이유

▷ 조상의 지혜를 무시하지 말아야 한다

우리는 조상이 물려준 산물을 미개하고 비과학적인 것이라고 무시하였던 시대가 있었다. 그러나 서양 사람들이 과학적으로 연구한 뒤에 현대약품으로 등장시키면 그 뒤에 연구하느라 부산을 떤 것이 우리들이다.

그 예가 항생제이다. 우리 조상들은 밭에서 일을 하다가 손발을 쟁기로 베면 흙을 발랐다. 또한 우리 조상들의 야담책을 보면 등창(등에 생기는 큰 부스럼)으로 죽게 된 사람에게 인절미에 생긴 '푸른곰팡이'를 긁어 붙여서 죽음 직전에 살려냈다는 설화가 있다. 그러나 현대에 와서는 흙을 발랐을 때 파상풍균을 염려했고 곰팡이를 붙이는 것을 멸시하였다. 그런데 우리 조상의 지혜를 우리는 무시할 때 다른 나라에서는 흙 속의 방선균(放線菌)에서 스트렙토마이신이라는 항생제를 만들어내고, 푸른곰팡이에서 페니실린을 만들어 냈다.

또한 요즈음에는 우리나라에서 소변을 모아 화학적으로 처리하여 '우로키나제(피가 엉기어 혈전이 생겨서 심장의 관상동맥이 막히면 심장마비가 되고 뇌동맥이 막히면 뇌혈전증으로 중풍이 되는데 혈전이 생기게 하는 피브린이라는 섬유질을 녹이는 효소를 활성화 시켜주는 작용을 한다.)'라는 값비싼 약을 만들어 인명을 구하고 외화를 획득하고 있다.

옛날에는 과학이 발달되지 못해 오줌을 그대로 마셨다. 특히 동의보감(東醫寶鑑)에 동변(童便)에 대해 다음과 같은 글이 있다.

'오줌은 성질이 차고 맛이 짜며 독성이 없으니 소갈증으로 기침이 나는 것을 멈추고, 심장과 폐를 윤택하게 하며, 혈액순환 장애로 정신이 혼미하고 열이 심하여 날뛰는 증상, 타박상, 어혈, 혼도 등을 다스리고, 눈을 밝게 하며, 목소리를 좋게 하고, 피부를 좋게 하며, 폐위증으로 생기는 기침을 다스린다. 요(尿)라는 것은 소변을 말하며 화(火)를 내리는 것이 극히 빠르다. 사람 오줌은 아직 철모르는 사내아이 것이 좋다. 한 늙은 부인이 나이가 80이 넘었는데 얼굴이 40대와 같으므로 까닭을 물으니 젊을 때 몹쓸 병이 있어 사람의 소변을 마시라고 가르쳐 주는 사람이 있어 마시기 시작하여 40여 년이 되었는데 늙어도 건강하며 아무런 병도 없다고 하였다'(人尿性寒, 一云凉, 味함(鹹) 無毒, 止勞渴수(嗽), 潤心肺, 療血悶, 熱狂, 撲損, 瘀血, 운(暈)絶, 明目益聲, 潤기부(肌膚), 治肺 咳嗽, 尿者小便也, 降火極速, 人尿須童男者爲 良, 상(嘗)見一老婦, 年逾八十貌似四十. 詢之有惡病, 人敎之服人尿, 遂服四餘年, 老健無他病云)는 내용이다.

지금에 와서 소변을 마시라는 것이 아니라 우리 조상들의 지혜에 대해 연구하여 보면 이치가 있다는 것을 소개하고 싶어서이다. 냉철하면서도 우리 것을 존중하는 마음을 갖고 무턱대고 무시할 것이 아니라는 것을 강조하고자 하며 항상 연구대상으로 삼아 생약의 중요성을 갖고자 한다.

▷ 식물(植物)이 질병을 퇴치할 시기다

1960년대 중국의 문화혁명을 주도하던 세력은 중국전통의학에 쓰이

146

던 약초에 대해 대대적인 연구를 하여 1972년 개똥쑥에서 항말라리아 성분 '아테미시닌'을 발견하였다. 이 물질은 현재 말라리아균과 싸우는 가장 효과적인 약으로 쓰인다. 또 1950년대 말부터 미국 국립암연구소(NCI)가 벌인 천연물 수집 프로젝트에서 수집된 식물 1만5000여 종의 하나인 주목의 껍질에서 얻은 물질로 1979년 과학자들은 이 물질이 암세포의 분열을 담당하는 미소관에 결합해 암이 자라지 못하게 한다는 사실을 발견하여 1992년 미국 식품의약국(FDA)이 승인해 1999년에만 2조 원어치가 팔린 것으로 이것이 탁솔이다. 우리나라에서도 쑥에서 항암효과가 있는 '아테미노라이드'라는 물질을 발견하여 연구결과 이 물질은 암을 일으키는 유전자의 발현을 억제하는 것으로 밝혀졌다. 이처럼 식물에서 신약을 찾는 연구가 최근 들어 전 세계적으로 활발히 진행되고 있다. 이러한 현상은 기존의 화학합성에 의존한 신약개발에 한계를 느낀 제약회사들이 인류가 오랫동안 약으로 써 온 각종 식물에서 약효성분을 찾는 쪽으로 눈길을 돌리고 있기 때문이다. 자연에서 자생하고 있는 식물들은 병균의 침입을 받아 상처가 생기면 주위 세포에서 살리실산을 분비해 더 이상 균이 퍼져 나가지 못하게 하기 위해서 인접세포를 죽여 버린다. 이와 같이 식물은 오랜 진화를 거치며 우리가 상상할 수도 없는 다양한 구조와 활성을 지닌 물질들을 만들어 왔다는 것이다. 그러므로 우리 인간이 상상할 수도 없는 영양에 관여하는 성분을 가지고 있는 식물이야말로 생약의 보고가 아닌가 사료된다.

8) 약에 의존하려는 심리

몸과 마음에 특정한 질환이 발생되면 이를 치료 해결하기 위하여 올바른 약을 정확한 복용방법에 따라 사용하여야 함은 당연하다. 그러나 특정질환이 아니고 몸의 상태가 예전 같지 않다거나 나이가 들어감에 따라 어떤 불안감에 지레 걱정하는 사람들이 소위 몸을 보호한다는 의미에서 여러 가지 약물을 복용하는 경우를 많이 본다. 요즈음엔 더욱 건강증진이라는 보다 적극적인 개념이 우리의 생활에 개입되기도 하였지만 명확한 목적이 없이 막연한 기대에 의한 약제의 복용에 대해서는 주의를 기울여야 한다. 특히 노인층의 경우 젊은 시절과 전연 다른 신체 조건에 이를 손쉽게 극복하기 위해 약국이나 한약방에서 구해다 먹는 불특정 목적의 영양제와 보약들의 남용이 문제가 아닐 수 없다. 옛말에 보약 중에 최고를 식보(食補)란 말이 있듯이 약제와 식품은 구별되어야 한다. 위에서 언급한 바와 같이 식품이란 생체 내에서 100% 완전 산화 분해되는 물질이며 그 과정에서 우리의 피와 살이 되고 에너지원이 되어준다. 그러나 약물은 생체 내에 이를 완전 산화시킬 수 있는 대사계가 결여되어 있기 때문에 일정 기능을 담당하면 바로 체외로 배출시켜 내야만 한다. 그러나 이러한 약물이 우리 생체조직들이 처리할 수 없을 정도의 양이 들어오게 되면 결국 밖으로 배출되지 못하고 체내에 축적이 되어 버린다. 이러한 축적이 바로 세포들을 손상시키는 직접적 원인이 되고 결과적으로 여러 가지 퇴행성 변화를 초래한다. 따라서 약물에 의존하는 심리는 매우 위험한 근거를 가지고 있다. 마약을 남용하다 중독된 경우가 하나의 극단적인 예이다. 마약은 대부분 개체에서 기쁨을 가져오고 아픔을 잊게 하는 주로 사람들의 마음에 영향을 미치는 약물이다. 마약도 꼭 필요할 때 사용하면 도움을 줄 수 있다. 그러나 이러한 약물들에 생체가 어느덧 적응이 되고 변질되어 정상적인 생활을 할 수 없게 되어 버리기 때문이다. 마약뿐 아니다. 영양제나 보약 등에도 이와 유사한 의존성을 보이는 사람들이 늘어나고 있다.

우리는 우리의 몸과 마음을 우리 스스로 가다듬고 다지는 노력을 끊임없이 계속하여야 함에도 불구하고 우선 손쉽고 간단한 방법들, 특히 약제와 같은 데에 우리의 건강을 의존하는 사고는 하루 빨리 벗어 던져야 한다. 특히 나이가 들어 만사가 귀찮다고 여기는 노인들일수록 이러한 의지를 보다 단단하게 가져야 삶의 무지개를 바라볼 수가 있다.

▷ 약으로는 다이어트가 되지 않는다

연세대 예방 의학교실 김일순 교수의 말에 의하면 약으로는 절대 살을 뺄 수 없다고 한다. 그 이유인즉 살을 빼는 약은 제조하는 데는 첫째, 식욕을 떨어뜨리게 하여 많이 먹지 못하게 하는 방법이며, 둘째는 몸에서 신진대사를 촉진시켜 지방을 많이 태우게 하는 방법이며, 셋째는 먹는 것을 흡수하지 못하게 하는 방법의 대개 세 가지 방법에 초점을 맞추어 만들기 때문이다.

사람의 식욕은 뇌에서 조절하기 때문에 몸에 질병이 있거나 이상이 있을 때 또는 마음의 상처를 입었을 때 뇌는 필요에 의해서 식욕을 감퇴시킨다. 식욕을 인공적으로 감퇴시킨다는 것은 곧 약을 통해 몸에 이상을 일으켜 뇌로 하여금 식욕을 감퇴시키게 한다는 것이다. 그러므로 식욕을 감퇴시키는 약은 우리 몸에 해를 주는 것이며 대단히 부자연스러운 방법이다. 그간 식욕을 감퇴시키기 위해 만들어 낸 약은 언제나 우리 몸에 더 큰 부작용을 일으켰고 또한 죽음에 이르기까지도 했다.

특히 섭취한 음식의 흡수를 방해하는 약이 있다. 이러한 약은 영양 불균형 현상을 일으킬 가능성이 있어 정상적인 활동에 장애를 줄 수 있다.

비만의 가장 핵심적인 원인은 필요이상으로 음식을 섭취하는 데 있다. 약을 사용하여 비만을 해결하겠다고 하는 것은 한마디로 원인요법이 아니고 대중요법이다. 대중요법에 의존한다는 것은 곧 약을 쓰지 않으면 다시 체중이 원상으로 돌아간다는 것을 의미한다. 이것을 요요현상이라고 한다.

약으로 살을 뺀다는 생각 자체가 아주 잘못된 발상이다. 그것은 식욕은 의지로 조절할 수 없다는 것을 가정하고 있기 때문이다. 사람들은 의지로 식욕을 조절할 수 있다. 먹고 안 먹고는 본인이 결정하는 것이다. 따라서 우리 몸에 해를 주지 않고 살을 빼는 약은 없다.

9) 약과 식품의 궁합

평소 건강관리에 남다른 신경을 쓰면서 몸에 좋다는 각종 비타민, 한약 등을 꼼꼼히 챙겨 먹고 몸에 조금만 이상이 있어도 병원이나 약국을 찾는 사람이 많아졌다. 그런 사람들 중에는 오히려 약으로 인해 건강을 해치는 경우가 드물지 않다. 아무리 좋은 약이라도 제대로 복용하지 않으면 독약이 될 수가 있기 때문이다. 특히 약을 오랫동안 먹다 보면 간장과 신장 등에 독성이 쌓인다. 의약 분업을 실시하면서 약의 남용은 좀 줄었다고 하지만 음식과의 궁합을 잘 모르기 때문에 약의 효과를 반감시키는 경우가 종종 있다고 본다. 평소 즐겨 먹던 음식도 약을 복용할 때는 한번쯤 되짚어봐야 제대로 '약발'을 받을 수 있는 것이다. 특히 진통제와 술처럼 상극관계인 식품의 경우 부작용은 치명적일 수도 있다고 한다. 모든 약은 간과 신장에서 대사되기 때문에 간과 신장이 나쁜 사람은 반드시 의사, 약사의 지시에 의해 약의 복용을 결정해야 한다.

▷ 감기약, 소화제는 우유를 싫어한다

아진탈, 노루모, 메디자임 같은 소화제나 알드린, 아루포스, 로겔, 노이시린 같은 제산제를 복용할 때는 우유, 치즈, 요구르트 등과 같은 유제품 섭취를 삼가야 한다. 우유에 들어있는 칼슘이 약의 흡수를 막기 때문이다. 감기약이나 변비약도 유제품과 함께 복용하지 않는 것이 좋다. 감기약이나 변비약에 들어있는 '테트라사이클린'성분이 유제품과 작용해 약이 20-30% 정도밖에 체내에 흡수되지 않아 약효가 제대로 발휘되지 않기 때문이다. 따라서 이 약들을 먹는 경우에는 2시간 이상 지난 후에 유제품을 섭취하는 것이 좋다.

▷ 친구도 되고 적도 되는 항생제와 유제품

요구르트나 우유, 버터 등 유제품류를 먹은 후 항생제를 복용하면 흡수에 영향을 미친다. 그러나 '에리스로마이신'같은 위장장애를 일으키는 항생제는 오히려 우유와 함께 복용하는 게 위장장애를 덜 일으킬 수 있기 때문에 복용 전 전문가에게 복용방법과 주의사항을 상담해야 한다. 위에서 흡수되지 않게끔 만든 정제인 장용정(腸溶錠)을 우유와 함께 복용할 경우에는 약알칼리 성분인 우유가 위의 산도를 높여 약의 보호막을 손상시킬 우려가 있다.

▷ 우유와 함께 먹으면 변비 약 효과 절반으로

변비약은 보통 대장에서 약효를 내도록 코팅되어 있다. 우유와 함께 복용하면 대장에 미처 도착하기도 전에 위에서 다 녹아버려 복통이나 위경련 등의 부작용이 생길 수 있다.

▷ 탄산수나 과일주스는 제산제의 적

제산제는 과일주스와 함께 복용해서는 안 되는 약이다. 특히 오렌지

주스는 제산제의 알루미늄 성분을 체내에 흡수시킬 수 있으므로 주의해야 한다. 산성과일주스나 탄산소다는 제산제가 장에 이르기 전에 위에서 먼저 녹게 만들기 때문에 함께 복용해서는 안 된다. 그렇지만 철분제의 경우 산성주스가 흡수를 도와주기 때문에 함께 복용하는 게 좋다.

▷ 고혈압 치료제와 과일주스는 상극

포도, 자몽, 오렌지주스 같은 산성과일주스는 고혈압치료제(펠로디핀)와 상극이다. 고혈압치료제와 주스를 함께 복용하면 간 대사 작용을 저해하고 혈압을 지나치게 떨어뜨릴 위험이 있다. 바나나, 치즈, 청어 등도 고혈압치료제와 함께 복용하면 안 되는 음식물이다. 이런 음식물에 들어있는 타라민 성분이 고혈압치료제에 있는 파르길린 성분과 섞여 뇌졸중과 같은 치명적인 부작용을 일으킬 수 있기 때문이다.

▷ 비타민제는 차와 먹지 말자

비타민제나 빈혈치료제(헤모페론)를 복용할 때는 녹차나 홍차 등을 삼가는 게 좋다. 녹차나 홍차에 함유된 타닌 성분이 약물의 고유성분을 변화시켜 약효를 떨어뜨리기 때문이다.

▷ 조미료까지 신경 써야 하는 당뇨약과 간질 약

알레르기성 비염 치료제(알러젝트. 터페딘)와 당뇨병 치료제 등을 복용할 때는 흰 설탕 및 조미료를 먹지 말아야 한다. 또한 간질 환자는 전신 무력감을 유발시킬 수 있으므로 화학조미료를 먹지 않도록 한다.

▷ 술, 담배, 커피와 약의 관계

일반적으로 약물 복용 시에는 음주와 흡연을 삼가는 게 좋다. 여성 호르몬이 함유된 피임약을 복용할 때 지나친 흡연은 혈전증을 유발할 위험이 매우 높다. 흡연은 간의 효소작용을 증가시켜 대사를 촉진하므로 천식 치료제를 먹을 때 흡연자는 비흡연자보다 더 많은 양의 약을 먹어야 한다. 당뇨치료제를 복용중인 환자가 술을 마시면 안면이 붉어지거나 두통, 메스꺼움, 구토 등의 증상이 나타날 수 있다. 수면제나 진정제, 기침 감기약 등은 술과 완전히 상극이어서 술과 함께 먹을 경우 증상이 약화할 수 있다. 술을 만성적으로 마시는 사람은 대부분의 약이 잘 분해되지 않기 때문에 약을 먹을 때에는 금주를 하는 것이 필수적이다. 약을 커피나 홍차와 함께 복용하는 것도 좋지 않은 방법이다. 적지 않은 양의 카페인이 함유되어 있는 커피, 홍차, 우롱차 등은 강심작용이나 이뇨작용 등을 유발해 약효를 떨어뜨리거나 혹은 지나치게 강하게 한다. 특히 위염이나 소화성궤양에 사용되는 약물들은 위액 분비를 촉진시키는 이런 카페인 음료와의 복용을 삼가야 한다.

7. 우리 민족과 소나무

1) 소나무의 출현

소나무류(특정의 수종을 지칭하지 않는 소나무의 여러 종류를 뜻하는 것)가 지구상에 출현한 것은 중생대(Mesozoic era)의 삼첩기(Triassic period) 말기로 지금으로부터 대략 1억 7천만 년 전으로 추정되고 있다. 이때에는 개화식물이나 활엽수도 존재하지 않았으며 단지 거대한 horsetails (속새과식물), tree ferns(목생양치류)와 소나무류의 조상인 원시적인 구과식물(毬果植物)이 번성하였다. 여러 가지의 생리적, 생태적 자료

를 종합해 보면 소나무류는 주로 생장기(여름)와 휴면기(겨울)의 조건을 지닌 온대기후지역의 고원이나 산 경사면에서 발달한 것으로 여겨진다.

소나무는 한국, 만주, 우수리, 일본을 포함한 동아시아의 극동 지방에 나는 구과식물(毬果植物)의 대표적인 경제식물이라고 Moriv(1967)

는 발표하였다. 이런 소나무의 학명은 파이너스 덴시플로라(Pinus densiflora Sieb. et Zucc.)인데 속명 파이너스(Pinus)는 산에서 나는 나무라는 뜻의 갤트어 핀(Pin)에서 유래되었다고 1753년에 스웨덴의 식물학자 C. Linnaeus (1707-1778)에 의해 붙여졌으며 densiflora라는 소종명(小種名)은 네덜란드의 식물학자 P. F. Siebold (1796-1866)와 독일의 식물학자 J. G. Zuccarini (1797-1848)가 1842년에 공동으로 꽃이 조밀하게 모여난다는 뜻으로 명명(命名)한 것이다.

우리말로는 소나무를 흔히 '솔'이라고도 하는데 그 말뜻은 위(上)에 있는 높고(高) 으뜸(元)이란 의미를 지니는 말로서 소나무는 나무 중에서 가장 우두머리라는 '수리'라는 말이 술에서 솔로 변하여 되었다는 것을 학자들의 풀이가 나와 있다. 또한 소나무와 관계되는 순수한 우리말 어휘로는 '솔'이 가장 많고 복합명사로는 '솔가지', '솔불', '송기떡'이 다음으로 많이 쓰였고 한자말의 어휘로는 낙락장송(落落長松)이 있고 복합명사는 송죽(松竹)이 다음으로 많이 쓰였다.

그리고 소나무로 지은 집에서 살며 소나무로 불을 지폈고 소나무 껍질에서 꽃가루에 이르기까지 헤아릴 수 없이 많은 먹을거리를 얻기도 했다.

소나무는 나무 자체만으로도 아주 영험한 생체이다. 만일 우리나라에 소나무가 없었다면 임진왜란 등 외침과 내란으로 어려운 시기에 많은 백성들이 굶어 죽었을 것이다. 비참함 중에도 소나무 껍질을 벗겨 먹고 또한 나무껍질에 목숨을 맡기어 그 힘으로 살아 난 것은 소나무가 가지고 있는 덕성 때문인데 자신의 껍질 하나로 능히 사람의 목숨을 살릴만한 것이라면 더 말할 필요가 있겠는가? 그 외 송화로 다식을 만들고 솔잎은 몸을 맑게 해주기에 선식이나 공부하는 이들의 상식이 되고 소나무 껍질은 벗겨다 끓여먹고 송기는 멥쌀가루에 버무려 먹고 솔방울로는 송실주를 만들고 노송(老松) 한 그루가 머금은 물이 엄청나니 숲에 소나무가 가득 차면 가뭄이 없고 용의 기품을 가지고 하늘로 솟구치는 기상을 가지니 속기(俗氣)없는 그 풍채와 운치는 어떠하며 사철 푸른 잎은 너풀거리지 않아 좋고 바늘 같은 침엽은 선비의 성품을 보는 듯하며 특히 "솔은 이름이다. 오래된 솔이 있다 하여 고송리, 멋진 솔이 있다 하여 가송리, 늙은 솔이 노송리, 큰 솔의 대송리, 향기 나는 방송리, 솔세 그루가 있는 삼송리, 검은 솔의 흑송리 등 우리나라 지명 가운데 소나무 송(松)자가 들어가는 곳이 681곳"이나 된다고 하니 우리 민족이 소나무를 선호하는 것을 가히 짐작이 갈 것이다.

이와 같은 소나무는 메마른 땅에도, 기암절벽의 낭떠러지에도, 해풍이 몰아치는 백사장 모래밭에도, 넓은 들판의 고립 송으로 때로는 마을을 지키는 수호신으로서 굴치 않고 청청하게 자라온 위용은 웅장하면서도 거만하지 않고 수려한 품위를 지켜오고 있다. 이를 거울삼아 우리는 소나무에서 절개와 인내, 당당함과 겸손을 배우며 이를 사랑한다. 소나무는 우리생활에 직접 간접으로 크게 영향을 미치고 있다. 소나무를 일러 영수(靈樹), 신수(神樹) 또는 상서목(祥瑞木)으로 숭앙하여 금기불제(禁忌不除)의 방법으로 써 왔는데 그 예를 민속에서 쉽게 찾아볼 수 있다. 그래서 소나무를 일러 언필칭 "백목지장(百木之長)이요, 만수지왕(萬樹之王)이요, 노군자(老君子)"라 칭하였고 아울러 대나무, 매화나무와 함께 '세한삼우(歲寒三友)'로도 불렀다.

뿐인가 솔은 삶이었다. 소나무로 지은 집에 태어나 푸른 생솔가지를 꽂은 금줄 안에서 보호받았고 마른 솔잎(갈비)을 태워 끓인 국밥을 먹은 산모의 젖을 먹고 자랐다. 그 아이가 자라면 소나무 우거진 솔숲이 놀이터가 됐고, 봄마다 물오른 솔가지를 꺾어 껍질을 벗겨낸 뒤 송기를 갉아먹으며 유년의 봄을 건넜다. 송홧가루는 춘궁기를 견디는 힘이었고 잔솔가지는 귀중한 땔감이었다. 이렇게 소나무와 더불어

살았던 육신은 결국 소나무 관속에 담겨 솔숲에 가 묻혔다. 또한 소나무는 절개다. 추사는 세한도를 그렸고 이인상은 설송도를 그렸다. 사육신인 성삼문은 봉래산 제일봉의 낙락장송이 되겠다고 했고 윤선도는 "솔아 너는 어찌 눈서리를 모르는다?"고 찬탄했다. 월남 이상재 선생은 일본의 거물 정치인 오자키 유키오 선생의 초가집을 찾아왔을 때 뒷산 아름드리 소나무 아래 바위에 돗자리를 편 뒤 "우리 응접실에 앉으라"고 권했다. 오자키는 일본으로 돌아가 "조선에 가서 무서운 영감을 만났다. 그는 세속적인 인간이 아니라 몇 백 년 된 소나무와 한 몸인 것처럼 느껴졌다"고 적었다.

'소나무'(거름)는 시인 정동주가 소나무에 바친 헌시다. 시인은 소나무에서 민족의 원형과 삶과 정신을 본다. 우리나라 전체 산림 면적의 30%를 차지하는 솔은 6000년 전부터 한반도에 뿌리를 내렸고 3000년 전부터 한국인의 생활과 밀접한 관계를 맺어왔음이 밝혀져 있다. 역사가 기록될 즈음부터 민족과 함께 자라온 셈이다. 그 관계란 현대인이 상상하기 어려울 정도로 밀접한 것이었다. 소나무와 한국인은 별개의 것이 아니라 서로 이어진 것이었고 공기와 물과 같이 서로 자연스런 존재였다. 어디에나 소나무는 있었고 선인들은 이를 적절히 이용했다. 일제시대 때부터 간혹 '소나무 망국론'이 튀어나오곤 한다. 한국 소나무는 휘어지고 비틀려서 아무 쓸모가 없다는 주장이고 소나무가 아니라 서양 나무처럼 쭉쭉 뻗은 나무를 심어야 한다는 것이다. 그러나 이는 소나무의 무궁한 효용을 몰라서 하는 소리다. 소나무는 심지어 잘려서 죽은 다음에도 귀한 한약재인 복령(솔뿌리혹)을 키워 낸다. 굽은 소나무도 처마를 살짝 들어올리는 전통의 멋을 살리는 귀중한 목재로 사용됐다. 귀하고 귀한 소나무를 흔하다하여 돌아보지 않는 오늘날이다. 우리의 것에 너무나 소홀히 하는 것은 아닌지, 우리 것에 대해 너무 아는 것이 적어 외세가 우리의 주인이 되고 있는 것은 아닌지

되물어야 한다. 고향을 떠날 때 바라보던 마음속 푸른 당산 소나무 숲이 드리워져 있는 한 고향은 소나무 마음으로 살아 있는 것이다. 한국인의 마음엔 언제나 한 그루의 푸른 솔이 서있는 것이다.

아쉬움이 있다면 이러한 소나무에 대해서 세계에 먼저 소개한 민족이 우리가 아닌 일본인으로서 재패니스 레드 파인(Japanese red pine), 즉 일본 붉은 소나무라는 영어 이름이 통용되고 있다는 것이다.

지금까지의 글에는 우리의 문화성에, 그리고 민족혼을 그대로 표현하였다. 소나무를 식품으로서 영양학적으로 연구해온 사람으로 이제는 소나무에 대해 식품의 가치를 그리고 소나무의 효용가치에 대해서 자세한 설명을 함으로써 다시 한 번 소나무의 귀중함을 인식시키고자 한다.

우리 민족에게 자연의 멋과 풍치를 그대로 나타내주는 소나무가 바로 우리 것이고 우리 민족에게 건강의 혜택을 가져다줄 수 있는 귀중한 영양의 보고의 자원으로서 식물의 대명사로 십장생의 하나인 소나무가 바로 우리 민족수(民族樹)인 것이다.

2) 소나무류의 분포 및 천연기념물

충북 보은군 속리산 법주사 주변에 있으며 천연기념물 103호로 지정된 정이품 소나무는 일명 "연 걸이 소나무"라고도 하며 수령이 800년이 넘었으며 이 소나무는 세조가 난치의 종양으로 고생하던 중 기도로 효험을 보게 되자 약수로 유명한 속리산 법주사의 복천암을 찾아가던 길에 이 소나무 밑을 지나게 되었다. 그런데 소나무 가지에 임금이 탄 가마가 걸려 움직일 수 없게 되자 이를 본 임금이 "연 걸린다"하고 꾸짖으니 소나무 가지가 번쩍 처들려 통과할 수 있게 되어

임금이 이 소나무에 대해서 기특히 여겨 친히 옥관자를 가지에 걸어
주고 후일에 정이품의 벼슬을 내렸다고 한다.

이와 같은 소나무류는 아래의 표와 같이 세계에서 약 100여 종(원
예 종 제외)이 있으며 소나무류의 지역별 분포는 유라시아대륙의 거
의 동쪽 끝인 캄차카반도에서 서쪽으로는 유럽의 영국, 스페인, 그리
고 카나리아제도까지 분포한다. 위도 상으로는 노르웨이의 북쪽에서
남쪽으로는 수마트라에 출현한다. 미 대륙에서는 보다 좁은 범위에 분
포하는데 동서로 캐나다 동쪽에서 서쪽으로는 유콩지역까지 남북으로
는 캐나다 북동지역에서 중미의 니카라과까지 출현한다. 따라서 소나
무류의 분포를 다음과 같이 구분할 수가 있다.

지 역	수종수	지 역 특 징
북미 대륙 동부	13	남북에 걸쳐 대면적 산림형성. 변이가 심하지 않으며 대부분 낮은 지역에서 생육
북미 대륙 서부	20	산악지에 대면적 산림 형성. 4,000m 가까운 높은 지역에서도 생육하는 수종이 있음. 세계에서 가장 크게 자라고 오래 사는 수종이 있음.
멕시코(중미포함)	31+	중간크기의 산림형성. 바닷가에 자라는 수종은 없으며 많은 수종이 높은 산악지에 생육. 해발 4,000m이상의 고지대에서 발견되는 수종도 있음. 수종간의 변이가 심하고 분류상 명확치 못한 경우가 많음. 앞으로 더 많은 수종이 확인될 가능성이 큼.
카리브해안	4	한 수종을 제외하고는 여러 섬에 분산되어 분포
지 중 해	12	일부 수종은 내륙의 산악지에 분포. 수종에 따라서 천연임분과 식재임분의 구분이 애매함.
유라시아대륙 북부	3	수종이 단순하며 대 면적 산림형성. 많은 수종이 낮은 지역에서 2,000m까지의 산악지에 분포.
동부 아시아	24+	북쪽에 대면적 산림이 있고 기타 지역은 분산되어 분포. 바닷가와 중간정도의 고도에 많이 분포 단유관속 수종의 변이가 큼. 아직 완전히 조사되지 못한 수종이 있음.
계	107+	수종의 수는 학자나 분류체계에 따라 다소 차이가 있다.

우리나라에는 6종이 분포하고 있는데 이 중 북반구에 널리 분포하고 있는 소나무는 현재 땅속에 묻혀있던 화분(花粉)의 분석결과에 의하면 우리나라는 6,000년 전에 활엽수림이었는데 약 3,000년 전부터 소나무가 증가되고 2,000년 전부터는 소나무 숲으로 바뀌게 되었다고 한다.

소나무는 양수(陽樹)로서 온도요인과 수분요인에 폭넓은 적응성을 가지고 있으나 조건이 좋은 생리적 적지에서는 다른 수종(樹種: 陰樹)과의 경쟁에 약함으로 소나무림은 능선과 같은 건조한 척박지나 습원(濕原), 하안(河岸) 같은 과습지인 생태적 적지(適地)에서 군집(群集)을 이루거나 천재지변으로 파괴된 곳에 형성되는 이차전이(二次遷移)의 도중상(途中相)인 이차림(二次林)으로 출현한다고 豊原(1973)은 말하고 있다.

이러한 역사를 가진 우리나라 소나무를 천연기념물로 지정한 것을 살펴보면 다음과 같다.

대한민국 천연기념물: 독립수에 대한 수종별 명세(소나무)

008호 서울재동의 백송
009호 서울수성동의 백송
060호 송포의 백송
103호 속리산의 정이품송,   1962년 12월 03일 지정 충북보은
104호 보은의 백송
106호 예산의 백송
180호 운문사의 처진소나무   1966년 08월 25일 지정
253호 이천의 백송
289호 합천 묘산면의 소나무   1982년 11월 04일 지정
290호 괴산 청천면의 소나무   1982년 11월 04일 지정
291호 무주 설천면의 반송   1982년 11월 04일 지정
292호 문경 농암면의 반송   1982년 11월 04일 지정
293호 상주 화서면의 반송   1982년 11월 04일 지정
294호 예천 감천면의 석송령   1982년 11월 04일 지정
295호 매전면(청도)의 처진 소나무 1982년 11월 04일 지정
349호 영월의 관음송   1988년 04월 30일 지정
350호 명주삼산리의 소나무   1988년 04월 30일 지정
351호 설악동의 소나무   1988년 04월 30일 지정
352호 속리 서원리의 소나무   1988년 04월 30일 지정
353호 서천 신송리곰솔
354호 고창 삼인리의 장사송   1988년 04월 30일 지정
357호 석산 독송의 반송   1988년 04월 30일 지정
358호 함양 목현리의 구송   1988년 04월 30일 지정
359호 의령 성황리의 소나무   1988년 04월 30일 지정
383호 연풍입석이 소나무
397호 장수 장수리의 의암송
399호 영양 답곧리의 만지송
409호 울진행곡리의 처진 소나무
410호 거창당산리의 당송
424호 지리산 천년송

천연기념물: 독립수에 대한 수종별 명세(소나무)

103호 속리산의 정이품송,   1962년 12월 03일 지정 충북보은
180호 운문사의 처진 소나무   1966년 08월 25일 지정
289호 합천 묘산면의 소나무   1982년 11월 04일 지정
290호 괴산 청천면의 소나무   1982년 11월 04일 지정
291호 무주 설천면의 반송   1982년 11월 04일 지정
292호 문경 농암면의 반송   1982년 11월 04일 지정
293호 상주 화서면의 반송   1982년 11월 04일 지정
294호 예천 감천면의 석송령   1982년 11월 04일 지정
295호 매전면(청도)의 처진 소나무 1982년 11월 04일 지정
349호 영월의 관음송   1988년 04월 30일 지정

천연기념물: 독립수에 대한 수종별 명세(해송)

160호 제주시 곰솔(흑송)   1964년 01월 31일 지정
188호 익산 신작리의 곰솔   1967년 07월 11일 지정
269호 무안 망운면의 곰솔   1982년 11월 04일 지정
270호 부산 수영동의 곰솔   1982년 11월 04일 지정
353호 서천 신송리의 곰솔   1988년 04월 30일 지정
355호 전주 삼천동의 곰솔   1988년 04월 30일 지정
356호 장흥 관산읍의 효자송   1988년 04월 30일 지정

천연기념물: 독립수에 대한 수종별 명세(군락)

50호 태하동의 솔송나무, 섬잣나무 및 너도밤나무 군락 62. 12.3 지정

천연기념물: 북한의 소나무

25호 룡산리(무산리) 송림   평안북도   룡산리
32호 률화 소나무   평안북도   률화리
51호 룡포 가는잎 송림   평안북도   인로 로동지구
53호 맹산 흑송림   평안북도   맹산읍
66호 장송 소나무 방품림   평안북도   장송 로동지구
89호 묘향산 소나무   평안북도   향암리
116호 룡대 만지송   평안북도   룡대리
126호 해주 설송   평안북도   구제동

180호 룡해골 만지송	평안북도	선암리
182호 동산리 소나무	평안북도	동산리
183호 입문 소나무	평안북도	동산리
195호 원산 금송	강 원 도	송천동
206호 위남리 소나무	강 원 도	고산군 위남리
207호 석왕사 송림	강 원 도	설봉리
235호 창도 늘어진 소나무	강 원 도	장현리
247호 금구리 소나무	강 원 도	법동 금구리
252호 함흥 반송	강 원 도	소나무동
273호 가진 소나무	강 원 도	가진 로동지구
277호 성남 소나무	강 원 도	수동 성남리
286호 중동리 소나무	강 원 도	덕성 중동리
298호 단천 만지송	강 원 도	달천리
320호 고진 소나무	강 원 도	명천포 하리
321호 포중 소나무	강 원 도	명천포 하리
324호 함진 소나무	강 원 도	화성 함진리
352호 연지봉 소나무	강 원 도	삼지연 신무송
390호 개성 박송	강 원 도	개풍 연강리
416호 창터 소나무림	강 원 도	고성 온정리
449호 정주 소나무	강 원 도	세 마리
464호 개성 금송	개 성 시	고려 동래 봉장

* 참고자료: 리성대, 리금철, 북한 천연기념물 편람, 한국문화사, 1996(영인본). p.195

용(龍)소나무(고흥군 보호수)발견

전남 고흥군 봉래면 외나로도 봉래산 정상 부근에 용의 모습을 한 소나무가 있어 사람들의 관심을 끌고 있다. 지름이 30cm로 땅바닥에 2m정도 똬리를 틀고 하늘을 향해 7m 높이로 뻗어 올라간 이 소나무의 수령은 약 100년이 되었다고 추정하고 있다. 금방이라도 승천할 듯한 모습을 하고 있는 이 소나무 주변에는 용지(龍池)로 불리는 작은 연못이 있고 용란(龍蘭). 용동백(龍冬柏)이 자라고 있어 신비감을 더해주고 있다. 이 소나무는 1996년에 전 주민들이 등산로를 내면서 처음 발견한 이래 용송(龍松)에 소문에 많은 관광객을 유치하고 있다. 특히 똬리를 틀고 있는 밑 부분에 걸터앉아 엉덩이를 비비면 아이를 가질 수 있다는 소문이 퍼지면서 여성들의 발길이 잦아지고 있다고 한다. 고흥군은 이 소나무를 군 보호수로 지정하고 관광자원으로 활용할 것이라고 한다.

8. 민족수 소나무의 위력

1) 소나무의 위력

"당신만이 당신의 주치의"라는 독일의 속담이 있듯이 옛날에 죽음에 임하면 짧은 수명을 준 하늘을 원망했다고 하지만 오늘날에는 발달한 과학문명 속에서도 죽어야 한다는 원망을 하게 될 것이다. 이러한 엄청난 변화 속에서도 동양의 자연식물은 인간이 살아서 움직이고 있는 장기에 가장 적절하게 작용하여 효과를 내고 자연치유력을 점점 높여서 치유해 주고 있다. 이러한 동양의 식물 중 으뜸이 되는 소나무는 많은 장수비법을 우리에게 남겨준 영양(營養)의 보고(寶庫)로 소나무를 복용한 사람이 장생한다 하여 송수천년(松壽千年)이라 하고 장명(長命)을 송령(松令)이라고 했으며 산중에 들어간 수행자인 선인(仙人)은 곡물을 피하고 솔잎을 상식하여 그 정기(精氣) 때문에 천안(天眼) 천이(天耳) 숙명(宿命) 타심(他心) 신족(神足)의 오통력(五通力)을 얻어 장수(長壽)를 유지할 수 있다는 선인들의 체험담 등이 있다.

이와 같이 우리 민족은 늘 푸른 산야에 늠름하게 서있는 소나무와 같이 살아 왔으며 국가의 수난 때마다 우리 민족에게 허기진 배고픔을 달래주었고 등산객이나 몸의 피로를 풀기 위해 찾는 많은 사람들에게 서늘한 그늘과 삼림욕의 건강을 지켜 주면서 세월의 무상함을 깨닫지 못하는지 예나 지금이나 어느 환경에 처해 있더라도 변함없이 청순함과 꿋꿋한 자태를 보이면서 그 자리에 항상 서있다. 이를 거울 삼아 우리 민족은 절개와 인내, 당당함과 겸손을 배우며 이를 사랑한다. 이러한 소나무는 우리나라 자원의 보배로서 큰 군락을 이루고 큰 산에 가장 넓은 지역에서 자생하고 있으며 예로부터 잎(松葉), 꽃가루(松花), 송진(松脂), 솔방울(松實), 껍질(松皮), 뿌리(松根) 등 모든 것은 구황식품(救荒食品)만으로 이용된 것이 아니고 약용으로도 많이 이용되어 온 아주 영험(靈驗)한 식물이다.

조선시대 세종 때에는 계속되는 천재로 흉년이 들 경우 백성들의 굶주림을 덜어줄 목적으로 구황식 교본인 『구황촬요(救荒撮要)』를 만들어 보급하였는데 여기에서는 구황식 30目가운데서 솔잎이 6目, 솔방울이 1目, 소나무 껍질이 1目, 송진이 1目 등 총 9目이나 소나무를 이용하는 방법을 기술함으로써 소나무가 지니고 있는 식 약용의 중요성을 강조하였음을 알 수 있었고, 불가의 수도승이 단식으로 들어갈 때 솔잎을 한 줌 먹는 것은 체내에 잠긴 일체의 사독(師毒)을 내버리고 기력(氣力)을 유지하기 위해서라고 한다.

이러한 소나무를 일러 언필칭 "백목지장(百木之長)이요, 만수지왕

(萬樹之王)이요, 노군자(老君子)"라 하고 또한 소나무처럼 꿋꿋하고 대나무같이 곧은 절개를 나타낸다하여 송죽지절(松竹之節)로 표현하였으며, 우리 민족의 숭고함과 청순함을 나타낼 뿐 아니라 소나무는 장수한다하여 송교지수(松喬之壽)라 칭함으로 오래 사는 장수식품으로서 따뜻함과 넉넉함을 주었다. 이와 같이 춘궁기에 배고픔을 달래주던 소나무 효능을 한의학적(韓醫學的)으로 살펴보면 『구황촬요』에는 오장을 편하게 하고 굶주림을 막는 데 유효하다고 하였고 『학포헌집(學圃軒集)』에서는 위장에 위해가 없고 배고픔을 잊게 하며 음식을 절약하고 수명을 연장한다고 하였다. 『동의보감』에는 풍습 창을 주치하고 모발을 나게 하고 오장을 편히 하여 주리지 않고 연년(延年)한다고 기록되어 있으며 중국의 『본초강목』에는 먹어서 약이 되는 필요품이며 근골(筋骨)을 강하게 하고 이목(耳目)에 이롭다고 하였다.

이와 같이 소나무 중 솔잎, 송피, 송실, 송지 등을 망라한 것을 생식함으로써 이는 강장제로서 상당한 효과가 있는 것은 알칼로이드 등 기타의 영양이나 소화기 또는 뇌 조직에 유효한 자극을 가져오는 성분을 함유하고 있기 때문이며 또 소나무는 석회질을 용해하는 성질을 갖고 있으므로 동맥경화증에도 유효한 것이며 혈관을 부드럽게 하는 작용이 있다고 설명하고 있다.

그 외의 문헌에도 수없이 민간요법이 수록되어 있고 또한 여러 한의서에 기록되어 있는 치료된 병을 보면 거담, 진해, 천식, 진정, 진통, 치통, 뇌출혈, 지혈, 하혈, 설사, 적리, 위장병, 이뇨, 임질, 수종, 갈증, 구충, 땀띠, 화상, 알레르기, 심장병, 고혈압, 중풍, 당뇨병, 만성알코올중독, 숙취, 변비, 결석, 신경통, 신경쇠약증, 옴 등 이루 헤아릴 수 없을 정도로 많은 질환이 효과를 발휘한다고 한다. 이렇게 천혜(天惠)의 귀중한 자원이 효과적으로 사용되지 못한다면 국가적 차원에서 경제적 손실이 아닐 수 없다.

소나무는 버릴 것이 하나도 없는, 지구상에 단일식물 중에 가장 중요한 약재를 가지고 있을 뿐만 아니라 인간에게 영양의 보고로서 효용가치를 많이 인간에게 베풀어주는 식품으로 제공하고 나머지 찌꺼기는 가축의 사료로서도 귀중한 자원이다. 이러한 귀중한 자원의 식품적 가치에 대하여 초근목피의 시절을 겪은 노년층만이 관심이 있을 뿐 현재는 변변한 연구시설도 없고 체계적으로 연구를 하려는 학자도 없다. 각종 토목공사의 명목으로 잘려져 길거리에 버려지는 자원을 볼 때마다 아쉬운 마음 금할 길 없어 소나무의 식품적 가치와 가축 사료 자원으로서의 가치를 소개함으로 우리 민족의 상징인 소나무에 대한 자긍심을 갖게 되기를 희망한다.

2) 소나무의 식품적 가치

가이바라에긴겐(貝原益軒)의 양생훈(養生訓)에 이렇게 기록되어 있다.

나이를 먹어가도 건강을 유지할 수 있게 하기 위해 혹은 호르몬을 고갈시키지 않게 하기 위해서 Sex를 즐기는 것을 가르치고 있는데 이를 위해서는 심장이 튼튼한 것이 제일이며 이렇게 하는 식물은 바로 소나무가 이것이다.

소나무는 얼마든지 권장하여도 좋은 강장제다. 선도련(중국의 선인이 되는 수행을 하고 있는 단체) 연주 五千言坊玄通子(일본사람으로서는 유일한 사람인 선인의 인허를 얻은 자)師에게 받은 '장생구시(長生久視)' 속에 유교를 설명한 공자와 선도(仙道)를 시작한 노자에 대해서 다음과 같이 쓰고 있다.

지금까지 聖人이라고 불려진 사람은 성 불구자이다. 공자는 "여자와 소인은 기르기 힘들다"라고 말한 것으로 보아 원만한 부부관계가 없었던 모양이다. 그것에 대해 노자는 그의 저서 《도덕경(道德經)》의 도처에 남녀 생식의 원리를 속 깊이 설명하고 있는 것으로 보아 금슬 상화(琴瑟相和)하고 생명에의 유열(愉悅)을 진실로 향수하고 있는 것으로 생각된다. 송식(松食)을 하고 있는 선도연(仙道連)에서는 그 정액의 분비를 일생 쇠퇴시키지 않고 백세가 되어도 성욕이 왕성하고 노인들끼리 인생을 즐기고 잠자리도 청년처럼 할 수 있고 수명도 길었다고 한다.

'인생은 만나기 어렵고 선연(仙緣)맺기 어렵다'고 하나 송식(松食)으로 선연을 맺은 사람은 60세를 지나서 새로운 건강을 얻을 수 있다가 70세를 지나면 생각지 못한 행복을 얻는다고 표현 스태미나 식품으로 송식을 권하고 있다.

상약(上藥)과 중약(中藥)은 식품을 의미하는 것으로 상약은 선인어(仙人 語)이고 장생하는 약을 말하며 중약이란 정력이 강해지는 약 그리고 하약(下藥)이란 병을 고치는 약이란 말이다. 따라서 장생하는 것이라든지 정력이 강해진다는 것은 강한 심장을 가지고서야 비로소 가능한 것이다. 심장이 약한 사람, 심장을 앓는 사람은 소나무액즙을 반년이상 소량이라도 꾸준히 장기간 복용하는 것을 권하고 싶다.

장수하는 소나무의 나이를 송령(松齡)이라고 하며 송수천년(松壽千年)한다고 하는데 이는 소나무 자신이 장생하는 것만 아니고 그 소나무를 복용한 사람이 장생한다 하여 장명(長命)을 송령(松齡)이라고 한다. 솔잎이나 송피를 씹고 있으면 금방 피로가 회복되고 언제나 젊음을 유지할 수 있어 건강하게 될 수 있다. 이것은 솔잎이나 송피가 체내의 노폐물을 점차 용해시켜 체외로 배설시키기 때문이고 이 효과는 소나무 이외엔 어떤 것과도 필적될 수가 없다고 한다. 소나무에는 항지프테리아 작용이 있는 것도 그 때문일지 모른다.

소나무는 약의 신으로 제사지내는 신농씨(神農氏) 사당 가운데 장수의 열 가지(십장생)로 선정된 나무로는 유일하게 지목되었다.

불로장수의 비법은 산중에 들어간 수행자 즉 선인은 곡물을 피하고 솔잎을 상식하여 그 정기 때문에 천안(天眼), 천이(天耳), 숙명(宿命), 타심(他心), 신족(神足)의 오통력(五通力)을 얻어 장수를 유지할 수 있다는 선인들의 체험에서 증명된다. 수도승이 단식으로 들어갈 때 솔잎을 한 줌 먹는 것은 체내에 잠긴 일체의 사독(師毒)을 내버리고 기력을 유지하기 위해서라고 한다.

3) 소나무에 들어있는 성분은 우리 몸에 좋다고 한다

수많은 성분 중 phenol화합물은 단백질과 가교결합을 형성하는 능력과 갈변에 큰 영향을 주어 산화반응을 억제하고 특히 AIDS virus의 증식을 방지하는 약리 효과가 있다고 일본학자 岩料可(いわしなつかさどる)가 발표한 바 있다. 또한 polyphenol계 화합물인 tannin성분은 강한 항산화작용과 금속이온과 착염을 형성함으로 중금속 해독을 한다고 기무라(きむら) 등이 보고하고 있다.

Glycolysis는 혈당강화작용을 함으로 당뇨에 효과가 있고 terpen 중에 송진의 주성분인 정유성분이 있어 고혈압 개선과 탈모방지 및 흰머리를 검게 하며 머리 결에 윤기를 주며 비타민 E와 비슷한 모세혈관의 확장작용이나 혈중 콜레스테롤을 배제하여 동맥경화를 예방하고, 말초혈관을 확장시켜 혈액순환을 촉진 호르몬의 분비를 높이고 신경을 안정, 신체의 각 부위를 활성해 주는 성분이다.

크에르세틴은 니코틴 해독, 루틴(Rutin)은 소나무에 많이 분포되어 뇌일혈을 예방, 철은 빈혈 치료 및 혈액응고, 그리고 단백질 중 아미노산은 필수아미노산이 풍부하여 감마 아미노 젖산의 혈압강하작용,

피로회복의 원천 아스파라긴산, 성장과 대사에 중요한 역할을 하는 판
토텐산, 강력한 유산균 역할을 하는 메티오닌 등 8가지가 다 들어 있
어 비만에 효과적이다. 또한 최근 주목할만한 것은 활성산소라 불리는
유해산소의 등장이다. 이 유해산소는 불안정한 상태로 떠도는 산소로
다른 물질과 결합해 정착한다. 체내에 반응이 일어나면 단백질과 핵
산, 지방질 등을 공격해 이것들을 상하게 변화시킨다. 또한 유해산소
인 활성산소는 포화지방(동물성 지방)에 함유된 포화 지방산을 산화
해서 과산화 지질이라는 유해물질로 만드는데 이 과산화 지질은 세포
막을 일시에 파괴할 정도의 강력한 독성을 지니고 있다. 이물질에 의
해 혈관이 상처를 입게 되면 곧 혈관을 막아 버려 혈전이 되게 하고
콜레스테롤과 중성지방이 혈관벽에 달라붙어 동맥경화를 진행시키는
것이다. 이것에 대항시킬 수 있는 항산화작용을 하는 것이 SOD(Super
oxide dismutase)라는 효소이다. 이것은 몸에 유해한 물질을 물과 같
은 무해한 물질로 변화시키는 작용을 하며, 이 외에도 항산화제는 비
타민 C, E, 녹황색 야채 등에 다량 함유되어 있는 카로틴 등이 있다.
이 물질이 바로 소나무에 있다는 것이다. 일본 화한약(和漢藥) 연구소
가 실험한 특수한 기술로 활성산소를 만들어 내보낸 적송 잎의 엑스
와 반응시키고 그 항산화작용을 산출하였다. 결과는 농도에 따라 다르
나 50%의 항산화 억제율을 기록해 높은 항산화작용이 소나무에 있다
는 것이 증명된 것이다. 따라서 색, 맛, 향기, 조직 등 생체조절기능을
가진 식품으로 단순한 영양 면에서뿐만 아니라 생리 활성 면에서 생
체방어능력(면역), 생체리듬조절(호르몬), 질병예방과 치료, 병후의 회
복, 노화억제 등에 기여하는 특성을 가진 기능성 식품의 원자재로 이
소나무의 유익성은 확실하다고 볼 수 있어 바로 21세기 식품이 될 수
있다는 것이다.

전통적으로 선조들은 과학적인 근거가 아니라 경험을 바탕으로 그

효능을 알아냈음을 높이 평가하면서 본초강목 외 고문헌에 나와 있는 질병의 치유능력을 다음과 같이 기록되어 있다.

악창치료, 오장(심, 간, 신, 폐, 비장)을 편하게 한다. 풍습창을 다스린다.〈동의보감〉

장풍하혈, 성인병 예방 및 치료 천식〈한방의고서〉

피부 미용에 좋다. 정력에 좋다.〈미미방장기, 풍요전〉

소나무 밭에 가서 휴양 신경을 안정, 불면증을 치료〈생식, 자연식 근본원리와 치료실태〉

※ 우리 선조들은 약으로 치료되지 않은 사람도 소나무로 치료 가능하였다고 기록되어 있다.〈동의보감, 본초강목, 한방의고서〉

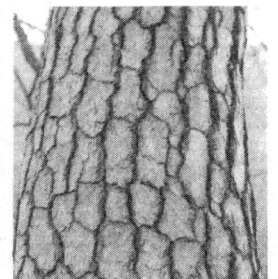

4) 소나무가 영양의 보고인 이유

솔잎에 없는 Vitamin B와 E는 송홧가루가 묻어 있는 송실에서, 부족한 탄수화물은 소나무 껍질 속에서, 부족한 지방은 솔 씨에서 보충할 수 있다. 따라서 소나무는 거의 완전식품이다. 특히 아스파라긴산과 아연, 유기 동, 칼슘, 칼륨, 철 등이 생명의 근원인 혈액의 헤모글로빈 합성을 돕고 신진대사작용을 잘해 만성피로와 스태미나를 증진시켜 남성, 여성을 강하게 한다.

소나무(송절)를 이용하여 만든 식품이 기적 같은 건강개선 효과가 나타나는 이유는 필수아미노산과 각종 성분이 몸속에서 여러 가지 생화학 작용을 하는 결과라는 것을 고문헌이외에 최근석 박사 논문에서 이를 입증해주고 있다.

예를 들면 쿠에르체틴, 쿠에르 이소쿠에르치트린, 루틴 등의 아미노산과 타닌 등이 서로 상승해서 피를 맑게 하고 혈액순환을 잘되게 하여 동맥경화나 고혈압 등 뇌졸중의 예방과 치유에 특효를 보인다. 또한 수분대사를 잘 시켜주고 피부에 활력을 주며 소염, 소종효과와 해독작용을 잘하는 소나무(송절)는 여성들에게 불청객으로 찾아오는 월경불순, 냉대하, 자궁염, 자궁수탈증 등의 포괄적인 여성 질환에 좋고 타닌이 '멜라닌 색소'와 결합해 소변으로 배설하고 '멜라닌색소'가 침착되는 것을 막아 살결이 희어지고 매끄러워지며 피부에 탄력을 준다는 것이다. 이와 같이 소나무는 완전식품이라고 할 수 있다.

소나무가 가지고 있는 몇 가지 영양성분의 특징을 소개하면 다음과 같다.

▶ 아미노산

일반채소의 경우 aspartic acid와 glutamic acid의 함량분포가 거의 비슷한데 소나무의 경우에는 glutamic acid보다 aspartic acid가 약 2.8배 많이 함유되어 피로감을 회복시켜 주는 역할이 매우 크다. 특히 소나무가 함유하고 있는 유리아미노산은 생체활성물질의 구성 성분으로 중요할 뿐 아니라 그 자체가 특징 있는 맛을 식품에 부여하기도 한다고 太田靜行(1976)은 보고한 바 있으며 小保(1969)는 아미노산 맛 분류에서는 glycine, alanine, threonine, proline, serine 등은 단맛을

leusine, isoleusine, methionine, plenylalanine, lysine, valine, arginine 등은 쓴맛을 aspartic acid는 신맛을 glutamic acid는 감칠맛을 갖는다고 하였다. 따라서 소나무 중에 함유되어 있는 주 아미노산인 aspartic acid, glutamic acid, serine, alanine 등은 정미성분과 부분적으로나마 밀접한 관계가 있다고 한다.

▶ 지방산

불포화지방산은 광선, 온도 등의 물리적 요인에 대하여 불안정할 뿐 아니라 lipolytic acylhydrolase나 lipoxygenase 등의 효소에 의하여 산화분해되어 변색 등을 일으키며 특히 과실, 채소, 식물 잎 중에는 이러한 불포화지방산의 함량이 많아 과실, 채소의 저온장해, 잎의 황하, 과실의 착색과 밀접한 관계가 있는 것으로 Mazliak 등(1963)은 보고한 바 있지만 소나무에서는 채취 후 저장조건이 적당한 때는 큰 문제가 없는 것으로 알려져 있다. 소나무의 지방질을 구성하는 지방산은 linolenic acid를 다량 함유하는 것이 큰 특징이라 할 수 있으며 전체 지방함량의 약 20%로 필수지방산이 다량 함유되어 있는 유용한 식물 자원이다.

▶ 비타민

보편적으로 식용하는 한국산 야생식물에는 ascorbic acid가 시료 100g당 약 15mg정도 함유되어 있다고 농촌진흥청에서 발표된 바 있으나 소나무는 야생식물과 비교 시 많은 비타민 함량을 가지고 있으므로 염채류로서도 우수하다고 볼 수 있다. 그러나 비타민은 열처리에 그 함량이 약 반 정도로 감소된다고 한다. 임화재 등은 한국인 상용 식품 중의 리보플래빈 함량 추정에 관한 문제점이란 논문에서 발표한 바와 같이 리보플래빈의 경우 햇빛에 노출된 시간과 잔존율은 반비례

관계를 보인다고 하였고 Herried(1952)의 연구에서도 비타민의 파괴율은 겨울철보다 여름철에 더 크다고 보고되어 있는 것으로 보아 비타민은 열과 광선에의 노출이 손실을 초래하므로 식물성 추출물은 열처리를 하지 않는 것이 좋은 것으로 사료된다.

▶ 무기질

무기질은 채소로부터 공급되는 중요한 성분으로 종류와 품종에 따라 다르며 식물이 자라는 토지의 pH와 유기물의 미량원소 함량에 따라 차이가 크다고 학자들은 보고하고 있지만 소나무는 위와 같은 것과 상관없이 타 식물보다도 무기질 함량이 높은 우수한 엽록소 식품이다.

▶ 식이섬유소

식이섬유소는 그 구성요소와 물리적인 성질에 따라 영양학적 측면에서 다양한 물질이라고 신효선(1985)은 발표한 바 있으며 Labuza-(1979) 등은 보수성이 커서 물분자가 식이섬유의 표면에 흡착되거나 식이섬유 틈새에 침입하여 식이섬의 용적을 증가시킨다고 하였듯이 소나무에서 착즙한 생즙에는 NDF(Neutral Detergent Fiber), Hemicellulose, Cellulose, Lignine 등의 함량이 높아 약용이 높은 식품이라고 평가를 받고 있다.

▶ 천연물질의 대표적인 식물이기 때문이다.

천연물질 중에는 생체에 대한 기능성 물질이 존재하고 있음이 보고되고 있다. 과거 과학적 입증 없이 경험적으로 이용되어 왔던 생약제제들은 면역계, 내분비계, 순환계 등에 중요한 영향을 미치고 있음이 점차 알려지고 특정 생약의 경우 만성간염, 류머티즘, 관절염, 신장염 등과 같이 현대 의약으로도 완전치유가 어려운 자기면역질환(auto-immune disease)에 대해서도 임상적으로 그 효과가 인정되고 있어 이들이 면역계에 어떠한 중요한 역할(immunomodulating activity)을 하고 있는 것이다. 이중 하나가 『백목지장(百木之長)이요, 만수지왕(萬樹之王)이요, 노군자(老君子)』로 일컫는 소나무(송피, 송엽, 송실, 송지)라 말할 수 있다.

소나무 식품은 외관, 구성, 형태 등 시각적인 특징과 향미 등 구강 내 화학적인 반응, 그리고 식품의 영양생리 등이 신체 부위에서 나타나는 반응 등 직접 오감에 의하여 인지되므로 이 식물을 복용함으로써 커다란 즐거움을 주고 더 나아가 예부터 구황식품으로서 우리의 민족의 허기진 배를 채워주는 등 민족의 애환을 같이한 나무로 풍부한 약효를 가지고 있는 식물이기에 소나무를 접할 때 즐거움은 더욱 큰 기쁨으로 도래할 수 있기 때문이다.

5) 소나무의 주요성분

소나무(나자식물문(Division Pinophyta)으로 학명은 Pinus Densi-flora Sieb.et Zucc)의 잎은 침상으로 2본식 속생, 자웅동주로 봄에 개화하여 익년 가을에 결실하는 상록침엽교목으로 자연약의 성분이 화학적으로 해명할 수 없는 미지의 것이 있음은 알려진 사실이나 오늘날까지 판명된 것은 다량의 엽록소, 단백질, 조 지방, 인, 철분, 효소, 정유, 무기질, 지용성 비타민 A, 혈액정화 및 항 괴혈병성(抗 壞血病性) 비타민 C를 함유하고 비타민 B는 없는 것을 알게 되었다. 비타민 A는 점막을 튼튼히 하는 기능도 있으며 수지(樹脂)와 Tannin은 소화기의 기능을 돕는다. 알코올, 에스텔 등은 체내의 노폐물을 배출시켜

한층 신진대사를 촉진하므로 싱싱한 건강체를 유지하는 것이다. 또한 소나무는 양질의 단백질 원임을 다시 한 번 확인할 수가 있으며 oil of turpentine은 여러 종의 소나무 속의 수간(樹幹)에 함유된 수지를 정제해서 얻은 일종의 정유로 paint, 니스의 제조약품, 화학제품의 원료로서 극히 중요하지만 여기에서는 소나무의 부위별 성분을 알아보면 신선한 잎에는 0.1~0.3%의 아스코르빈산, 카로틴, 비타민군, 쓴맛 물질, 옥실팔티민산, 플라보노이드, 안토시안, 7~12%의 수지, 5%까지의 타닌질, 탄수화물인 P-노나코산, 유니페르산을 주성분으로 하는 에스톨리드형랍과 키나산, 시킴산, 정유(0.13-1.3%, 싹잎에는 0.36%)가 있다. 특히 조혈작용, 육아조직(피부상처를 치료 복원시키는 입자)이 뛰어나기 때문에 상처의 치료, 빈혈, 위궤양 등의 치료에 이용되기도 하는 엽록소도 다량 있고 철분도 풍부해서 철분 부족 때문에 생기는 빈혈치료에도 좋다. 또한 아미노산은 24종, 이 속에 단백질로 구성된 아미노산 19종류도 확인되었다. 껍질에는 16%까지의 타닌질, 안토시안, 피마르산, β-시토스테린, 디히드로-β-시토스테린, 글루코타닌이 있으며 기름에 풀리는 물질에는 아라히딜알콜(에이코자놀), 테트라코자놀이 있다. 목부에는 테르펜히드라트, 피노실빈 0.11-0.25%, 피노실빈 모노메틸에스테르 0.21%, 디히드로피노실빈 모노메틸에스테르 0.01%, 피노쩸브린 0.02%, 피노반크신 0.01%, 프로피온 알데히드, 째로틴산, 유니페르산이 분리되며 목부를 건류하면 테레빈유와 타르가 얻어지는데 타르에 톨루올과 스티롤이 있다. 어린 가지와 마디의 기름에는 65-70%의 카니폴, 아비에틴산과 정유(1년생 가지에는 0.2-0.9%)가 들어 있다. 생 송진은 정유 70%, 수지 25%로서 마르쩬, 테르페놀, α-, β-카렌, α-, β-피넨, 세스쿠이테르펜인론기폴렌이 있다. 꽃가루에는 아데인, 1-히스티딘, 0.34%의 콜린, 이소람네틴, 쿠에르세틴이 있고 씨에는 시킴산이 있다.

6) 소나무는 만능의 치유식물로 평가

소나무는 우리나라에서만도 6종류나 되고 외국의 소나무까지 넣으면 100여 종에 이른다. 다시 변종(變種)의 품종까지 포함하면 수많은 수효에 이른다. 그중 어느 종류를 써서 건강하게 될 것인가가 의문이 되기도 하고 또 어떤 종류의 소나무가 그리고 언제쯤의 솔잎이 가장 약효가 있는 것인가 하고 질문하는 것도 당연하다는 생각이 든다. 그러나 우리나라의 소나무 중에 적송과 흑송 어떤 것이나 조사 분석해 본 결과 거의 큰 차이가 없었다.

많은 고문헌에 나와 있는 소나무로 질병과 증상에 대하여 처리한 질병에 대해 정리하여 보았다.

▶ 목욕의 효험.
▶ 심근경색.
▶ 심장천식.
▶ 혈압혈진.
▶ 혈압강하.
▶ 위확장.
▶ 배가 불러온다.
▶ 하리증.
▶ 출혈.
▶ 당뇨병.
▶ 탈저.
▶ 토혈.
▶ 목이 쉰데.
▶ 구내염.
▶ 자가중독증.
▶ 구토.

▶ 고혈압증.
▶ 심장신경증.
▶ 심장병.
▶ 졸중(뇌일혈).
▶ 뇌졸중.
▶ 장 가다루.
▶ 급성위염.
▶ 위장병.
▶ 만성위염.
▶ 음위.
▶ 숙취.
▶ 천식.
▶ 백일해.
▶ 인후에 가시가 걸린 데.
▶ 숨찬 데, 숨이 막힌 데.
▶ 십이지장충의 구제.

▶ 본능성 고혈압.
▶ 심막내막염.
▶ 중풍.
▶ 동맥경화.
▶ 변비.
▶ 만성위 가다루.
▶ 급성위확장.
▶ 하혈멈춤.
▶ 궤양.
▶ 구갈.
▶ 일반구충.
▶ 가슴이 답답할 때.
▶ 구취.
▶ 기관지천식.
▶ 소변이 안나온다.

▶ 옻 오른 데,　▶ 트리고모나스질염,▶ 알레르기성비염,

▶ 만성알콜중독,　▶ 혈관계통의 질환,▶ 안저출혈,

▶ 통풍,　▶ 감기,　▶ 명치끝이 아픈데,

▶ 손발이 저림,　▶ 냄새를 모른다,　▶ 스트레스에서 오는 제 증상,

▶ 류마티스,　▶ 폐결핵근막염,　▶ 대하증,

▶ 신경통,　▶ 차멀미, 뱃멀미,　▶ 기계충,

▶ 임질,　▶ 견비통,　▶ 졸도했을 때,

▶ 열병,　▶ 요통,　▶ 염좌, 탈구,

▶ 피로할 때,　▶ 인후가다루,　▶ 수족이 저린데,

▶ 수족의 마비,　▶ 손톱의 변형,　▶ 치통,

▶ 잇몸이 부은데,▶ 아구창,　▶ 치조농루,

▶ 타박상에 통증이 심할 때,

▶ 입속이 아플 때, 구강내의 종기,

▶ 타박상,　▶ 창상,　▶ 머리의 종기,

▶ 손 튼 데,　▶ 심통,　▶ 좌상,

▶ 종기,　▶ 표저, 생인손,　▶ 창상에 지혈되지 않을 때,

▶ 동상,　▶ 강장제,

▶ 중한 장의 질병을 송엽액으로 고친다.

　이와 같이 소나무로 치유하는데, 확실한 가치는 시대의 발전에 따라 생약(生藥)의 연구에 깊은 관심이 집중되는 가운데 솔잎을 비롯한 소나무의 모든 것은 장생식품이며 갖가지 잡병은 물론 치유가 어려운 질환 치유에도 효과적이라는 관점이 현대과학에서도 입증되기 시작하였다. 이에 따라서 생활의학(민간요법)과 한의학(경험의학)의 측면에서 새로운 사실을 찾아 소중하게 간직하여야 할 것이다.

7) 소나무의 약리학적 특징

우리나라엔 황토, 개펄, 점토 등 토양 가운데 기(氣)가 가장 충만한 곳이 있으며 거기에 뿌리를 둔 토종은 생명을 기르는 선약(仙藥)으로 이를 섭생하면 만병을 예방하고 오래도록 건강을 누릴 수 있다는 일종의 섭생법이 "양명술(養命術)"이며 바로 신토불이(身土不二)식 건강법이다. 이 양명술은 조선후기 고종의 건강을 보좌하는 낭청의 내시였던 이재우(李載祐: 1884~1963)가 대대로 왕실에 내려온 양명술을 체득 임금의 건강을 보좌했다고 한다. 이러한 왕실 양명술을 그의 자손인 이원섭(李元燮: 왕실 양명술 저자, 초롱刊)에게 구슬로써 전수한 내용으로 그중 소나무의 귀중성과 약리학적인 가치를 다음과 같이 남겼다.

"조선의 토종 적송(赤松)은 나라 나무이며 국운과도 관계가 있다고 하였다. 고려 인종 때 소나무 병충해가 심해지자 인종은 북방의 병화(兵禍)를 겁냈으며 급기야 묘청의 반란이 발생했고 고려 고종 때 소나무 병충해가 매우 심하여 5년 가던 병충해 끝에 국력이 쇠잔하여 몽고 침입이 일어났다고 했다. 소나무는 겨레의 방패일 뿐 아니라 겨레가 영원불멸하다는 선식(仙食) 즉 약용 식량원이 된다 했다. 앞으로 소나무에서 무서운 전염병을 다스리는 약이 추출될 것이며 스트레스, 협심증, 폐암, 심장, 고혈압 개선제는 소나무라야 된다고 언급하면서 솔술, 솔차, 솔꿀, 불로괴도 그런 개선제라 했다"』

이와 같이 소나무는 불로장생을 위해서 신선이 사용했다고 전해지는 식물(植物)로 강정제로도 이용되어 왔고 양질의 프로테인과 비타민 A가 풍부하고 담즙의 분비를 촉진하는 역할 및 혈액을 정화하는 작용뿐 아니라 앞에서 기술한 바와 같이 동맥경화, 고혈압, 담 등의 성인병 치료 및 뇌경색, 망막과 언어장애, 풍기, 당뇨병, 기타 변비, 설사, 치질 등 많은 효능이 있다.

특히 소나무의 3대 약효로는 심장강화, 고혈압강하, 강정이다.

소나무를 먹고 있으면 적혈구가 증가하기 때문에 빈혈에도 좋고 모세혈관을 강하게 하는 루틴이 함유되어 있어 노화방지에도 효과가 있다고 한다. 두통이 잘 일어나는 사람, 두통이 지병인 사람은 거의 혈액이 산성으로 치우쳐 있으므로 건강의 핵인 혈액을 정상인 알칼리성으로 되돌려 정화시켜 주는 것이 두통해소의 지름길이다.

최근 민간요법과 단약(單藥)처방에 대한 관심이 고조되고 세계의 여러 연구소에서 소나무의 효능을 과학적으로 밝히면서 소나무 요법이 되살아나기 시작하고 있다. 한국은 아직도 연구소가 없다.

잎은 약으로, 열매는 식용으로, 수지는 테레빈유의 원료, 송피는 식용과 약용으로 사용되어 온 소나무는 제1장에서 언급하였듯이 우리나라에서 널리 알려져 있는 것만도 6종류나 되지만 현재 자생하고 있는 것은 9종류이며 세계적으로는 100여 종이며 소나무는 선인이 먹는 식품이고 장생구시(長生久視 : 선인이 되는 수행법)의 식량의 재료 중하나로 질병에 효과가 있다고 하였다. 이와 같이 효용가치가 뛰어난 소나무의 약리학적 특징을 알아보면 다음과 같다.

▷ 독성이 전혀 없다

어느 물질이 생체에 어떤 변화를 주는지의 여부와 작용의 여부에 대해서 독성 여부를 알 수 있다. 즉 생체를 이루고 있는 세포나 조직, 기관에 변화나 상해를 일으키는 것과 세포나 조직, 기관에 직접 상처를 입히지는 않으나 그 작용, 다시 말하면 활동에만 변화를 일으키는 것이 있다. 따라서 어떤 물질이라도 독성이 강하면 훌륭한 약도, 식품도 될 수 없다는 것이다. 그러나 많은 고서와 현대 논문의 보고로 소나무에서 독성을 확인하였다는 근거는 찾아볼 수 없었다.

▷ 혈압을 정상화한다

소나무의 성분 중 쿠에르체틴, 루틴, 타닌 등이 서로 상승해서 피를 맑게 하고 혈액순환을 잘되게 하여 동맥경화나 고혈압 등 뇌졸중의 예방과 치료에 특효를 보였다.

또한 최근 소나무에서 sitostanol이라는 성분을 추출 마가린에 첨가하여 고혈압 환자에게 섭취시킨바 콜레스테롤의 함량이 줄었다는 미국의 발표논문이 이를 입증해 주고 있다.

▷ 호르몬 분비를 왕성하게 한다

우리 몸 안에서 보다 중요한 '부신피질세포'가 비대하고 증식되는 것이 인정되었다. 특히 임파구의 놀랄 만한 증대가 확인되었다.

▷ 면역력과 저항력이 증대한다

장(腸) 안의 세균주 속에 있는 여러 가지 해로운 세균의 번식이 억제되고 유해(有害) 아민, 특히 히스타민 등의 발생이 억제되어 두통 등의 해소에 도움이 된다.

▷ 자연치유력에 효과가 있다

인간의 몸속에 들어온 각종 이물(異物)과 독물, 혹은 체내 세포의 파괴산물이나 불필요한 적혈구나 백혈구, 지방 등을 탐식하고 소화해 무해한 것으로 만드는 대식세포(大食細胞, Macrophage)가 활성화하여 세균이나 바이러스 등의 감염을 예방하는 기능이 확인되었다.

▷ 혈액을 깨끗이 한다

혈액이 맑고 깨끗해야 몸이 건강하다. 인체 혈액의 순환과정에는 크게 3가지가 있는데 혈액이 전신 각 조직세포에 산소와 영양성분을 공급하고 노폐물을 거두어 오는 대순환. 폐로 들어가서 폐의 모세관을 통해 탄산가스를 내보내고 산소를 교환해오는 소순환, 그리고 위장에서 흡수한 영양소를 간에 통과 체로 거르듯 해독시켜 대순환으로 다시 보내주는 문맥순환이 있다. 좀더 자세히 살펴보면 산소나 영양물질은 모세혈관으로부터 직접 조직세포로 옮겨지는 것이 아니라 동맥혈과 조직세포를 연결해주는 임파관 속의 임파액을 통해 산소와 영양물질을 건네주고 조직세포로부터는 탄산가스와 노폐물을 교환하여 혈액 속으로 돌려준다. 이러한 혈관 내에 콜레스테롤 중성지방, 인지질, 유리지방산 등의 노폐물과 스트레스로 인해 혈액의 흐름이 늦어지거나 막히면 활성산소가 대량으로 발생하여 혈관벽을 손상시켜 동맥경화를 유발할 수 있다. 이들이 모두 혈관을 막는 어혈의 범주에 속하며 그로 인해 뇌뿐만 아니라 심장에까지도 심각한 장애를 초래할 수 있다.

한의학에서는 '통즉불통 불통즉통(通則不痛 不痛則通)'이라 하여 혈액의 흐름이 좋지 않으면 통증이 발생하고 흐름이 좋으면 통증뿐만 아니라 각종 질병을 예방할 수 있다고 하였다. 이러한 원리 속에서 소나무에 함유된 물질들은 아주 중요하다. 특히 소나무에 함유된 섬유질의 역할은 혈관에 낀 노폐물이나 독소를 배출되게 하고 그에 따라서 혈행도 좋아진다. 특히 소나무가 가지고 있는 '불포화지방산'의 역할은 혈액을 깨끗이 하고 몸 안의 독소를 배설시킴으로써 모든 병에 대한 효과가 높아질 뿐 아니라 혼탁한 혈액을 깨끗이 하는 작용도 확인되었다. 특히 수용성 타닌은 물 속의 중금속과 잘 결합하는 성질이 있다. 중금속인 수은이나 카드뮴이 타닌을 만나면 '타닌수은', '타닌카드뮴'이 되어 이 유해 중금속 성분들이 혈액에 녹지 않고 오줌으로 배설되어 공해 독을 제거하여 우리 몸을 크게 보호한다.

▷ 피부 청정(淸淨)작용이 있다

몸 안의 독소와 호르몬 밸런스의 이상, 정신적 스트레스, 감식(減食) 등은 여성의 거친 살결과 기미를 만드는 조건이 된다. 이러한 조건을 해결할 수 있는 것이 소나무만이 가지고 있는 성분이다. 여성의 피부는 남성에 비해서 섬세하게 되어 있다. 이것은 콜라겐 단백질의 함량이 많기 때문이다. 소나무에는 이 콜라겐 단백질이 풍부하게 들어 있기 때문에 살결을 탄력 있게 하고 부드럽게 하는 데 효과가 높다. 피부는 피지선(皮脂腺), 땀선(汗腺) 등 분비선에서 나오는 분비물과 밖으로부터의 먼지 등으로 더럽혀져 있다. 이것들이 피부의 두꺼운 층의 온도가 상승하고 혈관이 확장됨으로써 말끔히 씻겨나가게 된다. 따라서 소나무 식품을 섭취와 동시에 목욕을 병행하였을 때 온몸의 땀구멍이 열려서 땀과 함께 몸 안에 축적된 독소와 죽은 세포(각질)가 빠져 나오기 때문에 피부가 매끄러워지고 반점이나 피가 맺힌 상처는 정상으로 회복되는 것을 확인하였다.

특히 피부표면에서 노화각질(비늘층)이 자연스럽게 탈락되지 않고 과도하게 쌓이는 생리적인 현상이 바로 피부 노화다. 이때는 세포교체 주기가 늦어지게 되어 피부는 거칠어지는 증상이 일어나며 동시에 피부가 건조해지고 콜라겐 합성량이 감소되며, 신진대사 기능저하로 주름이 생기고, 피부가 탄력을 잃고 늘어지게 되며 이때 피부의 탄력을 좌우하는 것은 진피층의 콜라겐이나 엘라스틴이며, 멜라닌색소가 과잉 생성되어 기미, 주근깨, 검버섯의 원인이 되기도 한다. 따라서 피지의 제거와 더불어 타닌 성분의 수렴작용과 염증제거에 좋은 효과는 물론 몸의 채취도 말끔히 없앤다. 또한 타닌 성분은 항산화효과가 강하기 때문에 피부를 형성하고 있는 단백질이나 지방을 산화, 변질시키는 활성산소를 제거하는 데 효과가 매우 탁월해 피부를 부드럽게 만든다. 그리고 수분대사를 잘 시켜주고 피부에 탄력을 주며 해독작용을 잘하는 소나무는 포괄적인 여성 질환에 좋고 타닌이 '멜라닌색소'와 결합해 소변으로 배설하고 '멜라닌색소'가 피부에 침착되는 것을 막아 살결이 희어지고 탄력 있는 피부를 제공한다.

▷ 숙취 및 배설장해에 효과를 발휘한다

배설장해로 인하여 통풍이 발생하는 원인이 되고 과음, 지방질의 과잉섭취로 신장의 활동을 저하시키며 신진대사가 잘 되지 않아 간장의 기능 장애가 온다. 이때 소나무 생즙 음용과 소나무 잔류물(찌꺼기)탕을 겸용할 때(3개월에서 1년) 간장의 활동을 정상화시킬 수 있으며 오줌의 양을 증가시켜 신장활동을 정상화시켜 요산(尿酸)의 배설을 증가시킬 수 있다.

▷ 정장작용을 한다

건강을 위해선 정혈(淨血)을 기해야 한다. 그러자면 먼저 흡수기관인 장(腸)이 건강하지 않으면 안 된다. 따라서 소나무 생즙은 장의 연동운동항진 즉 이는 소화력을 높여서 식욕을 촉진시키고 또한 변을 밀어내는 힘을 지녀 변비도 해소시킨다.

▷ 강정(强精)의 효과 있다

소나무의 3대 효능 중 하나이다. 성력의 감퇴원인은 성호르몬 기능 장애나 또는 성욕은 뇌에서 발생하므로 뇌 척추 장애 그리고 약제의 남용과 간장의 기능저하이며 생리적인 장해가 없다 하더라도 현대인에게 가장 큰 욕구불만, 불안, 긴장, 걱정, 초조함 등의 스트레스다. 이것은 스트레스가 부신에 부담을 주기 때문으로 부신은 자극을 받아 부신피질 호르몬의 분비를 증가한다. 따라서 뇌하수체의 부신피질 자극 호르몬(ACTH)의 활동은 증가하고 반면에 이 활동으로 같은 뇌하수체에서 분비되는 성선 호르몬의 방출이 제한된다. 이런 것이 원인이 되어 여성에겐 월경이상이나 무월경증이 생기기도 하고 남성에겐 임포텐스에서 반응성 우울병이 일어나기도 한다.

특히 현대 생 의학은 만성피로와 무력증이 '아스파틴산' 부족에 의한 세포질의 에너지 저하 때문이라고 증명하고 있다. 소나무에 함유되어 있는 풍부한 아미노산 중 '아스파틴산'과 아연, 유기동, 칼슘, 칼륨, 철 등의 무기질이 생명의 근원인 혈액의 헤모글로빈 합성을 돕고 신진대사작용을 잘해 만성피로와 스태미나를 증진시키고 남·여 성 기능을 강하게 한다.

8) 불로초 소나무

고대 인도사람들은 '인생은 고해(苦海)와 같다'고 생각하여 여러 가지 고행을 감수하였으나 중국 사람들은 더욱 낙관적으로 신선과 같이 무병장수하며 즐기는 것이라 생각하여 그들은 음양오행(陰陽五行)사상과 더불어 사람은 무병장수 불로장생의 선도사상(仙道思想)을 실천하고 있었다. 따라서 불로장생하는 첩경은 죽지 않는 약, 즉 선약(仙藥)을 먹어야 한다고 생각했으며 그에 맞추어 여러 가지 기발한 장생법을 개발해 내었던 것이다. 그 장생법은 광물질인 수은·금·주사(朱砂) 등과 산야에 자생하는 식물, 그리고 말도 많고 시비도 많은 녹용·웅담·사향·우황 등의 동물성으로서 그 영약들을 만들려고 노력하여 지금까지도 중국에서 몰래 밀수입되고 있는 실정이다. 그러면 중국 사람들이 신선이 되기 위한 선술로서는 도인법(導引法: 호흡을 주로 하는 운동)·소식법(素食法)·식양법(食養法)·방중술(房中術) 등이 있었다. 이 중 방중술은 "소녀방중경(素女房中經)이라는 성의 계몽과 지침서로서 오늘날까지 내려오고 있다. 이는 현대의 성과학적인 입장에서 보아도 매우 이치에 맞고 또 재미있게 되어 있는데 이 방중술에는 여러 가지 공식이 있다. 예를 들면 지리(至理)·양양(養陽)·양음(陽陰)·화지(和至)·십동(十動)·사지(四至)·구기(九氣)·구법(九法)·삼십법(三十法)·팔익(八益)·칠손(七損)·환정(環精)·금기(禁忌)·옥문대(玉門大) 등 모두 30가지가 상세하게 기록되어 있는데 이것을 완전히 체득하여 이른바 성신(性神)의 경지에 도달하는 것이라 했다. 이 중 몇 가지를 설명하여 보면 양양은 남자의 정기를 길러 보양비축(補陽備蓄)한다는 뜻이며, 화지란 온화하게 하는 것이니 육체를 통한 남녀간의 사랑하는 정도가 성교의 기준이라 하였다. 또 사지란 옥경(玉莖)에 나타난 4가지 기준으로 말미암아 비로소 여성에게 9가지의 기준현상이 일어나게 된다는 것이다. 황제가 소녀에게 무엇이 사지라고 하는가 하고 물었더니 "옥경이 노(怒)하지 않으며 화기(和氣)가 충실치 않고 또한 노해도 크게 되지 않으면 촉감이 충분하지 않으며 크게 되어도 단단하지 않으면 골기(骨氣)가 불충분하고 또 뜨겁게 되지 않으면 신기(神氣)가 부족하다. 그러므로 노하는 것은 정력이 나타나기 시작하는 것이며 크게 되는 것은 정력이 발동하기 시작하는 것이다. 또 단단해지는 것은 음호(陰

戶)를 공격하는 힘을 발하는 현상이며 뜨거워지는 것은 문을 열고 들어 가는 것이니 화기와 신기가 있어야 하며 함부로 행동하지 말고 정기를 쏟지 않도록 해야 한다."라고 대답하였다.

식양법이라는 것은 신선의 식사법으로서 중국인은 신선중의 신선을 진인(眞人)이라 하여 그들은 장생하는 데에도 순천(順天)사상으로 모름지기 자연에 순종하였다. 특히 진인은 자연식(自然食)을 사랑하였으며 산야에서 자생하는 식물들이 불로초로 믿었다. 그래서 계절에 따라 자연이 가져다주는 계절식(季節食－時食)을 하였다. 이는 곧 오미(五味)와 오행(五行) 즉 신(酸)맛은 간(肝), 매운(辛)맛은 폐(肺), 쓴(苦)맛은 심(心), 짠(鹹)맛은 신(腎), 단(甘)맛은 비(脾)에 들어간다는 것이다. 또 '진인양생명(眞人養生銘)'에 보면 오미의 과중(過重)이 실질적으로 인체 어느 곳에 어떤 해가 있는지를 밝혔는데 이는 너무 신 것은 근(筋)에 해롭고, 너무 쓴 것은 뼈에 해로우며, 너무 단 것은 육(肉)에 해롭고, 너무 매운 것은 정기를 해하고 너무 짠 것은 수명을 재촉한다고 하였다. 그 밖의 식양법과 오체(五體), 오관(五官), 오기(五氣)와의 관계에 대한 것과 봄에는 쓴 것을, 여름에는 신 것을, 가을에는 매운 것을, 겨울에는 기름기를 먹으라 하였다. 우리나라 허준의 동의보감 '양성서(養性書)'에는 섭생을 잘하는 사람은 가려야 할 것을 잘 가리며 위장의 조화를 잃지 않는다고 하였다. 즉 저녁에 과식하지 말고 매일 같이 술에 취하지 말 것이며, 겨울에 멀리 길 떠나지 말며, 종신토록 죽을 때까지 주의할 것은 촛불을 켜놓고 성교를 하지 말 것이며, 아침 식사는 봄처럼, 점심은 여름처럼, 저녁 식사는 가을처럼 하라고 하였다. 또 홀반법이라 하여 식사는 반드시 정한 시간에 하고 위장을 쉬게 하는 방법을 제시하였는데 이 법에는 반천법(半天法)으로 반나절 즉 열두 시간 만에 식사를 하는 법이고 다음은 사반천법(四半天法)이라고 하여 아침식사를 빼고 6시간 만에 식사를 하고 18시간 동안 식사를 하지 않는 법이며 또한 일천법(一天法)으로 하루에 한 번 식사하는 것을 말하였다. 장수의 비결에 속하는 절식법은 평생 위는 시간이 없이 혹사당하는 위장에 일주일에 한 번쯤 휴식을 주고 몸속에 있는 불필요한 기름덩이 같은 것을 청소하는 것이 이치에 맞는다고 하겠다. 따라서 과식·미식은 인명을 재촉하여 온갖 성인병의 원인이 되고 단명케 한다.

이러한 결과를 볼 때 불로장생을 위한 자연식에는 산야에 있는 식물인 불로초를 가장 소중히 여겨온 것이 사실이다. 따라서 식물 중 유일한 십장생인 소나무야말로 자연식의 불로초가 아닌가 싶다. 소나무는 맛이 쓰지만 성질은 따뜻하고 독이 없으며 주로 심경(心經)과 비경(碑經)에 작용하며 생체조직의 산화환원과정의 촉진 수렴성 염증제거, 지혈작용 등을 현대 과학에서 입증하고 있기 때문이다. 중국의 갈선공(葛仙公)은 매일 솔잎을 먹고 변신술을 깨우쳐 신선이 되었고 황초평(黃初平)과 황초기(黃初起)형제는 복령과 송진만 먹고 신선이 되었다는 기록이 '신선전(神仙傳)'에 전해진다. 특히 황초평은 소나무를 뜻하는 '적송자(赤松子)'라고도 불리며 신선을 이야기할 때 빼놓을 수 없는 인물로 모두 1세기가 넘는 장수한 사람들이다. 또 일본의 신선이라 일컫는 [선도연(仙道連)의 오천언 방현통 자사(五千言 坊玄通 子師)]의 가르침 중에서 이런 말이 있다.

"속세의 사람들은 서두르기 때문에 속효(速效)가 없는 것은 어떤 고귀한 보화라도 버리고 돌보지 않는다. 속효(速效)가 있는 것은 실은 하약(下藥)이고 장명(長命)으로 보아 장애물이다. 솔(소나무)은 장명(長命)의 상약(上藥)이므로 상복(常服)하여 효과를 멀리 바라본 것이고 선도연(仙道連)의 행자(行者)들은 속가(俗家)의 사람들이 술이나 담배를 피우는 대신 송엽액(松葉液)을 마시고 대체로 실제의 연령보다는 20년 정도 젊어졌다고 한다."

9) 소나무의 자연치유력

서양의학의 시조라고 하는 히포크라테스는 일찍이 "병은 우리들이 간직하고 있는 자연의 힘, 즉 자연 치유력으로 고칠 수 있다"고 역설했는데 이것은 모든 생물의 정상적인 상태가 흔들리게 될 때 이 작용을 다시 정상상태로 되돌려 줄 수 있는 힘이 있음을 말해주는 것이다. 따라서 "병은 우리들의 잘못된 생활태도를 버리고 올바른 건강 생활로 돌아가라는 경고현상"이므로 잘못된 정신상태로 살아온 결과를 바로잡는 것이 수명연장을 위한 최대의 길이다.

▷ 면역에 효율성을 갖는 소나무

면역(免疫)은 '疫(病)'을 면(免)한다는 뜻이다. 이러한 면역을 구하기 위해서 우리는 사전에 예방접종을 해왔다. 그러나 사람의 몸은 입이나 코로부터 바이러스, 세균 및 먼지, 화분(花粉)가루 등 이물질(異物質)이 침입하면 이것을 죽이든지 몸 밖으로 내보내는 일을 할 수 있는 능력을 가지고 있는데 이 일을 하는 일련의 기구를 면역기구라고 한다. 이때 외부에서 침입해온 나쁜 이물질로 독(poison), 바이러스, 세균(bacterium) 등을 항원(抗原: Antigen) 또는 특이물질(特異物質)이라 하고 여기에 대항하여 이것을 제거하려는 물질 즉 백혈구에 의해 만들어진 단백물질을 항체(抗體: Antibody)라 하고 좁은 의미에서는 면역 글로불린이라 하며 항원과 항체가 반응하는 것을 면역반응, 때로는 항원-항체반응이라고 한다. 이러한 면역반응을 지배하고 있는 법칙은 특이성(特異性)으로 한번 걸린 병은 두 번 다시 재발되지 않는다는 체험을 계통적으로 연구한 학문을 면역학이라고 한다.

다시 말하면 장티푸스에 대해 면역된 사람은 같은 병에 대해서는 저항력을 가지게 되지만 다른 병에 대해서는 아무런 저항력을 갖지 못하는 것이다. 이것을 면역의 특이성이라고 한다. 따라서 해당 병에 생긴 항체는 해당 병의 항원에 대해서만 작용하지 다른 질병의 항원에는 작용을 못하는 것이다. 그러므로 우리 몸 중에는 참으로 헤아릴 수 없는 많은 병균에 대해서 면역체로서 그 힘을 발휘할 수 있는 항체는 헤아릴 수 없이 많이 있고 한번 형성된 항체는 기억력이 대단하여 언제든지 다시 똑같은 항원이 우리 몸에 침입할 때는 곧 그 항원을 제거하려는 면역 반응을 하게 되는 것이다.

그러므로 우리들은 모든 질병을 예방할 수 있는 준비가 되어 있어야 하고 그러기 위해서 예방주사로, 때로는 보약(補藥)으로 허(虛)를 채워 건강을 유지하려고 하는데 이것은 어디까지나 하약(下藥)으로 예방하는 것이기 때문에 오래 건강을 유지하기 어렵다는 것이다. 그러나 상약(上藥)인 식품을 이용하여 면역반응으로 모든 질병을 예방할 수 있음이 가장 바람직한데 이러한 식품을 기능성 식품이라 하고 그 대표적인 자연 식물 중 으뜸을 차지하는 것이 소나무라고 할 수 있다. 이러한 소나무를 이용한 식품은 가공방법에 따라 차이가 나겠지만 소나무의 부위를 총망라한 식품이 바로 상약 중 상약이라고 하며 이것은 항원과 항체가 반응하는 특이성을 가지고 있기 때문이다. 이것은 곧 우리들의 병을 치료하는 것은 의사나 약이 아니고 우리 몸이 간직하고 있는 힘과 자연환경에 순응하여 어떤 잘못된 이상성(異常性)을 스스로 해결하고자 하는 의지가 있어야 한다는 것이다. 이것이 사람들이 가지고 있는 자기 자신의 면역성이라고 강조하고 싶다. 그러면 이러한 면역성을 이루는 면역세포와 면역기구는 어떠한 것인지 알아보면 다음과 같다.

▷ 면역세포

　뼈 속에는 붉은 것과 노란 것이 채워져 있는데 붉은 것은 적혈구이며 노란 것은 지방이다. 뼈의 골수 중에는 장차 적혈구, 백혈구 등의 기본이 되는 소위 간세포(幹細胞)가 만들어지는데 이것들은 골수를 나와서 말초 즉 우리들 몸의 각 처에 분포된다. 골수에서 만들어진 간세포(幹細胞)는 극히 어린 세포로서 기능적으로 미숙함으로 골수를 나와서 여러 방향으로 분화(分化)하고 차츰 성숙되어 각각의 기능을 발휘하게 된다. 임파구라는 세포는 백혈구의 일종인데 5～15미크론 가량의 크기를 가진 세포로서 골수를 나와서 흉선(胸線: Thymus)으로 들어가 호르몬의 영향을 받아 성숙한 후 흉선을 나와서 말초에 분포하는 임파구를 T(Thymus)-임파구 또는 T-세포라고 한다. 또 골수에서 나온 또 하나의 간세포(幹細胞)는 사람의 충수(虫垂), 파이에르(Peyer)판 등의 장관(腸管) 임파조직에 분포하는데 이 임파구를 B-임파구 또는 B-세포라고 한다. 백혈구 세포에는 매우 많은 종류가 있는데 중요한 몇 가지만 소

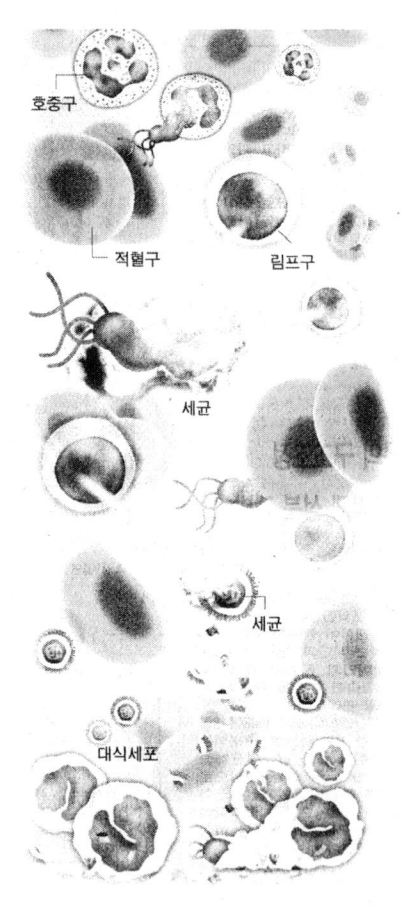

개하면 다음과 같다.

한편 골수에서 생산된 간세포 중 어떤 것은 골수를 나와서 비장(脾臟)에 분포하는 것이 있는데 이것을 마이크로파지(Macrophage)라 하는데 일명 식균세포(食菌細胞)라고도 한다. 항원－항체반응이 일어나는 것은 혈액 중에서 일어나므로 '액성면역(液性免疫)' 또는 '체액성면역(體液性免疫)'이라고 한다. 한편 이 액성면역과 서로 작용하는 또 하나의 면역계가 있는데 T-임파구, 마이크로파지(Macrophage) 등을 주로 하여 항원을 제거하는 반응이다. 이것을 세포성면역(細胞性免疫)이라고 한다. 이 두 가지 면역이 미묘한 상호작용하에서 원조, 촉진, 방해를 억제해 가면서 생물체를 정상적으로 계속 유지하고 생명을 보존한다. 따라서 액성면역과 세포성면역을 인생의 길잡이라 표현할 수 있다.

백혈구 세포

종 류		작 용
임 파 구	T-임파구	항원정보의 인식과 기억, 항체생산 및 억제 명령
	B-임파구	T-임파구의 명령에 의해 형질세포로 변하고, 면역 글로불린 생산
단구(單球: 조직 내에서는 마이크로파지)		항원을 잡아먹으며 항원 정보를 T-임파구에 전달
호산구(好酸球)		알레르기 반응을 억제하는 작용
호염기구(好鹽其球: 조직 내에서는 비만세포)		IgE항체와 결합한 상태에서 항원과 다시 반응하여 히스타민 등 방출
호중구(好中球)		알레르기 반응이 일어나면 이 장소에 모이고 항원과 항체 복합물을 잡아먹는다. 호중구 자체의 시체를 고름(膿)이라고 함.

▷ 면역기구

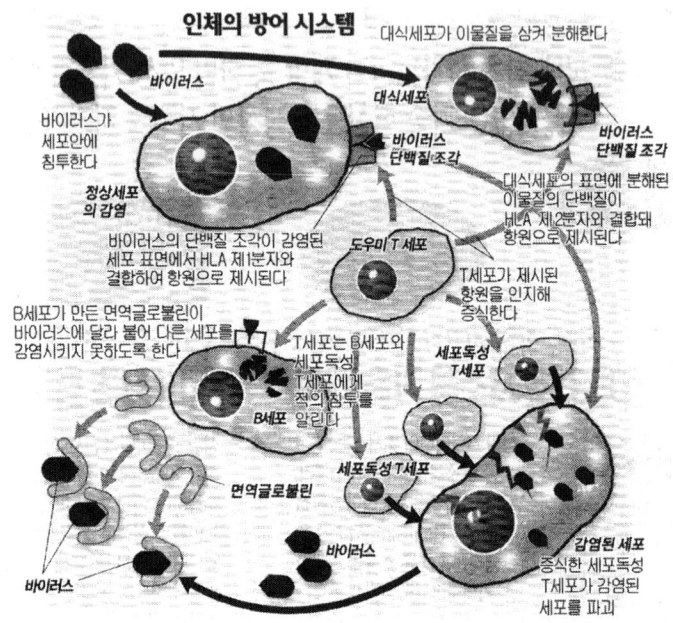

이 면역기구는 면역세포들이 항원과 반응하여 항원－항체반응인 면역반응을 이룩하게 하는 것이다.

• 마이크로파지(Macrophage)

우리들 몸에 바이러스나 세균과 같은 외부의 적이 침입해 들어오면 우리들의 혈액을 따라 무시로 순찰하고 있는 마이크로파지(Macrophage)라는 백혈구가 제일 먼저 발견하게 된다. 이 마이크로파지는 식균세포로 이물질을 잡아먹는 세포다. 바이러스나 세균을 발견한 마이크로파지(Macrophage)는 곧 그 외적을 자기 몸으로 둘러싸서 잡아먹든지 또는 분해 처리해버린다. 이때 마이크로파지(Macrophage)가 잡아먹지 못하는 강력한 이물질(증식이 빠른 바이러스)이 나타나면 이 이물질에 자기 자체의 표식을 해 두는데 이것으로 자기 몸을 구성하고 있는 세포 표면에 이 같은 외적이 침입해 들어온 것을 표시하고 이 표시를 T-세포에다 연락해준다고 한다.

• T-세포
- 킬러 T-세포(Killer T-cell, T_k)
마이크로파지(Macrophage)가 표면에 표시한 외적을 킬러 T-세포가 직접 잡아먹게 되는데 이때 세포성 면역반응이 일어난다.
- 헬퍼 T-세포(Helper T-cell, T_H)
마이크로파지(Macrophage)가 표면에 표시한 외적의 일부분이 헬퍼 T-세포에 전달되면 곧 이것을 B-세포에 전달해 주어 항체를 생산케 한다.
- 서프레서 T-세포(Suppresser T-cell, T_S)
외부에서 들어온 외적을 항원-항체의 면역반응으로 전멸시키면 서프레서 T-세포가 면역 억제물질을 방출하여 지금까지의 일련의 면역활동을 억제하여 중지시키는 일을 한다.

• 림포카인(Lymphokine)
마이크로파지(Macrophage)로부터의 표시를 인식한 헬퍼 T-세포는 활성화되어 더 많이 증식되면서 인터로이킨(Interleukin Ⅰ 및 Ⅱ) 인터페론(Interpherone) 등과 같은 면역세포를 활성화시키는 물질을 생산한다. 이런 활성화물질을 총칭하여 림포카인(Lymphokine)이라고 하는데 약 50여 종류가 있다고 한다. 인터페론(Interpherone)은 각가지 면역세포를 활성화시킬 뿐만 아니라 자기 자신이 암세포나 바이러스를 공격하는 힘도 가지고 있다.

• B-세포
헬퍼 T-세포가 활성화하여 림포카인을 분비하면 B-세포는 푸라즈

마셀(形質細胞)로 변신하고 그 외적에 대응하는 면역 글로불린을 많이 생산한다.

• 면역 글로불린(Immuno-globulin)

이를 좁은 의미에서 항체라고 한다. 이것은 침입해온 외적을 둘러싸서 그 외적을 무력화시키고 마이크로파지(Macrophage)의 식균작용을 도와주며 킬러 T-세포가 이 외적을 파괴시키고 죽일 수 있는 상태로 만들어 주며 자기자체도 들어온 항원과 반응하여 항원 – 항체라는 면역반응을 수행한다. 면역 글로불린이란 혈액의 혈청 중에 있는 감마 글로불린(γ -globulin)인데 면역 글로불린(Immuno-globulin)의 머리글자를 따서 Ig로 표시하며 그 종류는 다음과 같다.

- IgG: 면역 글로불린 중 가장 많은데 바이러스, 세균을 싸워 없앤다.
- IgA: 침이나 기관지의 분비물 중에 많이 포함되어 있다.
- IgM: IgG와 같은 구실을 하는데 IgG보다 더 빨리 생산된다.
- IgD: 임파구 표면에 많이 있다.
- IgE: 편도선, 기관지, 소화관 등의 점막에 많은데 I형 알레르기의 원흉이다. IgE항체는 보통 혈액 중에 미량 포함되어 있는데 알레르기 환자 때는 정상인의 40~50배로 증가한다고 한다. 그러므로 이 IgE의 생산을 극도로 억제하면 알레르기를 예방할 수 있다고 한다.

따라서 T-임파구를 성숙시키는 기관은 흉선이고 B-임파구를 성숙시키는 기관은 장관 파이에르판(Peyer 板) 임파조직이며 마이크로파지(Macrophage)를 성숙시키는 기관은 비장이다. 그러므로 장관(腸管)에 있는 파이에르판(Peyer 板) 임파조직에서 면역 글로불린을 생산하는 B-임파구가 성숙되므로 장관이 약해지든지 과민해지면 정상적인

B-임파구를 성숙시키는 장관 파이에르판 임파조직의 환경을 좋게 하고 강화시켜주면 알레르기 증상을 근본적으로 개선할 수 있다고 한다.

그런데 이 면역세포들이 정상적으로 자기구실을 하기 위해서는 그 면역세포 속으로 어떤 신호가 들어가야 하는데 이 신호를 일으키는 원인은 세포 안과 밖의 칼슘의 농도 차에 있다고 한다.

다시 말하면 마이크로파지(Macrophage)는 몸에 바이러스와 같은 이물질이 침입해 들어오면 이것을 발견하고 칼슘이온이 외부에서 세포 속으로 들어가는 신호에 의해서 비로소 작동하기 시작하여 임파구 같은 다른 면역계 세포에게 전달된다고 한다. 이것을 접수한 몇 종류의 임파구는 또 칼슘의 신호에 의해 각각 그 작용을 분담해 가면서 직접 병균체를 공격하든지 항체를 만들어 이 이물질을 파괴시키게 된다. 그러나 이미 세포 중에 칼슘이온이 들어와 있으면 세포 내외의 칼슘의 차이가 거의 없게 되므로 바이러스가 몸에 침입하여 감기 같은 것에 걸려도 여기에 저항할 아무런 힘도 없게 된다. 세포의 활동은 모두 세포의 외부로부터 세포 안으로 칼슘이온이 들어오게 되는 것이 신호가 되어 일어나는 것인데 만일 세포 중의 칼슘이 증가하여 세포 외부와 내부와의 칼슘의 비가 거의 없게 되면 모든 세포의 활동력 특히 면역세포의 활동력은 아주 약하게 된다.

지금까지 자연치유력을 실행하는 면역에 대해 알아보았다. 이러한 면역의 기초는 건장한 체력을 유지하는 기본이므로 식품을 통하여 흉선을 강화시켜 면역기구의 활동력이 감소하지 않도록 노력하는 것이다. 그러기 위해서 충분하고 다양한 영양소를 가지고 있는 천연의 자원인 소나무를 가지고 있는 우리 민족에게는 행운이 있다고 본다.

10) 소나무 생즙은 만병의 근원인 변비를 해소한다

변비라고 하면 그까짓 것 병 축에도 들지 못하는 대수롭지 않은 것으로 생각하는 경향이 있으나 잘못 생각이다. 변비만 큼 건강장수에 치명적인 해를 끼치는 것은 없을 것이다. 일 찍이 소련의 "메치니코프"박사 는 장자가중독설(腸自家中毒 說)로 노벨 생리의학상을 받았

지만 그 후 세균을 공격하는 무기의 발견으로 퇴색해 버렸다. 여성에 게 변비는 미용과 건강의 적이다. 뿐만 아니라 변비의 해(害)는 어깨 가 아프고 배가 부르고 머리가 무거우며 두드러기가 날 뿐만 아니라 혈압이 높은 사람이 변비를 하면 점점 더 혈압이 오르다 잘못하면 뇌 일혈이 되는 무서운 증상이다. 특히 중년이 되어서도 여드름 같은 것 이 나면 배설(排泄)기능이 좋지 않아서 일어나는 것으로 그 원인은 변비다.

우선 장에 벌써 나갔어야 할 변이 담겨 있으면 부패발효가 계속 된 다. 이렇게 되면 각종 유독 물질이 생성되는데 그것에는 아민, 석탄산, 암모니아, 메탄, 유화수소, 인돌, 스카톨, 발암물질, 이산화질소, 아황산 가스, 일산화탄소 등이 있는데 이것들이 수분과 함께 장에서 흡수되어 문맥이라는 혈관을 통해 간장으로 흘러들어 간다. 간장에서는 유독성 물질의 해독 때문에 늘 과로를 해야 하며 그동안 간장의 활동이나 기 능이 나빠진다.

장내에는 약 100종의 각종 세균이 약 100조 정도 살고 있다. 이 가

운데는 우리 몸에 유익한 유용세균과 해를 끼치는 유해세균의 두 무리로 나누어진다.

유용세균은 장 속에서 비타민 B 복합체에 속하는 여러 비타민들, 비타민 K, 각종 아미노산 등을 생산한다. 그 반면 유해세균에 속하는 것들은 위에서 언급한 각종 유독 물질들을 생산해 내고 있다. 그러한 유독 물질로 인해 설사, 변비, 발육장애, 간 장애, 동맥경화증, 고혈압, 암, 알레르기 등의 질병을 유발하는 것이다.

변비의 원인에도 여러 가지가 있어 간단하지가 않지만 그 가장 중요한 원인으로 꼽히는 것은 역시 섬유질의 부족에 있다. 정백 가공된 식품, 인스턴트식품 등에는 섬유질이 심각할 정도로 부족하다. 우리는 1일 9g의 조섬유(粗纖維)을 섭취해야 건강을 정상적으로 유지할 수 있는데 실제로는 약 4.5g 정도밖에는 섭취하고 있지 않다는 것이다. 섬유가 부족하면 음식물이 위와 장을 통과하는 시간이 길어지고 장 속에 기생하는 세균의 번식이 나빠진다. 음식물이 장내 통과시간이 길어질수록 유해물질들의 흡수율이 높아질 수밖에 없는 것이다. 섬유는 실제로 영양이 되는 것은 아니지만 간접적으로 영양에 좋은 보탬이 되고 있다. 섬유질은 발암물질, 코레스테롤, 중성지방, 담즙산, 중금속 등을 흡착하여 체외로 배설시키는 작용이 있다.

참고로 변비가 간장의 기능을 얼마나 나쁘게 하는가에 대한 연구보고를 소개하면 일본의 규슈대학의 다무라 교수에 의하면 상습변비로 간장 병이 아닌 사람의 간 기능 검사의 결과를 발표하였는데 정상이 24%, 중증도 44%, 강도 32%로 기능이 저하되어 있었다는 것이다. 또 일본의 게이오대학 의학부 교수인 '가와까미' 박사의 『노쇠의 원인』이라는 저서에 의하면 죽은 사람 100명 중 97.7명에서 뇌수출혈자(腦髓出血者)가 있었으며 사체 해부 결과 전원이 숙변(宿便)을 가지고 있었다는 것이다. 그중에서 생전에 의사의 진단이 있었던 경우는 겨우

4.7명이었고 나머지 93명은 의사는 물론 본인이나 가족도 뇌수출혈을 알지 못했다고 보고한 바 있다.

숙변(宿便)이라고 하는 것은 현대 의학에서는 없는 개념이다. 이것은 장의 융모에 끼어 있거나 장계실(腸憩室)에 담겨져 있는 오래 묵은 변을 말한다고 하나 변비와 같은 말로 유독 물질을 생산하여 간장으로 흘러 보냄으로써 간 기능을 약화시키고 혈액을 혼탁하게 만든다는 점에서는 한 배에서 태어난 형제나 다름없다.

변비를 배제하는 데는 조 섬유가 풍부한 현미, 통밀, 해조류, 야채류 등과 맥주효모, 수산화마그네슘, 결명차 등이 좋다고 한다. 그러나 소나무 생즙은 생즙 자체가 함유되어 있는 각종 영양소에서 발생한 효소작용과 소화효소가 풍부할 뿐만 아니라 섬유질이 풍부해서 노폐물을 분해시키고 특히 장내 유용세균의 번식을 촉진시키는 인자가 풍부하다고 한다.

변비를 해소치 아니하고는 아무리 고귀한 보약을 먹는다고 해도 별무소용이라는 점에 유의하여 식생활 개선 및 식습관을 바로 고쳐야 자기의 건강을 지킬 수 있다는 점을 강조하고 싶다.

특히 배가 축 늘어나거나 군살이 있거나 하는 것은 전형적인 노화 현상이다. 이것은 위나 장이 활력을 잃고 축 늘어진 것, 간장이나 신장이 비대해 있음을 뜻한다. 배에 기름이 낀 것은 틀림없이 장에 변이 괴어 있다고 생각해도 무방하다. 배에 기름이 끼는 것은 남아도는 영양분을 몸 밖으로 다 배설하지 못함을 말해 주는 것이다. 이것은 직장이나 방광의 기능이 노화로 쇠약해졌음을 나타내는 것이다. 나이가 젊은데도 비만형이 되는 사람의 경우는 자기 몸의 배설능력 이상으로 음식을 섭취한 결과 남아도는 지방이 몸에 남아있는 것이 원인이다. 다 장에 변이 끼어 있어서 그 결과 장의 활력이 약해지고 또한 변의 독소가 몸 안에서 역류(逆流)를 해서 몸 전체에 노화를 촉진하게 된다.

군살이 찐다는 것은 노화현상 이외의 아무것도 아니다. 여하튼 배에 기름이 낀 사람이라면 장에 반드시 변이 끼어 있는 법이다. 이것은 매일 설사를 하는 사람의 경우도 마찬가지이다. 또 배가 나오지 않았어도 배 가죽이 축 늘어져 탄력을 잃은 사람의 경우도 변이 남아 있음은 마찬가지이다. 그 어느 경우도 위장의 기혈의 흐름을 활발하게 하고 변을 제거할 필요가 있음을 명심하여야 한다.

또한 변은 소화기관에서 발생한 각종 질환을 알 수 있는 경보기 역할을 한다. 질병이 곧 바로 변의 색깔과 모양으로 나타나기 때문에 화장실에서 변의 상태를 확인하는 습관은 자신의 건강을 지키는 지혜라고 할 수 있다.

변의 색깔과 모양으로 질병 측정

색깔·모양	의심이 가는 질병
검고 끈적끈적한 상태	주로 상부소화관 출혈(위궤양·십이지장·궤양·위암·식도정맥류·출혈성 위염)
피가 섞인 점액변 또는 농변	염증성 대장염(궤양성 대장염·크론병·결핵성 대장염·베체트병·기타 장염)
검붉은 색	주로 대장 및 소장 출혈(결장암·소장 종양·허혈성 장염·장게실염·붉은색 식품 섭취)
선홍색	항문과 가까운 쪽 출혈(치핵·치루·치열·직장 폴립·직장 궤양 및 암)
회백색	담즙 배출 장애(총 담관 결석·담관암·담낭암·알루미늄 함유한 제산제 복용 등)
녹색	소장염증·대장염 등 염증 관련 질환 및 염록소 함유한 약제 복용)
변이 가늘다.	결장암·과민성대장증후군·식사량이 적을 때
토끼똥 같다.	직장암·변비·과민성대장증후군
물같이 묽다	세균성 식중독·비브리오 및 아메바 장염

참고로 소변 색으로 확인하는 건강을 소개한다.

소변의 색깔은 주로 신체의 수분 상태에 따라 엷게 또는 진하게 변할 수 있다. 탈수가 있을 경우에는 색이 짙어져 혈뇨 등으로 오해하고 놀라는 사람들이 많이 있다.

▶ 소변 색이 빨갛게 변했을 때

소변볼 때 통증이 있거나 열이 동반된다면 요로 감염을 의심할 수 있고 통증만 있고 복통도 같이 동반될 경우는 요로 결석을 의심할 수 있다. 이때는 소변검사와 소변 배양 검사를 하여 확인해 보아야 한다.

▶ 소변 색이 오렌지색이거나 파란색일 때

이 경우는 주로 약물의 부작용에 의한 것일 가능성이 높다.

▶ 소변 색이 진한 갈색일 때

혈관 내 빌리루빈(황달치)이 상승하여 소변에 나올 가능성이 있겠다. 이의 원인으로 고려해 보아야 할 것으로는 간염, 담낭질환, 약물의 부작용 등을 들 수 있겠다. 담낭이나 간에 이상이 있는 경우는 가려움증, 메스꺼움, 구토, 우상복부 통증, 회백색의 대변을 보이는 경우가 많아 이런 경우에는 간에 대한 정밀 검사를 시행해 보아야 한다.

11) 소나무 식품의 개발

섭취한 영양소가 바르게 연소하는 것은 건강을 유지하는 데도 큰 것이다. '힘을 육성하는' 것을 목적으로 개발된 소나무식품은 남성은 보다 남성답게, 근골(筋骨)이 우람하게, 여성은 여성답게, 사람이나 동물에도 애정 깊게, 마음과 몸이 함께 건강한 사람으로 한 사람이라도 많이 육성하고픈 욕심이다. 이 같은 소원으로도 사회로의 건강한 봉사를 목적으로 하여 사람과 사회와 환경에 공헌하는 소나무를 이용한 식품의 생산과 보급에 노력해 왔다.

▷ 건강의 열쇠는 장(腸)

우리가 먹은 것들은 최우선으로 장내에서 발효되고 높은 영양분으로 하여 섬모를 통해서 흡수된다. 그 영양분이 혈액으로부터 체내의 각 세포에 운반되어 질이 높은 건강을 유지하기 때문이다. 결국 좋은 장내 발효는 높은 에너지를 만들어 내어 건강한 몸을 만들어 내는 것이다.

▷ 자연이 육성 보호하는 생명의 근원

인간을 포함, 모든 동물은 광합성에 의해서 성장되는 식물을 이용하여 생명을 유지하고 있다. 광합성으로는 식물이 태양 에너지를 얻는 것에 의하여 무기질을 유기체로 만들어 내는 작용인 것이다. 일반적으로 식물이 1년 동안 받아들이는 태양 에너지는 적산(積算: 불어나는 수를 차례로 더하여 계산함) 온도로 약 2-3만도(万度)라고 말할 정도로 식물 자체가 굉장한 에너지의 축적을 하고 있다.

▷ 씨앗의 생명력 에너지(energy)

씨앗은 헤아릴 수 없는 생명력을 가지고 있다. 적은 입자가 어느 정도의 수분이나 온도 등의 환경조건이 갖춰졌기 때문에 어떤 힘도 빌리지 않는 자력으로 훌륭한 싹을 나오게 하여 잎을 만들어 꽃을 피게 하였다. 2천 년 이상 옛날의 연꽃의 씨앗이 완전하게 발아한 예도 있고, 씨앗에는 굉장한 생명력 에너지를 갖는 것이라고 말한다.

▷ 인체의 이미지(Image)를 가정한 소나무 생즙

이와 같은 생각에서 이러한 식품을 만들기 위해 광합에 의해서 에너지를 축적한 식물인 소나무(송피, 송실, 송지, 솔잎)를 원재료로 하여 인체의 위나 장, 기타 혈행 등을 상정(想定: 생각해서 판정함)한 존중에서 숙성시켜 에너지의 추출에 성공한 것이다.

12) 권하고 싶은 소나무 생즙

만물의 영장으로 등장한 인간은 태초부터 식물[食物] 등에 식물(植物: 채소)을 취하고 후에 육식을 병행하여 취하면서 살아온 것이 인류 식품(食品)에 관한 역사적 변천 사실이다. 그러나 인간들은 현대과학의 미래 지향적인 발전상에 따라서 부모님이 물려준 강건한 심신의 유산을 망각하고 자기 편의대로 살아가는 이기심만이 팽배하여지는 양상의 세대로 이어지고 있다.

이 결과 나만이 아닌 모든 인간은 심신에 이상이 찾아오게 되고 육체의 이상 즉 각종질병에 대한 고심을 유발하게 되는 동기가 되고 마는 것 또한 사실이다.

인간들은 이런 경우를 미연에 방지하고자 하는 욕망이 앞서다 보니 황금만능의 본능을 이용하여 방종한 생활은 종식하지 못하면서도 장수의 꿈을 버리지 못하고 뜬소문에 좋다는 약제를 마구 취하다 보니 자연 생태계의 파괴는 물론 국위까지 손상시키면서 아울러 본인 자신의 건강까지도 망가뜨리고 있다는 것을 깨닫지 못하는 아쉬움이 초래되고 또한 명확한 치유의 성과도 달성하지 못함을 주위에서 많이 보아 왔을 것이다.

　서양 의학의 시조라고 하는 히포크라테스는 "식사로서 고칠 수 없
는 병은 약으로도 고칠 수 없는 병이다."라고 강조한 것을 음미하다
보면 우리 조상이 물려준 식이요법이야말로 최선의 선택이라고 생각
할 수도 있다. 우리 속담에 '식성을 보면 그 사람을 안다'고 하는 말이
생각난다. 유전성은 우리 건강에 큰 역할을 하고 있지만 더 중요한 것
은 올바른 상식을 가진 식습관이 필수적 요소라고 말할 수 있다. 즉
자연에서 인간에게 준 자연식품을 시기적절하게 섭취함으로써 우리는
신체의 각 기관을 강화시켜 원기, 활력, 삶의 충만함을 얻게 된다는
것이다. 자연식품은 몸 전체를 튼튼하게 하며 약화된 장기에 자양분을
주고 신체의 노폐물을 배출하는 데 도움을 주며 가장 중요한 것은 항
산화작용의 기능에 의하여 혈액을 세정하고 순환시킴으로써 건강을
주게 되어 있다.

　이러한 건강의 기본을 달성시킨 현대인을 위한 '잃어버린 연결부의
식품'을 개발하기 위해 다수의 생활양식과 영양 식이요법을 연구, 화
공 또는 환경약품에 노출되지 않은 순수한 우리 소나무를 이용하여
인체의 활력을 증진시킬 수 있는 능력을 보존할 수 있도록 할 수 있
는 것이 소나무(송피, 송실, 솔잎, 송지)생즙이다. 따라서 소나무 생즙
의 신선도를 유지하고 즉시 복용할 수 있는 시점이 될 때까지 성분이
노출되는 것을 방지하려고 품질과 정밀성을 기본으로 완전히 위생적
이어야 한다. 또한 순수한 천연원료만을 이용 식품화되도록 하여야 인
체에 효험이 되는 것이다. 이렇게 함으로써 의약품이 아닌 식품으로
화학적 합성과는 달리 어떤 부작용도 없을 뿐 아니라 이 소나무 생즙
은 즉각적인 효능의 기적을 일으키지 않더라도 인체를 자연상태로 놓
이도록 하는 우수한 식품으로 생즙의 우수성에 대하여 고서와 현대과
학에서 증명하고 있으므로 모든 사람들에게 권하고 싶은 식품이다.

13) 소나무 식품의 가공방법 발명과 섭취량

　지구의 환경이 변하기 시작하면서부터 동·식물의 맛과 영양에 변화가 초래(招來)되었다. 그 후 산업혁명으로 공업발전에 따른 폐기물과 잔존물(殘存物)은 인간의 수명(壽命)과 건강(健康)에 막대한 영향을 주었고 특히 땅과 물이 오염(汚染)되어 경작(耕作)되는 많은 식물(植物)이 원래의 맛과 영양(營養)을 조금씩 잃어가 오염 전(汚染 前)의 질병(疾病)은 대부분 세균성질환(細菌性疾患)이었으나 문화가 발달하면서 대사성질환(代謝性 疾患: 糖尿病, 高血壓, 癌, 중풍, 肝臟炎, 肥滿 등)으로 바뀌었다. 이런 세대에 살고 있는 인간들은 음식(飮食)에 의존하는 것보다 속효(速效)를 바라는 마음으로 의약품(醫藥品)을 개발(開發)하여 인간들에게 공급(供給)함으로써 人間은 그 약(藥)의 남용(濫用)으로 인해 면역기능(免疫機能)이 저하되어 신체(身體)에 막대한 영향(影響)을 미치게 되었다.

　이러한 것을 보완(補完)하기 위해 건강보조식품(健康補助食品)도 엄청나게 개발되어 시중에서 판매(販賣)하고 있으나 효능(效能)에는 큰 기여(寄與)를 못해온 것이 사실이다. 이러한 건강보조식품(健康補助食品)이 인간 건강(健康)의 보조(補助)에 큰 기대에 부응하지 못한 것은 천연원료(天然原料)를 가공(加工)하는 과정(過程)에서 인공적(人工的)인 감미료(甘味料) 및 화학약품(化學藥品)을 첨가(添加), 맛에 치중(置重)하는 인스턴트식품(食品)만을 보급하여 왔기 때문이다. 그러나 더 좋은 제품(製品)으로 국민건강관리(國民健康管理)에 이바지를 하기 위해 많은 식품 회사들은 연구를 꾸준히 하여 좋은 질의 제품(製品)을 만들려고 노력하고 있음은 주지의 사실이나 경비(經費)를 절감(節減)하면서 많은 이익을 추구(追求)하려고 하기 때문에 질에 치중(置重)하는 것보다는 맛에 치중(置重)한 것 또한 사실(事實)이다.

이러한 건강보조식품(健康補助食品)의 대용물로서 현대인의 식성을 따라 대사성질병을 예방할 수 있는 기능성 식품의 일종인 생즙 및 음료수(飮料水)의 질을 높일 수 있도록 한 것은 기존(旣存) 음료식품(飮料食品)과 같이 인공적(人工的)인 감미료(甘味料) 및 화학약품(化學藥品)을 첨가(添加)하지 않으면서 영양가(營養價)의 파괴(破壞)가 전혀 이루어지지 않도록 하기 위해 열(熱)을 가하지 아니하고 천연원료(天然原料) 그대로를 이용함으로써 이용 효율의 가치(價值)를 증대시키기 위한 확신을 가지고 소나무를 원료로 하여 효소가 그대로 존재할 수 있는 살아있는 식품을 생산할 수 있는 가공방법을 발명하게 되었다.

소나무 송절로 만든 식품은 자연(自然) 속에서 가장 강인(强忍)하고 늘 푸른 기상(氣象)을 가지고 있는 소나무의 모든 것을 이용하였다. 소나무는 일천여 년 전부터 현대의 화학분석에 이르기까지, 고문헌과 현대의 임상실험과 응용에 의하면 약이 되고 영양가도 있다는 사실을 논리적으로 증명하고 있으나 우리나라에서는 현재 솔잎(松葉)만을 활용, 끓인 엑스(Extract) 제품만 있을 뿐 소나무의 송절(松節: 송피, 송실, 솔잎, 송지) 등을 직접적으로 이용한 바 없고 부분적으로 이용, 한약으로는 가치(價值)가 있다는 사실만으로 탕이나 가루로만 활용을 하였지 생즙으로는 전무한 실정이었다.

이러한 안타까움 속에서 체계적으로 대학과 연계하여 산학협동으로서 연구를 계속하고 있으며 송수천년(松壽千年)이라는 소나무를 이용 나오는 모든 성분이 소실되지 않게 하기 위해 과일과 야채를 첨가하여 보존효과를 높이고 다시 자외선 살균을 함으로써 비타민류를 비롯하여 충분한 단백질원(蛋白質源)을 그대로 유지시킴으로써 피로회복제(疲勞回復濟)는 물론 두뇌(頭腦)를 맑게 하여 창의력(創意力)을 향상시킬 뿐 아니라 국민의 식생활(食生活) 양상 변화로 야기(惹起)되는 동물성(動物性) 지방(脂肪)의 과다현상에 의하여 혈관(血管)에 콜레스테롤(cholesterol)이 축적(蓄積)되어 혈액순환(血液循環)이 나빠져서 혈압(血壓)이 올라가는 고혈압증상(高血壓症狀)이나 심장병(心臟病) 등의 대사성질환(代謝性疾患)을 해소시킬 수 있는 효능을 갖고 있음을 밝히고자 계속적인 연구를 하였다.

또한 최근 연구 결과에 의하면 담배의 유해물질(有害物質)인 니코틴을 몸 밖으로 배출(排出)하는 작용 등 혈액순환(血液循環)을 순조롭게 하는 효과가 있다고 한다. 이러한 생즙을 제조(製造)하는 과정(過程)에서 화학약품(化學藥品)과 인공감미료(人工甘味料) 대신 국민의 기호(嗜好)에 맞도록 과실 및 야채 엑스를 그리고 자연 감미료인 벌꿀과 로열젤리 등을 첨가함으로써 기존의 효능이 배가될 수 있다고 한다. 이와 같은 연구결과를 토대로 생즙을 섭취할 수 있도록 가공방법에 대하여 필자는 발명특허 제 198506호로 우리나라 최초로 획득하여 살아있는 기능성 식품으로 제품화하는 데 성공하였다.

▷ 특허공법으로 제조된 제품의 특징

먼저 소나무 생즙은 가열 처리를 하지 않기 때문에 물리적·화학적인 품질변화가 일어나지 않는다. 가공식품의 대부분은 열처리를 통한 살균법을 쓰고 있지만 그것은 장기보존하기 위한 것이다. 그러나 영양성분은 가열 처리에 의하여 그 효력이 상실되는 것이 약 2분의 1 정도 된다는 사실이다. 특히 효소는 가열에 의하여 거의 100%가 상실되므로 생체활성의 물질로서 가치도 없다는 것이다. 그러한 이유로서 효소생즙과 송절생즙은 원료 속에 있는 영양소를 그대로 간직될 수 있게끔 즉 유효성분을 파괴하지 않고 살아있는 식품인 자연 그대로를 유지시키기 위해 가열 처리를 하지 않는다는 것이다.

두 번째 특징으로 발효원액과 송절생즙은 화학물질 및 합성색소 등 화학약제를 일체 사용하지 아니하고 천연과일과 야채류, 근채류를 혼합하여 살균 및 장기보존을 가능하도록 하였다는 것이다.

이 방법에 대하여 국내최초로 발명특허 제198506호(1998.11.26)를 획득하였다. 발효원액(효소생즙)은 액체이나 실온에서 장기간 보관가능하며 이때는 자체적으로 발효에 의한 유효성분이 증가되어 생체활성 물질이 풍부해져 기능성 식품의 가치를 높여주나 페놀 성분의 산화에 의한 엽록소의 색이 변색되는 단점이 있다. 그러나 냉장 보관 시에는 변색이 방지된다. 이때 자체 가지고 있는 영양성분에는 아무 이상이 없다. 특히 송절즙 순한 맛과 떫은맛은 냉동실에 보관 급속 동결시켜 놓으면 장기간 보관하여도 맛과 향이 변하지 아니하고 더욱 효능에 좋으며 냉해를 전혀 받지 아니하며 효소생즙은 실온에서도 보관이 가능하며 오래 둘수록 효능 면에서 더욱 좋다.

세 번째 특징은 인체의 생리활성을 촉진하는 등 삼림욕의 효과를 동시에 만끽할 수 있다.

삼림에서 시원하고 상쾌한 삼림 향이 풍기는 것을 우리는 흔히 "식물이 분비하는 살균물질, 즉 피톤치드(Phytoncide)" 때문이라고 한다. 이러한 피톤치드(Phytoncide)는 자연계에 흔히 있는 물질로 인체에 무리 없이 흡수되어 부작용이 없다는 것이다. 이러한 삼림욕을 함으로써 얻을 수 있는 물질 가운데 가장 큰 것은 소나무가 많이 가지고 있는 테르펜(terpene)을 들 수 있다. 톡 쏘는 듯한 향기성분으로 신체에 흡수되면 피부를 자극해서 신체활성을 높이고 혈액순환을 잘 되게 하며 심리가 안정되고 살균작용을 겸한 다양한 약리작용을 한다는 것으로 일정량을 취했을 때 우리 몸의 생리활성을 촉진한다는 것이다.

이와 같이 소나무 전체를 이용하여 제조·가공된 발효원액 및 송절생즙은 세계에서도 그 예를 찾아볼 수 없는 아주 뛰어난 기능성 식품이다.

▷ 소나무 생즙을 기능성 식품의 가치로 평가

소나무는 東, 西洋을 막론하고 많은 學者들에 의하여 그 成分 및 效能에 대하여서는 이미 밝혀진 사실로 이미 美國에서는 소나무 피와 포도씨(PBGS)에서 'Flavanes'라는 分子를 發見 모세혈관을 강하게 하며 Free-Radical의 중화제로서 훨씬 효과적이라는 것을 발견 의약품(醫藥品)으로 생산하고 있는 실정이다. 이와 같이 人間의 건강(健康)을 중요시하는 이때 현재의 人間들은 약의 남용, 마약, 공기의 오염(汚染), 방사선(放射線), 전파(電波), 살충제, 용매, 튀긴 음식, 술, 담배, 스트레스, 기타 등(환경적인 오염 포함) 가장 큰 원인은 식생활(食生活)로 최근에는 절제(節制) 음식(飮食) 5가지를 5악(惡)이라 일컬으며 다음과 같이 정한 바 있다.

첫째, 마아가린, 버터, 각종 기름 등 정제유.
둘째, 흰 설탕.
셋째, 흰 밀가루.
넷째, 흰 소금.
다섯째, 조미료(화학) 등이다.

이와 같은 엄청난 공해(公害)에서 살고 있는 人間들에게 우리의 조상(祖上)들은 일찍이 소나무의 효능에 대한 언급을 동의보감을 비롯한 많은 문헌(文獻)으로 증명(證明)을 하여 왔으나 그 후손들은 실행(實行)을 전혀 하지 못하고 살아왔지만 최근 현대과학(現代科學)을 연구하는 연구자에 의해서 규명된 SOD(Super Oxide Dismutase)와 기타 많은 성분(成分) 등은 혈액(血液)을 정화(淨化)시켜 대사성질환(代謝性疾患)에도 많은 효과(效果)를 보고 있다는 것이 증명되었고 또한 약리효과 및 기능성 식품으로서 유용성이 있는 음료용(飲料用) 생즙으로 질병을 예방하고 비만 및 노화를 예방할 수 있는 방법(方法)을 연구한바 자연(自然)에서 얻어지는 천연(天然)의 엽록소(葉綠素)는 생체조절 기능성 인자의 항 산성 유지로 질병을 예방하고 회복하는 데 크게 기여하고 있었으며 영양가(營養價)를 파괴(破壞) 손실(損失) 시키지 아니할 때 효능(效能)이 배가(倍加)할 수 있다는 것을 찾아 낼 수가 있었다. 다시 말하면 열(熱)을 전혀 가하지 아니하고 천연재료(天然材料) 그대로에서 추출물을 추출하여 영양가(營養價)가 높은 신비의 물질(物質)로 일컫는 천연재료(天然材料)로서만 혼합(混合)된 제품을 제조할 때 그 우수성(優秀性)은 불노장생(不老長生)의 영약(靈藥)으로 평가(評價) 받을 수 있을 정도의 효능을 가지고 있다는 사실이다. 문헌(文獻)을 中心으로 소나무 생즙식품의 효능(效能)을 요약(要約)하면 다음과 같다.

- 완벽한 기능성 식품이다.
- 훌륭한 내약성을 가지고 있으며 부작용이 전혀 없다.
- 독성이 전혀 없으며 남, 여, 노, 소 어느 누구든 섭취하여도 해가 없다.
- 약리학적으로 우수성이 인정된 천연재료만을 사용하여 제조하였을 경우(소나무의 추출물과 과일 그리고 첨가물 등이 가지고 있는 고유의 맛과 향을 변화시키지 아니한 제품) 다른 치료제와도 자유로이 함께 섭취하여도 부작용이 전혀 없다.
- 식이 요법제로도 복용 가능하며 장거리를 달리는 마라톤 선수나 심한 운동을 하는 운동선수에게 권하고 싶은 기능성 음료용 생즙식품이다.
- 연령층에 구분 없이 남, 여, 노, 소 어느 층이나 즐길 수 있는 특

유의 부드럽고 감미로운 향기가 은은하게 전달되어 복용하는 데 좋다.

• 유기체(有機體)의 방어력을 강화시켜 질병의 감염을 예방할 수 있다.

• 일반적인 컨디션과 활력을 증진시킨다.

• 여러 가지 심한 질병으로 인한 심각한 잠재 증상이나 명백한 대사 장애를 치유시켜 균형을 잡아준다.

• 혈액을 정화시켜 고혈압을 개선, 신경을 안정시키는 약물과 박테리아의 공격을 막는 타감 물질을 발산 스트레스를 완화시키거나 제거해주어 입시생 등의 정신건강에 기여한다.

• 피부를 부드럽고 아름답게 유지시켜 자연미를 더해줄 뿐만 아니라 모든 형태의 모발을 부드럽고 윤기 있게 가꾸어 준다.

• 담배해독을 비롯한 환경에서의 오염원인 중금속을 제거하는 데 도움이 된다고 한다.

• 피로를 풀어주고 신진대사를 원활하게 하여 활동적인 신체를 보호할 수 있다고 한다.

• 숙취 및 변비를 해소한다.

• 일반 탄산음료와는 다르게 인산, 염분 및 탄산가스를 일체 함유하지 아니하며 몸에 해를 끼치는 인공 감미료 및 설탕을 전혀 넣지 않기 때문에 갈증을 해소시키는 청량음료수의 역할도 한다(찜질방, 사우나, 목욕 후, 또는 운동 후, 심한 갈증이 날 때).

• 화학물질(인공 방부제, 인공향료, 인공착색제)을 전혀 사용하지 아니함으로 이 생즙은 기능성 식품으로 완벽하다.

▷ 소나무의 생즙과 잔류물이 피부와 모발에 미치는 효과

피부가 거칠고 화장품이 잘 먹지 않는 사람을 한방의학(韓方醫學)

에서는 '허약한 체질'로 여긴다. 이 체질은 혈액순환이 좋지 않기 때문에 피부가 차고 굳어져 화장품이 잘 먹지 않는다고 한다. 피부의 혈행을 좋게 하는 것은 신진대사로 혈관을 확장시켜 혈행을 좋게 해줌으로써 탄력 있고 윤기 있는 피부를 만들어 주고 신경에 걸리는 잔주름도 쉽게 사라지게 한다고 한다.

피부는 표피와 기저층이란 두 개의 층으로 이루어졌다. 그 기저층이 위로 올라와 표면에 돌출되면 각질이 벗겨지게 되는데 이것이 잘 벗겨지지 않고 대사가 원활하지 않으면 멜라닌색소로 침착되어 기미가 생기는 것이다. 이처럼 피부가 벗겨지는 주기는 대략 28일간이 된다. 또한 피부의 표면층은 수분이 10%이하가 되면 피부는 거칠게 됨으로써 보습과 혈행은 건강과 미용에 깊은 관계가 있다는 것이다. 즉 우리 몸은 영양과 산소를 몸의 구석구석까지 미치게 하는 혈액의 호르몬으로 유지되어 있기 때문에 결국 혈액의 흐름이 나빠지면 영양과 산소가 부족한 상태가 되면서 자연히 피부 세포가 영양부족 상태가 되어 피부는 거칠어진다. 이 중 얼굴의 피부는 모세혈관이 대단히 많아 혈액의 흐름이 순조롭지 못하면 그 부작용이 직접적으로 나타나서 외관상 보기 흉하게 된다.

또한 백발이나 탈모는 심한 걱정거리나 스트레스가 모발에 악영향을 준다는 사실은 이미 알려진 일이나 그중 스트레스가 큰 원인이라 할 수 있다. 거기다 요즘 여성들은 다이어트를 많이 하는데 그 여파로 탈모나 백발현상이 일어나기도 한다고 알려져 있다.

스트레스를 받으면 자율신경의 균형이 무너지게 되어 자율신경의 긴장을 관할하는 교감신경의 작용이 이완을 관할하는 부교감신경의 작용보다 강하게 되면 그 결과 혈관이 수축되고 혈행이 악화되어 젊은 대머리, 젊은 백발이 된다. 이러한 두발 트러블을 가지고 있는 사람이 모근에 적당한 자극을 주기 위하여 두피를 문지르곤 한다. 그러나 이것은 모발이나 두피를 상하게 하는 역효과를 내기도 하므로 될 수 있으면 두피를 심하게 문지르는 것보다는 부드럽게 하여 주는 방법이 좋다고 한다. 이러한 현상을 소나무 생즙과 잔류물을 애용함으로써 피부 및 모발을 보호시킬 수 있음이 많은 문헌에서 발표되고 있다. 소나무 생즙이 가지고 있는 성분은 빈혈로 생기는 기미를 제거하는 효과와 조혈작용, 그리고 불포화지방산의 함유로 혈액순환을 용이하게 할 뿐만 아니라 말초혈관을 확장시켜 혈액순환 및 호르몬 분비를 촉진시켜 체내균형유지에 도움을 주고 그 외에 신진대사촉진, 혈당 강하작용, 혈관강화, 활성산소제거, 노화방지 등을 할 수 있는 영양성분을 다량 함유 피부는 탄력과 윤기를 그리고 모발을 검게, 윤기 있게 하여 준다는 것이다.

14) 소나무를 이용한 욕(浴) 요법

욕(浴)이란 용어는 동양에서 자주 사용하는 말로 '물에 담근다', '쏘인다', '정화한다'는 의미로 일광욕을 비롯하여 삼림욕과 한증요법 등이 있다. 따라서 소나무 숲을 활용한 삼림욕과 소나무의 폐자재를 활용한 한증요법의 효과로는 다음과 같다. '숲에서 건강을 마신다'고 하는 과학적인 근거로는 소나무 숲 1헥타르에 18톤의 산소가 배출된다고 언론(동아일보 1983.7.29)에 발표된 바 있다. 또한 소나무 숲이 내뿜는 테르펜의 향기물질을 쏘여서 몸과 마음을 정화하고 '식물이 분비하는 살균물질'이라고 하는 피톤치드(Phytoncide)에 의해 질병에 걸린 환자가 소나무 숲에서 요양하면 2차 감염의 우려가 없다고 한다. 특히 식물이 내는 항균성 물질인 테르펜, 페놀화합물, 알칼로이드 성분, 배당체 등이 포함되어 있어 심리적 안정을 얻어 몸과 마음을 튼튼히 하여 질병을 예방하고 신체에 흡수되면 피부를 자극해서 신체활성을 높이고 혈액을 잘 돌게 하여 살균 살충작용 등 다양한 약리작용을 얻기 위해서 삼림욕을 한다.

그러나 소나무 숲을 찾지 못할 때는 집에서 삼림욕을 대신할 수 있는 한증요법이 있다. 소나무를 이용하여 욕(浴)을 하는 방법으로서는,

♨ 더운 열기로 인해 땀을 빼내는 것으로 이때는 테르펜이 휘발되는 것을 막아주면 몸 안의 노폐물이 빠져 나오고 혈액순환도 좋아진다.

♨ 일반 목욕을 할 때에는 소나무자재(소나무 즙 찌꺼기)를 45℃ 이상의 욕탕 물에서 울어 내어 온천을 하거나 (소나무자재를 삼베나 구하기 쉬운 스타킹에 담아 사용)

♨ 사우나 시설을 이용하여 소나무 향(테르펜)으로 전신 호흡을 할 경우 질병예방, 노화방지 및 피부질환 등 건강유지에 큰 효과가 있다.

이와 같이 소나무를 이용한 생즙을 음용하고 그 추출 잔류물을 이용한 한증요법을 할 경우 소나무가 가지고 있는 성분 전체를 몸의 체내·체외에서 동시에 흡수함으로써 젊은 여성에게는 피부와 모발에 그리고 많은 사람들의 비만해소 및 노화방지 등 질병을 예방하는 스트레스 해소에 지대한 효과가 있다.

▷ 삼림욕(森林浴)

삼림욕이란 단어가 첫 등장한 것은 1983년 7월 29일 동아일보의 기사였다.

"숲 속에서 건강을 마신다, '삼림욕' 과학적 근거 충분, 향기성 물질 피톤치드 인체에 매우 유익, 소나무 숲 1헥타르에 18톤의 엄청난 산소 배출"

삼림욕은 숲이 내뿜는 향기물
질을 쏘여서 몸과 마음을 정화하
고 건강을 도모한다는 뜻이다.
이 삼림욕을 말할 때 '피톤치드
(Phytoncide)'라는 말이 자주 등
장하는데 이 말은 그리스어의 합
성어로서 '식물의'라는 뜻의 피톤
(Phyton)과 '죽이다'라는 뜻의

◇옥화 자연휴양림 통나무집.

치드(cide)를 합쳐 만든 말로 '식물이 분비하는 살균 물질'이라는 뜻이
다. 다시 말해서 식물이 내뿜는 살균성 물질을 총칭하는 것으로 해충
과 바이러스에게는 치명적이지만 사람에게는 많은 이로움을 주는 삼
림욕 물질이다.

이 말은 러시아 태생의 미국 세균학자이며 스트렙토마이신을 발견
해 결핵을 퇴치한 공로로 1952년 노벨의학상을 받은 왁스만(S. A.
Waksman)이 처음 만들었다. 숲 속에 들어가면 시원한 삼림향이 풍
기는 것은 피톤치드(Phytoncide) 때문이며 수목(樹木)주위의 포도상
구균, 연쇄상구균, 디프테리아 따위의 미생물을 죽이는 휘발성물질이
라는 결론을 레닌그라드 대학의 토킨 교수가 발표했다.

피톤치드(Phytoncide)의 장점을 들면,

일반 항생제보다 적용범위가 넓고 자연계에 흔히 있는 물질로 인체
에 무리 없이 흡수되어 부작용이 없다는 것이다. 특히 면역 기능 증대
에 대한 많은 실험 결과를 보면 한국 건자재 시험 연구원은 2004년 3
월에 포름알데히드(HCHO) 제거효과에 대하여, 충북대 동물의학연구
소에서는 2003년 4월에 강력한 항균, 항진균 작용에 대하여, 한국 의
류 시험 연구원에서는 2003년 5월에 집먼지진드기 생육저해효과에 대
하여, 한국 시험연구원에서는 2003년 3월에 아토피 피부염 알레르기

예방 및 피부질환 개선과 페인트 냄새제거 그리고 시멘트 독 제거 등 소취작용 및 유해물질 중화작용에 대하여, 중앙백신 연구소와 충북대 동물의학 연구소 공동으로 2003년 9월에서 12월에 살(殺)바이러스(코로나 바이러스, 조류독감 바이러스) 효과에 대하여, 임업연구원과 충북대 동물 의학연구소 공동으로 1998년 6월에 삼림욕 효과와 스트레스 완화 및 스트레스 호르몬인 코르티솔 감소효과, 그리고 독성 실험결과 무독성을 입증 등에 대하여 실험 발표한 바 있다. 이와 같이 피톤치드(Phytoncide)가 풍부한 숲에는 병원균이 살 수 없다. 질병에 걸린 환자가 소나무 숲에서 요양하면 2차 감염될 우려가 없다. 식물이 내는 항균성물질의 총칭으로 테르펜, 페놀화합물, 알칼로이드성분, 배당체(Glycoside) 등이 포함되어 있다.

특히 식물계 배당체의 기능은

① 당의 저장

② 대사산물

③ 해독작용

④ 삼투압의 조절

⑤ 대사에 필요한 물질의 공급조절

⑥ aglycone(당에 결합된 비당부분)의 안정화, 수용화 등이며 여기에 당의 어미를 -oside로 한 것이다.

⑦ 고미질, 충해의 방어작용을 하며 생리작용이 강한 것도 있다. 사포닌은 용혈작용을 하는 유독한 배당체이며 digitoxin, digitonin은 강심제로 쓰인다.

hesperidin이나 rutin은 비타민P의 작용이 있다.

삼림욕(森林浴)은 몸을 살균하지만 숲으로 가는 것이 아니고 신체 활성과 심리적 안정을 얻어 몸과 마음을 튼튼해서 피부병, 천식, 폐결핵 등의 질병을 예방하려는 차원에서 하는 것이다. 특히 삼림욕에서 얻을 수 있는 물질 가운데 테르펜은 톡 쏘는 듯한 향기성분으로 알파 피넨을 비롯한 수십 가지 물질이 이에 해당되며 이것은 피톤치드 (Phytoncide)의 역할도 하면서 신체에 흡수되면 피부를 자극해서 신체 활성을 높이고 혈액순환을 도와서 심리가 안정되고 살균, 살충작용도 겸하므로 테르펜의 다양한 약리작용을 얻기 위해서 삼림욕을 한다. 또한 알파 피넨이 있는 상태에서 수면을 취했을 때 피로회복도가 높고 다음날 피로에 대한 자각증세도 적었다는 연구결과도 있다. 이와 같이 테르펜을 일정량 취했을 때 우리 몸의 생리활성을 촉진한다.

삼림욕(森林浴) 중 소나무 숲이 좋은 것은 1정보의 소나무 숲은 1년 동안에 37톤의 먼지를 공기 속에서 제거하여 맑은 공기를 만드는 구실을 한다고 하며 삼림의 1정보는 1년 동안에 2톤의 탄산가스를 흡수하고 180억 ㎥의 산소를 내보낸다. 그리하여 탄산가스의 농도가 삼림이 없어지는 지역에서 $0.42mg/㎥$이라면 삼림지역에서는 $0.04 \sim 0.17mg/㎥$이다. 또한 식물은 사람에게 해로운 질병, 즉 심장질환, 호흡기질환, 암 등을 유발시키는 아황산가스도 흡수해 버린다.

▷ 소나무 숲의 삼림욕과 음이온

삼림욕을 할 때 중요하게 거론되는 것이 "음이온(Negative ions)"이다. 프랑스의 메타디에(G. Metadier)라는 사람은 1950년대에 이런 이온들이 인체의 생리와 정신상태에 영향을 줄 수 있다는 것을 발견했다. 이온은 허파나 피부호흡을 통해서 우리 몸속으로 들어오기도 한다. 자연계는 음양이 매우 질서정연하게 조화되어 있다. 땅이 양이온의 집합체라면 숲은 음이온의 집합체인 것이다.

우리는 호흡을 통해 음이온을 숨쉬고 땅속에서 이온을 빨아올린 식물을 먹음으로써 양이온을 섭취한다. 그런데 인간이 만든 도시는 음양의 균형이 깨져버렸다. 온통 양이온만 있는 것이다. 땅속에서 걷어 올린 시멘트는 양이온의 집합체이며 도시에는 숲이 없어 이것을 중화 시킬 수 없다. 그래서 도시인들은 신경이 예민해져 길길이 날뛰고 음 이온을 숨쉬려고 자연에 나가려고 하는지도 모른다.

사람들이 심한 스트레스를 받거나 몸이 피로할 때도 많은 양이온이 방출된다. 이것을 몸 바깥으로 배출하지 않으면 정서장애와 근육의 경 련 등이 나타난다. 비가 오기 전에는 특히 양이온이 많아지는데 이때 평소 신경통이 있는 사람들은 '비가 오려나' 하고 말하게 되는 것이다.

양이온이 지나치게 많으면 동물들은 신경전달물질의 일종인 세로토 닌의 분비가 촉진된다. 이 물질은 신경장애를 일으켜 자극에 대한 반 응을 무디게 만들며 과도한 자극을 막기 위해 온몸에 퍼진다. 따라서 신체에 보내는 여러 가지 정보를 제대로 감지하지 못하게 되고 결국 에는 질병에 걸리게 된다. 세로토닌의 생성을 막기 위해서는 자연에서 지내는 것과 금식, 정신집중, 명상이 필요하다는 것이다.

우리가 음이온으로 숨쉬면 우선 심장과 신경, 근육 등 자율신경이 진정된다는 것이다. 음이온이 많은 숲 속에 가면 사람들이 차분해지는 것도 그 때문이다. 또 잠을 잘 오게 하고 신진대사를 촉진하고 세포와 장기의 기능을 강화하며 혈액을 정화하고 순환을 도와 혈색이 좋아진 다. 특히 오존은 테르펜에 버금가는 살균력과 함께 방부, 표백력도 가 지고 있으며 소나무 솔잎에 많이 발생되어 우리 조상들이 송편을 찔 때 이미 사용하여 그 효과에 대해서 증명을 해왔다. 이 오존은 주로 공기가 침엽수 잎을 통과할 때 많이 발생한다.

그럼 음이온은 어디에 가장 많은 것일까?

폭포수, 계곡, 분수 등 물분자가 격렬히 부닥치는 곳에 많다. 또 바 닷바람이 불어오는 해변 모래사장에도 많고 식물의 광합성이 활발한 숲에도 많다. 특히 같은 숲이라도 침엽수림이 음이온을 더 많이 가지고 있다. 따라서 집단을 이루고 있는 소나무가 많은 숲 속의 폭포나 계곡 근처에 있으면 가장 많은 음이온을 숨쉴 수 있는 것이다.

모든 숲이 동일한 테르펜(Terpene)함유량을 갖는 것은 아니며 테르펜(Terpene)을 많이 생성하는 침엽수림이 높은 비율을 차지할 때 테르펜(Terpene)농도가 높아지는 것이다. 그러나 테르펜(Terpene)의 생성이 많은 침엽수림이 모여 있는 곳은 없고 유일하게 소나무만이 지역과 지형에 관계없이 숲을 이루는 경우가 많으므로 전체적인 테르펜(Terpene) 함량이 그만큼 높다는 것이다. 또한 소나무는 우리 민족과 친근하여 사람들에게 심리적 또는 정서적 만족감도 동시에 주기 때문이다.

소나무 숲 속에 들어가면 시원한 삼림향이 풍기는 것은 피톤치드(Phytoncide) 때문이며 이것은 수목이 주위의 포도상구균, 연쇄상구균, 디프테리아 따위의 미생물을 죽이는 휘발성 물질이 많기 때문이다.

피톤치드(Phytoncide)는 식물이 내는 항균성물질의 총칭으로서 여기에는 소나무가 가지고 있는 테르펜(Terpene)을 비롯해 페놀화합물, 알칼로이드성분, 배당체 등이 포함된다.

특히 소나무 숲에서는 톡 쏘는 향기성분을 가지고 있는 테르펜(Terpene)이 있어 신체에 흡수되면 피부를 자극해서 신체의 활성을 높이고 피를 잘 돌게 하여 심리가 안정되며 살균작용도 겸할 수 있다. 그러기 때문에 테르펜(Terpene)의 다양한 약리작용을 얻기 위해 소나무 숲을 찾는 것이며 보다 중요한 것은 오감(五感), 즉 눈, 코, 입, 귀, 피부를 만족시키기 때문에 정서적으로 좋은 것이다.

인간은 스트레스와 정서적 불안으로 마이너스 작용을 하는 것이 몸 속에서 생기는데 이때 플러스파동을 계속해서 쪼이면 마이너스 파동이 사라진다. 소나무 숲은 음이온뿐만 아니라 우리 몸에 좋은 강력한 파동을 발산하는데 이것은 몸에서 나쁜 마이너스파동을 상당히 흡수할 수 있다고 한다. 결국 인체의 자연치유력을 높이는 역할을 하는 것이다.

▷ 한증요법

위에서 언급한 삼림욕을 집에서 할 때는 한증요법이 된다. 한증요법으로서는 우선 땀을 빼는 방법이 있다.

소나무를 이용 땀을 빼낼 때는 공기 중으로 테르펜이 휘발되는 것을 막아줌으로써 피부에 테르펜이 직접 닿아 더운 열기로 인해서 몸 안의 노폐물이 배출되고 혈액순환도 빨라져 테르펜이 온몸으로 신속히 퍼지게 되므로 매우 과학적인 치료법이다. 또한 솔잎을 삼베주머니에 담아 욕탕에 넣고 그 안에서 온천을 하는 것이다. 소나무 목욕은 회춘과 불로장수의 비방으로 알려져 생즙을 음용하면서 그 추출물로 재활용하면 일석이조(一石二鳥)의 효과를 볼 수 있으며 물은 뜨거울수록 여러 성분이 우러나오기 때문에 좋다.

그리고 소나무가지를 걸어 사우나 시설로 휘산되는 소나무 향으로 전신호흡을 할 경우 증기와 함께 향기물질인 테르펜의 흡수효과가 매우 높아 질병예방과 노화방지 및 피부질환 등 건강유지에 큰 효과가 있어 꾸준히 할 경우 좋은 결과를 얻을 수 있다. 단 사우나를 비롯한 열탕 등은 심장병이나 고혈압증이 있는 사람에게는 좋은 것이 못 되어 피하는 것이 좋다.

한방의학에서는 피부가 거칠고 화장품이 잘 스며들지 않는 사람을 '허약체질'이라고 한다. 이 체질은 대부분 혈행이 좋지 않기 때문이므로 신진대사로 혈관을 확장시켜 혈행을 좋게 하여줌으로써 탄력과 윤기가 있고 잔주름 없는 피부가 될 것이다. 우리 몸은 영양과 산소를 몸의 구석구석까지 미치게 하는 혈액의 호르몬으로 유지되어 있어 혈

액의 흐름이 나빠지면 영양과 산소가 부족한 거친 피부가 되어 외관
상 보기가 흉하게 된다. 또한 스트레스는 모발에 악영향을 끼치고 또
한 다이어트에 의한 영양부족으로 인한 탈모나 백발현상까지도 일어
난다고 한다. 이러한 악현상을 소나무의 추출물과 생즙 추출 후 남은
잔류물을 이용한 한증요법과 생즙을 음용함으로써 소나무가 가지고
있는 성분 전체를 몸의 내외에서 동시에 흡수케 되므로 피부와 모발
에 그리고 노화 및 비만해소에 지대한 효과가 있다는 사실이 최근 발
표되는 문헌에서 찾아볼 수가 있다.

소나무와 천연과일을 이용한 소나무 생즙은 칼륨이 풍부, 체내에 있
는 나트륨을 배설시키고 빈혈로 생기는 기미를 제거하며 엽록소는 조
혈작용, 육아조직이 뛰어나며 테레빈유는 혈액순환을 용이하게 할 뿐
아니라 말초혈관을 확장시켜 혈액순환을 촉진 체내균형에 도움을 준
다. 그리고 알코올과 에스테르 등은 노폐물을 배출시켜 신진대사를 촉
진시키며 글리코기닌은 혈당강화작용, 비타민 A는 점막을 튼튼하게
하는 작용, 비타민 C와 크에르세틴은 혈관강화에 도움이 되고 활성산
소에 대항할 수 있는 SOD효소, 비타민 E, Flavonoid 등으로 노화를
예방할 수 있다고 한다.

이와 같이 소나무를 이용 생즙을 만드는 가공방법을 우리나라는 물
론 세계최초로 발명특허(1998.11.26, 제198506호)를 획득, 제품을 상품
화하면서 잔류물을 공급함으로써 삼림욕을 할 수 없는 많은 사람에게
삼림욕과 비슷한 한증요법을 가정에서 할 수 있도록 잔류물을 보급하
고자 욕(浴)에 대하여 설명을 하였다.

소나무의 잎, 피, 열매, 송지에 있는 테르펜의 성분은 대부분 모노테
르펜으로서 휘발성이 높고 이것은 삼림욕과 한증요법의 대상물질로
대부분 인체에 무해하다. 디테르펜은 송진이 함유된 테르펜이므로 '욕
(浴)'의 대상물질이 아니고 주로 약용으로 사용된다.

잔류물은 다음과 같이 사용한다.

소나무 잔류물은 양손으로 한 움큼 가제주머니(여자 스타킹)에 싸서 목욕물(45도)에 넣고 목욕을 하면 피부가 매끄러워지고 신경통에도 효과가 있음은 물론 심장을 튼튼하게 하여주는 효과가 있다고 고문헌(동의보감, 본초강목) 등에서 입증하고 있다.

15) 소나무식초의 효능

소나무 생즙에는 칼륨이 풍부한 과일이 들어가기 때문에 체내에 남아 있는 여분의 나트륨을 몸 밖으로 배설시키는 효과가 있어 염분의 섭취가 많더라도 큰 걱정할 필요가 없다. 특히 소나무 생즙과 잔류물은 빈혈로 생기는 기미를 제거하는 데도 큰 효과가 있음이 알려져 있고 소나무의 엽록소는 조혈작용, 육아조직이 뛰어나기 때문에 상처의 치료, 빈혈 등의 치료에 효과적이고 송진의 주성분인 테르펜유(식물에서 취할 수 있는 향료인 정유에 함유되어 있는 탄화수소)는 불포화지방산이 많이 함유되어 혈관중의 콜레스테롤을 제거 동맥경화를 방지하고 혈액순환을 용이하게 할 뿐만 아니라 말초혈관을 확장시켜 혈액순환을 촉진하고 호르몬 분비를 촉진시켜 체내 균형에 도움을 준다는 것이다.

또한 소나무성분 중 알코올과 에스테르 등은 체내의 노폐물을 배출시켜 더한층 신진대사를 촉진시키고 비타민 A는 점막을 튼튼하게 하는 작용, 글리코기닌은 혈당강하작용 등의 효과가 있고 비타민 C와 크레르세틴은 혈압에 효과는 물론 혈관강화에 도움이 된다.

더욱이 노화를 촉진시키는 것으로 최근에는 활성산소라 불리는 나쁜 산소의 등장 즉 체내에서 불안정한 상태로 떠도는 산소가 있는데 이 산소는 다른 물질과 결합해 정착된다. 체내에 이 반응이 일어나면 단백질과 핵산, 지방질 등을 공격해 이것들을 상하게 변화시키는 것이 바로 활성산소다. 이 활성산소는 포화지방에 함유된 포화지방산이 산화해서 과산화지질이 되는데 유해물질을 만들기도 하고 또한 세포막을 일순간에 파괴할 정도로 막강한 독성을 지니고 있다. 이 물질에 의해 혈관이 상처를 입게 되면 이윽고 혈관을 막아버려 혈전이 되게 하고 콜레스테롤과 중성지방이 혈관 벽에 달라붙어 동맥경화를 진행시키는 것이다. 그러나 소나무에서 추출한 즙과 잔류물에는 이 활성산소에 대항할 수 있는 SOD라는 효소 즉 항산화제의 작용을 강하게 하여 활성산소 같은 유해한 물질을 무해한 물질로 변화시키는 작용을 하고 카로틴 등이 있어 노화를 예방할 수 있다.

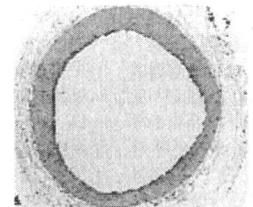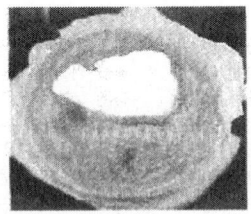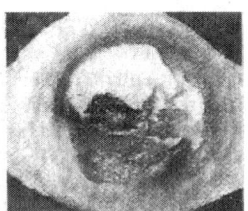

◇정상 혈관〈왼쪽 사진〉은 얇은 내피세로로 깨끗이 둘러싸여 있지만 동맥경화증이 진행될수록 혈관 내벽은 콜레스테롤 등에 의한 죽상반〈가운데〉으로 점점 좁아지고, 딱딱해지며 죽상반이 터지면서 피딱지〈혈전〉〈오른쪽〉가 형성되기도 한다.

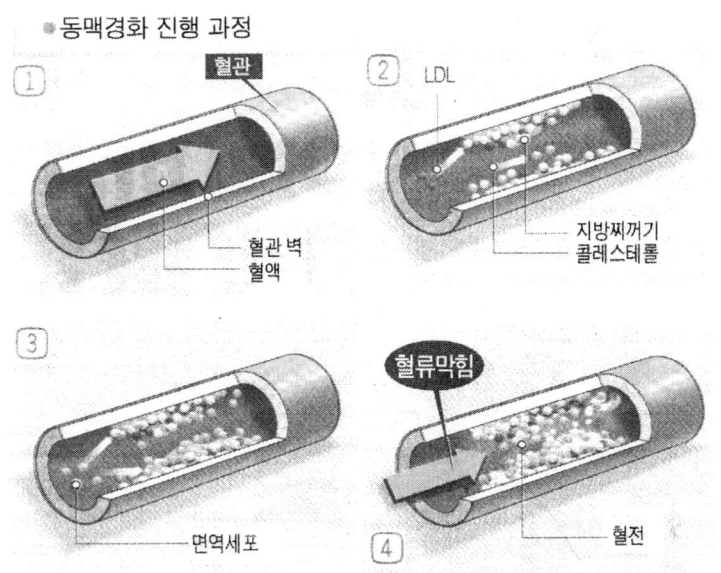

● 동맥경화 진행 과정

① 혈관

혈관 벽
혈액

② LDL

지방찌꺼기
콜레스테롤

③

면역세포

④ 혈류막힘

혈전

몸이 유연한 사람들을 보고 매일 식초를 먹어 몸이 부드러워져 탄력성이 있기 때문이라고 한다. 그러나 영양적인 면에서 고려해 보면 식초의 칼슘을 비롯한 무기물의 섭취로 뼈의 칼슘보충에 도움이 될 수 있을 것이며 식초의 아세트산은 지방, 탄수화물, 단백질 등의 대사를 촉진시켜 에너지 효율을 높여 줌으로 몸이 유연하게 된다는 것이다. 또한 신맛은 피로를 회복시켜주고 스트레스를 해소하는 데 도움이 된다.

홍차에 레몬 한 조각을 띄우는 것이나 여름철 식욕이 없을 때에 냉면에 식초를 침으로써 입맛을 돋워 주며 갈증이 있을 때에 초를 마시는 것도 식초의 신비스러운 맛과 영양 생리작용을 입증하는 것이다. 식초의 살균력을 이용하여 피부질환의 치료법에도 이용되고 있다. 피부에 하얗게 번지는 백선 중에 식초의 효과가 인정되고 있고 특히 무좀에는 특효가 있다. 무좀을 일으키는 균의 종류는 다섯 가지 이상(무좀균의 종류: Candida albicans, Trichophyton mentagrophytes, T. rubrum, T.

schoenleinii, T. tonsurans, Micosporum canis, Aspergilus flavus, Cryptococcus neofor-mans)이 되는데 세균, 곰팡이가 주된 것이며 이 균들은 피부 깊숙이 파고 들어가서 증식하기 때문에 연고 같은 것을 피부 표면에 발라도 약 성분의 침투력이 약하여 완치되지 않는다.

수많은 무좀약이 방송광고에 등장하는 것은 그만큼 특효약이 못됨의 한 역설적 표현이다. 그러나 아무리 심한 무좀이라도 식초에는 견디지 못한다. 식초의 초산은 침투력이 매우 강하여 피부 깊숙이 잠복해 있는 무좀균을 여지없이 박멸한다. 무좀이 심한 경우에는 피부에 균열이 생기고 발톱 밑으로 침식해 들어가서 발톱이 새까맣게 썩어간다. 이런 경우에는 식초보다 더 좋은 약이 없다. 그러나 빙초

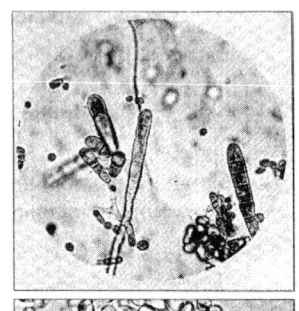
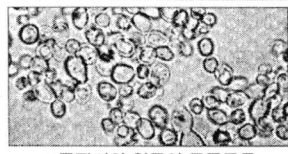
◇곰팡이의 일종인 무좀균들.

산은 위험하고 피부에 닿으면 화상을 입게 되므로 빙초산을 사용해서는 아니 된다.

♣ 식초에 의한 무좀 처리요령

소나무식초 1800㎖ 1병을 플라스틱 세면기에 쏟아 붓고 깨끗이 씻은 발을 아침저녁으로 10~15분씩 5~7일 담근다. 담근 후에는 발을 물로 씻지 말고 그냥 말린다. 식초는 그대로 먹을 수 있는 산도이므로 상처 부위가 처음에는 약간 아프지만 두 번째부터는 아프지 않으며 각질화된 피부가 벗겨지면서 새살이 금방 살아나고 깨끗한 상태로 회복된다. 한 번 사용한 식초를 버리지 말고 덮어두었다가 계속 사용한다.

그 외 동맥경화예방, 고혈압예방, 식욕촉진, 소화흡수촉진 등이 있다.

다시 말해서 식초는 주된 음식과 어우러져 다양한 효능을 발휘하는 것을 체계적으로 정리하면

첫째, 식욕촉진을 들 수 있다. 신맛의 성분인 구연산이 위를 자극하여 식욕을 불러일으키는 작용을 하기 때문이다.

둘째, 음식의 맛을 부드럽게 한다. 특히 짠맛, 떫은맛, 아린 맛을 부드럽게 만드는데 소금 간을 하기 전 식초를 첨가하고 간을 맞추면 평소 소금 양의 절반만 사용해도 동일한 맛을 느낄 수 있어 지나친 염분 섭취를 줄여준다. 반대로 너무 짜게 절여진 자반이나 생선에도 식초를 한두 방울 떨어뜨리면 맛이 부드러워진다. 우엉을 깎아 그대로 두면 색이 거무스름하게 변하는데 이것을 식초 물에 담가두면 색이 하얗게 유지되고 떫은맛도 없어진다.

셋째, 천연의 살균·방부·해독제 역할을 한다. 여름철 식초를 약간 첨가한 김초밥이 일반 김밥에 비해 쉽게 쉬지 않는 이유는 식초가 부패균을 살균하기 때문, 식초는 식중독균, 장티푸스균 등의 균을 죽이는 데 효과가 높다. 또한 식초는 위(胃)와 장(腸)에 소화효소를 공급, 소화와 양분의 흡수율을 높이고 장내의 대장균을 비롯한 유해세균을 제거한다. 이런 식초의 살균력에 의해 장내 환경이 개선되어 변비예방은 물론 치질 등에도 큰 효과를 얻을 수 있다.

넷째, 비만과 동맥경화를 방지하고 잉여 영양소를 분해한다. 식초의 구성물 중 결합한 지방 화합물의 합성을 방지하는 항비만 아미노산이 존재함이 밝혀졌다. 비만 방지작용은 동맥에 축적된 노폐물과 지방질의 분해도 방지하기 때문에 자연히 동맥경화를 막고 혈압을 내리는 효과가 있다. 이런 작용은 다이어트에도 만족스러운 결과를 안겨준다.

다섯째, 야채 속의 비타민 C를 보호한다. 야채나 과일 속에 들어있는 비타민 C는 체내에서 생성할 수 없기 때문에 반드시 외부에서 섭취해야 하는 중요 영양소, 그러나 열과 외부 환경에 의해 쉽게 파괴된

다. 식초는 비타민 C를 보호할 뿐 아니라 쌀이나 콩 등의 곡류, 콩류, 해조류 성분의 섭취에도 놀라운 상승효과를 발휘한다.

여섯째, 만성 알코올 중독자에게 금주를 유도할 수 있다.

만성 알코올 중독자들에게는 심장, 신장, 간장에 실질성 퇴행변성(實質性退行變性)이 나타나고 신경계통의 변화로 신경염과 성격장애도 나타난다. 갑작스럽게 음주를 금하면 금단증상으로 여러 가지 정신병 증세가 동반될 수 있다. 음주량을 줄여 가는 것이 중요한데 이때 소나무식초를 복용하면 장기손상을 회복시키고 금주를 유도할 수 있다. 대기 속에 있는 자연 초산을 이용하여 소나무에 함유된 알코올 자체로 자연 발효시켰기 때문에 산도가 낮아 피로회복은 물론 자연스럽게 금주를 유도할 수 있다.

▷ 소나무식초와 현재 시중에 판매되는 양조식초와의 차이점

현재 시중에 판매되는 식초는 속성 알코올 양조식초이기 때문에 그 영양적 · 의학적 치유의 효능이 떨어지는 것을 볼 때 소나무식초는 천연식초이며 100% 자연 발효된 식초로 자연의 이치를 그대로 적합하게 이용하여 만들기 때문에 영양적으로 의학적으로 치유능력이 탁월해 기능성 식품으로서의 가치를 가지고 있다.

▷ 소나무식초를 어느 정도 음용해야 하는가

소나무는 비타민 그리고 엽록소, 칼슘, 철분 등 무기물질과 체내합성이 불가능한 8가지의 필수아미노산 등 우수한 단백질원으로 인체의 피가 되고 뼈가 되는 다양한 영양성분이 들어있는 완전식품이다. 특히 소나무는 피를 맑게 해주고 기를 풀어주는 신선의 식품으로 스트레스에 찌든 현대인들에게 힘과 활력을 준다. 검다기보다는 짙푸른 색에 가까운 소나무식초는 각종 질병의 예방과 치유는 물론 강장효과가 뛰어나 지친 모든 사람에게 좋다.

"면역이 암을 죽인다"는 말과 같이 인체에는 질병에 저항할 수 있는 면역체계가 있다. 하지만 암이나 질병이 발생되면 와해된 면역체계의 피나 임파가 오히려 영양공급원이 되거나 전이의 통로가 되고 수술이나 화학 항암제 역시 위장장애, 간장장애, 빈혈, 면역력저하를 수반하게 되므로 면역성을 높일 적합한 식이요법을 필요로 하는 것이 실제로 확산되고 있는 추세다.

따라서 소나무는 체온 등 생리적 현상을 일정하게 유지하려는 항상성 작용을 강화해주기 때문에 암세포의 발육이나 증식을 억제할 뿐만 아니라 소나무의 유효성분이 식욕증진은 물론 자양강정 작용을 해 성욕을 높이기도 한다. 또 피의 흐름을 촉진하고 몸을 따뜻하게 해주어 원기를 북돋워주는 역할도 하는 것이다. 이러한 신비한 소나무를 가지고 만든 식초의 효능은 가히 짐작이 가리라 믿는다.

시중에서 판매되고 있는 식초와 비교

합성양조식초	속성양조식초	소나무식초
화학적인 방법으로 만들어진 식초로 양조식초에 합성초산이 가미되어 있는 식초로서 영양성분이 전혀 없는 합성초이다.	현 상점에서 판매되고 있는 양조식초로서 이것은 모처럼의 성분이 식초 속에 충분히 용해되기 전에 취함으로써 더욱 유효성분이 적을 수밖에 없다.	이것은 100% 양조법(발효공법)으로 만들어진 식초이며 순수 양조초로서 알코올이 전혀 가미되어 있지 않다. 특히 자연의 청정한 소나무와 자연 농산물인 과일을 원료로 천연 양조된 것으로 중요 질병에 탁월한 효능이 있다.

* 영어로 식초인 'Vinegar'는 양조초에만 허용되는 표시이다.

식초를 가장 많이 섭취하는 나라는 아일랜드로 연간 1인 평균 32ℓ 를 먹는다고 전한다. 일본의 경우에는 1인당 3ℓ 정도, 그에 비해 우리 나라의 경우에는 채 1ℓ 를 넘지 못한다고 한다. "지나치면 모자람만 못 하다"는 속담도 있지만 우리 몸에 건강과 생기를 주는 좋은 음식을 너 무 아끼는 것 같다. 이제 소나무로 만든 상큼한 식초와 더욱 친근한 식 생활을 함으로써 술·담배·스트레스로 지친 현대인의 위장·소화기계 통도 튼튼하게 지켜주는 탁월한 식품을 항상 곁에 두고 장복하면 좋다.

그리고 테르펜유에는 머리카락에도 좋은 영향을 주어 머리숱이 많 아지고 흰머리를 검게 해주며 머리 결에 윤기를 더해 준다고 알려져 있다.

16) 소나무제품은 호전반응을 잘 나타낸다

사람은 자연에서 태어났기 때문에 자연의 일부에 불과하다. 그래서 자연, 즉 천연물질을 사용하며 그 체질에 따라 치유하여 줄 수 있는 것이 자연 치유력이고 특히 세포의 활력(活力)을 높여 주며 우리들의 건강을 지켜줄 수 있음이 천연물질의 장점이다. 따라서 세포의 대사가 잘 이루어지려면 자연의 섭리에 따라서 만들어지는 천연물질 프로폴 리스(Propolis)는 절대적으로 필요한 물질이다. 반면에 부작용이 전혀 없기 때문에 영아로부터 노인에 이르기까지 허약한 사람이나 건강한 사람까지 안심하고 사용할 수 있으며 꿀벌들이 만들어 내는 자연산물 (自然産物)로 수많은 생약의 주요성분만을 합하여 자연식으로 만들어 놓았기 때문이다.

우리 속담에 "병은 한 가지인데 약은 천 가지도 넘는다"는 말이 있 다. 다시 표현하자면 "그 병에는 무엇을 쓰면 고칠 수 있다"는 헛된 과장의 궤변으로 병은 더 깊은 중환자로 만들어 버리고 재산을 탕진시켜 주위 식구들까지도 고통을 주어 왔다. 그러나 현대의 의성이라 일컫는 히포크라테스(Hippocrates)는 일찍이 "음식물로 고치지 못하는 병은 의사도 못 고친다"라는 유명한 말을 남겨 식품의 존귀함을 강조한 바 있다. 그러나 같은 식품을 동일(同一) 조건에서 섭취하였음에도 불구하고 흡수가 좋은 사람과 나쁜 사람이 있듯이 사람은 흡수 능력에 따라 반응의 효과가 나타난다. 식품을 섭취 도중 강한 반응이 나타날수록 생기가 난다. 이러한 반응을 '호전반응'이라 하며 치유효과의 좋은 방향으로 향하고 있는 증거다. 특히 소나무 생즙은 질병에 한하지 않고 예방, 치유, 미용에 이르기까지 효과가 다양하므로 식효(食效)가 대단한 기능을 가진 식품으로 평가할 수 있다.

17) 소나무는 체력을 강건하게 하여준다

"보기에는 훌륭한 체격인데 체력이 없다"라는 말은 젊은 세대를 두고 나온 말이다. 체격은 우람하여 좋게 보이는데 정말 강건한 것인가. 그렇지가 않다. 체력은 약해지고 끈기가 없고 질병에 대한 저항력도 없어 시름시름 잘 앓고 또한 질병에 걸리면 오래 앓는다. 특히 성인병까지 겹쳐 일어나고 있다. 이는 겉보기에는 건강한데 내성은 약해졌다는 것이다. 이것은 서양의 음식문화가 가져다준 결과라 본다. 다시 말해서 영양가가 높은 음식만이 좋다고 과신한 사람들은 가장 중요한 건강을 잃고 있다는 것이다. 이러한 원인에 대해서 근대에 와서는 자연의 섭리 속에서 오랫동안 우리 곁에 있었던 토종 식물(植物)에 대해 그 의미를 되새기는 기회가 되어 매일같이 합성식품이나 인스턴트 식품만을 먹고 있어서는 체력뿐만 아니라 생명을 영위해 나가는 일이 뒤틀려지는 것은 당연하다고 귀결지을 수 있다.

이제는 우리 조상들이 약도 의사도 없는 시대에 하나하나 체험에 의해서 확인되고 이용하였던 '우리 주위의 식물'들이 우리들의 생명과 건강에 있어서 자연스럽게 도움을 주는 것이 아닌가 하고 음미해 본다. 이 가운데 청정하게 굳은 기상과 강한 생명력을 보여주는 만수지왕(萬樹之王)의 소나무의 가치는 소중하다 하겠다. 이러한 소나무는 우리나라에서 예부터 우리 문화의 대명사로 군림하면서 민간약이나 식용으로 이용되어 생활에 많은 보탬을 주어 흉년이나 전쟁으로 인한 기근 때에 구황식품(救荒食品)으로 이용되었음은 많은 고문헌에 기록되어 있다. 이것은 소나무만이 갖는 왕성한 생명력, 불가사의한 효력, 식량으로서의 가치를 우리 조상들이 자연이 주는 혜택으로 존중했음을 뜻한다. 특히 약효에 대해서도 질병의 수를 헤아릴 수 없을 정도로 많은 질병의 민간약으로 쓰여 왔던 것이 동의보감 등 수많은 고문헌에 기록되어 있다.

만성병이나 성인병은 병적인 물질(독소나 노폐물)이 몸 안에 쌓이기 때문에 일어나며 이 때문에 만성질환을 일으킨다. 그러므로 고혈압이나 성인병은 그 근본을 해소하지 않으면 영원히 치유가 불가능하다. 그러나 소나무는 간장과 신장의 기능을 정상화시키는 힘이 높기 때문에 병이 되는 물질을 분해하는 작용을 함으로써 몸 안에 들어온 독소를 몸 밖으로 배출하도록 해주는 것이다.

또 소나무에 함유된 Sitostanol은 콜레스테롤 흡수를 저해시켜 몸 안의 콜레스테롤 수치를 정상화하는 역할과 소나무는 혈액의 정화작용에도 커다란 효과를 발휘하고 있다. 혈액이 오염되어 깨끗하지 못하면 신장뿐만 아니라 여러 장기에도 장해를 가져와 피로감이 강해지고 하찮은 일에도 병에 걸리기 쉽고 그것이 정신에도 영향을 미쳐서 매사가 귀찮아지고 소극적인 성격이 되어 버린다. 또한 신진대사의 밸런

스가 뒤틀려지면 몸의 저항력이 약해지거나 병에 대한 면역력이 저하
된다.

　이럴 때 소나무로 만든 식품을 음용하면 임파구(淋巴球)의 증대가
촉진되어 다른 세포의 부활도 촉진함으로써 건강을 유지할 수가 있다
는 것이다. 이와 같이 소나무에는 만성병, 난치병, 지병(持病) 등 증상
에만 효과가 있는 것이 아니라 혈액, 세포, 독소 등 신체의 모든 부분
에 영향을 주어 체력을 강건하게 함으로써 근본적으로 건강을 회복시
키는 만능약(萬能藥)과 같은 효과를 가진 식물(植物)이라고 일컬을
수가 있다.

18) 소나무는 숙취(宿醉)해소에 효과가 있다

▷ 장기 음주 시 인체에 미치는 영향

　술을 마시는 사람들의 1/3정도는 구역질, 식욕부진, 복통, 설사 등으
로 정상적인 활동을 못한다고 한다. 위 식도역류, 급 만성 위염, 위궤
양 등의 발병은 술 마시지 않는 사람에 비해 배가 넘으며 급·만성췌
장염이나 소화흡수 장애로 늘 복통을 호소하게 만든다. 또한 섭취된

술의 90% 이상이 간에서 대사되기 때문에 간 손상도 필수적이다. 하루 술을 1백60mg 이상 먹으면 간이 손상되고 5년에서 10년 이상 지속적으로 먹으면 알코올성 간염, 지방간, 간경화가 발생하게 된다. 여기서 더 나아가면 신경정신장애를 일으켜 알코올치매, 말초신경장애, 수면장애가 생기고 고혈압도 정상보다 2~3배 높게 발생하는 것이다.

▷ 술에 대한 유단론

조지훈(趙芝薰)은 그의 전집에서 술에 대한 유단론(有段論)을 다음과 같다고 한다.

첫째, 술을 마신 연륜이 문제요, 둘째, 같이 술을 마신 친구가 문제요, 셋째는 마신 기회가 문제며, 넷째, 술을 마신 동기, 다섯째, 술버릇, 이런 것들을 종합해 보면 그 단의 높이가 어떤 것인가를 알 수 있다고 하면서 다음과 같은 18의 계단이 있다는 것이다.

(1) 부주(不酒): 술을 아주 못 먹진 않으나 안 먹는 사람
(2) 외주(畏酒): 술을 마시긴 마시나 술을 겁내는 사람
(3) 민주(憫酒): 마실 줄도 알고 겁내지도 않으나 취하는 것을 민망하게 여기는 사람
(4) 은주(隱酒): 마실 줄도 알고 겁내지도 않고 취할 줄도 알지만 돈이 아쉬워서 혼자 숨어 마시는 사람
(5) 상주(商酒): 마실 줄 알고 좋아하면서 무슨 잇속이 있을 때만 술을 내는 사람
(6) 색주(色酒): 성생활을 위하여 술을 마시는 사람
(7) 수주(睡酒): 잠이 안 와서 술을 마시는 사람
(8) 반주(飯酒): 밥맛을 돕기 위해서 마시는 사람

(9) 학주(學酒) : 술의 진경(眞境)을 배우는 사람〈주졸(酒卒)〉

(10) 애주(愛酒) : 술의 취미를 맛보는 사람〈주도(酒徒)〉

(11) 기주(嗜酒) : 술의 진미에 반한 사람〈주객(酒客)〉

(12) 탐주(耽酒) : 술의 진경을 체득한 사람〈주호(酒豪)〉

(13) 폭주(暴酒) : 주도를 수련(修練)하는 사람〈주광(酒狂)〉

(14) 장주(長酒) : 주도 삼매(三昧)에 든 사람〈선광 또는 주선(酒仙)〉

(15) 석주(惜酒) : 술을 아끼고 인정을 아끼는 사람〈주현(酒賢)〉

(16) 낙주(樂酒) : 마셔도 그만 안 마셔도 그만, 술과 더불어 유유자적
하는 사람(주성(酒聖)〉

(17) 관주(觀酒) : 술을 보고 즐거워하되 이미 마실 수 없는 사람〈주
종(酒宗)〉

(18) 폐주(廢酒) : 열반주(涅槃酒) : 술로 말미암아 다른 술 세상으로
떠나게 된 사람

　(1)~(4)는 술의 진경·진미를 모르는 사람들이요 (5)~(8)은 목적을
위하여 마시는 술이니 술의 진체(眞諦)를 모르는 사람들이다. 학주의
자리에 이르러 주도 초급을 주고 주졸이란 칭호를 줄 수 있다. 반주는
2급이요 차례로 내려가서 부주가 9급이니 그 이하는 척주(斥酒) 반
(反) 주당들이다. (10)~(13)은 진미·진경을 오달한 사람이요 (14)~
(16)은 술의 진미를 체득하고 다시 한번 넘어서 임운목적(任運目適)하
는 사람들이다. 애주의 자리에 이르러 비로소 주도의 초단을 주고 주
도란 칭호를 줄 수 있다. 기주가 2단이요 차례로 올라가서 열반주가 9
단으로 명인 급이다. 그 이상은 이미 이승사람이 아니니 단을 매길 수
없다. 그러나 주도의 단은 때와 곳에 따라 그 질량의 조건에 따라 비
약이 심하고 강등이 심하다고 한다. 이와 같이 오래전부터 술에 관한
예절과 에티켓 등에 대한 내용은 많이 있다고 기술하고 있다.

술을 마심의 사교자리에서 말로 의사를 표현할 때에는 예로부터 세 번을 권하여 요청하고 세 번을 사양하며 피하는 법이 있는바 처음 요청하는 것을 예청(禮請)이라 하고 이에 대하여 처음 사양하는 것을 예사(禮辭)라고 하며, 거듭 다시 청하는 것을 고청(固請)이라고 하는 바 이에 대하여 거듭 사양하는 것을 고사(固辭)라고 하며, 마지막으로 세 번째 청하는 것을 종사(終辭)라고 하여 여기에 이르면 더 이상 권하거나 요청하지 않는 것이 예법이다.

▷ 호칭(술 마시는 양에 따라서)

주동(酒童): 술맛을 모르면서 마시는 사람
주졸(酒卒): 신병훈련소에서 갓 나온 이등병처럼 한두 잔 정도 마시는 사람
주군(酒君): 술을 제법 마시는 사람, 술꾼이라고 부를 정도로 술을 좋아하는 사람
주호(酒豪): 공짜 술을 잘 마시고 몸을 아끼는 사람
주감(酒監): 친구나 직장 동료에게 술을 자주 사주면서 즐기는 사람, 단연 술자리의 주인공이다.
주장(酒將): 누구나 알아주는 술꾼으로 회사의 술상무 정도
주호(酒好): 20~30년 동안 술과 함께 살아온 술고래로 술 없이는 세상이 재미없는 사람
주선(酒仙): 죽고 난 다음에 비로소 평가받는 사람

▷ 알코올대사

alcohol(ethanol)이 인체에 미치는 영향은 매우 다양하고 광범위하다

고 알려져 있다. Ethanol은 ethanol 대사의 주요 장기인 간을 비롯하여 거의 모든 장기들에 직접, 간접적인 영향을 미쳐서 대사 작용들의 변화 및 기질적인 변화를 일으킨다. 이러한 변화는 급성의 과량섭취나 만성적인 섭취 시에 주로 일어나며 경우에 따라 심각한 상태에까지 이르기도 한다.

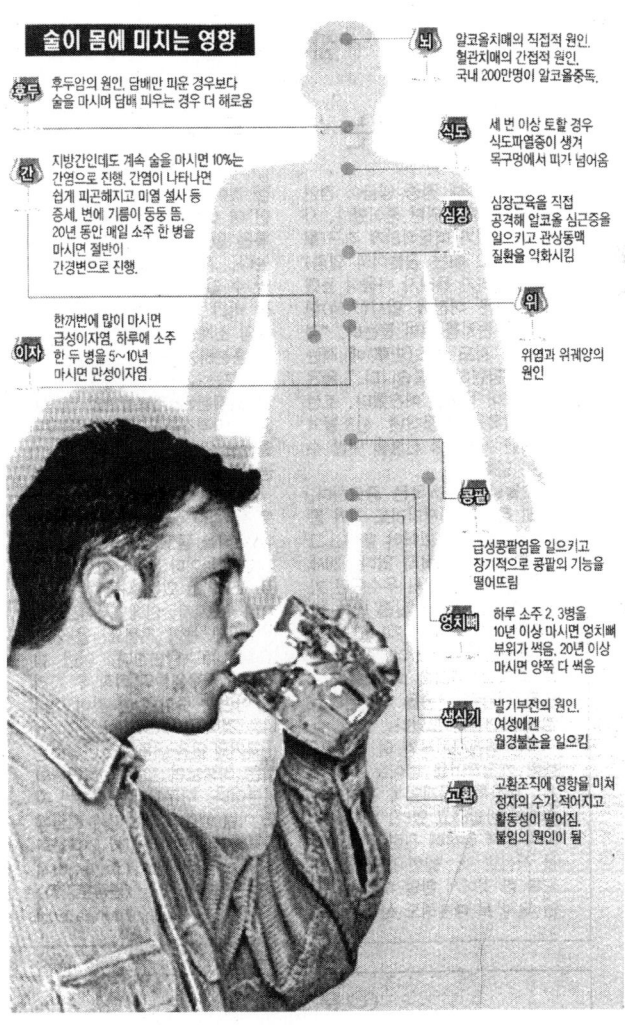

술이 몸에 미치는 영향

후두 후두암의 원인. 담배만 피운 경우보다 술을 마시며 담배 피우는 경우 더 해로움

간 지방간인데도 계속 술을 마시면 10%는 간염으로 진행. 간염이 나타나면 쉽게 피곤해지고 미열 설사 등 증세, 변에 기름이 둥둥 뜸. 20년 동안 매일 소주 한 병을 마시면 절반이 간경변으로 진행.

이자 한꺼번에 많이 마시면 급성이자염. 하루에 소주 한 두 병을 5~10년 마시면 만성이자염

뇌 알코올치매의 직적적 원인. 혈관치매의 간접적 원인. 국내 200만명이 알코올중독.

식도 세 번 이상 토할 경우 식도파열증이 생겨 목구멍에서 피가 넘어옴

심장 심장근육을 직접 공격해 알코올 심근증을 일으키고 관상동맥 질환을 악화시킴

위 위염과 위궤양의 원인

콩팥 급성콩팥염을 일으키고 장기적으로 콩팥의 기능을 떨어뜨림

엉치뼈 하루 소주 2, 3병을 10년 이상 마시면 엉치뼈 부위가 썩음. 20년 이상 마시면 양쪽 다 썩음

생식기 발기부전의 원인. 여성에겐 월경불순을 일으킴

고환 고환조직에 영향을 미쳐 정자의 수가 적어지고 활동성이 떨어짐. 불임의 원인이 됨

섭취된 ethanol은 위와 소장의 상부에서 확산작용에 의하여 흡수되는데 흡수속도는 알코올음료의 ethanol함량, 첨가물질의 성분 및 농도와 식품섭취 등의 영향을 받으며 섭취 후 20~120분 사이에 최고 혈중 농도에 도달하며 섭취된 ethanol은 거의 완전히 흡수되어 각 조직으로 분포된다. 흡수된 ethanol의 일부(~10%)는 대사되지 않은 채 폐를 통하여 또는 소변 및 땀으로 배설되고 나머지는 주로 간에서 산화되어 제거된다고 Von 등은 보고한 바 있다. Ethanol은 지방산이나 포도당 및 아미노산보다 우선적으로 산화된다.

알코올은 주로 간에서 지방이나 포도당보다 우선적으로 대사되는데 주요 대사 경로는 alcohol dehydrogenase(효소)와 aldehyde dehydrogenase(효소)에 의하여 acetate를 거쳐 acetyl CoA로 전환되는 경로이며 일부는 MEOS(microsomal ethanol-oxidizing system: ethanol을 산화하는 효소제)에 의하여 대사된다. 알코올대사로 간 내의 NADH/NAD$^+$(ethanol 대사과정에서 생기는 산화상태: ordox state)비가 증가하며 그 결과 여러 가지 대사 경로가 영향을 받게 되는데 특히 포도당대사나 지방대사가 많은 영향을 받게 되며 그 정도는 영양상태와 알코올 섭취량에 따라 다르다. 이러한 대사 작용에 대한 영향뿐만 아니라 ethanol이나 그 대사산물들은 plasma 및 mitochondria 등 많은 생체성분에 직접 작용함으로써 그 기능을 변화시키거나 기질적인 변화를 야기하여 알코올이 기관손상(器官損傷: alcohol-induced organ damage)을 일으킨다고 정(1991)은 발표하였다.

▷ 숙취해소

술은 사업상의 교제에 필수 불가결한 음식이다. 그러나 적당량 마시면 스트레스를 발산시켜 마음을 편하게 해주며 교제의 교두보로서도 좋고 또한 건강에도 좋다고 한다. 그러나 우리 속담에 '술이 술을 먹는다'라는 말이 있다. 한번 시작하면 기분 좋아서 한 잔, 얻어먹었으니 나도 낸다 하여 한 잔 등 2차, 3차로 번져 다량의 음주를 하게 되어 결국 간장에 부담을 주어 간장을 상하게 할 뿐 아니라 혈압을 상승시키고 콜레스테롤을 축적시켜 동맥경화의 원인이 되기도 한다. 이와 같이 술만큼 상반되는 성질을 가지고 있는 음식도 없을 것이다.

술을 잘 활용하면 그 이상 좋은 것이 없다는 뜻에서 백약지장(百藥之長)이라고 하여 적당한 양의 술은 오히려 몸에 좋다고 알려져 있는 반면 술로 인해 재산을 탕진하고 건강을 해친다 해서 패가망신지근원(敗家亡身之根源)이라 일러 왔듯이 일반적으로 한두 잔 정도의 술은 성인 심장병을 줄이는 등 절대 금주보다 오히려 낫지만 과음은 독이라는 얘기다. 이 말을 실감 있게 표현한 것은 그리스의 철학자 아나카리시로 "한 잔의 술은 식욕을 증진시키며 두 잔은 기분을 호탕하게 하여 만병의 근원인 스트레스 해소에 큰 도움을 준다. 그러나 석 잔, 넉 잔 하는 식으로 많이 마시다 보면 차차 절제를 잃고 마침내는 건강을 해치게 된다."고 하였다.

옛 문헌을 보면 알코올의 증류법이 소개되면서 의학발전에 도움이 있었다는 것을 알 수 있다. 중국의 고의서 천금방(千金方)에는 '한 사람이 술을 제대로 마시면 온 집안에 병이 없어지고 한 집안에서 술을 잘 마시면 온 마을이 병에서 해방된다'고 기록된 것같이 오늘날에도 술은 여러 가지 형태로 건강관리에 이용된다. 즉 소화(消化)가 안 되면 반주를 하라고 하여 적당하게 술을 마시면 소화(消化)를 촉진시키며 안주를 먹어서 영양관리에 도움이 되었다.

특히 관상동맥 혈전증 예방에 영향을 준다는 과실주를, 미국인의 20배 이상 마시는 프랑스나 이탈리아 사람들은 심장병이나 뇌혈관 질환으로 사망하는 비율이 아주 낮다는 것이다. 이는 적당히 음주를 즐기기 때문에 정상적인 혈압을 유지하기 때문인 것으로 밝혀졌다. 따라서 적당한 음주는 혈액순환을 원활하게 해서 관절염이나 신경마비는 물론 타박상을 고치는 데도 효과가 있으며 강장효과는 물론 정신 신체 의학적인 심신병 예방에도 도움을 준다. 그 외 우울증이나 스트레스와 긴장에서 해방되어 안정을 되찾을 수가 있고 외로움을 달래주는 동반자의 역할도 한다는 것이다.

이와 같이 적당한 음주는 건강을 유지하고 긴장을 풀어주며 신진대사에 좋은 결과를 가져와 생활의 윤활유가 되기도 하고 따뜻한 마음을 전하는 매개체가 되기도 하지만 지나치게 폭음하고 과음하면 알코올중독도 되고 간 기능도 떨어질 뿐 아니라 급성중독으로 사망에 이르기도 한다. 따라서 숙취는 여러 가지 증세로 나타나게 되는데 그 증세는 구토, 두통, 식욕부진, 피로, 속 쓰림, 땀 흘림, 권태감, 걸음걸이 불안, 계속되는 갈증, 떨림, 맥박의 안진증(眼辰症: 눈알이 떨림), 관절항진고장, 호흡이상, 전반적인 불쾌감, 불면, 불안감, 현기증, 우울감, 안면 창백 등이다.

세계보건기구(WHO)는 1998년 '적당한 음주'란 말을 '덜 위험한 음주'로 바꿨다. 그만큼 술은 해롭다. 술을 마시면 알코올은 위에서 10%, 소장에서 90%정도 흡수되어 온몸의 핏줄을 타고 돈다. 혈중 알코올은 뇌에 영향을 미치는데 뇌의 부위별로 어떻게 영향을 미치는지에 따라 주사(酒邪)가 달라진다. 간에서는 혈중 알코올의 90%를 물과 이산화탄소로 분해하는데 이 과정에서 부산물로 생긴 '지방독'이 간세포에 쌓이는 것이 지방변성이다. 3~5일 정도 술을 마시지 않으면 지방독이 해독되어 정상간으로 복귀한다.

위 알코올대사에서 설명한 바와 같이 술을 마시면 술의 주성분인 에탄올이 간장에서 분해되어 아세트알데히드(acetaldehyde)라는 성분이 몸에 유해물질로 분해되며 다시 아세트알데히드(acetaldehyde)는 분해하여 몸에 무해한 아세트산이 된다. 그리고 아세트산을 탄산가스와 물로 분해하는 것이다. 이 에탄올 분해 및 아세트알데히드(acetal-dehyde) 분해 시 알코올탈수소효소와 아세트알데히드(acetaldehyde)탈수소효소가 작용하여 분해를 돕는다. 이러한 일련의 과정을 통해 알코올이 분해되는데 이런 알코올대사가 잘 되지 않을 때에는 숙취(宿醉)가 되는 것이다.

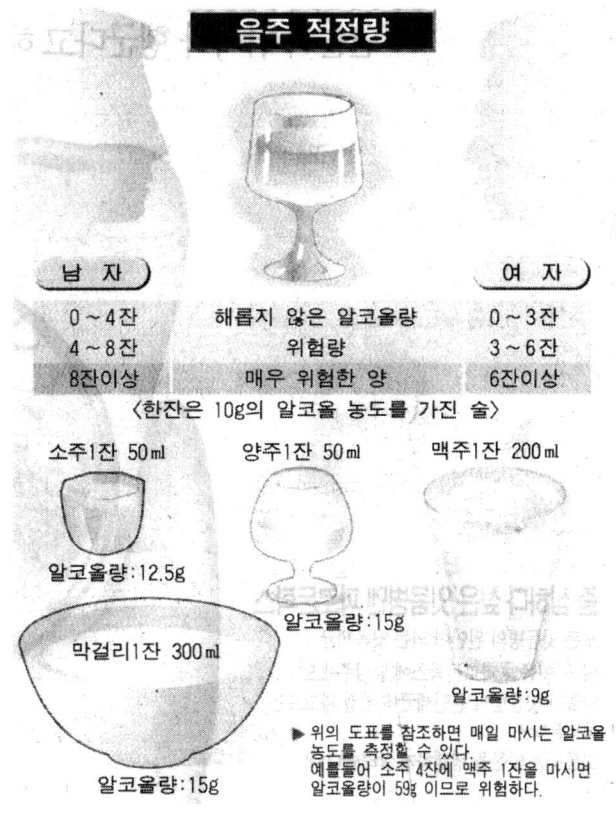

음주 적정량

남 자		여 자
0~4잔	해롭지 않은 알코올량	0~3잔
4~8잔	위험량	3~6잔
8잔이상	매우 위험한 양	6잔이상

〈한잔은 10g의 알코올 농도를 가진 술〉

소주1잔 50㎖

알코올량:12.5g

양주1잔 50㎖

알코올량:15g

맥주1잔 200㎖

알코올량:9g

막걸리1잔 300㎖

알코올량:15g

▶ 위의 도표를 참조하면 매일 마시는 알코올 농도를 측정할 수 있다. 예를들어 소주 4잔에 맥주 1잔을 마시면 알코올량이 59g 이므로 위험하다.

체내에 흡수된 에탄올 중 약 5%는 내쉬는 숨(呼氣)과 오줌에 소실되고 또한 에탄올이 혈 중에서 소실되는 것은 주로 간세포에 흡수되기 때문이며 90%이상은 간장에서 대사되기 때문에 간장에서 에탄올 대사를 담당하고 있는 효소계의 활성을 조정하여 주어야 숙취가 해소되는 것이다. 따라서 소나무에 함유되어 있는 시스테인(cysteine: 아미노산)은 효소의 활동을 촉진시켜 신진대사를 원활하게 하고 간에서의 해독작용을 좋게 해준다.

그러나 간장의 기능이 나빠졌을 때에는 독성작용이 아주 강한 아세트알데히드가 체내에 많이 쌓이게 되어 술이 쉽게 깨지를 못하고 머리가 아프며 전신의 컨디션이 나빠지는 숙취현상이 나타나면서 간장의 기능은 더 나빠진다.

이러한 숙취상태를 소나무로 만든 식품을 음용하게 되면 간장이 아세트알데히드(acetaldehyde)탈수소효소를 활성화시켜 에탄올 대사를 촉진시키는 결과로 숙취해소에 큰 효능을 발휘하고 있음이 임상실험 결과로 나타나 있다. 특히 소나무에는 간 기능회복에 도움이 되고 효소의 활동을 촉진시켜 신진대사를 원활하게 하고 간에서 해독작용을 좋게 하는 메티오닌 등 필수아미노산이 풍부하고 비타민과 무기질이 풍부함으로 술의 대사 작용을 촉진시키기도 한다.

19) 생활변화(life change)에 의한 스트레스를 신진대사 기능을 높여주는 소나무가 해소한다

Holmes(1967)는 "생활의 변화는 사람들에게 스트레스로 작용한다." 고 하였고 "생활의 변화가 많을수록, 변화의 강도가 클수록, 정신적인, 신체적인, 생리학적인 스트레스의 정도도 더욱 커진다"고 하였다. 만일 생활의 변화가 많을수록 질병발생이 많아진다고 하면 많은 사람들에게 상호 친화력을 도모하여 생활변화의 수를 될수록 줄이도록 도와

주어 질병발생이 미연에 예방할 수 있다면 이는 매우 바람직하고도 효과적인 사회 활동이 될 것이다.

▷ 생활변화와 스트레스

사람들은 생활해 가는 동안 때로 자신의 일반적인 습관을 수정하면서 새로운 상황에 적응하고 또 평소의 생활양상까지도 변화시켜야 하는 많은 사건들이 끊임없이 일어나고 있다. 이런 변화된 새로운 상황에 대해 자신의 행동을 변화시키거나 적응시켜 그 상황을 극복해 내기 위해서는 신체적, 정신적 에너지를 필요로 하게 된다. 이렇게 일상적인 생활에서의 변화는 인간에게 에너지를 요구하는 스트레스로 작용하게 되는 것이다.

스트레스를 안 느끼고는 살 수 없는 일상생활의 한 부분으로 그 정도가 적당하면 좀더 나은 삶을 위한 추동력(推動力)과 원동력이 되어주지만 지나친 스트레스는 정상적인 정신적 신체적 생리학적인 기능을 방해하게 된다. 그런데 스트레스를 주는 생활의 변화들은 긍정적 부정적인 양면성을 모두 포함하는 개념으로 실수와 실패뿐 아니라 뜻하는 바를 이룬 자기 성취까지를 말하며 가족과 친구사이의 관계악화 또는 개선 그리고 직장에서 좌천이나 실직 또는 승진과 사업번창 등을 말하는 것이다. Kagon(1974)등은 병리적 요인과 사회적모임, 대인접촉, 감상자극(感賞刺戟), 환경과 경제상태의 과다한 변화들이 스트레스를 주게 된다고 했고 Cohen(1980)은 갑자기 격변하는 여러 현상들과 개인의 적응능력에 영향을 주는 질병과 가까운 사람의 죽음, 실직, 해고 등의 생활사건과 일상생활에서 만성적이고도 반복적인 사건으로 지속되는 직업에 대한 불만족, 이웃 간의 문제들이 스트레스를 준다고 하였다. 또 정상적인 적응이 무너지면 적응의 질환이 생긴다고 하였다.

염산·황산보다 강한 위 스트레스엔 '기죽어'

　물리학에서 용수철을 비틀어지게 하는 힘을 지칭했던 스트레스는 의학에서는 '외부에서 생체로 가해지는 자극으로 인해 내적 평형이 깨져 장애가 생기는 상태'를 의미한다고 하였다. 이와 같이 여러 학자들은 새로운 상황에 대한 적응 에너지를 필요로 하는 생활의 변화들이 스트레스로 작용한다고 말하면서 이를 스트레스 생활사건이라는 개념으로 정의하고 일상생활의 한 부분인 적응이 요구되는 평범한 사건들을 말하고 있음을 볼 수 있다. 그래서 중 정도의 스트레스는 견디어 낼 수 있으나 한꺼번에 밀어닥치는 많은 스트레스나 만성으로 축적되는 스트레스들은 여러 가지 국면, 즉 정신적, 신체적, 생리학적인 기능들을 방해하게 된다는 것이다.

　▷ 스트레스로 인한 신체 변화

　스트레스를 받으면 일시적으로 피의 흐름이 빨라지고 에너지원인 포도당의 혈중농도가 높아져 근육의 힘을 최대한 끌어올린다. 대신 일시적으로 필요 없는 소화기 등의 기능을 억제한다. 스트레스가 누적되면 교감신경이 반응해 '스트레스 호르몬'인 도파민 에피네프린 코티졸 등을 분비시킨다. 도파민은 혈관을 축소해 혈압을 높인다. 에피네프린은 혈액 속 당분의 수치를 높여 당뇨를 유발하고 천식을 일으킨다. 과다한 코티졸은 뇌 세포에 치명적인 손상을 준다고 한다.

▷ 스트레스의 질병발생

스트레스는 심장병, 고혈압, 당뇨병, 소화성궤양, 과민성대장증상, 우울증, 공포, 치매 등을 몰고 오는 '만병의 근원이다. 또한 스트레스는 심장 및 혈관계 질환인 고혈압, 협심증, 심

극심한 스트레스

성기능 장애
신경성 두통
원형탈모증
사고·집중력 장애

근경색, 부정맥 등을 일으키고 만성위염, 위십이지장궤양, 과민성대장증후군 대장염 등 소화기계와 천식, 과호흡증후군 등 호흡기계 질환도 유발한다. 당뇨, 고지혈증, 갑상선기능장애 등 내분비계, 편두통, 관절염, 신경통, 요통, 두통 등 신경 및 근육계 질병도 스트레스와 관계가 있다. 입 안이 허는 구내염, 피부염증, 습진 등도 스트레스로 일어나는 경우가 있다. 스트레스가 오래 지속되면 우울증, 공포증, 공황장애 등의 정신질환으로 연결되기도 한다. 이와 같이 스트레스가 질병을 일으킨다는 학설을 내놓은 것은 캐나다 의학자 젤리에이다. 젤리에는 1944년 여러 가지 상해나 자극 때문에 체내에서 일어나는 반응을 스트레스로 정의하고 이로 인한 증세를 범적응증후군이라고 명명했다. 실제로 스트레스호르몬(코티졸)이 증가하면 신체의 면역기능을 떨어뜨리는 것으로 확인됐다. 미국 듀크대 제임스 불루멘털 교수팀은 감정기복

이 심하면 심장병 발생위험이 크다고도 밝혔다. 예민하면 대범한 인물보다 심장에 공급되는 혈액이 적어 이상이 생길 수 있다는 것이다. 스트레스는 또 심각한 정신장애를 일으킨다. 이와 같이 정신과 육체는 분리될 수 없어서 서로 영향을 미치며 또 다른 여러 요인에 의해 영향을 받는다. 즉 현대의 일반적 개념으로서 정신과 육체적 요소는 동시에 원인과 결과가 될 수 있다.

사실상 정신과 육체는 분리될 수 없어서 정신상태는 육체상태에 의해 결정되며 육체적 상태는 정신상태에 의해 결정되기 때문에 어느 때나 정신과 육체는 동시에 작용한다. 주로 육체적 질병을 앓고 있는 사람들 가운데는 정신적 긴장이나 심리적 압력이 변의 원인과 경과에 상관관계를 가지고 영향을 끼치는 경우가 많아 거의 모든 질병은 정신적 긴장에 있다고도 한다. 그래서 질병 자체에만 처치를 가할 때 회복은 느려지고 또다시 재발하는 등 적절한 치료는 할 수 없을 것이다. 일부 환자들은 불안해질 때 항상 같은 증상을 나타내며 대개의 환자들은 주로 한 가지 계통에 그들의 주요한 증상을 나타내 보이나 때로는 두 가지 혹은 몇 가지 다른 증상을 한꺼번에 나타내기도 하며 가끔 이와 같은 증상은 변화되어 나타낼 때도 있다.

정신적 긴장은 질병에 대한 저항력을 감소시키며 질환을 일으키는 요소 중의 하나가 된다. 긴장은 신체의 저항력을 감소시키므로 감염성 질환의 원인이 될 수 있고 특히 공격적이고 경쟁적이고 절대적인 태도가 억눌리면 교감신경계가 흥분, 과잉 작용되어 고혈압, 편두통, 갑상선 기능항진 같은 것이 생기고 후퇴적이고 도움을 구하는 경향이 충족되지 못하면 부교감신경계가 과잉 작용되어 위궤양 대장염 천식이 된다는 것이다. 이같이 정신과 관련되어 신체적 증상으로 나타나는 질환을 정신신체장애 또는 심인성질환이라 정의한다.

보건복지부가 2000년 4월 4일 '정신건강의 날'을 맞아 정신건강을 위한 10가지 수칙, 즉 "긍정적으로 세상을 본다, 감사하는 마음으로 산다, 반갑게 마음이 담긴 인사를 한다, 하루 세 끼 맛있게 천천히 먹는다, 상대의 입장에서 생각해본다, 누구라도 칭찬한다, 약속시간에 여유 있게 가서 기다린다, 일부러라도 웃는 표정을 짓는다, 원칙대로 정직하게 산다, 때로는 손해 볼 줄도 알아야 한다." 등이 있다. 스트레스를 이기고 정신건강을 유지하는 가장 좋은 방법은 스트레스를 생활의 자극과 도전으로 받아들이는 것이라고 한다. 아울러 1분 동안 파안대소하면 10분간 조깅한 것과 같은 효과를 내고 체내의 감마인터페론이 2백배나 증가해 면역력을 높인다고 하는 만큼 자주 크게 웃음으로써 고단한 생활을 해결해 나아가야 한다.

▷ 소나무는 스트레스를 해소한다

우리들 건강인은 눈에 보이지 않는 화학적 스트레스, 물리적 스트레스, 감염성 스트레스, 정서적 스트레스, 위장관 이상발효로 오는 스트레스 등에 의하여 많은 활성산소가 발생하고 뇌하수체가 부신피질 또는 부신수질을 자극하여 육체적 이상증세를 일으키는 호르몬을 분비시킨다. 이러한 스트레스에 의하여 피로에 지쳐버린 몸으로서는 외적과 대항할 수 없다. 그 때문에 마음과 육체를 어떻게 빨리 신선화(원기회복)하여 생명력이 넘치는 상태를 보장해야 한다는 것이 가장 큰 문제이다. 소위 생체를 어떻게 근본적으로 모든 부담(스트레스)으로부터 회복시키는가 하는 것이 신진대사 과제의 하나이다. 개개의 체세포(약 60조~100조)가 신진대사에 의하여 좋은 영양보급을 받으면 받을수록 세포는 보다 더 많은 분열을 회전한다. 세포분열은 우리들 조직이 항상 자기 스스로 새로운 것을 만들고 있다는 것이다. 이와 같이 활발히 세포분열이 일어난다고 하면 항상 젊음을 간직할 수 있을 것이다.

소나무 생즙 안에 들어 있는 효소는 세포분열을 두 배의 속도로 분열을 촉진한다. 즉 후라보노이드가 세포벽수용체에 야기한 변화가 세포막내 핵산효소(Nucleasidcyclase)에 전달되어 ATP에 화학변화를 일으켜서 신호물질인 AMP를 만들어 내고 핵산에 의한 활성화 에너지의 전달에 의하여 단백키나제가 활성되어서 그 힘에 따라 세포가 활성화된다.

항상 사회생활에서 지속되는 스트레스(유해산소발생)를 막을 수 있는 방법은 아니지만 스트레스로 인하여 발생된 과량의 활성산소를 소나무제품이 포착 제거하여 주는 유력한 수단인 것만은 부인할 수 없다. 다시 말하면 후라보노이드나 호르몬이 세포막의 수용체에 결합하면 세포막에 존재하는 아데닌산 환화효소(ATP를 기질로 삼아 환상 AMP와 피로린산을 생성하는 반응을 하는 효소)가 작용한다. 다시 단백키나제(단백질 분해효소의 일종)가 활성화되어 그 에너지에 의하여 세포는 활성화되면 동시에 과다한 유해산소(세포파괴물질)도 포착 제거하여 준다. 또 세포 내 환상AMP 농도가 상승하므로 특정효소의 상승과 대사조절이 이루어져서 고등세포에서는 물질 수송분비 등의 세포막기능 및 세포의 증식 분화에도 관여하므로 세포가 활성화된다.

또한 결합조직을 강화하여 암, 바이러스 세균 및 기타 침입인자에 의하여 침입되기 힘든 강하고 굳은 결합조직이 합성되어 결합조직 자체가 질병 또는 감염 등으로부터 지켜주며 콜라겐과 점액다당체의 합성을 촉진하므로 혈관 벽 내 구성을 증대한다. 그 때문에 혈관에 관한 질병, 고혈압 및 동맥경화 등의 순환기계질병, 당뇨병, 괴혈병, 치주염 등의 효과 등을 발휘한다. 이와 같이 효소 억제작용, 세포막활성작용, 산화방지작용, 결합조직강화작용 등이 서로 혼합되어 즉 세포의 힘을 강화하고 면역력을 높이고 부신을 강화하여 스트레스를 해소시킬 수 있는 힘을 기를 수 있도록 효과적으로 작용하여 우리들의 신체를 활력 있는 것으로 만들어 주는 것이 소나무라는 민족수(民族樹) 식물(植物)이다.

20) 씨앗의 생명력과 송실(松實)

▷ 씨앗이란?

인도의 무저항주의자이자 독립운동가로 유명한 '간디'가 오랜 세월 단식투쟁을 할 때 씨앗만으로 연명을 했다는 것은 잘 알려진 사실이다. 이와 같이 씨앗에는 신비한 힘이 있는데 그 신비한 힘은 바로 생명력(生命力)이라는 것이다. 작은 한 알의 씨앗에는 그 나무 전체의 성분 즉 뿌리, 줄기, 가지, 잎, 열매 등 모든 성분이 농축된 생명의 핵(核)이 들어 있는 것이다. 그래서 씨앗은 마르지 않는 힘의 원천(源泉)이며 생명의 근원이라 할 수 있다. 많은 식물들의 씨앗은 성분과 성질이 다르지만 모든 씨앗에는 수없이 많은 종류의 초영양물질을 각기 농축하여 '씨앗'이라고 하는 작은 캡슐에 담아놓았기 때문에 이를 결합영양소라고 말할 수 있다. 이를 다른 말로 표현하면 씨앗은 신비한 에너지의 소입자(小粒子)라고 말할 수 있다. 그러나 씨앗은 동족번식(同族繁殖)을 위한 보호의 방법으로 독을 담고 있는 것도 있어서 동물들이 함부로 먹지 못하도록 방어태세를 갖추고 있는 것도 있다. 따라서 이 독성(毒性)을 제거하지 아니하고는 인간이 먹을 수 없는 것도 많다.

씨앗의 신비한 힘이 인체에 흡수되면 신비한 작용을 볼 수 있는데 그 신비한 작용은

① 질병의 균을 몰아내 건강을 주고

② 인체의 영양불균형이나 부족으로 인한 문제점을 해결

③ 충분한 물질의 영양을 공급하여 인체의 세포에 새로운 균형과 힘을 주어서 병이 스스로 물러가게 해준다.

④ 체내의 독성성분들과 불필요한 찌꺼기들을 분해해서 몸 밖으로 배출하고 체액을 깨끗이 하여 인간을 건강하게 만들기도 한다.

▷ 씨앗의 기능

씨앗의 에너지들은 그 힘이 강하고 기묘하여 우리들 인간이 이해할 수 없는 많은 일을 하는 경우도 있다. 이러한 씨앗의 신비한 기능에 대해서 최근 세계의 많은 학자들이 그 신비의 베일을 벗기려고 노력하고 연구하며 우리에게 많은 새로운 지식을 주기에 이르렀다.

씨앗에는 역가(力價)높은 최양질(最良質)의 수많은 종류의 비타민류와 미량원소(微量元素)인 미네랄이 풍부하게 들어 있음이 밝혀졌다. 그러나 더욱 중요한 것은 이와 같은 물질이 풍부하게 함유되어 있다는 사실보다는 이것들이 서로 잘 균형을 이루고 있다는 사실이다. 어느 것이 많고 어느 것은 모자라는 일이 없이 알맞게 이루어져 있다는 것이다.

▷ 씨앗의 성분

인간이 생명을 유지하기 위해서 없어서는 안 되는 미량의 필수의 영양물질인 비타민과 무기질이 들어 있다. 이는 그 자체가 에너지를

만들어 내는 것이 아니라 다량 영양소인 탄수화물, 지방, 단백질 등 다른 모든 영양소들이 활동하게 만드는 일을 한다. 씨앗 중에서도 특히 장미과에 속하는 열매의 씨앗에는 양질의 비타민 C와 B 群 특히 최근 세계적으로 신비의 물질로 알려진 비타민 B_{17}인 '레어트린(Laetrile)'이 풍부하여 비타민 E인 '토코페롤(Tocopherole)'의 α (알파), β (베타), γ (감마), δ (델타)외 θ (세타)까지 8종이 모두 포함되어 있고 비타민 F인 양질의 불포화지방산이 풍부하고 비타민 K, P등 광범위한 종류가 포함되어 있다.

비타민 E인 토코페롤이란 α (알파), β (베타), γ (감마), δ (델타)외 θ (세타)까지 8가지의 종류가 모두 풍부하게 들어 있다(현재 약국에서는 α (알파)만 구입 가능).

비타민 B 종류는 거의 모두가 함유, 이 중에서도 비타민 B_{15}인 판가민산(Pangamic acid)이나 특히 비타민 B_{17}인 '레어트린(Laetrile)'은 정상세포에는 영향을 주지 않고 암세포에만 작용을 해서 선택적으로 암세포만을 파괴하여 정상세포로 만든다. 이런 '레어트린'이 가장 많이 함유되어 있는 씨앗은 솔씨와 살구씨, 복숭아씨, 사과씨, 매씨 등 장미과 식물의 씨앗이라는 것도 잘 알려져 있다(참고 문헌: Richard Pass-water著 Cancer and Its Natrional Theraphics CHAP,P 17).

비타민 100배에 달한다는 미량원소인 셀레늄은 칼륨(Potassium), 염소, 인, 마그네슘, 칼슘, 크롬, 동, 요오드 등과 함께 씨앗에는 다량 함유되어 있다. 불포화지방산으로 알려진 리놀린산, 리놀레닉산, 이라키돈산 등도 풍부하여 인체를 노화로 이끌어 가는 포화지방산을 연소시키는 역할도 한다. 이외에도 감마오리자놀과 같은 생리활성물질이 많아 노화를 방지하고 자율신경 실조(失調)에 의해 생기는 많은 인체의 고장을 개선하는 일도 한다.

씨앗 속에 콜린(Cholin)과 같은 물질은 비만을 미리 예방하고 콜린이 토코페롤과 아연 등 다른 무기질과 함께 작용, 고혈압이나 뇌졸중 당뇨병과 같은 퇴행성 질환을 예방하고 치료도 해준다(참고 문헌: Richard W. Passwater著 P.225-231).

이와 같은 물질을 항산화물질(抗酸化物質)이라고 한다.

항산화물질(抗酸化物質)이란?

산화로 진행되어 가면서 발생하는 성인병 질환인 암, 고혈압, 당뇨병, 심장병, 신(腎)질환 등을 문자 그대로 항산화함으로써 미리 예방도 하고 치료도 해주는 물질이다. 다시 말하면 여러 가지 질이 다른 항산화물질(抗酸化物質) 등이 서로 상호작용을 할 때 혈액을 통해 세포에 산소를 공급해 줌으로써 세포에 활력을 주어 오염된 공기, 농약에 오염된 식품의 약품의 독성 등으로 인해 인체에 축적된 많은 독소를 분해하여 몸 밖으로 배출시키기도 함으로써 우리를 건강하게 하여준다. 이와 같은 종합적으로 우리에게 건강을 가져다주는 씨앗을 한마디로 요약한다면 생명력이라고 강조하고 싶다.

▷ 송실

앞에서 씨앗의 중요성을 설명한 바와 같이 소나무 송실은 그 기능을 다함과 동시에 특히 소나무의 열매는 송자(松子)라고 하며 송구(松毬) 속에 들어있는 씨앗을 말한다. 이것은 솔방울이 열렸을 때 보인다. 술안주로 인기가 있는 것은 씨앗 속의 핵인(核仁)이며 송자인(松子仁)이라고도 한다. 자양성이 높고 오장을 건강하게 하며 기를 원활하게 하고 변통(便通)을 촉진하는 데 뛰어난 음식이다. 한국 소나무의 씨앗은 해송자(海松子: 한약제로 쓰이는 잣)라고 하여 자양 강장제로 효과가 좋고 정력이 강해지나 지나치게 먹으면 코피가 나올 정도로 정(精)이 강하며 호르몬이 함유되어 있다. 빈혈 등의 출혈과 토혈에 의한 체력저하를 회복하는 데 효과적이며, 솔방울의 껍질을 달여 마시면 설사에 효과가 있다고도 하며, 솔방울과 호두를 빻아 미지근한 물에 타서 마시면 기침에도 좋다고 한다. 그리고 병후의 회복과 술 마신 뒤의 해독제로 솔방울이 널리 애용되고 있는데 쌀과 솔방울을 믹서에 갈아 미지근한 상태로 끓인 것을 먹기도 한다.

선인들은 건강을 유지하고 강한 체력을 가지기 위해 송실유(松實油)를 귀중한 영양원으로 사용했다. 적송의 열매는 특히 심장병에 효과가 있고 냉증으로 인하여 기력이 없는 사람에게도 좋다. 『한방의 고서』에는 목을 매어 자살을 시도한 사람을 치료할 때 솔씨 기름을 목구멍에 불어넣으면 효과가 뛰어나고 물에 빠진 사람에게도 똑같은 방법이 유효하다고 되어 있다. 또한 중국에서는 소나무씨를 상용하면 삼백 세까지 살수 있다는 말이 구전으로 내려오고 있는데 실제로 그 나이까지 장수한 사람이 있다고 하여 독자(犢子), 적송자(赤松子)라는 이름까지 명기하고 있다.

「한방의고서」에는 목을 매어 자살을 시도한 사람을 치료할 때 솔씨 기름을 목구멍에 불어넣으면 효과가 뛰어나다고 기록되어 있다. 「동의보감」에는 소나무씨가 피부를 염려활택(艶麗滑澤)하게 하고 부드럽게 하며 미백제(美白劑)로서 효과가 있다고 기록이 되어 있다.

21) 소나무가 우리 민족에게 실용적으로 이용된 지혜의 떡

▷ 송편류

소나무는 약용, 식용으로 중요하게 활용해 왔고 특히 솔잎을 생식하거나 가루를 내어 먹는다. 특히 우리나라는 송편(松片)이라는 떡이 있다. 이 송편은 언제 생겼는지는 정확하지 않으나 중국 후위(後魏) 때 시림인 가사협이 편찬한 『제민요술』(齊民要術, 530~550년)의 종과열, 『목은집』(牧隱集)의 차기장떡이 송편으로 추정되는 만큼 고려시대엔 일반화된 것으로 추정된다. 지금은 추석의 대표적인 절기음식이지만 『동국세시기』에 따르면 예전엔 중화절(음력2월1일)에도 빚었다. 정월대보름 대문간에 장대에 매달았던 쌀을 풀어 만든 뒤 머슴들에게 나이수대로 나눠주고 한 해 농사에 힘써줄 것을 부탁하는 특식이었다. 백설기 수수팥단지와 함께 돌상에 올리는 것은 아기의 머리가 송편 속처럼 꽉 차 명철하게 자라기를 비는 마음에서다.

　떡을 찔 때는 솔잎을 사용하므로 송편이라고 부르는 이 떡은 음력 8월 보름에 선조의 산소에 성묘할 때에는 빼놓을 수 없는 제물로서 술이나 과일과 함께 상에 놓는다. 송편은 솔잎과 떡을 함께 쪄내는데 이것은 쉽게 부패하는 것을 방지하기 위함이다. 이 예지의 민족은 솔잎 속의 오존(O_3)은 방부, 살균, 표백 등의 작용을 하고 있음이 현대과학은 밝히고 있다. 이러한 송편은 솔잎을 건조하여 분말로 한 것과 그 해에 새로 추수한 햅쌀의 가루로 만든다. 또 친척이나 이웃에 나누어주기도 하고 이웃으로부터 받기도 하는 풍습이 있다. 또 송편을 잘 만들지 못하면 예쁜 딸을 낳을 수가 없다고 하는 속담까지도 전하는 것으로 보아 떡을 만드는 여인들에게 얼마만큼 정성 들여 떡을 만들도록 했는지를 읽을 수가 있다. 이 풍습은 기근 때에 쌀 대신 솔잎 떡을 먹은 것으로부터 시작이었다. 소나무 잎 속에는 초산, 철분, 망간 등이 함유되어 있으므로 피로나 빈혈에 좋고 기근 때에는 기아 감이나 피로 도를 방지하는데 이를 일컬어 자연을 이용하는 지혜라고 말할 수 있다. 송편은 소에 따라 팥송편, 깨송편, 콩송편, 대추송편, 밤송편 등 갖가지로 나뉜다. 가장 먼저 수확하는 햅쌀로 빚은 것은 오려송편이라 해 차례상에 올린다. 모양도 지방마다 달라 서울은 조개, 강원도와 황해도는 손으로 꽉 눌러 손가락자국을 내 만두처럼 만든다. 크기는 서울 것이 한 입에 들어갈 만큼 앙증맞고 황해도, 경상도, 강원도 송편은 두툼하다. 추석 전 뜯어 깨끗이 손질해둔 솔잎을 갈피갈피 놓고 쪄내면 익반죽한 멥쌀가루의 쫄깃쫄깃함에 다양한 고명의 맛과 은은한 솔내음이 어우러져 먹는 사람을 취하게 만든다. 이러한 지혜의 떡 송편은 8종류나 있다고 한다. 그 8종류에 대한 제법 및 재료에 대해서 문헌에서는 다음과 같이 소개하고 있다.〈문헌: 성호사설(1763), 증보산림경제(1766), 규합총서(1815), 임원십육지(1827), 동국세시기(1849), 음식법(1854), 간본규합총서(1869), 시의전서(1800), 부인필지(1915), 간편조선요리제법(1934), 조선요리법(1938), 조선요리(1940), 조선요리제법(1942), 조선무쌍신식요리제법(1943)〉

송편: 송병, 송피병이라고도 불렀다. 송편은 멥쌀가루를 익반죽하여 조금씩 떼어서 속을 파고 그 속에 소를 넣어 빚어서 시루에 솔잎을 켜켜로 안쳐서 쪄내어 참기름을 바른 찐 떡이다. 멥쌀가루에 쑥을 넣으면 쑥송편, 송기를 넣으면 송기송편이라 하고, 또 소를 넣는데 따라서 이름이 붙여지기도 한다. 소에 밤을 넣으면 밤송편, 깨를 넣으면 깨송편, 콩을 넣으면 콩송편이라고 부른다. 재료는 멥쌀가루, 팥, 콩, 대추, 기름, 계피, 솔잎, 꿀, 건강, 후추, 녹두, 밤, 잣, 호도, 설탕, 깨소금, 흰떡 등이었다.

재증병: 흰떡을 쳐서 송편을 빚어 다시 쪄낸 떡으로 다시 찧다 하여 붙여진 이름이다. 재료는 멥쌀가루 또는 흰떡, 팥, 콩, 대추, 기름, 계피, 솔잎, 꿀, 건강, 호도 등이었다.

송피병(법)(松皮餠法): 『증보산림경제』(유중임, 영인본, 1766)에서는 송피병법, 『임원십육지』(서유거, 영인본, 1827)에서는 송피병, 『조선요리법』(조자호, 광한서림, 1938)에서는 송기송편이라고 하였다. 쌀가루와 송기가루를 섞어 익반죽하여 팥소를 넣고 송편을 빚어서 솔잎을 깔고 찐 떡이다. 재료는 멥쌀가루, 팥, 기름, 계피, 솔잎, 송기 등이었다.

이맥송병: 귀리가루로 만든 송편이다. 떡이 부드럽고 질기며 희고 단맛이 있다고 하였다.

각색송병: 송병의 속을 여러 가지로 넣어서 빚은 떡이다. 여기에는 찹쌀가루를 넣었으며 소로 수근, 익힌 제육, 닭, 표고, 석이 등의 재료가 있는 점이다. 재료만 고서에 기록이 되어 있고 만드는 법에 대한 기록이 없어서 자세한 조리법은 알 수가 없다. 재료는 멥쌀가루, 콩, 대추, 계피, 꿀, 밤, 깨, 찹쌀가루, 수근, 익힌 제육, 닭, 표고, 석이 등이다.

쑥송편: 멥쌀가루에 데친 쑥을 다져 넣고 익반죽하여 팥소를 넣어 빚어서 솔잎에 찐 떡이다. 쑥을 데칠 때 푸른색을 유지하기 위해 소다를 넣은 것이 특이하다. 재료는 멥쌀가루, 기름, 계피, 솔잎, 쑥, 소다, 설탕 등이었다.

꿀송편: 멥쌀가루를 익반죽하여 꿀로 소를 넣고 송편을 빚어 솔잎에 찐 떡이다. 재료는 멥쌀가루, 계피, 꿀, 설탕, 녹말 등이었다.

송기송편: 『증보산림경제』(유중임, 영인본, 1766)에서는 송피병법, 『임원십육지』(서유거, 영인본, 1827)에서는 송피병, "조선요리법(조자호, 광한서림, 1938)"에서는 송기송편이라고 하였다. 재료는 멥쌀가루, 팥, 콩, 대추, 솔잎, 밤, 송기(송피) 등으로 송기를 푹 삶아 곱게 다져서 쌀가루와 섞어 익반죽하여 절구에 친다. 이것에 팥소를 넣어 빚어서 시루에 솔잎을 깔고 찐 떡이다.

▷ 송피절편

1800년대 말 시의전서에 기록된 절편류로서 쌀가루를 시루에 찔 때 소나무 상순을 위에 얹어서 찐 다음 안반이나 절구에 쳐서 떡살로 문

양을 찍은 떡이다. 그 외에도 절편에 대한 문헌으로 조선요리(1940)와
조선요리제법(1942)에는 송기를 재료로 한 절편에는 쑥도 동시에 재
료로 사용하였다.

▷ 유과류

또한 우리나라에서 의례음식상(儀禮飮食床)에서 중요한 위치를 차
지하고 있는 유과류 중 고물을 달리한 강정을 소개된 것은 1800년대
이다. 이 중 '송화강정'은 강정에 초청을 발라서 송홧가루를 묻힌 것으
로 『조선무쌍신식요리제법』에는 송홧가루를 고운체에 쳤다가 깨강정
만드는 법으로 만들어서 송홧가루를 묻히는데 강정 중에 제일 맛이
없는 것이라고 하였으니 송화강정은 맛보다는 송화의 아름다운 색을
낸 것으로 생각된다.

9. 문답식으로 풀어본 소나무의 가치성

1) 개요

인류의 역사가 있기 훨씬 전부터 목초, 풀, 뿌리, 나무껍질, 잎, 열매, 꽃가루 등 식물이 먹을 것의 근원이었다. 그 후 인간과 자연의 관계가 긴밀하게 발전하면서 식물들은 식·약제(食 藥劑)로서 광범위하게 사용되었으나 세월의 흐름에 따라 간단하게만 생각해오던 식물들을 과학적으로 성분을 분석함으로 많은 사람들의 주목을 받게 되었다.

2) 소나무의 문화성

▷ 소나무 어원

나무 중에서 가장 우두머리라는 뜻을 나타내는 수리 〉 술 〉 솔로 음전(音轉)했다고 본다.

▷ 소나무에 대해서 간단히 알고 싶다

소나무는 양지바른 곳을 좋아하나 수분에 대한 요구도가 적은 까닭에 척박한 지역, 건조한 지역에서도 좋은 생육상태를 보이고 생장력도 왕성하여 토성을 개량하는 기능을 가지고 있으며 식생천이에 있어서 선구 수종으로 들어와 다른 유용수목이 번식할 수 있는 조건을 만들어 주는 중요한 역할을 하고 있다. 예부터 우리의 일상생활과 깊은 관계를 맺어 함지박과 같은 생활도구를 만들어 썼으며 집을 지을 때는 기둥이나 서까래용으로 그리고 화목으로(난방과 도자기 굽는 데) 써왔으며 구황식으로 허기진 배를 자양분이 풍부한 소나무 내피로 채웠으며, 송기떡, 다식의 재료로, 고급스런 식품재료로(송이버섯), 귀한 약재(복령)로, 뿐만 아니라 황천길 가는데 관재(棺梓)로 사용하는 등 우리의 생활 가까이에 항상 있었던 나무다.

일본인 우에게(植木秀幹) 박사학위 논문 「조선에 있어서 소나무의 수상(樹相)과 그 개량에 관한 조림학적 처리」에서는 적송(赤松)은 나무를 잘랐을 때 붉은색이 도는 심재(心材)부분이 단면의 대부분을 차지하는 나무를 말하며, 백송(白松)은 반대로 심재부분이 작은 것을, 반백(半白)은 그 중간정도를 말한다고 하였다. 赤松의 특색은 "수피가 얇고 거북등 모양이며 색깔은 수간의 하부를 제외한 대부분이 옅은 적색이며 수관이 좁고 잎의 색이 연황색을 띤다."고 하였다.

소나무의 뿌리는 수직으로 곧게 뻗는 성질을 갖고 있어서 1미터까지 들어가면 웬만큼 가물어도 말라죽지 않는다. 고령의 소나무는 1년에 헥타르당 3.7톤이나 낙엽을 떨어뜨린다. 이 낙엽이 땅에 쌓이면 진드기, 거미, 쥐며느리, 개미들은 낙엽을 잘게 부수고 배설물은 토양의 상태를 개선(1ha에 사는 지렁이는 매년 30톤의 흙과 낙엽을 먹어 치운다.)하고 또한 토양 미생물인 곰팡이, 세균, 방선균 등이 모여 살면서 낙엽을 더 작게 분해할 때 검은색의 유기물이 나오고 이것이 땅속에 스며든다. 그 속에는 질소, 인, 칼리와 같은 성분을 나무뿌리가 흡수하여 성장하는 데 보충한다.

▷ 우리나라에서 자생하고 있는 소나무과에 대해서 알고 싶다

소나무는 한국적 이름으로 우리나라에 자생하는 소나무류 수종 중의 하나다. 이런 소나무는 우리나라에서 매우 흔하고 우리의 생활문화와 매우 밀접하게 관련되어 있었을 뿐만 아니라 굳건한 기개와 강직함을 간직하고 우리의 건강에 보탬을 주면서 늘 곁에 있었기 때문에 정작 이를 아끼고 소중하게 지켜야 함에도 불구하고 무관심 속에서 너무 소홀하게 대하고 있다. 이러한 소나무류에 대해서 알아보면 다음과 같다.

◆ 소나무(Pinus densiflora Sieb. et Zucc)

솔나무, 육송, 적송이라고도 불린다. 구릉지나 산지에서 전국적으로 흔하게 자라는 상록교목. 줄기는 곧게 서고 상부의 수피는 적갈색, 기부는 짙은 갈색으로 거북 등같이 깊게 갈라지거나 해송보다는 얕다. 길이 8~12cm의 바늘잎이 2개씩 뭉쳐나며 기부는 연한 갈색의 막질 비늘잎에 싸여 있다. 꽃은 5월에 피는데 새로 자란 가지의 기부에 다수의 수꽃이, 끝에는 소수의 암꽃이 달린다. 솔방울은 꽃이 핀 다음해의 가을에 익으며 길이 5cm, 지름 3cm정도로서 흑갈색이고 솔방울 조각이 열리면 길이 5mm의 종자가 보인다. 종자는 길이 약 1.5cm의 날개가 있으며 바람에 잘 날린다. 줄기나 가지가 갈라지는 모양에 따라 많은 품종이 구별되기도 한다.

◆ 곰솔(Pinus thunbergii parl.)

해송, 흑송이라고도 한다. 우리나라, 일본, 중국의 황해연안 일부 지역 북위42° 이남 바닷가에서 자라는 높이 20m, 가슴 높이 지름이 1m에 이르는 상록교목. 수피는 흑갈색이고 깊게 갈라지는 것이 소나무와

는 대조적이다. 바늘잎은 길이 7~15cm이며 2개가 모여 나며 기부는 갈색 비늘잎에 싸여 있다. 꽃은 5월에 핀다. 수꽃은 새로 자란 가지의 기부에 여러 개 뭉쳐나며 긴 타원상이고 황갈색이다. 암꽃은 새 가지의 끝에 몇 개 달리며 구형이고 자홍색이다. 솔방울은 길이 5~7cm, 지름 약 3cm이며 마르면 솔방울 조각이 뒤로 젖혀져 종자를 방출한다. 종자는 길이 약 5mm이며 약 3배 길이의 긴 날개가 있다.

◆ 춘향목(P. densi-thunbergii Uyeki)
춘향목은 소나무와 곰솔의 잡종으로 여겨지고 있다.

◆ 리기다소나무(Pinus rigida Mill)
북아메리카 동부가 원산지인 상록교목. 1900년대 사방, 조림의 목적으로 수입되어 전국에 널리 재식되고 있다. 높이 25m, 가슴높이의 지름은 1.5m에 이르며 수피는 짙은 회색이고 길게 갈라져 바늘 조각 모양으로 벗겨진다. 바늘잎은 7~14cm로서 3개씩 뭉쳐나며 적갈색 꽃이 그 기부에 여러 개 뭉쳐 달린다. 솔방울은 길이 5~8cm로서 타원상이며 연한 갈색을 띠고 광택이 나며 솔방울조각은 끝이 가시같이 예리하게 뾰쪽하다. 종자는 검고 긴 날개가 있다. 생활력이 강하여 마른 땅이나 습지에서도 잘 자란다. 충해에 대한 저항력도 강하다. 수형이 소나무나 곰솔같이 우아하지 않다.

◆ 기타 소나무과
☞ 구상나무(Abies koreana Wilson)
• 푸른 구상나무(for. chlorocarpa T. Lee,)
• 검은 구상나무(for. nigrocarpa Hatus.)
• 붉은 구상나무(for. rubrocarpa T. Lee.)
☞ 일본 잎갈나무(Larix leltolepis(Sieb. et. Zucc))

☞ 잣나무. 오엽송(Pinus Gordon Koraiensis Sieb. et Zucc) : 제주도 울릉도에는 분포하지 않는다.

☞ 젓나무(Abie0s holopylla Maxim)

☞ 눈잣나무(Pinus Pumila Regel) : 설악산에 분포

☞ 섬잣나무(Pinus Parviflora Sieb. et Zucc) : 울릉도에만 분포, 조경용

▷ 소나무의 신이성(神異性)

강원도 영월의 장릉 주위에 있는 소나무들은 모두 장릉을 향해 굽어져 있다. 그 모습이 마치 읍을 하고 있는데 이는 억울한 단종의 죽음을 애도하고 그에 대한 충절을 나타낸 것이라고 한다.

삼척군(三陟君) 가곡면(柯谷面) 동활리(東活里)의 '금송(金松)'은 전쟁이나 풍년·흉년을 예견하는 신이(神異)한 소나무다. 2m 남짓한 크기의 이 소나무는 그 색이 노래야 하는데 다른 색으로 변하면 변고가 생긴다. 즉 약간 검으면 물난리가 날 징조요, 붉으면 전쟁이 일어날 징조요, 휘어지면 흉년이 든다거나 사람이 많이 죽게 된다는 것이다.

속리산 법주사 입구에 정이품송(正二品松)이 있다. 조선의 세조가 법주사로 행차할 때 타고 가던 연(輦)이 이 소나무 밑을 지나게 되었는데 스스로 가지를 들어올려 연이 무사히 지나갈 수 있게 되었다. 세조는 이 소나무의 신이함에 탄복하여 정이품(正二品) 벼슬을 하사하였다고 한다.

▷ 소나무와 관계되는 어휘에 대해

순수한 우리말 어휘: 솔(가장 많이 사용), 솔가지(松枝), 솔불, 송기(松肌)떡(복합명사)

한자 말 어휘: 낙락장송(落落長松: 소나무의 여러 종류나 모습 가운데 유독 사시사철 변치 않는다는 것), 송죽(松竹), 송간(松間: 솔밭사이), 송관(松關: 소나무로 만든 사립문), 송근(松根: 솔뿌리), 송단(松檀: 소나무가 서 있는 낮은 언덕), 송대(松臺: 송단과 같은 뜻), 송림(松林: 솔숲), 송백(松柏: 소나무와 잣나무), 송성(松聲: 소나무에서 이는 바람), 송도(松濤: 송성과 같음), 송애(松涯: 소나무가 서있는 벼랑), 송영(松影: 솔 그림자), 송정(松亭: 솔밭 속에 세운 정자), 송죽(松竹: 솔과 대), 송창(松窓: 소나무가 비낀 창문), 송풍(松風: 솔바람), 송하(松下: 솔 아래), 송풍나월(松風蘿月: 설화문학에 등장한 말로 솔 사이로 부는 바람과 덩굴 사이로 비친달), 송신학성(松神鶴性: 소나무 같은 생김새의 두루미의 성질), 송락(松絡: 소나무에 기생하는 겨우살이로 만든 중이 쓰는 모자), 송교지수(松喬之壽: 소나무와 같이 장수함), 삐쩍 야위고 먹기도 적게 먹어 겉보기에 욕심 없이 보이는 이를 흔히 선풍도골에 송신학성(松神鶴性: 소나무 같은 생김새의 두루미 성질)

▷ 소나무를 절개와 장수의 상징으로 보는 이유

십장생(해, 산, 물, 돌, 구름, 불로초, 거북, 사슴, 학, 소나무) 중 식물로는 유일하게 들어 있는 것이 소나무다.

신선의 식사로 표현 즉 정신을 맑게 하고 섭생에 아주 유익하여 겨울철에 소나무를 장복하면 장수한다는 속설이 있다.

비바람, 눈보라와 같은 자연의 역경 속에서 변함없이 늘 푸른 모습을 간직하고 있는 소나무의 기상은 꿋꿋한 절개와 의지를 나타내는 상징으로 즉 난관을 극복해 나가는 우리의 강인한 의지와 씩씩한 기상을 소나무를 통해 상징화 한 것이 애국가이다.("남산 위의 저 소나무 철갑을 두른 듯. 바람서리 불변함은 우리 기상일세")

소나무를 일컬어 초목의 군자, 노군자(老君子)라고 한다든지, 군자의 절개, 송죽(松竹)같은 절개, 송백(松柏)의 절개를 지녔다는 등의 표현은 절개나 지조를 나타낸 말들이다.(혼례식의 초례상에 소나무 가지와 대나무를 꽂은 꽃병을 한 쌍 남쪽으로 갈라놓는데 이는 신랑 신부가 소나무와 대나무처럼 굳은 절개를 지키라는 뜻)

▷ 소나무의 신성에 대하여

- 잡귀와 부정을 막는다

동지 때 팥죽을 쑤어 삼신과 성주에게 빌고 병을 막기 위해 솔잎으로 팥죽을 사방에 뿌린다(이때의 솔잎과 팥죽은 같은 의미를 지닌다고 한다).

출산 때나 장 담글 때에 치는 금줄에 숯, 고추, 백지, 솔가지 등을 끼워 놓는데 이것도 잡귀와 부정을 막기 위한 것이다.

아기가 아프면 삼신할머니에게 빌기 전에 바가지에 맑은 냉수를 떠서 솔잎에 적셔 방안 네 모퉁이에 뿌린다. 이는 부정을 씻어내어 제의 공간을 정화하기 위해서이다.

무덤가에 둘러선 도래솔도 벽사와 정화의 역할을 담당한다고 한다. 따라서 집 주변에 송죽(松竹)을 심으면 생기가 돌고 속기(俗氣)를 불러 물리칠 수 있다고 함으로 잡귀와 부정을 막는 것을 의미.

- 기타

꿈에 소나무를 보면 벼슬할 징조, 꿈에 솔이 무성함을 보면 집안이 번창, 꿈에 솔이 비 온 후에 나면 정승벼슬에 오른다, 꿈에 송죽 그림을 그리면 만사가 형통한다고 한다.

소나무 순이 많이 죽으면 그 해에 사람이 많이 죽고, 소나무가 마르면 사람에게 병이 생긴다고 한다.

▷ 동신(洞神)이나 수호신이 되기도 한 소나무의 무속적(巫俗的) 층위로 볼 때

마을을 수호하는 동신목(洞神木) 중에는 소나무가 큰 비중을 차지하고 있다. 특히 산에 있는 산신당의 신목(神木)은 거의 소나무이다.

소나무는 신성한 나무이기 때문에 하늘에서 신들이 하강할 때에는 높이 솟은 나무줄기를 택한다고 믿었다. 신목으로 정해진 소나무는 신성수(神聖樹)이므로 함부로 손을 대거나 부정한 행위를 하면 재앙을 입는다고 믿었다.

▷ 소나무를 개인적인 수호신으로 믿는 경우

강원도 명주군 옥계면에서는 매년 단오 날이면 집집마다 부녀자들이 동틀 무렵에 마을 앞산에 가서 '산멕이기'를 한다. 곧 한 해 동안 부엌에 매달아 두었던 '산'을 각자 자기 소나무에 묶어 놓고 제물을 올려 가족의 안녕과 소원을 기원하는 것이다. '산'이란 밖에서 들어오는 음식물이 있을 때 먼저 신에게 바치기 위해 왼 새끼를 꼬아 만든 줄에 음식의 일부를 혹은 통째로 꽂아 둔 것을 말한다.

▷ 소나무를 군자의 모습으로 비유한 이유

사군자인 매, 란, 국, 죽(梅, 蘭, 菊, 竹)과 함께 많은 문학, 예술분야에서 소재화 된 것은 식물이 두려워하는 추위에 아랑곳하지 않고 겨울에도 푸르고 싱싱한 잎을 간직하면서 홀로 고고히 향기를 머금고 피는 그런 모습을 두고 우리 선인들은 주위의 어떤 고난과 변화에도 굽히지 않는 군자의 모습으로 비유했기 때문이다. 사군자가 "각자 높

은 품격과 지조를 가진 자연물로 인식되면서도 전체적으로는 개별꽃
이 갖는 특성과 아름다움보다는 하나의 커다란 상징으로 부각되어"
(구미래, 한국인의 상징체계) 쓰인 반면 상징성이 유사하여 이들과 자
주 짝을 이루어 쓰였다.

▷ 우리 민족은 소나무의 내성을 가진 문화

소나무는 민족의 심성을 의미한다. 소나무는 집을 짓는 주요 자재
로, 그리고 연료, 식품, 약재, 관재(棺材)로 널리 사용되었다. 그리하여
"소나무 아래에서 태어나 소나무와 더불어 죽는다"고 할 정도로 소나
무는 우리의 생활에 물질적, 정신적으로 많은 영향을 끼쳤다. 따라서
유럽이 자작나무 문화, 일본이 조엽수림 문화로 표현한다면 우리나라
는 소나무 문화라 할 수 있다. 그러므로 한국인의 민족수(民族樹)는
소나무이다. 그래서 우리는 소나무를 일러 언필칭 백목지장(白木之長)
이요 만수지왕(萬樹之王)이요 노군자(老君子)라 칭함이 결코 과장된
것은 아니다.

▷ 초근목피(草根木皮)란 무엇을 가르치는가

우리 조상들은 옛날 춘궁기에는 구황식(救荒食)으로 초근목피를 사
용했는데 초근이란 칡뿌리요 목피란 소나무의 속껍질을 말한다. 이와
같이 우리 민족은 소나무와 끈끈한 관계를 가져 왔다. 자고로 도인(道
人)들은 생식을 즐겨 했는데 그 주식이 소나무(솔잎과 송피)였다.

▷ 우리나라의 소나무와 관계된 지명은 얼마나 되나

사철 늘 푸른 그 위상과 우리 민족에게 많은 이득을 주는 존재였기

때문에 우리나라 지명 중에 송(松)자가 맨 앞에 오는 지명(地名)이 무려 681곳이나 있다.

▷ 우리나라 소나무는 세계에서 영명으로 어떻게 소개되고 있는가

우리나라 소나무는 일본인이 세계에 먼저 소개함으로써 일본 붉은 소나무(Japanese red pine)로 영어이름이 통용되고 있고 유일하게 한국 산이라는 이름이 붙어있는 소나무류는 잣나무(P. Koraiensis)로 Korean Pine 또는 Korean White Pine으로 불린다.

▷ 소나무는 매우 슬프고도 아름다운 사랑이야기를 간직하고 있는데 그 내용은 무엇인가

요정 피티스(Pitys)는 목축신인 Pan의 매력에 끌려 사랑하게 되었다. 그러나 피티스(Pitys)를 사랑하던 북풍의 신 Boreas는 말다툼 끝에 화가 나서 피티스(Pitys)를 바위 위에 밀쳐버려 그녀의 팔다리를 망가뜨렸다. 불쌍한 피티스(Pitys)는 한 그루의 소나무가 되었다. 소나무의 부러진 가지에 맑게 맺히는 송진의 방울은 그녀가 자신의 젊은 날과 애인 특히 Pan을 생각하며 남모르게 흘리는 눈물방울이다.

▷ 우리 민족이 소나무를 사랑하는 이유

역사적으로 우리 민족의 문화와 의 관계가 깊기 때문이다. 궁궐, 사찰 등 주택건축은 물론 선박, 심지어 관(棺)까지 소나무를 이용함으로 소나무 아래에서 태어나 소나무 그늘에서 죽는다는 말까지 나올 정도

로 소나무를 이용하였다. 또한 4군자에는 속하지 않지만 4군자류의 소재로서 대나무와 같이 꿋꿋한 기상과 변하지 않는 일편단심의 지조를 상징하여 옛 선인들의 큰사랑을 받아왔다. 문인화(文人畵)에서뿐만 아니라 과거의 역사적 산림경관을 찾아볼 수 있는 산수화(山水畵)의 대부분은 소나무가 중심이 되었다. 춘궁기에 배고픔을 달래줄 뿐만 아니라 겨울밤 지친 몸을 묻을 수 있는 아랫목의 따스함도 소나무가 담당하였다. 이렇듯 유형·무형으로 물질적, 정신적 양면 모두에 걸쳐 크게 이용되어 왔다. 따라서 소나무는 우리 문화의 중심에서 큰 자리를 차지하고 있으며 이러한 역사적 사실이 지금까지 이어져와 아직도 우리 민족의 가슴속에 크게 간직하고 있기 때문일 것이다.

▷ 소나무와 곰솔의 차이점은

소나무류는 그 수가 세계적으로 100여 종이 있고 그중 잣나무류가 30여 종, 소나무류가 70여 종인데 우리나라에 자생하는 소나무류는 소나무(Pinus densiflora)와 곰솔(P. thunbergii)뿐이며 그 외는 수입종인 리기다. 그리고 잡종인 중곰솔(Pinus densi-thunbergii), 잣나무류로 그 수는 6종에 불과하다. 이중에서 소나무와 곰솔의 차이점은 다음과 같다.

종 류	분포지역	수피색	동아색	잎	수지구 위치	비 고
소나무	내 륙	적 갈	적 갈	부드럽다	외 위	적 송
곰 솔	해 안	흑	백	억세다	중 위	흑 송
중곰솔	동시생육	흑	적색과 백색중간	억세다	중 위	간흑송

▷ 소나무 연구에 대하여(소나무가 학문적 주제로 얼마나
　중요하게 다루어 왔는가)

우리나라 소나무에 대한 체계적인 연구의 효시(嚆矢)는 1928년 우
에키(植木) 교수의 『朝鮮産 赤松의 樹相 및 改良에 관한 造林學的 考
察』이다. 60년대 이후의 연구에 대해서는 충북대학교 신원섭, 차기환
의 『소나무 학제적 중요성에 대하여』에서 발췌하여 보면 한국 임학회
지 제1권(1962년 2월)부터 82권 2호(1993년 6월)까지 게재된 779편의
논문 내용을 분석자료를 수집한 것을 토대로 분류하면 이 중 14%에
해당하는 105편의 논문이 소나무를 주제로 혹은 소재로 삼은 연구들
이다. 이것은 수목생리학, 삼림생태학, 임목육종학, 삼림해충학, 조림학
의 연구가 주를 이룰 뿐이지 인체에 미치는 식품적 효능에 대해서는
거의 없고 몇몇의 식품학자들에 의하여 아주 미미할 정도일 뿐이다.

▷ 우리나라 소나무의 수형(樹型)이 잘못되어 가는 이유

낙엽을 채취하는 일이 좋지 못하고, 솔순을 꺾어 내피(內皮)를 먹는
행위는 나쁜 일이며, 송홧가루의 채집은 소나무 모양을 비정상적으로
만드는 원인이 된다고 하였다. 이러한 일이 계속되면 소나무 줄기는
굴곡이 되고 자람이 잘 되지 않는다는 것이다.

▷ 송편이라는 떡에 대해서 알고 싶다

송편은 솔잎과 떡을 함께 쪄내는데 이것은 쉽게 부패하는 것을 방
지하기 위함이며 이렇게 함으로써 솔잎 속의 오존(O_3)은 방부 살균
표백 등의 작용을 하고 있을 뿐 아니라 초산 철분 망간 등의 성분이

어우러져 피로나 빈혈에 좋고, 기근 때에는 기아감이나 피로를 방지하는 데 그 효과가 있어 자연을 이용하는 지혜를 가진 민족이 바로 우리 민족이다. 그 종류는 8가지가 있는데 그 종류는 다음과 같다.

① 송편 또는 송병, 송피병이라고도 한다.
② 제증병   ③ 송피병(법) 또는 송기송편   ④ 이맥송편
⑤ 각색송편   ⑥ 쑥송편   ⑦ 꿀송편   ⑧ 송기송편

▷ 화투의 송학에 대해서

16C경에 포르투갈 사람에 의해 일본에 들어간 카르타(Carta)를 본떠서 일본 귀족사회의 장난감으로 만든 것이 화투이다. 1월에 송학을 짝지은 것은 십장생을 본뜬 듯하며 임진왜란 때 그들이 가져간 풍물 중에 십장생도 있었던 것이 아닌가 여겨진다고 한다.

3) 소나무의 효능 및 치유능력

▷ 소나무는 완전식품이 될 수 있다

소나무를 소재로 한 식품은 생명공학의 획기적인 기능성 식품의 신소재로서 각광을 받을 수 있는 식물체로서는 유일무이한 완전식품이라는 것이다.

특히 소나무는 부위별로 부족한 영양성분을 충족시켜줌으로써 한 가지 부위만 활용하여 제조된 식품은 완전식품이 될 수 없다. 즉 솔잎에는 비타민 B, E가 없거나 부족한 상태이나 송화에서 보충되며 솔잎

에 부족한 탄수화물은 소나무 껍질에서, 솔잎에 부족한 지방은 솔씨 (송실)에서 보충이 되기 때문이다.

현재 발명특허제품(제0198506호)으로 제조·가공된 생즙 및 발효원 액즙은 가열 처리를 하지 않으므로 가열에 의하여 영양소가 소실될 염려가 전혀 없기 때문에 100%의 완전식품이며 기적 같은 건강개선 효과가 나타나는 이유는 필수아미노산인 아스파라긴산을 비롯한 8종 과 비타민, 그리고 아연, 유기 동, 칼슘, 칼륨, 철 등의 무기질은 생명 의 근원인 혈액의 헤모글로빈 합성을 돕고 신진대사작용을 다해 만성 피로와 스태미나를 증진시켜 남성·여성을 강하게 하며 이 모든 성분 이 몸속에서 여러 가지 생화학작용을 하는 결과라고 고문헌 이외에 최근 석·박사 논문에서 이를 입증하고 있다.

▷ 소나무가 무한한 가능성이 있는 약용식물이라고 하는데 그 가능성이란 구체적으로 어떠한 것인가

소나무로 질병을 치유한 사람들의 증언에 의하면 대단히 다양한 병 중에서 효능을 보았다고 한다. 이는 지금까지 과학적으로 밝혀진 소나 무에 들어있는 성분들보다 많은 성분들이 더 포함되어 있거나 각 성 분들이 상호 작용하여 상승효과를 나타내는 것으로 사료된다.

▷ 최근 민간요법과 단약(單藥)처방에 대한 관심이 고조되 고 세계의 여러 연구소에서 소나무의 효능을 과학적으 로 밝히면서 소나무 요법이 되살아나기 시작하고 있다. 그럼 소나무가 민간약재로서 왜 그토록 좋은 것인가?

이것은 우리나라 사람의 주요사망원인이 순환기계통의 질환, 각종

암, 사고사로 집약되는데 이중 암으로 인한 사망이 가장 많고 그다음
이 뇌졸중(중풍)등 뇌혈관 질환, 심장병, 고혈압성질환 등의 순서로
나타나고 있다.

　이러한 사실을 실제 임상실험에서 증명된 사실로 결국 소나무는 동
맥경화와 암을 예방하면서 노화도 예방하는 무병장수 식품인 동시에
우리 민족의 무병장수를 촉진시켜줄 수 있는 귀중한 약 성분의 기능
을 가지고 있는 식품으로서 하나의 식물이 이렇게 중요한 역할을 할
수 있는 것은 소나무뿐이다.

　이와 같이 잎은 약으로, 열매는 식용으로, 수지(樹脂)는 테레빈유의
원료나 충전제, 미끄럼 방지용 등으로 쓰여 우리 몸의 바탕을 튼튼히
하고 여러 질병을 예방, 치유에 뛰어난 효능뿐 아니라 일상에서도 삼
림욕 등으로 인간에게 유익함을 주는 식물이 우리 민족의 상징인 소
나무다.

▷ 소나무의 영양성분

* 윤태현: 식생활과 건강 p37(1996)에서 발표

수분	당질	단백질	지방	회분	조섬유	비타민C	Ca	Fe	Mn	zn
50-71	5-7	4-9	3-6	1	11-12	5mg	37-102mg	2-4mg	5-20mg	1-3mg

* 이광묵: 영양의 보고인 민족수 소나무로 건강을 지키자.(현 생즙
식품 개발자, 농학박사1997)

구분	수분	조단백질	조지방	조섬유	조회분	칼슘	인
건물기준	4.62	5.25	3.84	27.96	2.73	0.7	0.16
원물	50.86	2.76	1.98	14.40	1.41	0.36	0.08

• 김영길: 청송음료 제조 폐기물의 사료자원화 기술 개발.(현 동아
대교수, 농학박사 1998).

구 분	소나무 폐기물	볏 짚	비육우 배합사료	젖소 배합사료
수 분	9.17	9.57	10.58	11.72
조 단백질	8.44	3.78	13.15	19.04
조 지 방	4.12	1.71	3.54	3.08
조 섬 유	39.65	27.90	8.38	7.27
가용무질소물	36.87	41.92	55.75	52.21
조 회 분	1.75	15.12	8.62	6.68
칼 슘	0.33	0.03	0.51	0.72
인	0.01	0.25	0.38	0.53

• 소나무 성분 (산림조합 중앙회 홍보실)

솔잎: 0.1~0.3%의 아스코르빈산, 카로틴, 비타민 B·C·K, 쓴맛물
질, 옥실팔티민산, 플라보노이드, 안토시안, 7~12%의 수지, 5%까지의
타닌질, 탄수화물인 p-노나코산, 유니페프산을 주성분으로 하는 에스
폴리드형랍과 키나산, 시킴산, 정유

송피: 16%까지의 타닌질, 안토시안, 피마르산, β-시토스테린, 디히
트로-β-시토스테린, 글루코타닌, 기름에 풀리는 물질, 아라히딜알코올
(에이코자놀), 테트라코자놀(목부에는 테르펜히드라트, 피노실빈 0.1
1~0.25%, 피노실빈 모노 메틸에스테르 0.21%, 디히트로 피노실빈 모
노 메틸에스테르 0.01%, 피노쨈브린 0.02%, 피노반크신 0.01%, 프로
피온 알데히드, 쨰로틴산, 유니페르산이 분리되며 건류하면 테레핀유
와 타르가 얻어지는데 타르에 톨루올과 스티롤이 있다.)

송지: 어린가지와 마디의 기름에는 65~70% 카니폴, 아비에틴산 정
유가 들어있다. 생송진은 정유 70%, 수지 25%로서 마르쨈, 테르페놀,
α-, β-카렌, α-, β-피넨, 세스쿠이테르펜인 론기폴렌이 있다.

송화: 아데닌, ι-히스티딘, 0.34%의 콜린, 이소람네틴, 쿠에르세틴이 있다.

송실: 시킴산

▷ 솔잎과 인삼(수삼)과의 일반성분이 어떻게 다른가?

참고: 사단법인 한국영양학회에서 발행한 한국인 영양권장량(6차 개정판),1995

일반성분

구분	열량 kcal	수분(%)	단백질(g)	지방(g)	탄수화물(g)		회분(g)
					당질	섬유질	
솔잎	161	58.1	4.5	3.9	19.5	13.3	0.6
인삼	98	72.1	4.5	0.3	20.2	1.5	1.4

무기질 및 비타민 함량(mg)

칼슘	인	철	나트륨	칼륨	비타민A(R.E)	레티놀 μg	β-카로틴 μg	비타민B$_1$	비타민B$_2$	니아신	비타민C
61	51	3.1	7.5	1622	452	-	-	0.70	0.16	0.2	29
113	97	8.3	18	324	0	-	-	0.05	0.14	0.6	15

※ 소나무는 인삼에 버금가는 영양소를 가지고 있어 인간의 생체활성조절물질로 값진 영양의 보고라 일컬을 수 있다. 특히 솔잎 외에 소나무 전체를 이용하였을 경우에 그 효용가치는 매우 크다고 사료된다.

▷ 소나무는 어디에 잘 듣는가?

소나무는 자연식물이기 때문에 약처럼 "어디에 잘 듣는다", "병이 낫는다" 등의 말은 할 수가 없으며 해서도 아니 된다. 단 소나무는 몸의 조직을 활성화시키고 체력을 길러 자연치유력을 높이는 데 도움을 주는 식물이다.

소나무는 병이나 상처를 치유하는 약이 아니라 사람이 태어나면서 본래부터 가지고 있는 능력을 향상시키기는 산야에 있는 불로장생의 식물이다. 자연치유력이 본래상태로 회복되어 체질을 개선함으로써 결과적으로 본인 스스로가 정신적·육체적으로 불안정한 곳을 바로 잡아가는 것이다. 일찍이 서양의학의 시조 '히포크라테스'는 "식사로서 고칠 수 없는 병은 약으로도 고칠 수 없다"고 강조하였고 "병은 우리들이 간직하고 있는 자연의 힘, 즉 자연치유력으로 고칠 수 있다"고 역설하였다. 또한 병이라는 것은 "이상조건의 생명현상"이므로 병을 치료하는 데는 그 잘못된 이상조건만 없애주면 되는 것으로 미국의 유명한 생리학자인 W. B. 카논박사는 이와 같은 잘못된 이상조건을 없애주는 일은 우리들 몸에서 자동적으로 할 수 있으며 몸의 모든 조건을 자동적으로 해 줄 수 있기 때문이며 이것을 생체 항상성 유지(Homeostasis)라고 지적하면서 이것이 자연치유력이라 하였다. 그러나 "병은 우리들의 잘못된 생활태도를 버리고 올바른 건강생활로 돌아가라는 경고현상"이기 때문에 우리들 스스로가 우리들 몸의 건강을 지켜 나가는 것이라 할 수 있다.

▷ 약은 오래 계속 사용하면 습관성 등의 문제점을 낳기도 하는데 소나무의 경우는 어떠한가?

소나무는 내복이나 오용, 어떠한 형태로든 장기간 계속 사용하는 경우 효능 면에서 엄청난 효능만 있을 뿐 아무런 문제가 없다. 소나무는 독성은 물론 부작용이 전혀 없는 식물이기 때문에 양을 늘려야 좋은 것도 아니고 갑자기 사용을 중지해도 금단증상 같은 부작용이 생기지도 않는다. 도리어 장기간 꾸준히 복용하면 체내 여러 가지 이상 기능이 해소되고 병이 없는 사람도 신체의 모든 기능을 왕성하게 하여 질병을 예방하고 여성에게는 건강과 미용에 도움을 준다.

▷ 어느 정도 복용하여야 하는가?

소나무는 약이 아니다. 자연식물이기 때문에 복용기간이 정해져 있는 것은 아니다. 그러나 신선이 먹었다는 식물이고 선인이 되고자 수행할 때(장생구시) 식량의 재료 중 하나였다는 이 소나무는 우리가 일상적으로 밥을 먹듯이 장기간 복용하는 것이 젊음을 유지할 수 있고 각종질병의 원인이 되는 비만을 방지하여 질병을 예방할 수가 있다는 것이다. 건강을 회복하고 병상이 호전되었다고 해서 중단하고 이전과 똑같은 생활을 한다면 체질이 병들었던 원래의 상태로 돌아가 버리는 경우가 많다. 적은 양이라도 계속해서 복용하는 것이 중요하다.

▷ 부작용은 없습니까?(명현반응 현상)

소나무는 자연식품의 원재료이기 때문에 약과 같은 부작용은 없습니다만 체질에 따라 몸에 일시적인 이상현상을 보이는 경우가 있다. 이것을 한의학에서는 호전반응 또는 명현반응이라고 설명하고 있다. 이와 같은 일시적인 이상현상을 걱정할 필요는 없다. 이것은 병들고 피곤했던 몸이 건강하고 정상적인 몸으로 돌아갈 때 생기는 현상으로 흔히 있는 일이다. 특히 심장이 약한 사람은 혈액순환이 빨라져 심장이 마구 뛰는 경우가 있다. 이 경우에는 적은 양으로부터 시작하여 조금씩 그 양을 늘려 가는 것이 좋다. 또한 위·장이 약한 사람은 일시적으로 위통, 가슴외통 등 구역질이 일어나는 경우가 있다. 또한 설사를 하는 경우도 있다. 이것은 지금까지 허약함을 그대로 간직하고 있는 자신의 몸을 강하게 하는 기초 작업일 뿐 걱정할 필요가 없다. 일주일에서 15일 정도 지나면 튼튼한 장으로서의 기능을 발휘하여 설사는 멎고 변비·숙변까지도 해결한다. 단 일시적으로 많은 양을 드시지 말고 조금씩 차차 양을 늘려서 음용하면 좋다.

▷ 소나무에서 나오는 향내를 무어라 하며 어떠한 작용을 하는가?

소나무에서 나는 특유한 향내는 송진의 주성분인 정유성분으로 테르펜(Terpene)이라 한다. 이것은 고혈압 개선과 머리카락에 효과적으로 작용 머리숱이 많아지고 흰머리를 검게 하며 머리 결에 윤기를 준다고 한다. 불포화지방산을 많이 함유 비타민E와 비슷한 작용으로 모세혈관의 확장이나 혈중 콜레스테롤을 배제 동맥경화를 예방하고, 말초혈관을 확장시켜 혈액순환을 촉진, 호르몬 분비를 높이고 몸의 조직에 젊음을 주는 작용을 하여 심경색의 특효약으로 불려지고 있다. 신경을 안정시키는 약성과 박테리아의 공격을 막아주는 기능으로 잎에 0.13~1.3%, 싹 잎에 0.36%, 1년생 가지에 0.2~0.9%을 가지고 있다.

삼림욕에서 얻을 수 있는 물질로 신체에 흡수되면 피부를 자극해서 신체활성을 높이고 피를 잘 돌게 하며 심리가 안정되고 살균작용도 하여 테르펜으로 다양한 약리작용을 얻기 위해서 삼림욕을 한다. 테르펜이 있는 상태에서 수면을 취했을 때 피로회복도가 높고 다음날 피로에 대한 자각증세도 적었다는 연구결과도 있다. 이처럼 테르펜 성분을 일정량 취했을 때 우리 몸의 생리활성을 촉진한다.

▷ 소나무를 씹으면 떨떠름한 맛이 있는데 이 성분은 무엇
인가?

이 성분은 타닌이라는 성분이다. 감에 있는 떫은 맛 성분은 '디오스
피린'이라는 타닌 성분으로 체내 점막표면의 조직을 수축시키는 수렴
작용을 하기 때문에 설사를 멎게 하고 피를 멈추게 하는 지혈작용이
뛰어나 한방에서는 피를 토하거나 뇌출혈 증세가 있는 환자에게 솔잎
이나 감을 많이 권한다. 또한 폐가 답답할 때, 담이 많고 기침이 나올
때, 만성기관지염에도 효능이 있다고 한다. 또한 녹차 등에 함유된 떫
은 맛 성분은 수용성 타닌으로 '카데킨(Catechin)'이라 하며 과산화지
질의 조직세포 생성억제로 항암·항산화 및 노화방지에 탁월한 효과
를 나타낸다. 특히 탁월한 이뇨 작용과 체내효소와 결합, 몸의 지방을
에너지화하여 연소함으로써 뛰어난 감비 효과로 체중을 줄이면서도
몸을 보호하는 다이어트가 되게 한다. 그리고 모세혈관 강화와 장벽치
유로 장 기능을 정상화하고 유익 세균증식을 돕고 유해세균을 억제할
뿐 아니라 장의 연동력을 강화하여 통변을 원활하게 하여 변비나 숙
변 등 노폐물 제거작용과 해독작용을 잘한다. 또한 물 속의 중금속과
잘 결합하는 성질이 있는데 중금속인 수은이나 카드뮴이 타닌을 만나
면 '타닌수은' '타닌 카드뮴'이 되어 이 유해 중금속 성분들이 혈액에
녹지 않고 오줌으로 배설되어 공해 독을 제거하고 식수오염으로부터
우리 몸을 크게 보호한다.
  특히 식물성환경호르몬 '다이옥신'을 제거하는 데 매우 효과적이다.
이는 소나무의 식이섬유가 '다이옥신'을 흡착하여 소화관내에서 흡수되
는 것을 막고 변으로 배설시키며 또한 '다이옥신'과 결합하기 쉬운 형
태로 되어 있는 엽록소가 '다이옥신'과 결합, 복합체를 형성하여 '다이
옥신' 흡수를 막기 때문인 것으로 보고되었다. 이와 같이 소나무가 가

지고 있는 타닌성분은 과일(감, 밤)과 녹차 등에 각각 함유된 타닌 성분 모두를 함유하고 있기 때문에 효과 면에서 탁월한 효능을 보인다.

또한 소나무에 함유된 타닌의 각 성분은 여러 약리효과 즉 유해금속 흡착작용, 항산화작용, 항돌연변이작용, 항발암촉진작용, 항종양작용, 콜레스테롤 상승 억제작용, 혈압상승 억제작용 등을 松崎妙子, Kada, 中村好志, 復興眞弓, 原征彦 등이 발표한 바 있다.

▷ 소나무 송지와 송진(Rosin)에 대해 알고 싶다

나무의 새싹에서나 잎을 절단하거나 소나무 껍질내부에 있는 끈적끈적한 수액(樹液)과 피질(皮質)에서 나오는 수지상(樹脂狀)의 진액(津液)을 말하며 이것은 나무의 상처를 치유하거나 타 곤충의 침입을 막기 위한 것으로 이 속에는 세균, virus를 순식간에 사멸시킬 수 있는 갈랑기나(Galagina)와 피노세모리나(Pinocemorina)같은 강한 항생물질과 영양물질의 이동 통로가 되는 관다발을 좋게 하여주는 Bioflavonoid성분이 다량 함유되어 나무의 자체적 치유 능력을 갖는 성분이 함유되어 있어 자연치유 효과의 효능을 갖고 있다.

▷ 소나무가 상약으로 증명된 근거

동양의 약초 효과는 화학약품에 대한 불안 즉 화학 합성된 의약의 성분은 순수할수록 그 부작용이 심한 것이 문제로 제기되어 동양의 자연약은 인간이 살아서 움직이고 있는 장기에 가장 적절하게 작용하여 효과를 내고 자연 치유력을 점점 높여서 치료해 주고 있다. 특히 서양 약과 같이 약의 강한 성분이 일시적으로 치료시키는 것을 넘어서 후에 체질개선에까지 미치는 것으로 치료가 아닌 건강법이라 할

수 있다. 따라서 소나무는 질병을 고치는 것보다는 병자를 고친다고
일러 와서 신농본초경 이후 천년 뒤가 되어 드디어 소나무는 상약인
것을 증명하여 준 것이다.

불교의 경전에는 수행을 위해 강건한 체력 단련의 일환으로 강장강
정(强壯强精)의 묘약으로 솔잎이 나오고 있다.

소나무는 약의 신으로 제사지내는 神農氏 사당 가운데 장수의 열
가지로 선정된 나무로는 유일하게 지목되었다.

송수천년이라는 것은 소나무자신이 장생한 것만 아니고 그 소나무
를 복용한 사람이 장생한다 하여 송수천년(松壽千年)이라 하고 장명
(長命)을 송령(松令)이라고 한다.

불로장수의 비법은 산중에 들어간 수행자, 즉 선인은 곡물을 피하고
솔잎을 상식하여 그 정기(精氣) 때문에 천안(天眼), 천이(天耳), 숙명
(宿命), 타심(他心), 신족(神足)의 오통력(五通力)을 얻어 장수를 유
지할 수 있다는 선인들의 체험에서 증명하였으며, 수도승이 단식으로
들어갈 때 솔잎을 한 줌 먹는 것은 체내에 잠긴 일체의 사독(師毒)을
내버리고 기력(氣力)을 유지하기 위해서라고 한다.

▷ 소나무가 생식의 강장제로서 상당한 효과가 있는 것은

알칼로이드 등 기타의 영양이나 소화기 또는 뇌 조직에 유효한 자
극을 가져오는 성분을 함유하고 있기 때문이다. 또 솔잎에는 석회질을
용해하는 성질을 갖고 있으므로 동맥경화증에도 유효한 것이며 또 혈
관을 부드럽게 하는 작용이 있다.

▷ 소나무는 질병퇴치에 이용할 수 있는 약용식물의 하나다

생명의 신비성을 부여받은 모든 생명체들은 그 부여받은 생명체를

연장하기 위한 투쟁을 반복할 것이며 그러기 위해서 생명연장의 저해 요인에 대처하는 지혜를 찾아내기 위해서 투쟁을 반복할 것이다. 그중에서도 높은 통찰력과 사고력 등 우수성을 가지고 태어난 인간들은 다른 생명체들보다는 진취적인 위치를 점하여 생명현상을 위협하는 요인을 찾기 위한 노력은 계속 되리라 믿는다. 생명현상을 위협하는 요인 중 질병의 발생인데 인간은 우수한 두뇌를 가지고 있음에도 누구에게나 의지하려는 약자의 본능을 나타나게 되어 쉽게는 신에 대한 기도나 주술(呪術)에 의한 정신적인 치료방법의 안출을 표현하게 되었고 주위에서 습득하기 용이한 식물체의 응용을 유도하게 된 것이 오늘날 치료방법의 효시가 되었다고 볼 수 있다. 여기에 가장 가까운 식물이 바로 우리 민족수 소나무가 아닌가 한다.

▷ 소나무는 덕성을 가지고 있기 때문에 나무 자체만으로도 아주 영험한 생체라고 한는데 그 이유는 무엇인가?

소나무의 덕은 송화(松花)로 다식을 만들고 잎(葉)은 선식이 되고 껍질(皮)은 벗겨다 끓여 먹고 송기는 멥쌀가루에 버무려 먹고 솔방울(松實)은 술을 만들고 송판은 관목을 하고 특히 가뭄을 방지하며 풍채와 운치는 용의 기품을 가지고 하늘로 솟구치는 기상을 가지며 애국가에서도 웅변해주듯 견인불발(堅忍不拔)의 정신이 그대로 표현되어 있음을 알 수 있다. 따라서 소나무는 불노의 육체를 일깨워준 식물로서 송식(松食)하면 소나무의 모든 것을 의미하며 불로장수를 위해 최고의 식품으로 인정해와 일본에서는 소나무는 선인식(仙人食)이고 장생구시의 목이(木餌)재료의 하나로 무슨 병에 듣는다기보다 전신을 가볍게 하고 늙어 허리가 구부러지지 않도록 하는 작용을 함으로 질병에 효과가 있어 어떤 질병에도 모두 효과가 있다고 하여 체험수기로써 그 효능을 알리고 있다. 또한 중국에서도 오곡은 끊고 득선(得

仙)의 술법을 구현하는 복이(服餌)로 소나무를 이용 상약으로 불로의 약효가 있는 식물이라고 평가하여 신농본초경집주와 본초강목이라는 동양의학의 대보전을 만들어 소나무의 효능과 진가를 남겼다.

▷ 담배 해독이 가능한가?

건강에 있어서 '백해무익'하다고 말해지는 것이 담배다. 담배의 매력은 그 성분 하나인 '니코틴'이 대뇌를 자극하여 기분을 좋게 하여 준다는 것이다. 그러나 '니코틴'은 맹독인 청산가리와 같은 정도의 강한 독성을 가지고 있다. 60mg으로 성인 한 명을 죽일 수 있을 정도로 강한 독이다. 담배의 해는 그것뿐만 아니라 혈압을 높이고 호흡을 빠르게 하고 예외 없이 기관지를 자극하여 염증을 일으키고 때로는 암을 일으키는 원인이 되기도 한다. 끽연의 최대의 해는 심장혈관계에 미치는 작용이다. 끽연습관은 심박수를 증가시켜 부정맥을 일으킨다. 심장병인 사람이 담배를 피우면 안 되는 이유도 이 때문이다. 이러한 사람에게 권하고 싶은 것이 소나무 액즙이다. 소나무액즙에는 담배의 해를 제거해 주고 또 담배에 의해 체내에서 잃어버린 성분을 보충해주는 여러 가지 작용이 있다. 소나무액즙에 함유되어 있는 아피에틴산은 니코틴을 해독하여 주며 또한 떫은 성분인 타닌도 체내에 들어오면 니코틴이나 타르 같은 유해물질에 반응하여 이것들과 결합한다. 그리고 물에 녹지 않는 상태로 된다. 그 때문에 위장에서는 조금밖에 흡수되지 않고 대부분이 체외로 배출된다. 즉 타닌은 니코틴과 타르 등의 유해물질을 무독화시켜 버린다는 것이다. 물론 완벽하다고는 말할 수 없지만 담배를 피운 후에 소나무액즙을 마시면 니코틴과 타르의 흡수율이 꽤 억제되는 것은 확실하다. 그 밖의 소나무액즙에는 애연가의 건강을 돕는 여러 가지 작용이 있다. 담배를 피우는 사람은 혈액 중에 비타민 C가 줄기 때문에 얼굴이 검어진다. 소나무액즙은 비타민 C의

보고이기 때문에 소나무액즙을 매일 마시면 얼굴색을 정상으로 유지할 수가 있다.

▷ 소나무는 얼마든지 권장하여도 좋은 강장제다

선도련(仙道連: 중국의 선인이 되는 수행을 하고 있는 단체) 연주 오천언방현통자(五千言坊玄通子: 일본사람으로서는 유일하게 선인의 인허를 얻은 자)사(師)에게 받은 "장생구시(長生久視)" 속에 유교를 설명한 공자와 선도(仙道)를 시작한 노자에 대해서 다음과 같이 쓰고 있다.

지금까지 성인(聖人)이라고 불려진 사람은 모두 성 불구자이다. 공자는 "여자와 소인은 기르기 힘들다"라고 말한 것으로 보아 원만한 부부관계가 없었던 모양이다. 그것에 대해 노자는 그의 저서 『도덕경(道德經)』의 도처에 남녀 생식의 원리를 속 깊이 설명하고 있는 것으로 보아 금슬상화(琴瑟相和)하고 생명에의 유열(愉悅)을 진실로 향수하고 있는 것으로 생각된다.

송식(松食)을 하고 있는 선도련에서는 그 정액의 분비를 일생 쇠퇴시키지 않고 백세가 되어도 성욕이 왕성하고 노인들끼리 인생을 즐기고 잠자리도 청년처럼 할 수 있고, 수명도 길었다고 하면서 "인생은 만나기 어렵고 선연(仙緣) 맺기 어렵다"고 하나 송식으로 선연을 맺은 사람은 60세를 지나서 새로운 건강을 얻을 수 있다가 70세를 지나면 생각하지 못한 행복을 얻는다고 표현, 스태미나 식품으로 송식을 권하고 있다.

▷ 소나무 삼림의 효과에 대하여

1정보의 소나무 숲은 1년 동안에 37톤의 먼지를 공기 속에서 제거하여 맑은 공기를 만드는 구실을 한다고 하며 삼림의 1정보는 1년 동안에 2톤의 탄산가스를 흡수하고 180억㎥의 산소를 내보낸다. 그리하여 탄산가스의 농도가 삼림이 없는 지역에서 0.42㎎/㎥이라면 삼림지역에서는 0.04∼0.17㎎/㎥이다. 또한 식물은 사람에게 해로운 즉 심장질환, 호흡기질환, 암 등 각종 질병을 유발시키는 아황산가스도 흡수해 버린다. 따라서 소나무 삼림욕 시 소나무 식품을 음용을 병행할 때는 효능 면에서 좋은 결과가 있을 것으로 사료된다.

▷ 소나무의 엽록소가 좋은 이유

인체의 혈색소의 구조에 대단히 비슷한 것으로 혈색소의 증가작용이 현저하며 조직세포에 대해서는 성장촉진작용을 갖고 있다. 또 세균류에 대해 어느 정도 직접적인 살균력을 가지고 있고 감염 또는 비감염 창에 쓰면 상처의 청정화(清淨化) 육아(肉芽)의 증생(增生), 표피(表皮)의 형성이 촉진된다고 한다.

▷ 상약, 중약, 하약이란

양생훈[養生訓: 가이바라에기겐(貝原益軒) 저]이란 나이를 먹어도 건강을 유지하기 위해, 호르몬을 고갈시키지 않게 하기 위해서, sex를 가르치고 있는 것이다. 이렇게 살아가기 위해 약이 구분되는데 상약이란 선인어(仙人語)이고 장생하는 약을 말하며, 중약이란 정력이 강해지는 약, 하약이란 병을 고치는 약이란 말이다. 장생하는 것이라든지 정력이 강해진다는 것은 강한 심장을 가지고서야 비로소 가능한 것이다. 심장이 약한 사람, 심장을 앓는 사람은 소나무 제품을 반년 이상 권하고 싶다.

▷ 소화액의 기능

위액은 강한 산성으로서 외부의 침입세균을 살균하는 작용을 하고 그 아래 부위의 십이지장에는 담즙이 분비되어 알칼리성을 나타내고 이것 역시 외부의 침입 세균을 죽이는 역할을 한다. 대장에는 장내세 균이라는 균총이 1011/g이 생존하고 있으면서 유익한 작용과 유해한 작용을 하고 있다. 소화기관의 전체 길이는 약 9m, 그중에서 식도가 24~25cm, 십이지장 25~30cm, 공장 2~2.5cm, 회장 3.3~4.1cm, 맹장 5~6cm, 대장인 상행결장 20cm, 하행결장 25cm, S자형결장 45cm, 직장 20cm로 약 110cm이며 장 내용물은 1시간에 약 10cm로 이동한다. 변비 일 경우에는 이동속도가 느리고 수분 흡수가 많다. 소장의 융모벽 면 적은 200㎡에 이를 정도로 면적이 넓어서 세균이 서식하기에 좋으며 세균이 가장 많이 서식하는 곳은 대장이다. 이와 같이 소화기관의 역 할과 기능을 수행할 수 있도록 소나무의 각종 영양성분이 살아있는 효소로서 그 역할을 다하여 주고 있다.

▷ 소나무는 피부·모발에 좋다고 하는데

탄력과 윤기 있는 피부는 잔주름도 없다고 한다. 그 이유는 신진대 사로 혈관을 확장시켜 혈행을 좋게 해줌으로써 이루어진다고 한다. 또한 피부는 표피와 기저층이란 두 개의 층으로 이루어져 있으며 그 기저 층이 위로 올라와 표면에 돌출되면 각질이 벗겨지게 되는데 이 것이 잘 벗겨지지 않고 대사가 원활하지 않으면 멜라닌색소로 침착 되어 기미가 생기는 것이다. 따라서 피부의 표면층은 수분이 10%이 하가 되면 피부는 거칠게 됨으로써 보습과 혈행은 건강과 미용에 깊 은 관계가 있다는 것이다. 즉 우리 몸은 영양과 산소를 몸의 구석구석까지 미치게 하는 혈액의 호르몬으로 유지되어 있기 때문에 결국 혈액의 흐름이 나빠지면 영양과 산소가 부족한 상태가 되면서 자연히 피부세포가 영양부족 상태가 되어 피부는 거칠어진다. 이 중 얼굴의 피부는 모세혈관이 대단히 많아 혈액의 흐름이 순조롭지 못하면 그 부작용이 직접적으로 나타나서 외관상 보기 흉하게 된다. 또한 백발이나 탈모는 심한 걱정거리나 스트레스가 모발에 악영향을 준다는 사실과 그리고 다이어트를 많이 하는 여성들에게 탈모나 백발현상이 일어나기도 한다고 알려져 있다. 스트레스를 받으면 자율신경의 균형이 무너져 혈관이 수축되고 혈행이 악화되어 젊은 대머리·젊은 백발이 된다. 이러한 두발 트러블을 가지고 있는 사람이 모근에 적당한 자극을 주기 위해 두피를 문지르곤 하는데 이것은 모발이나 두피를 상하게 하는 역효과를 내기도 하므로 부드럽게 하여 주는 방법이 좋다. 이러한 것을 소나무는 해결할 수 있다는 것이다. 소나무가 가지고 있는 성분은 빈혈로 생기는 기미를 제거하는 효과와 조혈작용, 그리고 불포화지방산의 함유로 혈액순환을 용이하게 할 뿐만 아니라 말초혈관을 확장시켜 혈액순환 및 호르몬 분비를 촉진시켜 체내균형 유지에 도움을 주고 그 외에 신진대사촉진, 혈당강하작용, 혈관강화, 활성산소제거, 노화방지 등을 할 수 있는 영양성분을 다량 함유 피부는 탄력과 윤기를 갖게 하며, 모발을 검게, 윤기 있게 하여 준다는 것이다.

▷ 노인 반점의 발생원인과 억제

나이가 많아짐에 따라 얼굴, 손등, 어깨 등에 갈색반점이 나타나는 현상으로 주근깨와는 생성원인이 다르고 형태, 크기도 다르다. 색깔은 주근깨보다 연한 편이지만 크기는 더 크고 뿌리가 깊어서 반영구적으로 남는다. 이것은 젊었을 때 피부를 햇볕에 많이 태운 사람에게서 잘 나타난다. 이것의 생성과정은 역시 멜라노좀(melanosomes)이 자외선에 오랫동안 자극되어 기억된 상태에서 습관적으로 색소를 많이 생성하기 때문이다. 또 하나의 이론은 radical에 의한 지질의 산화과정에서 lipofuscin이라는 age pigment입자가 형성되는데 형광을 나타낸다. 이것이 나이가 많아지면서 점점 커지고 많아져서 반점을 형성한다는 것이다. 이 색소는 신체의 모든 조직에서 생성되어 그 조직에 침착하는데 특히 신경세포나 근육세포에 많이 침착하면 생명에도 위험하다는 것이다. 이러한 현상은 항산화제(비타민 C, E) 섭취 부족 시 더욱 현저하게 증가한다. 그러나 소나무에는 항산화제의 성분을 타 식물이 가지고 있는 양보다 많기 때문에 소나무 식품을 먹으면서 삼림욕을 한다면 최대의 효과를 얻을 수 있다.

그러나 위에서 설명한 것은 색소의 과잉생성으로 피부색이 착색하는 것을 설명한 것이며 이와 반대로 과색소피부(hypopigmentation)라는 것이 있는데 이것은 멜라노사이트 세포가 피부층에 발달되어 있지 않아서 피부 색소가 충분히 생성되지 않고 흰색반점을 나타내는 현상을 말한다. 이것을 백반 또는 백피증(白皮症)이라고 하는데 그 원인은 대개는 선천적인 것이지만 해수욕을 한 후에 나타나는 백반, 가매독성 백반, 염증 후에 나타나는 백반 등은 후천적 원인으로 생성된다. 이러한 것들은 모두 불치의 난치병들이다.

▷ 시력이 회복된 이유

소나무에 함유되어 있는 비타민 A가 작용한 것으로 생각되어질 수 있다. 비타민 A는 '눈의 비타민'으로 일컬어질 정도이며 흐리거나 뿌옇게 보이는 눈의 증상을 개선해 주는 작용이 있다.

▷ 두피가 너덜너덜할 경우가 있는데 그 이유와 개선책은?

이 증상은 보통 체내의 수분의 대사(이용과 배설)나 혈액순환이 나쁠 때 일어나기 쉬운 증상이다. 소나무에는 비타민 A나 비타민 C, 엽록소에는 혈액의 흐름을 원활하게 해주는 작용이 있다. 따라서 혈행이 좋아져 두피가 단단해진 것이다. 그리고 그 결과로 모근에도 영양이 고루 공급돼서 머리카락이 검어지게 된다는 것이다.

▷ 당뇨병에는?

당뇨병은 인슐린이라고 하는 호르몬과 신진대사와의 균형관계가 무너졌을 때 나타나는 병이다. 인슐린을 췌장으로부터 필요에 따라 혈액 속으로 방출되어 몸 안에 있는 모든 조직으로 보내어진다. 그리고 새로운 영양분을 섭취하고 오래된 것은 밖으로 내보내는 이른바 '배설작용을 도와주는 역할'을 담당하고 있다. 이러한 인슐린이 몸속에서 원활하게 생산되지 않거나 설사 생산된다 하더라도 충분히 그 역할을 수행해 주지 못하는 상태의 경우도 당뇨병이라고 볼 수 있다.

어떤 영양소라도 일단 혈액 속에 들어가면 인슐린의 생산과 소비가 높아진다. 따라서 당질뿐만 아니라 단백질이나 지방도 지나치게 섭취하면 췌장에 쓸데없는 무리를 주게 된다. 항상 이런 식생활을 하는 것은 당뇨병으로 가는 길을 재촉하는 결과를 가져온다. 따라서 당뇨병을 치료하기 위해서는 당질을 제한하는 것만으로는 불충분하다. 당뇨병은 당질, 단백질, 지방 등 모든 신진대사에 이상을 초래하는 질병이기 때문에 그냥 방치해두면 혈관, 췌장, 신경 등 정신을 병들게 한다. 그러나 적절한 양과 균형 있는 식생활을 한다면 더 이상 악화되는 것을 막을 수 있을 뿐만 아니라 건강한 사람과 다름없는 생활을 할 수가 있다. 따라서 소나무는 생체 내에서 생긴 포도당을 근육 글리코겐의 분해로 생긴 젖산이 혈액을 통하여 간에 옮겨진 후에 포도당으로 변하는 해당작용을 하는데 이 작용은 혈당강화작용을 함으로 당뇨에 효과가 있다. 또한 소나무가 혈당저하 효과가 있는 것은 소나무에 있는 다당체(Polysacchride)의 성분은 인슐린의 합성을 촉진하고 떫은맛을 내는 카데킨 성분이 당을 분해시키는 효소의 작용을 억제함으로써 혈당저하효과를 나타낸다. 그러므로 식후 및 식전에 소나무에 있는 식이섬유를 섭취하면 당질흡수를 억제하는 동시에 혈당량을 떨어뜨릴 수가 있다.

특히 소나무에 있는 식이섬유는 발효성 식이섬유이기 때문에 다음과 같이 혈당상승억제작용을 할 수 있다고 주장한 학자가 있다. 수용성 식이섬유는 gel을 형성하는 능력을 가지고 있어 포도당의 확산을 저해시켜 준다. 포도당 확산이 저해되는 것은 장에서 흡수를 지연하고 포도당 섭취 후에 혈당상승을 억제한다. 또는 소화관의 호르몬 분비를 변화시켜 췌장의 분비 및 당질 소화흡수를 억제, 즉 섭취한 음식이 위에서 십이지장으로 옮겨진 것을 억제할 수 있으므로 당 소화흡수를 막게 된다는 것이다. 그리고 식이섬유는 당뇨병 환자에게 혈당이 급격히 상승하는 것을 억제하고 혈액 중에 인슐린이 절약을 시킬 수 있다는 이중 효과를 준다고 발표된 바 있다.(Jenkins, Monnier)

▷ 변비에 특효

소나무에 있는 식이섬유는 발효성 식이섬유로서 장과 담즙산 수분을 흡수해서 팽윤하고 부드러운 음식물의 형태로 바뀌어 장관을 자극하여 호흡시킬 수 있는 작용을 한다. 따라서 변의 양을 증가시키고 장의 내압을 떨어뜨려 보다 더 빨리 통변을 기대하여 변비를 치료하고 담즙산

속에 있는 유기물이나 유해물질 등을 흡착시킨다. 특히 식이섬유가 많은 소나무는 대장 안에 내용물이 많아져 배설시간을 단축하는 동시에 대장기능을 촉진하여 장 속에 유해물질을 흡수함으로써 대장암을 억제하는 이중 효과가 있다. 그러므로 소나무에 있는 섬유질은 장벽에 생리적 자극을 촉진하여 만성기능성변비를 해소시켜줄 수 있다.

소나무는 각종 약과 장 촉진제보다는 신체 부작용이 전혀 없으면서 장기적으로 복용할 수 있고 효과도 높다는 것이다. 또한 소나무에 있는 섬유질은 임산부, 고혈압, 심장질환 환자에게 통변을 볼 때 혈압상승을 완전 억제할 수 있다는 것이다.(小出來一博, 許甲範 외 3人)

▷ 소나무는 콜레스테롤 생성을 억제시키는가?

우선 콜레스테롤을 먼저 설명하면, 콜레스테롤은 우리에게 필수불가결한 3대 영양소라고 할 정도로 중요한 것이다. 이것이 부족하면 체중이 감소하고, 지구력이 떨어지고, 피부와 모발이 나빠진다. 또한 성호르몬 생성을 위한 가장 중요한 기저물질이므로 이것이 낮아지면 성기능이 감퇴하고 조기 폐경과 갱년기 장애를 격화시킨다. 이러한 콜레스테롤은 혈중 콜레스테롤의 70% 정도는 내인성이고 30% 정도는 외인성으로 육류 등으로 인해 만들어지는 것은 불과 10% 이하이다.

체지방 양의 증감은 식사보다는 체내에서 만들어지는 원발성 고지혈증에 더 큰 영향을 받으며 특히 콜레스테롤보다 더 나쁜 것은 중년 남자들에게는 '트리글리세라이드'라는 지방이 더 자주 올라가는 경우가 많아 이로 인한 뇌, 심장혈관 장애가 더 크다는 사실이 학계의 주장이다.

따라서 콜레스테롤 자체가 성인병의 근원이란 생각은 잘못된 것이다. 이러한 것은 혈관 속에 잔류토록 하는 것은 소나무에 카로틴

(carotene)인 비타민 A가 신체의 방어력을 강화하여 몸 안팎의 이물질인 독성을 해독, 청소하기 때문이며, 소나무에는 동식물성 지방과 다른 리놀렌산이 20%, 팔미트산이 10%로 고도 불포화지방산이 많이 함유하고 있어 산화가 되지 않으므로 과산화지질과 같은 유해물질을 만들게 되고 활성산소를 억제해 버리기 때문에 외인성 콜레스테롤의 집착이 될 수가 없다. 또 엽록소는 콜레스테롤을 감소시키며 혈색소의 증가작용을 하고 조직세포의 성장을 촉진시킨다. 특히 소나무에 있는 시토스타놀(Sitostanol)이라는 성분은 콜레스테롤의 흡수를 감소시키고 분변으로의 배설을 증가시켰으며 콜레스테롤의 합성을 자극함으로 콜레스테롤 수치를 감소시키는 것으로 나타났다(Miettnen 등,1995: Gylling 등, 1997).

▷ 고혈압과 협심증 그리고 심장병과 지방간에도 호전이 된다고 하는데?

소나무에는 론기포렌이라는 성분이 들어 있으며 이 성분은 혈액순환을 원활히 해주며 혈관의 벽에 붙어 있는 콜레스테롤을 깨끗이 제거해 주는 작용이 있다. 콜레스테롤이 제거되면 동맥경화가 개선될 뿐만 아니라 만성 피로도 해소된다고 한다. 이와 같이 혈압이나 중성지방치가 정상으로 돌아간 것은 론기포렌이라는 성분의 작용으로 사료된다. 특히 소나무는 필수아미노산외 무기질, 비타민류가 다종 다량으로 들어 있으며 많은 유효한 물질이 있는데 그중 활성 펩티드라는 물질 즉 단백질이 효모의 자기소화(스스로 자신의 균체를 분해하는)에 의해 분해돼서 아미노산으로 이르는 과정에서 생성되는 물질이다. 이 물질은 갖가지 세포를 강화하는 데 기여하고 있다는 것은 잘 알려진 사실이다. 그런데 소나무에는 이펩티드의 일종으로서 혈압을 낮추는 효과가 뛰어난 물질이 많이 있다는 것이다. 그것은 안기오텐신 변환저해물질의 일종으로 알려졌다.

참고로 고혈압은 2차성 고혈압과 본태성 고혈압증으로 나눌 수 있는데 2차성 고혈압증은 혈압을 높이는 원인이 되는 질병 즉 신장병, 심장병 등을 지니고 있다. 본태성 고혈압증은 원인이 불명하며 유전성 소인이 강한 것으로 알려지고 있다. 본태성 고혈압증인 사람은 안기오텐신 변환효소라는 효소(체내에서 일어나는 갖가지의 반응을 촉진하는 물질)가 분비돼서 혈관벽의 근 수축이 생겨나 그 결과 혈압이 상승하게 된다. 그 효소를 저해하는 물질이 안기오텐신변환저해물질인 것이다. 그것이야말로 천연의 강압제라 할 수 있다. 본태성고혈압증인 사람 중에서 약 절반정도는 염분의 과다 섭취가 원인이고 나머지 절반인 사람은 안기오텐신 변환효소가 관계된다고 볼 수 있다.

▷ 뇌경색에도 좋다고 하는데?

뇌경색은 뇌를 둘러싼 혈관에 장해가 일어나 생기는 질병을 통상적으로 말한다. 소나무에는 혈액의 흐름을 좋게 하는 론기포렌이라는 성분이 함유되어 있다. 론기포렌은 혈소판의 덩어리를 제거하기 위해 뇌의 혈관에 신선한 혈액이 고루 흐르게 해준다. 이 성분의 효과는 소나무의 추출물에 가급적 열이 가하지 않은 생즙을 음용했을 때 그 효능이 배가 될 것이다. 특히 소나무에 송진의 주성분인 정유(테르펜유: 식물에 들어있는 방향성 휘발유)는 다량의 불포화지방산이 들어 있어 혈관의 콜레스테롤을 제거해주기 때문에 동맥경화와 고혈압에 큰 효과가 있으며 뇌 기능을 회복시켜 뇌경색에도 효험을 볼 수 있다고 한다. 또한 비타민 P(헤스페티진)의 영향으로 혈관벽도 튼튼해진다.

▷ 뇌졸중(중풍)에도 좋다

소나무는 맛은 쓰고 떫지만 성질은 따뜻하고 독이 없다. 주로 심경과 비경에 작용하여 풍습을 없애고 가려움을 멎게 한다. 또 오장을 편안하게 하고 풍으로 아프고 다리가 쑤시는 것을 치유시키며 뇌졸중의 특효식물로 알려져 있다. 뇌졸중(중풍)의 경우 회복된 뒤에도 물리치료만으로는 완치를 기대할 수 없을 때 소나무요법이 좋다는 것이 국내외 많은 민간요법 사례에서 입증되었다. 특히 장기간 복용하면 위장장애가 야기하는 아스피린에 대용할 수 있어 탁월하게 뇌졸중을 예방할 수 있는 식물이다. 특히 중풍에 대한 효과로서 우선 칼륨의 효과를 들 수 있다. 칼륨에는 나트륨과 길항작용을 해서 혈압을 낮추는 작용이 있기 때문에 고혈압과 관계가 깊은 중풍의 예방이 되는 것으로 생각된다.

▷ 냉증과 숙취해소에 효과가 있다

여성에게 가장 많은 병 중의 하나로 이는 신체의 다른 부분은 전혀 차가운 것을 느끼지 않고 손끝이나 발끝만이 차가움을 느끼는 것으로 주위의 온도와는 아무런 관계도 없는 상태다. 이는 혈관의 운동신경의 장해를 가져오고 모세혈관이 오므라들어 혈액순환이 방해되어 피가 통하지 않아서 싸늘해지는 것으로 이 원인은 콜레스테롤의 체류(滯留) 때문에 일어난다. 소나무에는 콜레스테롤의 흡수를 저해하는 Sitostanol이라는 성분이 있어 모세혈관의 순환을 좋게 하는 작용을 하여 혈액을 맑고 깨끗한 혈액으로 정화시키는 일을 하며 특히 세포에 신선한 산소나 영양을 공급하기도 한다. 또한 무기질이 풍부하여 몸 안에 생기는 산성물질을 중화시키기 때문에 혈액순환을 좋게 함으로 숙취(宿醉)효과에도 탁월하다.

▷ 왜 숙취해소에 효과가 있는가?

술을 마시면 술의 주성분인 에탄올이 간장에서 분해되어 아세트알데히드(acetaldehyde)라는 성분이 몸에 유해물질로 분해되며 다시 아세트알데히드(acetaldehyde)는 분해하여 몸에 무해한 아세트산이 된다. 그리고 아세트산을 탄산가스와 물로 분해하는 것이다. 이 에탄올 분해 및 아세트알데히드(acetaldehyde) 분해 시 알코올탈수소효소와 아세트알데히드(acetaldehyde)탈수소효소가 작용하여 분해를 돕는다. 이러한 일련의 과정을 통해 알코올이 분해되는데 이런 알코올대사가 잘 되지 않을 때에는 숙취(宿醉)가 되는 것이다. 술을 마시면 체내에 흡수된 에탄올 중 약 5%는 내쉬는 숨[呼氣]과 오줌에 소실되고 또한 에탄올이 혈 중에서 소실되는 것은 주로 간세포에 흡수되기 때문이며 90%이상은 간장에서 대사되기 때문에 간장에서 에탄올대사를 담당하고 있는 효소계의 활성을 조정하여 주어야 숙취가 해소되는 것이다. 소나무 식품은 이러한 역할로 간장이 아세트알데히드(acetaldehyde) 탈수소효소를 활성화시켜 에탄올 대사를 촉진시키는 결과에 의하여 숙취해소에 큰 효능을 발휘하고 있음이 임상실험 결과로 나타나 있다.

▷ 기침 및 가래에 효용이 있다

대부분의 민간요법에 관한 책에서 소나무에 있는 송피, 솔방울, 솔잎, 송진이 고혈압, 폐결핵에 대해 유효성을 지님을 인정하고 있다. 특히 송진은 쓰고 달며 성질은 따뜻하다. 또한 정유성분은 피부자극작용, 항균작용, 소염작용을 나타낼 뿐만 아니라 흡수가 빨라 기침과 가래를 삭이는 데 탁월한 효과를 볼 수 있다.

▷ 소나무성분이 비만을 해소시킬 수 있나?

비만이 되기 쉬운 체질은 기초대사가 낮고 에너지 효율이 높은 체질로 원인의 하나는 열 생산 장기인 갈색지방장기(BAT)의 기능이 저하되어 일어나는 것으로 吉田俊秀(1991)에 의해 밝혀졌다. BAT는 과식 후 여분의 에너지를 열로써 체외로 발산하는 장기로 성인에서도 육안적 동정이 곤란하지만 신장 주위 등에 한정하여 존재하고 있다. 이 조직에서 열 생산이 가능한 것은 BAT의 미토콘드리아 내막에 사모게닌이라고 부르는 분자량 32,000의 단백질에 의한 작용으로 이 단백질은 BAT 미토콘드리아에 대한 GDP(Guanosin diphsphate: 구아노신이인산) 결합능으로 측정하고 있다. 이때 소나무 등 엽록소 식물이 가지고 있는 단백질은 기초 대사량의 감소억제, 체지방의 연소촉진에 효과적이라고 보고하고 있다.

▷ 장을 정화시킨다고 하는데?

사람들의 장 속에는 좋고 유익한 균뿐만이 아니라 해롭고 나쁜 균들도 여러 가지가 살고 있다. 장내환경에서 해로운 균이 지배적으로 우세할 때에는 장내에 부패산물이 고이게 되어 몸에 악영향을 끼치게 된다. 따라서 소나무는 식물섬유가 듬뿍 들어 있고 유익한 영양물이 함께 가세해서 장 속의 좋고 유익한 균의 증식에 크게 기여하고 있는 것으로 사료되기 때문에 그 비유로 소나무는 신선이 먹었고, 수도승이 수도 직전에 먹었다는 이야기는 그것을 증명해주고 있다. 특히 장수한 노인들의 면면을 조사한 통계를 보면 장이 튼튼하였다는 사실이다. 따

라서 장이 튼튼할 경우 변비해소나 혈압의 안정, 대장암의 예방에 유
효하다는 것은 이미 알려진 사실이다.

▷ 간장 질환에는 좋은가?

간장 질환은 중년 이상의 남성들에게 많이 생기는 병이다. 간장이
나쁘면 스태미나가 떨어지고 매사에 피곤하고 의욕이 없어져 충분한
활동을 할 수 없게 된다. 특히 간장은 기능이 저하되거나 병이 생겨도
통증 등 특별한 자각증상이 일어나지 않기 때문에 병을 키우게 되는
경우가 있다. 따라서 간장병에는 고단백, 고칼로리, 고비타민식을 섭취
하는 것이 바람직하다. 특히 몸속에 들어온 해로운 물질들이 중화되지
못한 채 몸속에 축적되고 그 독성의 영향으로 피부가 검어지고 매사에
의욕이 없고 피로해지게 된다. 그러나 소나무가 함유하고 있는 성분
중 크에르세틴 성분은 니코틴을 해독하며 Polyphenol계 화합물인 타닌
성분은 강한 항산화작용과 금속이온과 착염을 형성함으로 환경공해에
의한 중금속을 해독한다고 일본학자(기무라) 등이 보고한 바 있다.

▷ 자연치유력이란?

자연은 인간만을 위한 부수적인 것이 아니고 인간은 외적으로 선택
적인 조건에서만 생명을 유지할 수 있고, 내적으로는 생명의 근원이
되는 세포의 생 면역이라는 대식세포(Macrophage), T-세포, B-세포,
NK-세포(Natural killer cell)등을 동원 외계로부터 침투하는 이물(異
物: 유해 균도 포함)과 정상세포를 악화시키는 변이제(Matater)를 파
괴 제거하는 방어반응을 하고 있다.

1900년 프랑스의 사르트 리세 교수는 "생물은 안정한 것이다. 생물

은 외부에서 오는 자극에 반응하기 쉽고 그 자극에 따라 자기 자신의 신체를 변화시켜 그 자극에 적응하려는 능력을 가지고 있으므로 비로소 생물의 안정성을 유지할 수 있다는 것이다. 어떤 뜻에서는 생물은 변화할 수 있기 때문에 안정한 것이다."고 하였다. 따라서 병이라는 것은 '이상조건의 생명현상'이므로 병을 치료하는 데는 그 이상조건만 없애주면 된다는 것이다. 1929년 미국의 생리학자인 W. B. 캬논이 이상조건을 없애주는 일로 우리들 몸에서 자동적으로 할 수 있으며 또 몸의 모든 조건을 자동적으로 조절해 줄 수 있기 때문에 이것을 호메오스테이시스(Homeostasis), 즉 생체 항상성(恒常性)유지라고 말하였다. 인간의 항상성유지의 실례로 체온 조절하는 것이라든가 위통이 발생했을 때 자연적으로 손을 배 위에 대고, 몸을 앞쪽으로 구부리고 숨을 길게 내쉬면서 위의 아픈 통증을 조금이라도 가볍게 하는데 이런 자세는 복부에 혈액이 모이게 되고 혈액순환이 잘되게 되는데 몸의 통증이 생기게 되므로 어떤 잘못된 이상성을 스스로 해결하는 것이다. 아울러 소나무는 세포를 활성화하여 호르몬 조정작용(調整作用)을 촉구하여 인간이 본래 가지고 있는 저항력 자연치유력을 높이는 작용이 있다고 한다. 구체적으로 효과가 기대할 수 있는 작용으로 ① 박테리아의 증식저지, 항균작용 ② 바이러스의 살균작용 ③ 사상균의 살균 ④ 트리코모나스(Trichomonas)원충의 파괴 ⑤ 진통작용 ⑥ 면역기능의 증강 ⑦ 식물의 발아 억제 기능 ⑧ 식물 바이러스의 성장저지 기능 ⑨ 산화방지 등을 한다.

▷ 자연치유와 소나무

소나무는 우리가 본래 가지고 있는 자연치유력을 높여주는 효과가 있다. 그리고 소나무는 양질의 영양소를 함유하고 있어서 그것을 섭취하는 것은 우리 몸 구석구석에 에너지를 보내는 것과 같다. 아무리 추워도, 더워도, 가뭄에도 견디어내는 소나무의 강인성은 우리 인간에게 최대한도로 '힘'을 키워주는 효력도 가지고 있다는 것이다.

※ 설명 시 주의할 점

소나무는 병을 고치는 약이 아니다.
병에 걸리지 않는 강한 체력을 만들어 주는 기능성 식품의 제원이다.

▷ 소나무식초의 효능은?

이 식초는 신진대사를 원활하게 하며 노폐물을 분해 배출시키는 초산은 체내에서 생성된 각종 산성물질을 체외로 배출시켜 몸을 중화 또는 약알칼리성 체질로 개선시킨다. 지방의 합성을 예방하고 더불어 지방의 분해를 촉진시켜 동맥경화를 예방하고 소화의 신경을 자극하여 소화 흡수율을 높이고 또한 유독 세균은 초(醋)속에서 거의 30분 정도밖에 살지 못한다고 한다. 이와 같이 살균기능까지 있어 원활한 배변을 통한 피부미용과 다이어트에도 효험이 크다. 그리고 타액과 위액분비를 촉진시키고 소화흡수를 도와 식욕을 증진시키는 점을 들 수 있으며 특히 소금과 간장대신에 쓰기 때문에 감염효과도 크다. 프랑스와 이탈리아의 와인식초, 미국의 사과식초, 독일의 몰트식초, 한국의 소나무 발효식초는 기능성 식품으로 세계적으로 각광을 받을 시점이 된 것 같다.

소나무 발효식초는 초산이 적은 양이므로 차갑게 해서 그냥 마셔도 산뜻하고 약간 거북할 경우 냉수나 꿀물, 야채 즙 등에 타 마셔도 좋으며 한번에 약 30~40cc(소주잔 한 잔 분량)씩 매일 2~3회 복용하는 것도 좋다.

▷ 소나무식초는 만성 알코올 중독자에게 금주를 유도할 수 있다

만성 알코올 중독자들에게는 심장, 신장, 간장에 실질성퇴행변성(實質性退行變性)이 나타나고 신경계통의 변화로 신경염과 성격장애도 나타난다. 갑작스럽게 음주를 금하면 금단증상으로 여러 가지 정신병 증세가 동반될 수 있다. 음주량을 줄여 가는 것이 중요한데 이때 소나무식초를 복용하면 장기손상을 회복시키고 금주를 유도할 수 있다. 대기 속에 있는 자연 초산을 이용하여 소나무에 함유된 알코올 자체로 자연발효 시켰기 때문에 산도가 낮아 피로회복은 물론 자연스럽게 금주를 유도할 수 있다.

▷ 소나무를 왜 신선식품으로 평가하는가?

예부터 소나무는 장기간 생식하면 늙지 않고 몸이 가벼워지며 힘이 나고 흰머리가 검어지고 추위와 배고픔을 모른다고 해서 신선식품이라 했다. 동의보감에도 "소나무는 풍습창을 다스리고 머리털을 나게 하며 오장을 편하게 하고 곡식 대용으로 쓴다"고 말하고 있다. 현대의 민간요법에서도 소나무에 함유되어 있는 옥실팔티민산이 젊음을 유지시켜주는 강력한 작용을 한다고 밝히고 있다.

▷ 민족의 혼을 깰 수 있는 소나무 식품의 기호

우리 민족은 자연의 멋과 풍류로 예술의 경지에 이른 식문화를 가진 민족으로서 산과 들에 있는 자연식물의 효능을 일찍부터 후손들에게 물려준 국민임을 자부하여야 한다. 그중 소나무는 문화적·정서적 측면에서 사랑을 받아와 물질적·정신적 양면에 유형·무형으로 크게 이용되어 왔다. 지금은 식문화를 형성하는 데 중요한 시점으로 바람직하고 현실적인 영양실천 모델을 인스턴트식품이 아닌 약용·식용으로 이용되었던 자연식물인 민족수 소나무에 대한 식품적 가치를 파악함으로써 영양섭취에 크게 영향을 줄 소나무를 원재료로 한 식품이 기능성 식품으로 각광을 받을 시점을 기대한다.

"빈궁단명(貧窮短命)의 상이 있어도 食을 근신하는 자는 福이 있어 無病長壽가 되고 부귀연명(富貴延命)의 상이 있어도 食을 不愼하여 大食美食하는 자는 빈궁하고 病身短命이 된다고 하며 '命은 食에 있다'라고 말해서 먹지 않으면 생명을 유지할 수는 없다."

▷ 소나무를 기능성 식품의 가치로 평가한다면 무엇인가?

소나무는 東, 西洋을 막론하고 많은 學者들에 의하여 그 成分 및 效能에 대하여서는 이미 밝혀진 사실로 이미 美國에서는 소나무 피와 포도씨(PBGS)에서 'Flavanes'라는 分子를 發見 모세혈관을 강하게 하며 Free-Radical의 중화제로서 훨씬 효과적이라는 것을 발견 의약품(醫藥品)으로 생산하고 있는 실정이다. 이와 같이 人間의 건강(健康)을 중요시하는 이때 현재의 人間들은 약의 남용, 마약, 공기의 오염(汚染), 방사선(放射線), 전파(電波), 살충제, 용매, 튀긴 음식, 술, 담배, 스트레스, 기타 등(환경적인 오염 포함) 가장 큰 원인은 식생활(食生活)로 최근에는 절제(節制) 음식(飲食) 5가지를 5악(惡)이라 일컬으며 다음과 같이 정한 바 있다.

첫째, 마아가린, 버터, 각종 기름 등 정제유.
둘째, 흰 설탕.

셋째, 흰 밀가루.

넷째, 흰 소금.

다섯째, 조미료(화학) 등이다.

이와 같은 엄청난 공해(公害)에서 살고 있는 人間들에게 우리의 조상(祖上)들은 일찍이 소나무의 효능에 대한 언급을 동의보감을 비롯한 많은 문헌(文獻)으로 증명(證明)을 하여 왔으나 그 후손들은 실행(實行)을 전혀 하지 못하고 살아왔지만 최근 현대과학(現代科學)을 연구하는 연구자에 의해서 규명된 SOD(Super Oxide Dismutase)와 기타 많은 성분(成分) 등은 혈액(血液)을 정화(淨化)시켜 대사성질환(代謝性疾患)에도 많은 효과(效果)를 보고 있다는 것이 증명되었고 또한 약리효과 및 기능성 식품으로서 유용성이 있는 음료용(飮料用) 생즙으로 질병을 예방하고 비만 및 노화를 예방할 수 있는 방법(方法)을 연구한바 자연(自然)에서 얻어지는 천연(天然)의 엽록소(葉綠素)는 생체조절 기능성 인자의 항산성유지로 질병을 예방하고 회복하는데 크게 기여하고 있었으며 영양가(營養價)를 파괴(破壞) 손실(損失)시키지 아니할 때 효능(效能)이 배가(倍加)할 수 있다는 것이다. 다시 말하면 열(熱)을 전혀 가하지 아니하고 천연재료(天然材料) 그대로에서 추출물을 추출하여 영양가(營養價)가 높은 신비의 물질(物質)로 일컫는 천연재료(天然材料)로서만 혼합(混合)된 제품을 제조할 때 그 우수성(優秀性)은 불노장생(不老長生)의 영약(靈藥)으로 평가(評價) 받을 수 있을 정도의 효능을 가지고 있다는 사실이다. 문헌(文獻)을 中心으로 소나무의 효능(效能)을 요약(要約)하면 다음과 같다.

- 완벽한 기능성 식품의 원재료로서 가치가 있다.
- 훌륭한 내약성을 가지고 있으며 부작용이 전혀 없다.

• 독성이 전혀 없으며 남, 여, 노, 소 어느 누구든 섭취하여도 해가 없다.

• 다른 치료제와도 자유로이 함께 섭취하여도 부작용이 전혀 없다.

• 식이 요법제로도 복용가능하며 장거리를 달리는 마라톤 선수나 심한 운동을 하는 운동선수에게 권하고 싶다.

• 연령층에 구분 없이 남, 여, 노, 소 어느 층이나 즐길 수 있는 특유의 부드럽고 감미로운 향기가 은은하게 전달되어 복용하는 데 좋다.

• 유기체(有機體)의 방어력을 강화시켜 질병의 감염을 예방할 수 있다.

• 일반적인 컨디션과 활력을 증진시킨다.

• 여러 가지 심한 질병으로 인한 심각한 잠재증상이나 명백한 대사 장애를 치유시켜 균형을 잡아준다.

• 혈액을 정화시켜 고혈압을 개선, 신경을 안정시키는 약물과 박테리아의 공격을 막는 타감 물질을 발산 스트레스를 완화시키거나 제거해 주어 입시생 등의 정신건강에 기여한다.

• 피부를 부드럽고 아름답게 유지시켜 자연미를 더해줄 뿐만 아니라 모든 형태의 모발을 부드럽고 윤기 있게 가꾸어 준다.

• 담배해독을 비롯한 환경에서의 오염원인 중금속을 제거하는 데 도움이 된다고 한다.

• 피로를 풀어주고 신진대사를 원활하게 하여 활동적인 신체를 보호할 수 있다고 한다.

▷ 소나무 식품을 복용하면서 삼림욕을 하면 보약보다 큰 효과가 있다

숲의 환경적 기능에 대해 그 중요성에 인정받지 못한 것은 눈에 그 효과가 잘 보이지 않기 때문이었고 특히 바쁜 생활에 숲 속을 찾을

기회가 적었던 것이 사실이다.

숲은 삼림욕을 제공 숲의 향기 속에 온몸을 맡긴 채 긴장을 씻어냄으로써 피로를 푸는 자연건강법으로서 '그린샤워'라고도 한다. 일상적인 복장으로도 운동효과를 얻을 수 있고 특별한 경비가 드는 것도 아니다.

숲 속에 들어가면 특유의 연한 숲 냄새를 맡을 수 있는데 이는 식물이 내뿜는 항생물질인 피톤치드(Phytoncide)와 테르펜(terpene) 이라고 한다. 이것은 나무가 세균과 해충으로부터 자신을 보호하기 위해 배출하는 것이므로 살균효과가 뛰어나다.

나무에 따라 발산되는 피톤치드(Phytoncide)와 테르펜(terpene)의 양, 약리작용도 다르지만 보통 디프테리아균, 결핵균, 장티푸스균, 콜레라균에 대한 살균력이 비교적 높다고 한다. 또한 나무는 인체에 해로운 세균이 거의 없다고 하며 이 피톤치드(Phytoncide)와 테르펜(terpene)은 인체의 자율신경을 자극하여 심신을 안정시키고 내분비를 왕성하게 하는 효과가 있을 뿐 아니라 피부에 닿으면 소독효과와 피부 노폐물의 분비를 도와주고 호르몬 분비를 원활하게 해줌으로써 인체에 생기를 주기도 한다. 또 숲에는 이러한 피톤치드(Phytoncide)와 테르펜(terpene)외에 풍부한 산소가 있어 인체 내의 활성산소를 소나무의 섭취에 의하여 추방하고 숲 속의 맑은 산소를 다시 얻을 수 있어 피로감과 건강을 얻을 수 있다.

▷ 면역이란?

疫(病)을 면(免)한다는 것을 뜻한다.

이물질(입이나 코로부터 바이러스, 세균, 꽃의 화분가루 등)이 침입하면 이것을 죽이든지, 분해시키든지 몸 밖으로 내보내는 일을 할 수 있는 기구를 면역기구라 한다.

— 항원(抗原): 외부에서 침입해온 나쁜 이물질로 또는 특이물질이라 한다.

— 항체(抗體): 항원에 대항하여 이것을 제거하려는 물질로 좁은 의미에서는 면역 글로불린이라 한다.

— 면역반응 또는 항원－항체반응: 항원과 항체가 반응하는 것.

면역세포

— 뼈의 골수 중에는 장차 적혈구, 백혈구 등의 기본이 되는 것이 만들어진 것으로 뼈 속에는 붉은 것과 노란 것이 채워져 있는데 붉은 것은 적혈구, 노란 것은 지방

— 간세포(幹細胞): 골수를 나와서 말초, 즉 우리들 몸의 각처에 분포된다. 골수에서 만들어진 간세포는 극히 어린 세포로서 기능적으로 미숙함으로 골수를 나와서 여러 방향으로 분화(分化)하고 차츰 성숙되어 각각의 기능을 발휘

— 임파구(淋巴球)

백혈구의 일종인데 5~15마이크론 가량 크기의 세포로 그 작용은 골수를 나와서 흉선(胸線: thymus)으로 들어간다. 흉선으로 들어간 간세포는 흉선 내의 특수한 환경에서(호르몬의 영향을 받아) 성숙한 후 흉선을 나와 혈액, 비장, 각 임파절, 말초기관으로 이동. 타액선, 갑상선, 전립선 등의 기관처럼 갖가지 효소, 호르몬 등을 분비

종류: 이때 흉선을 나와서 말초에 분포한 임파구를 T(Thymus)-임파구 또는 T-세포

골수에서 나온 또 하나의 간세포는 사람의 충수(筮垂), 파이에르판(Peyer판) 등의 장관(腸管) 임파조직에 분포하는데 이 임파구는 B-임파구, 또는 B-세포(Bone Marrow)

골수에서 생산된 간세포 중 어떤 것은 골수를 나와서 비장에 분포되는 것이 있는데 이것을 마크로파지(Macrophage) 또는 식균세포라 한다.

▷ 제대로 된 식품을 권하고 싶다

인간으로서 이 세상에 태어난 이상 누구나 다 오래 살기를 원하고 있다. 그렇기 때문에 예부터 불로장수의 묘약이라면 서로 경쟁하듯 먹으려고 애쓰니 이런 심리를 이용하여 사기성이 깃든 건강식품이 판을 치는 세상이 되어 버렸다. "건전한 정신은 건강한 신체에 깃든다"는 말과 같이 건강한 신체와 정신을 유지하는 것은 장수하기 위해 없어서는 안 될 요소로서 그 어느 한 쪽이 결여되더라도 우리는 잘살 수가 없다. 중국에 참선을 전한 달마대사는 장수를 하고 행복한 생활을 하려면 다음 세 가지 요건을 잘 지켜야 한다고 했다.

첫째로 "무리하지 않고 천천히 할 것" 이 말은 '조급하게 허둥대는 거지는 동양이 적다'는 속담이 있듯이 서둘러서 목적을 달성하려고 하면 결과적으로 잘 안 되는 것이 보통이다. 무리해서 하는 일은 마음만 초조하여 가장 중요한 것을 소홀히 하게 되고 오히려 놓쳐 버리게 된다.

둘째로는 "냉정한 마음으로 모든 일에 화를 내지 말 것" 즉 무슨 일이든 화를 내지 않고 그것을 잠재우면 자연히 평온해지고 사람들로부터 존경받게 되므로 바로 일석이조가 된다.

셋째로 "모든 것을 선의로 해석하여 자신이 해야 될 일에 전념하면 쓸데없는 걱정을 하지 않아도 일이 잘 진행된다." 이것은 '마음을 쓰기보다는 머리를 쓰라'는 말처럼 승산도 없이 쓸데없는 일만 하고 있으면 마음만 초조해져서 그 결과는 좋지 않게 되고 만다.

이상과 같이 "무리하지 않고", "화내지 않고", "걱정하지 않는다"는 것이 나의 생의 습관에서 빨리 바뀌지 않겠지만 늘 이러한 마음가짐으로 살아간다면 뜻밖의 사고가 없는 한 병마를 물리치고 장수할 수 있다는 것이다.

오래 살려면 우리는 알면서도 실천하지 못하는 다음과 같은 습관을 가지고 있는 것을 고쳐 나가야 한다.

◆ 어제 일을 언제까지나 걱정하지 말라.
◆ 내일 일을 지금부터 걱정하지 말라.
◆ 음식은 과식하지 말라.
◆ 제대로 된 음식을 먹고 거친 것에는 손을 대지 말라.
◆ 아무 것도 아닌데 굳이 약을 먹지 말라.
◆ 무슨 일이든 지나치게 하여 무리하지 말라.
◆ 운동을 잘하되 꾸준히 하고 편안함을 구하지 말라

노스님이 써준 건강 10원칙과 공통점이 많은 것 같다.
① 소육다채(小肉多菜),   ② 소염다초(小鹽多酢),
③ 소당다과(小糖多果),   ④ 소식다저(小食多齟),
⑤ 소의다욕(小衣多浴),   ⑥ 소차다보(小車多步),
⑦ 소번다면(小煩多眠),   ⑧ 소노다소(小怒多笑),
⑨ 소언다행(小言多行),   ⑩ 소욕다시(小欲多施)

이와 같은 습관과 원칙은 단지 그럴듯하다고 감탄할 것이 아니라 우리들이 매일 실천하느냐 없느냐에 따라서 무병장수할 수 있다는 것이다.

10. 소나무의 가치에 대한 기록문헌과 연구논문

1) 소나무 약리효과에 대하여 기록한 고서(古書)

▫ 동의보감(東醫 寶鑑): 허준(許浚, 1611)
▫ 최신의 동의보감: 태평양 출판 공사, 김완희 (1983)
▫ 동의약학(東醫藥學): 일월서각, 과학백과사전출판사(1990)
▫ 동국이상국집: 이규보(1168~1241)
▫ 동국세시기: 홍석모(을유문화사, 1982)
▫ 시의전서: 저자미상(1800년 말)
▫ 동의학 사전: 북한의 생약서
▫ 북한 한의서
▫ 죽부인전(竹夫人傳): 고려 말 이곡(李穀)
▫ 화사(花史): 조선 초 임제
▫ 경험천방(經驗千方)
▫ 산림경제(山林經濟): 홍만선 저, 찬(洪萬選 著, 撰, 1715)
▫ 왕실 양명술(養命術): 이원섭, 초롱 刊, (1992)
▫ 길흉화복
▫ 사기(史記): 중국의 가장 오랜 역사서
▫ 불교 경전
▫ 지봉유설(芝峰類說)
▫ 찬송방(餐松方) 고서
▫ 파한집: 이인로(장덕순 역, 범우사, 1982)

□ 조선요라제법: 방신영(한성도서주식회사, 1942)

□ 조선요리: 손정규(일한서방, 1940)

□ 조선 무쌍 신식요리제법(이용기, 영창서관, 1943)

□ 漢方 醫藥 大辭典: 중국

□ 규합총서〈閨閤叢書: 1815년경 서유구(徐有矩)의 형수 빙허각(憑虛閣) 이씨가 지은 부녀자 새왈 지침서〉 및 임원십육지〈林園十六志: 1827년경 조선말기의 실학자 서유구가 지은 농학서〉

□ 향약집성방(鄕藥集成方): 신민교, 맹웅재·박경(영림사,1989)

□ 生藥과 健康: 生活韓方研究所 金定濟

□ 향약생약대사전(鄕藥生藥大事典): 신민교, 정보섭(영림사,1990)

□ 방약합편(方藥合編): 한방복고편찬부 편역, 황도연(영림사, 1991)

□ 丹 學: 韓國丹學仙道協會

□ 學圃軒集(학포헌집)

□ 강정비방(強精秘方): 생활한방연구소편(生活韓方研究所編)

□ 한방 의고서

□ 한방 대의전: 박종갑, 동양종합통신교육원출판부, 대구, p.134 (1984)

□ 한국민간요법대전: 문화방송편저, 금박출판사, 서울, p.21(1988)

□ 의학입문(醫學入門): 이정(李廷)

□ 十長生에 대한 소개

□ 조선 식물 개론: 김호직 (생활과학사, 1944)

□ 신선전(神仙傳): 갈선공(葛仙公)

□ 성혜방(聖惠方): 중국 고서(中國 古書)

□ 성혜육(聖惠六): 중국고서(中國 古書)

□ 구황촬요(救荒撮要): 농가집성(農家集成) 하편

□ 충주구황절요(忠州救荒切要)

□ 고사촬요(攷事撮要): 조선시대 편찬된 농서(1910년 이전)

- 촬요신서(撮要新書): 조선시대 편찬된 농서(1910년 이전)
- 농상집요(農桑輯要)
- 색경(穡經)
- 고사신서(攷事新書)
- 본사(本史)
- 해동농서(海東農書): 서호수(徐浩修, 정종 22~23년, 1799)
- 아언각비(雅言覺非): 정약용(조선후기 실학의 집대성자), 순조 19년
- 미미방장기(美味方丈記): 진순신(陣舜臣)
- 열선전(列仙傳): 후한에 유향
- 평요전
- 포박자: 진에 葛洪
- 화한삼재도회(和漢三才圖會)
- 화분건강법(花粉健康法)
- 회중 묘약집(懷中妙藥集): 고전 의서
- 속풍토기(續風土記)
- 만천집해군요비기법(萬川集海軍要秘記法): 인술서(忍術書)
- 기식송피제법(飢食松皮製法): 고문서(古文書)
- 송피고(松皮膏): 중국의 서역
- 신농본초경집주(神農本草經集註): 도홍경(陶弘景: AD 452~536)
- 본초학(本草學): 전국 한의과대학 본초학 교수 공저(영림사, 1992)
- 본초강목(本草綱目): 이시진(李時珍, 1655)
- 상지비록(上池秘錄)속편 32권
- 침중기(枕中記): 중국고서(中國古書)
- 중수정화경사증유비용본초(重修政和經史證類備用本草): 송나라의약서
- 균보(菌譜)
- 다산방(茶山方)

▫ 중약대사전(中藥大辭典: 중국의 약학도서)

옛날부터 오늘에 이르기까지의 민간요법에 남아 있는 솔잎이 어느 것에도 듣는 만능약이라는 증거는 위 문헌 외에 다음과 같이 많은 옛 문헌이나 의서에 기록되어 있다. 그 문헌명을 정리해 보면 다음과 같다.

私漢三寸圖會, 諸國古傳秘方, 秘方錄, 備急千金要方, 慈醫草, 和方一萬方, 外岾秘要, 藥虛言薪, 救民要藥, 導古, 法製利用藥方, 外方秘藥, 自療와 民間藥, 民間藥用植物誌, 藥草와療法, 漢方藥草藥物事典, 藥草藥木療法, 藥이되는 植物, 諸病根治法藥用植物之圖解, 有用野生植物圖說, 藥用植物之圖解, 實際的 看護의 秘譯, 藥用漢藥民間療法, 妙藥手引大成, 藥草의 知識과 效用, 鄕藥草成方, 以ろは救民妙藥의歌

2) 소나무 약리효과에 대해 출간된 일본판 서적

▫ 약용식물의 연구: 미야자키 다나카
▫ 취미 약초: 다카하시
▫ 민간요법: 오쿠보
▫ 솔잎 연초 제조 전수서(煙草 製造 傳授書): 사네우치
▫ 솔잎과 모든 질병(疾病): 사네우치
▫ 솔잎 건강법(健康法): 다카시마
▫ 양생훈(養生訓): 가이바라에기겐(貝原益軒)
─. 선도연(중국의 선인이 되는 수행을 하고 있는 단체): 오천언방현통자(五千言坊玄通子)

▫ 일본 인간 의학: 西谷繁臟
▫ 화한약고(和漢藥考: 일본의 약학도서)
▫ 신비한 솔잎치료: 上原美鈴(체험수기)

3) 기타

▫ 레닌그라드의 신문기사: 레닌그라드 대학의 도오킨 박사

4) 논 문

◆ 강윤한, 박용곤, 오상용, 문광덕: 솔잎과 쑥 추출물의 기능성 검토, 한국식품과학회지, 27, 978 (1995)

◆ 강윤한, 박용곤, 하태열, 문광덕: 솔잎추출물이 고지방식이를 급여한 흰쥐의 혈청과 간장 지질 조성에 미치는 영향. J.Korean Soc.Food Nutr.25(3).367-373 (1996).

◆ 강윤한, 박용곤, 하태열, 문광덕: 솔잎추출물이 고지방식이를 급여한 흰쥐의 혈청, 간장의 효소 및 간조직구조에 미치는 영향. J.Korean Soc.Food Nutr. 25(3).374-378(1996).

◆ Kylin, H. ,Grimvall, E., Ostman, C.: Environmental monitorring of polychlori- nated biphenyles using pine needles as passive samplers. Environ. Sci.Tec. (USA),Vol/No.(page),28/7.1320-1324,(1994).

◆ Schipper, L. A., Hartfoot, C .G., McFariane, P. N., Cooper, A. B.: Ana-erobic decom-position and denitrification during paint decom- position in an organic soil. J Environ. Qual.,(USA)

314

Vol/No.- (page),23/5.923-928,(1994).

◆ Christenson, L. K., Short, R. E., Farley, D. B., Ford, S. P.: Effects of ingestion of pine needles(pinus ponderosa) by late-pregnant beef cows on potential sensitive Ca$U 2 $U+ channel activity of caruncular tissue. JReprod. Fertil. (GBR),Vol/No.(page), 98/1.301-306,(1993).

◆ Jensen, S., Eriksson, G., Kylin, H., Strachan, W. M. J.: Atmospheric pollution by persistentorganic compounds: Monitoring with pine needles. Chemosphere (GBR), Vol/No.(page), 24/2, 229-245(1992)

◆ Safe, S., Brown, K. W.: Polychlorinated dobenzo-p-dioxins and dibenzofur-ans associated with wood-preserving chemical sites: Biomonitoring with pine needles. Environ. Sci. Tec.(USA-), Vol/No.(page),26/2. 394-396,(1992).

◆ Siao, J. P., Ren, Y. H.: Antimicrobial activity of pine needles. Food Science, China, No.2,52-54(1994)

◆ 御影雅幸, 李奉柱, 朴種喜, 難波桓雄: 韓國産 生藥の研究. 日本生藥學雜誌, 45, 336(1991)

◆ Miettinen, T. A., Puska, P., Gylling, H., Vanhanen, H. and Vartiainen, E.: Reduction of serum cholesterol with sitostanol-ester margarine in a mildly hyperholesterolemic population. N. Engl. J. Med. 1995: 333(20): 1308-1312

◆ Gylling, H., Radhakishman R., Miettinen, T. A: Reduction of serum cholesterol in postmenopausal women with previous myocardial infarction and cholesterol malabsorption induced by dietary sitostanol ester margarine Circulation 1997: 96: 4226-4231.

◆ 조민자: (Pinus densiflora S.Z)의 조성분이 전통약주 발효에 미치는 영향. 석사, 건국대학교 농축대학원 식품공학과,(1996).

◆ Ill Yang: 솔잎으로부터 분리한 트립신 저해제의 억제제에 관한 연구. 서울대학교 대학원,(1994).

◆ 이윤형: 솔잎 추출물로부터 3-hydroxy-3-methylglutaryl CoA reductase 저해제 탐색 및 응용에 관한 연구. 박사. 강원대학교 대학원,(1994).

◆ 문정조: 솔잎, Pinus densiflora Sieb.et Zucc.,의 항암효과에 대한 연구. 석사. 건국대학교 대학원,(1993).

◆ 이은봉외: 솔잎분말이 육성돈의 성장에 미치는 효과. 한국축산학회지,(1984).

◆ 국주희, 마승진, 박근형: 솔잎에서 항미생물 활성을 갖는 benzoic acid의 분리 및 동정.Korean J.Food Sci.Technol.Vol.29,No.2,pp. 204-210(1997)

◆ 최무영, 최은정, 이은, 차배천, 박희준, 임태진: 솔잎의 첨가가 김치의 발효숙성에 미치는 영향. J. Korean Soc. Food Sci. Nutri.25(6), 899-906(1996)

◆ 이민수: 송엽중의 항산화성 물질에 관한 연구, 한양대학교 대학원 석사학위 청구논문, 한양대학교 대학원(1985)

◆ 김종대, 윤태헌, 최면, 임경자, 주진순, 이상영: 솔잎 첨가 식이가 흰쥐의 혈청 지방질 대사에 미치는 영향,. 한국노학회지,1,66(1991)

◆ 부용출, 전체옥, 오지연: 솔잎으로부터 항산화 성분인 4-hydr-xy-5methyl-3[2H]-furanone의 분리, 한국 농화학회지,37,310 (1994)

◆ 김완희: 최신 동의보감, p.960, 태평양 출판공사, 서울, 한국(1983)

◆ 백태홍, 이민수, 이준홍: 송엽중의 항산화성 물질이 리놀산의 항산화에 미치는 영향, 한국유화학회지,4(2),25-30(1987)

◆ 이정숙: 송엽과 송화의 성장에 따른 영양성분의 변화에 관한 연구, 한양대학교 대학원 석사학위 청구 논문. 한양대학교 대학원(1980)

◆ 황수진: 기능성 음료개발, 식품과 위생.8,56(1995)

◆ 이윤형, 최용순, 이상영: 닭에서 pinus strebus잎 추출물의 혈청 콜레스테롤 저하 효과. 한국영양식량 학회지.25,188(1996)

◆ 이영주, 박무희, 황성원, 배만종, 한준표: 송화분이 고지방 식이섭취 흰쥐의 혈청과 간장에 미치는 영향. 한국영양식량학회지.23.192(1994)

◆ 이윤형, 신용목, 차상훈, 최영순, 이상영: 솔잎 추출물을 함유한 건강식품의 개발. 한국영양식량학회지.25(3).379(1996)

◆ 조신호·이효지: 유과류의 문헌적 연구(1100~1991년 문헌을 중심으로), 한국생활과학연구 제 11호(1993)

◆ 송홍근, 김재광: 소나무와 잣나무에 함유된 정유성분. 목재공학 22(3): 59-67(1994)

◆ 최추이부, 황병호: 소나무의 정상잎, 피해잎 및 솔방울의 테르페노이드성분 분석, 목재공학 22(1): 72-79(1994)

◆ 최경숙, 박형국, 김정한, 김용택, 권익부: 리기다송과 적송잎 정유의 향기성분. 한국식품과학회지 20: 769-773(1988)

◆ Brouk, b.: Plants consumed by man. Academic Press, N.Y. pp.227, 295, 324, 331 (1975)

◆ 고정순: 다식(茶食)에 대한 역사적 고찰.

◆ 김진수: 지구상의 소나무속 수종의 발달과 분포. 고려대 산림자원과, 1993

◆ 이효지: 조선시대 떡류의 분석적 고찰, 한국음식문화연구원논총. 1986.

◆ 이천용: 소나무 숲의 토양, 임업연구원 입지환경과, 1993

◆ 임주훈: 소나무의 서식지 선택특성에 대하여, 국민대학교 대학원, 1993

◆ 이돈구, 조재창: 강송의 천연갱신에 관한 생태학적 접근. 서울대학
  교 산림자원과, 1993
◆ 이광묵: 소나무효소생즙의 Free-redical 소거작용에 관한 고찰. 한
  농식품, 2000

6) 고서에 나타난 삼림정책

▫ 농정회요(農政會要): 최한기(崔漢綺, 순조30년, 1830년대)
▫ 임원 경제지(林園經濟志): 서유거(徐有 , 1842-1845) ▫ 죽교편람
  (竹僑便覽): 한석효(헌종 15년, 1849)
▫ 목민심서(牧民心書): 정약용(조선후기 실학의 집대성자)

7) 현대에 나타난 삼림정책

▫ 전영우: 조선시대의 소나무 시책(松政 또는 松禁). 국민대학교 산
  림자원과, 1993

8) 현대의 소나무와 관련된 문헌

▫ 이숭녕(1981)의 이조 송정고
▫ 지용하(1964) 한국임정사. 명학사
▫ 박태식 등(1977) 산림정착학. 향문사
▫ 김장수 등(1991) 임정학. 탐구당

9) 최근의 소나무에 관련된 문헌

▫ N.T. Morive: The Genus pinus, Ronald Press Co, 1967.

▫ 이영노(李永魯): 韓國의 松柏 類. 이대 출판부 p:341, 1986.

▫ 이효지: 조선시대 떡류의 분석적 고찰, 한국음식문화연구원, 1987.

▫ 박희진: 소나무에 관하여, 다스림, 1991.

▫ 임경빈: 소나무, 한국민족문화대백과사전, 한국정신문화연구원, 1991.

▫ 김근태: 소나무 - 역사/문학, 한국 문화 상징어사전, 1992.

▫ 한동환. 우리식의 그린벨트를 찾아서. 풍수. 그 삶의 지리. 생명의 지리. 푸른 나무. 1993.

▫ 김선경. 조선후기 산송과 산림소유권의 실태. 동방학지. 1993.

▫ 박용구: 우리나라 소나무와 일본 소나무. 경북대학교 임학과. 1993

▫ 한영창: 우리나라 소나무 선발 육종의 과거, 현재. 임목육종연구소 원종과, 1993.

▫ 이우철: 소나무의 번지수 (The systematic position of pinus densiflora). 강원대학교 생물학과, 1993.

▫ 김봉섭: 소나무의 천연화학 물질, 원광대학교 생물학과, 1993.

▫ 최영훈: 색채학 개론, 미진사. pp.37~47.

▫ 장준근: 산야 초의 신비 34/35, 솔잎, 송진, 한국일보 1993, 1월, 1993.

▫ 이상훈: 환경단상, 아낌없이 주는 나무, 첨단환경기술 p.35~37(1999)

▫ 이원섭: 비방 황토건강법. 동방미디어(1999)

10) Internet

▫ http://myhome.netsgo.com/greeners/theraphy/pineremedy1.htm
▫ http://members.tripod.lycos.co.kr/jihyun79/mingan.html
▫ http://myhome.naver.com/withinil/1name/nmi.html

11) 90년대 이후에 발간된 서적

▫ 건강서적편
  :신비의 솔잎 치료법, 上原美鈴저, 유태종 감수(1994) 국일미디어
  :솔잎 건강법, 임웅규 외 2인(1995) 오성출판사
  :소나무와 자연요법, 윤상욱(1997) 아카데미서적
  :기적의 솔잎요법, 장준근(1997) 아카데미북
  :우리 술: 원강희 (1996, 정훈출판사)
  :그리운 산야와 옛 선인들의 전통차: 안덕수 감수/강우석 지음
  :한국 민간요법 대전: 문화방송 편저, 금박출판사, 서울, p21(1988)
  :식물이 곧 약: 진 카퍼(미 CNN 방송 의료담당기자), 조선일보사
   (1994)
  :자연식과 건강식: 노덕삼 편저(하서출판사)
  :사람을 살리는 먹을거리: 강순남 지음(여성신문사)
  :생식. 자연식 근본원리와 치료실례: 최하 지음(도서출판 둥지)
  :약이 되는 술: 류상채 지음(서해문집)
  :부작용이 없는 한약민간요법사전: 임중. 임근 편저(학문사)
  :오잡저(五雜且): 사전형식의 문헌
  :생약초: 정필근 저 (홍신문화사)

:몸에 좋은 한방 약차 약술: 신준식 감수(국일문화사)

:영양의 보고 민족수 소나무: 이광묵(한농식품)

:소나무효소생즙과 프로폴리스: 이광묵(한농식품)

:식이요소에 대한 상식과 소나무 가치: 이광묵(한농식품)

12) 소나무와 관련된 참고서적

:한국민속식물, 최영전(1992) 아카데미서적

:천연기념물 식물편, 임경빈(1993) 대원사

:소나무와 우리문화, 전영우(1993) 숲과 문화 연구회

:자연식물학, 임웅규외 5인(1996) 도서출판 서일

:재미있는 나무 이야기(1997) 권영한 전원 문화사

:야생식물생태도감(1998) 高康式 祐成 문화사

11. 가열 처리 후 식품의 성분에 미치는 영향

　식품을 가열 처리할 경우 물리적·화학적인 품질변화가 일어나며 가공상 좋은 점도 있으나 품질의 저하를 초래하는 수도 있다. 특히 식품 중에 존재하는 미생물을 사멸시킬 수 있는 심한 가열조건하에서는 착색, 향미, 조직, 영양가의 변화가 일어날 가능성이 있다. 식품의 중요한 성분에 대한 가열 처리의 영향에 대하여 알아보면 다음과 같다.

1) 효 소

　효소는 물리적 또는 화학적으로 변성되지만 일반적으로 가열 처리에 의하여 쉽게 불활성화 되는 것이 보통이다.
　가열에 의한 효소의 불활성화는 일반적으로 내열성이 큰 효소는 열에 불안정한 것에 비하여 온도 의존성이 적어 효소 단백질 자체가 내열성 구조를 하고 있는 경우와 같이 식품 중의 여러 가지 성분과 인자가 효소의 열 안정성에 크게 영향을 미치고 있다.

식품 품질에 관계하는 효소

효 소	촉매반응	품질열화
향미 Lipolytic acylhydrolase Lipoxygenase Peroxidase/Catalase Protease	지질이 가수분해 Poly불포화지방산의 산화? 단백질의 가수분해	가수분해적 산패(비누냄새) 산화적 변패(향미 악변) 향미 악변 고미
착색 Polyphenol oxidase	Phenal의 산화	암색화
조직과 경화 Amylase Pectinmethylesterase Polygalacturonase	전분의 가수분해 Pectin의 가수분해 Pectic acid의 α -1, β - glucoside결합의 가수분해	연화 / 점도저하 연화 / 점도저하 연화 / 점도저하
영양가치 Ascorbate oxidase Thiamine	L-Ascorbic acid의 산화 Thiamine의 가수분해	비타민C 함유량의 저하 B1의 저하

2) 탄수화물

환원당인 단당에서 전분과 갈류까지 함유되어 양적으로 가장 많은 성분이다. 그러나 이것은 주로 갈변, 이취생성 등 식품의 품질저하의 원인이 된다. 갈변현상은 단순한 반응에 의하여 일어나는 것이 아니고 그 원인이 되는 식품성분으로서는 phenol류, 유지, ascorbic acid, 환원당 등이 중요하다. 여기에서 갈변현상이 식품의 품질상 좋은 경우는 커피, 홍차 및 빵, 비스킷 등의 소성품(燒性品)의 착색, 향기의 생성이고 반대로 바람직하지 않을 때는 야채, 과실, 어패류 등의 건조 중의 갈변, 과즙, 수프 등의 통조림 또는 농축에 의한 것이다.

3) 단백질

식품 중에 함유된 단백질의 양과 질은 그 식품의 영양가를 좌우하고 또 식품으로서의 특성, 조리성, 가공특성, 저장성에도 영향을 미치는 성분이다. 단백질은 20종에 이르는 α-amino acid가 peptide 결합으로 축합된 고분자화합물이다. 이 같은 단백질의 구조가 전환하거나 재배열되거나 하여 생(native)의 상태를 잃어버리는 현상을 변성이라 하며 이런 변성을 일으키는 원인은 가열, 건조, 압력, 초음파, 교반, 표면막 전개 등 물리적인 경우와 산, 알칼리, 염류, 요소 등의 첨가에 의하여 일어나는 화학적 원인이 있다. 단백질이 변성을 받으면 점도증가, 용해도의 감소, 응고, 생리학적 활성의 소실(효소 불활성화, 면역적 물질의 소실) 등 여러 가지 기의 반응성 증대 등을 들 수 있다.

가열에 의한 응고는 단백질 변성의 대표적인 것으로 가열변성에 따라 미생물에 의한 변질을 받기 쉽게 된다.

4) 지 질

식품성분으로서 지질은 지방조직과 지방입자로서 식품의 특정부위에 집중되어 있거나 또는 생체막 성분으로서 넓게 존재하고 있다. 이들 지질의 변화에는 상변화, 유화분산 상태의 변화, 검화 등을 들 수 있으나 가장 중요한 것은 산화이다. 식품 중의 지질 산화에 따라 산패(산패적 변패)가 일어나지만 이에 따라 여러 가지 불쾌한 취기가 발생하고 떫은맛을 띠고 식미를 열화시키는 수도 있다. 또한 인체에 독성을 부여하는 물질이 생성되는 것도 알려져 있으며 비타민 A와 비타민 C의 파괴, 단백질 중의 유효 Lysine을 감소시키거나 소화효소의 작용을 나쁘게 하여 영양가의 저하를 초래하는 것도 묵인할 수는 없다. 일반적으로 식물유지는 산패하기 어렵고 동물유지는 빨리 산패하지만 이것은 천연의 항산화성 물질의 존재 여하에 의한 것이다. 이와 같은 지질의 산패는 광선, 가열, 수분, 금속이온의 존재에 의하여 촉진되어 온도 10℃ 상승할 때마다 산패 속도는 약 2배가 된다. 식품 중에서는 산화를 촉진하는 물질이 존재하는 한편, 역으로 항산화적인 작용을 하는 물질도 존재하여 가열에 의하여 이들이 생성되는 것도 있다.

5) 비타민

공기 중 산소의 영향을 배제한 무수의 상태에서 100~130℃의 온도로 처리한 모델계의 비타민 열 안정성을 비교한바 비타민 E, riboflavin, nicotinic acid가 가장 안정이고 비타민 B_1이 가장 감수성이 크며 비타민 A, D, B_{12}, C는 온도상승과 함께 점차 분해하고 엽산, B_6, pantothenic acid에서는 일정 온도 이상에서 급격한 분해가 일어난다. 식품 가공 중에서의 비타민류의 안정성은 이와 같은 모델계와는 달라 가열온도, 시간 기타 여러 가지 인자가 영향을 미치는 것으로 아주 복잡하다. 비타민의 분해속도에 대한 영향 인자로서는 pH, 금속이온의 존재, 산화제, 환원제의 존재, 공기와 접촉 등을 들 수 있다. 천연에 존재하는 산화방지제와 단백질 복합체는 비타민에 대하여 보호 효과를 하고 있으므로 가열 처리에 의하여 일어나는 식품 중에서의 비타민 손실은 비타민 용액 중에서 그것에 비하여 적다.

▷ 지용성 비타민

(1) 비타민 A, carotene

비타민 A는 산소 존재하에서 식품 중에서 가열될 때 활성의 손실이 있으나 보통 조리에서는 안정하다. 우유의 저온살균이나 고온살균에서 비타민 A의 손실은 약간이고 데치기가 충분한 경우에는 야채 통조림에 있어서 천연의 carotenoid, 단백질 복합체의 분해는 인정되지 않는다. 녹색야채의 통조림에서는 비타민 A 활성은 15～20%, 황색야채에서 30～35%로 저하되지만 통조림, 수프 등의 착색료로 가해지는 합성 β-carotene은 대단히 안정성이 높다고 한다. 그러나 식품에 첨가된 carotenoid의 분해에 의하여 간혹 마른풀과 같은 취기가 발생하는 수가 있으므로 주의를 요한다.

(2) 비타민 D, E

비타민 D는 식품 중에서 비타민 A와 같은 정도로 안정하여 충분하게 보호 유지된다.

비타민 E는 식품에서는 3개의 tocopherol형으로 존재하지만 대기 중의 산소에 대하여 예민하다. 조리에 있어서는 비타민 E의 손실은 크지 않지만 통조림 살균의 가열에 의하여 상당한 손실이 있는 것은 야채 통조림 등에서 볼 수 있다.

▷ 수용성 비타민

(1) 비타민 C

과실, 야채를 데치면 ascorbate oxidase가 불활성화되어 비타민 C가 안정화되어 데치기 조건이 양호한 때는 가열 처리 중의 10%이하로 줄일 수 있다. 산이 많은 감귤 주스 통조림에서는 90%이상의 비타민 C가 유지되는 것을 알 수 있다. 또 과실 야채에서는 산화방지제로서 알려져 있는 천연의 flavonoid 화합물에 의한 보호효과도 기대된다.

(2) 비타민 B_1

Thiamine의 가열분해 또는 마이야르 반응에 관련되어 생성된 휘발성 화합물은 식품의 향기에 대한 중요한 영향을 주고 영양적으로도 가열살균에 의한 손실을 적게 하지 않으면 안 된다.

(3) 비타민 B_2, niacin, B_6, pantothenic acid

B_2는 B_1보다 고온에 대하여 저항성이 크고 가열 처리에 의한 식품 중에서 손실은 무시할 수 있으나 빛에 대하여 감수성이 높으므로 빛과 고온의 양쪽에 쪼이게 하면 손실이 많아지게 된다.

Nicotinic acid는 비타민 B그룹 중에서 가장 안정한 것이다. B_6, pantothenic acid는 B_1보다 안정하다.

6) 착색물질

식품 중에는 여러 가지 착색 성분이 함유되어 있어 가열 처리에 의하여 퇴색하거나 변색되고 갈변반응에 의하여 새롭게 착색되고 또한 용기 특히 관재와의 반응에 의하여 식품의 착색이 변화하는 경우도 있다.

엽록소는 비교적 열에 예민하고 가열에 의하여 Mg를 잃고 pheophytin으로 되어 가열 후의 녹엽은 퇴색된 녹색으로 나타내게 된다. 특히 Chlorophyll과 Chlorophyllin은 분자 중의 Mg이 다른 금속(구리, 철, 니켈, 코발트)이나 H로 치환되면 안정한 녹색 화합물을 형성하지만 특히 구리는 선녹색을 띠는 화합물을 생성한다.

12. 인체 중요 장기에 대한 이해

　사람들은 항상 취급하면서도 관심조차 갖지 않는 것이 있다면 그것은 식품이요, 가장 가까이 있으면서도 알려고도 하지 않는 것이 있다면 인체의 중요기관이다. 그러기 때문에 아는 체는 많이 하나 막상 질병이 찾아오거나 먹을거리로 인해서 탈이 발생하면 당황하기가 일쑤다. 이제 우리는 '아는 게 힘이다'라는 속담과 같이 전문가의 해박한 지식에는 미칠 수 없지만 인체 주요장기에 대해 약간의 이해를 할 수만 있다면 질병이 찾아오더라도 최소한의 응급조치로써 대처할 수 있을 것이다.

1) 인체의 신비

　인간의 수명을 70세라 할 때 일어나는 일들을 살펴보면 음식물은 50톤을 먹으며 물은 49,200ℓ를 마시며 38,300ℓ의 소변을 본다. 127,500번의 꿈을 꾸고 2700,000,000번의 심장이 뛴다. 그리고 3,000번 울며 540,000번 웃고 333,000,000회 눈을 깜박거린다. 머리카락은 563km이 그리고 한 손가락의 손톱은 3.7m 자란다. 눈의 근육은 24시간 동안 약 100,000번 움직인다. 다리가 이 정도의 운동을 하려면 적어도 80km는 걸어야 한다. 따라서 인간의 몸에서 하루 동안 일어나는 일들을 살펴보면 2,340번 숨을 쉬며 평균 3-4km정도를 움직이고 120평방미터의 공기를 마시며 1.3kg의 수분을 섭취한다. 3.5kg의 노폐물을 배설하며 0.7ℓ의 땀을 흘리고 4,800단어를 말하며 750번 주요 근육을 움직인다. 손톱은 0.0011684mm가 자라며 머리털은 0.435356mm가 자라고 7,000,000개의 뇌 세포를 활동시킨다. 이러한 인체의 신비는 다음과 같다.

갓난아기는 305개의 뼈를 갖고 태어나는데 커가면서 여러 개가 합쳐져서 성인이 되었을 때에는 206개로 줄어든다. 어린애가 두 살이 되면 그 키가 태어날 때의 두 배가 되는데 어른이 되었을 때의 키를 예측하는 기준이 된다. 두 살 된 남자아이의 키는 어른이 되었을 때의 49.5%이고 두 살 된 여자아이는 어른이 되었을 때의 52.8%라 한다. 아이들은 깨어 있을 때보다 잘 때 더 많이 자란다. 또한 갓 태어난 아기를 아무도 만져주지 않으면 성장하지 않을 뿐 아니라 때로는 죽기도 한다. 그래서 요즘 병원에서는 시간을 나누어서 교대로 갓 태어난 아기를 안아준다. 태아가 3개월이 되면 손에 손금이 형성되며 눈물을 흘리기 시작한다.

피가 몸을 완전히 한 바퀴 도는 데는 46초가 걸리며 눈 깜박임은 눈을 보호하고 각막을 매끄럽게 하는데 한 번 눈을 깜박이는 데 걸리는 시간은 1/40초의 시간이 소요된다. 1분에 평균 15번, 한 시간에 900번, 평생 동안 300,000,000번 정도 한다. 인간의 눈은 이상 조건에서 100,000가지의 색을 구분할 수 있지만 보통은 150가지를 구별해낸다. 어두운 곳에서 잘 볼 수 있으려면 약 50-60초 정도가 걸린다. 하지만 일단 조절만 되면 밝은 햇볕에서보다 100,000배나 더 예민해진다. 달이 뜨지 않은 밤에도 80km정도의 먼 산에 앉아 있는 사람도 볼 수 있을 정도다.

혀는 침이 묻어 있지 않으면 절대로 맛을 알 수 없고 코에 물기가 없으면 냄새를 맡을 수 없다. 따라서 혀의 맛을 알아내는 기관은 냄새를 맡는 코의 기관과 밀접한 관계를 가지고 있다. 만약 눈을 감고 코도 막는다면 사과와 감자의 맛을 구별해내기가 힘들어진다.

사람의 허파는 오른쪽보다 왼쪽이 더 무겁다. 또한 눈을 감고 재채기를 하는 것은 불가능하다. 재채기는 시속 160㎞의 속도로 퍼지는데 이는 야구에서 투수가 던지는 공보다 훨씬 빠르다.

난자 생산량은 400개, 매일 남성의 고환은 한국 인구의 10배에 달하는 정자를 만들어 낸다. 정자 생산량은 4,000,000,000,000마리이며 정자를 만들어 내는 공장인 고환은 온도가 낮아야 제 기능을 할 수 있으므로 방열 기구처럼 언제나 쭈글쭈글한 주름투성이의 모양으로 매달려 있는 것이다. 체온이 올라가면 세정관의 정자 생산이 중지되기 때문에 더운 날씨에는 축 늘어져 되도록 몸에서 떨어져 있으려 하고 추우면 오므라들어 몸 안으로 기어든다. 고환 두 개는 25g인데 오른쪽의 것이 더 크고 무겁다. 이렇게 크기와 높낮이가 다른 것은 서로 충돌의 위험을 배제하기 위함이다. 정자의 무게는 남자의 1/75이다. 정자를 희석하여 튜브에 넣고 미세한 전류를 흐르게 하면 음극에 X정자, 양극에 Y정자가 모인다. 이 원리로 남여 조절이 가능하나 법으로 금지되어 있다. 머리카락은 563㎞ 자라고 한 손가락 손톱은 3.7m 자란다. 손톱, 발톱의 경우 뿌리 부분이 완전히 손톱 끝까지 성장하는데 걸리는 시간은 6개월이 걸린다. 또한 심장에서는 331,000,000ℓ의 피를 퍼 보낸다. 보통 성인 머리카락의 숫자는 10만개이다. 수염은 3만개, 잔털은 30만개이다. 머리카락의 성분은 아미노산, 탄소 50%, 산소 20%, 질소 18%, 수소 7%이다.

모든 인간은 코에 극소량의 철(Fe)을 가지고 있어서 커다란 자장이 있는 지구에서 방향을 잡기 쉽도록 해준다. 빛이 없을 때 이것을 이용해서 방향을 잡는다. 두 개의 콧구멍은 3~4시간마다 그 활동을 교대한다. 즉 한쪽 콧구멍이 냄새를 맡는 동안 다른 하나는 쉰다. 뼈의 조직은 끊임 없이 죽고 다른 조직으로 바뀌어 7년마다 한 번씩 몸 전체의 모든 뼈가 새로 바뀐다. 인간의 몸에서 가장 강력한 뼈는 넓적다리 뼈이다. 이는 강철과 같은 정도의 압력을 견디어 낼 수 있다. 인간의 뼈는 화강암보다 강해서 성냥갑만 한 크기로 10톤을 지탱할 수 있다. 이는 콘크리트보다 4배 강한 것이다.

하루에 섭취하는 열량의 4분의 1이 뇌에서 사용된다. 뇌는 몸무게의 2%밖에 차지하지 않지만 뇌가 사용하는 산소의 양은 전체 사용량의 20%이다. 뇌는 우리가 섭취한 음식물의 20%를 소모하고 전체 피의 15%를 사용한다. 뇌는 10,000,000,000개의 신경세포와 100,000,000,000,000개의 신경세포 연결부를 가지고 있어서 뇌 속의 상호 연결은 사실상 한계가 없다. 특히 몸의 열기는 80%가 머리로 빠져나가기 때문에 발을 따뜻하게 하려면 양발을 신는 것보다 모자를 쓰는 것이 더 낫다.

성인이 가진 근육 수는 650개인데 한 단어를 말하는 데는 72개의 근육이 움직여야 한다. 미소를 짓기 위해서는 14개의 근육운동이 필요하고 찡그리기 위해서는 72개의 근육을 움직여야 한다. 그리고 관절은 100개 이상이며 혈관의 길이는 80,000km가 넘는다. 또 뼈의 숫자는 206개인데 그중 절반이 손과 발에 있다. 보통 성인의 맥박은 1분에 70-80번인데 조그마한 새의 심장은 1분에 1,000번이 넘게 뛴다고 한다.

폐는 폐포라 하는 공기 주머니를 가지고 있는데 그는 무려 30,000,000개 정도가 된다. 이 폐포를 납작하게 편다면 그 넓이는 93평방미터 정도가 된다.

한 인간이 살아 있는 동안 평균 280,000,000번 심장 박동을 하고 약 2,270,000 ℓ 의 피를 퍼내고 있는 것이다. 하루에도 주먹만한 심장은 약 300 ℓ 의 피를 퍼내고 있는 것이다. 일반적으로 체중이 70kg되는 사람은 피의 양이 약 5.2 ℓ 이다. 여자가 임신을 하면 피의 양이 25% 증가한다. 적혈구는 골수에서 매초마다 20,000개씩 생성되는데 적혈구의 수명은 120~130일 정도이다. 이 골수는 평생 동안 약 반 톤가량의 적혈구를 만들어 낸다.

인체에서 가장 큰 기관은 피부이다. 어른 남자의 경우 피부의 넓이는 1.9평방미터, 여자의 경우는 1.6평방미터이다. 피부는 끊임 없이 벗겨지고 4주마다 완전히 새 피부로 바뀐다. 우리는 부모님이 물려주신 이 천연의 완전 방수의 가죽옷을 한 달에 한 번씩 갈아입는 것이 된다. 한사람이 평생 동안 벗어버리는 피부의 무게는 48kg정도로 1,000번 정도를 새로 갈아입는다. 1평방인치의 피부에는 19,000,000개의 세포와 1,300개의 근육조직, 78개의 신경조직, 650개의 땀구멍, 100개의 피지선, 65개의 털, 20개의 혈관, 178개의 열 감지기와 13개의 냉 감지기가 있다.

우리의 키는 저녁때보다 아침때의 키가 0.8cm 정도 크다. 낮 동안 우리가 서있거나 앉아 있을 때 척추에 있는 물렁한 디스크 뼈가 몸무게로 인해 납작해지기 때문이다. 밤에는 다시 늘어난다.

우리의 발은 저녁때에 가장 커진다. 하루 종일 걸어 다니다 보면 모르는 새에 발이 붓기 때문이다. 그러므로 신발을 사려거든 저녁때에 사는 것이 좋다.

소화란 강한 산성과 알칼리성 사이의 위태로운 평형작용이라 할 수 있다. 위산은 아연을 녹여 버릴 정도로 강하지만 위장에서 분비되는 알칼리성 분비물이 위벽이 녹지 않도록 막아 준다. 그런데도 위벽을 이루는 500,000개의 세포들이 매분 죽어서 새 세포들로 대치된다. 3일마다 위벽 전체가 새것으로 바뀌는 것이다. 이 위산은 바이오리듬에 의해 일정시간(대개 아침, 점심, 저녁때이다.)에 분비되는데 이때에 식사를 하지 않으면 배가 고픈 것을 느끼는데 이것은 위벽이 상하고 있다는 신호이다.

남자는 모든 것의 무게가 여자보다 많이 나가지만 단 하나 예외가 있는데 여자가 지방을 더 많이 가지고 있다. 이것이 여자를 아름답게 만든다. 그리고 여자가 아기를 출산할 때에는 자궁 입구가 평상시 때보다 500배나 크게 열린다. 유방은 오른쪽이 왼쪽 유방보다 약간 작다.

인간의 혈관을 한 줄로 이으면 120,000km로서 경부고속도로 왕복 900km이니까 133번 왕복할 수 있는 길이다. 지구 둘레가 40,008km이니까 지구를 3바퀴 돌 수 있는 길이다.

콜레스테롤은 인간의 몸에 해로운 것으로 알려져 있는데 콜레스테롤은 음식물 안의 지방을 녹이는 등 생리작용에서 생화학적으로 아주 중요하다. 콜레스테롤을 너무 많이 섭취하면 간에 부담을 주고 혈관 속에 쌓여 급기야는 혈관을 막아서 사람을 죽게 하기도 하지만 우리 몸에서 필수 불가결한 요소이다.

자동차를 만드는 데에 13,000개의 부속품이, 747제트 여객기를 만드는 데에 3,000,000개의 부속품이, 우주 왕복선을 만드는 데에는 5,000,000개의 부속품을 필요로 하지만 우리 인간의 몸에는 10,000,000,000,000개의 세포조직이 있고 25,000,000,000,000개의 적혈구와 25,000,000,000개의 백혈구가 있다. 또 사람은 소리를 듣고 평형감각을 유지하는 데 중요한 기능을 수행하고 있는 귀가 있는데 이 귀가 소리를 듣게 되는 것은 고막을 움직임으로써 시작된다. 귀는 소리의 크기에 민감할 뿐만 아니라 그 소리의 주파수, 내용 등에도 매우 민감하여 현대과학의 수준으로도 사람의 귀가 듣는 것처럼 소리를 분별할 수 있는 기계를 도저히 만들 수 없다.

소음크기에 따른 인체의 변화

소리의 크기	40dB	60dB	80dB	100dB	120dB	140dB
소리내용	시계 쪽각소리 사람 대화소리	세탁기소리 전화벨소리	교톤 체증시 소음	혼잡한 지하철 공사장 소음	록 공연장 소리 비행기이륙 소음	제트기 엔진 소음
인체의 변화	독서집중이 잘 안됨	짜증 및 잠이 잘 안 옴 (말초혈관 수축시작)	입맛이 없음 (위 운동 감소)	심한 항진 일어남(소음성 난청 발현 가능)	고막이 찢어질 정도	

귀는 이처럼 사람들의 말소리, 자연계에서 나오는 아름다운 소리를 들을 수 있도록 설계됐는데 소리를 들을 수 있는 주파수 영역 내에서 너무 큰소리를 들으면 청력이 저하되는 것이다. 현대인들은 강한 자극을 원하고 있고 특히 도시환경이 워낙 다양한 소음으로 둘러싸여 있어서 웬만한 소리는 우리의 귀를 자극하지 못하고 있다. 요즘에는 시끄러운 음악소리를 듣는 젊은층의 사람들이 많아 그 음악소리가 일시적으로 마음을 흥분시키고 기분을 좋게 할지는 모르지만 결국 소리를 듣는 귀의 기능을 저하시키고 있음을 알아야 한다. 그러면 어느 정도의 소리로 견딜 수 있을까? 소리의 크기를 데시벨(dB)로 나타내는데 사람이 들을 수 있는 최소한의 소리를 0데시벨(dB)로 기준하여 척도를 정한 것이다. 소음은 40데시벨(dB)을 넘으면 인체에 영향을 미치기 시작한다. 60데시벨(dB)을 넘으면 수면장애를 일으키고 이 상태에서 10분간 노출되면 위 운동이 10% 감소한다. 80데시벨(dB)이면 위 운동이 40% 감소하고 위 수축 강도도 약해진다. 일반적으로 60~70데시벨(dB)에서 말초혈관 수축현상이 일어나며 90데시벨(dB)에서는 모세혈관의 저항이 두 배가 되어 심장박동에 부담이 될 수 있다. 또 90데시벨(dB) 이상의 소음에 장기간 노출되면 감각세포가 점차 파괴되어 소음성 난청이 생길 가능성이 높다. 대체로 평균 소음도가 70데시벨(dB)을 넘으면 주거지역으로 부적합한 것으로 본다.

2) 뇌

'신의 최고 창작물'이라는 찬사를 받고 있는 뇌의 무게는 1.3~1.5㎏, 표면적이 신문지 한 장(2300㎠)정도밖에 안 되지만 우리 몸에서 가장 중요한 부분이다. 뇌가 클수록 지능이 뛰어나다고 한다. 특히 인간의

334

뇌는 고통을 느끼지 못한다. 가끔 머리가 아픈 것은 뇌를 싸고 있는 근육에서 오는 것이다.

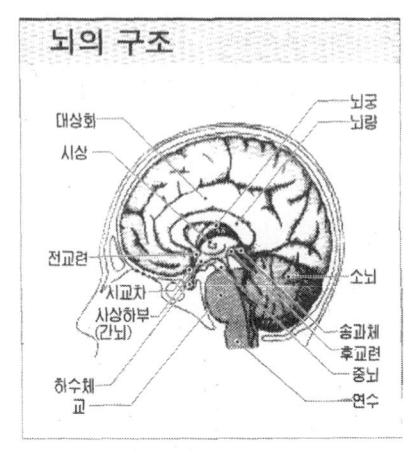

사람은 다른 동물들보다 체중에 비해 뇌가 크다. 고래의 뇌 무게는 8,000g으로 체중의 1/2,000, 코끼리도 5,000g으로 몸무게의 1/2,000인 데 비해 사람은 체중의 1/40정도이다. 뇌는 소우주라 불릴 만큼 다양한 기능을 수행한다. 뇌 전체를 관통하고 있는 신경체계를 통해 몸의 모든 활동에 관여한다. 대뇌와 간뇌, 중뇌, 연수로 이루어져 있다. 가장 큰 부분은 대뇌, 대뇌피질과 변연계로 구성됐다. 대뇌피질은 앞뒤로 달리고 있는 커다란 틈새에 의해 우반구와 좌반구로 나뉜다. 2개의 반구는 각각 전두엽, 측두엽, 두정엽, 후두엽 등 4개의 부분으로 돼 있는데 고도의 이성적인 사색과 판단, 창조가 이뤄지는 원산지이다. 대뇌피질 안쪽에 있는 변연계는 식욕, 성욕, 유쾌함, 분노나 공포와 같은 몸으로 느끼는 원시감각을 관장하는 동물적 행동의 중추라 할 수 있다. 대뇌 아래쪽에 있는 간뇌는 몸의 항상성을 유지하는 온도조절장치이고 소뇌는 손과 발의 복잡하고 민첩한 운동을 원활하게 조정하는 조타수, 중뇌는 청각과 시각을 관장하는 반사중추의 임무를 담당한다. 연수는 뇌와 척수를 연결하는 다리로 뇌에서 내려가는 운동성 신경과 감각기관에서 올라오는 감각성 신경이 교차하는 곳이다. 특히 인간의 두뇌 용량은 무한정이기 때문에 무제한의 자유용량이라고 말할 수 있다. 그러나 엄청난 용량이기 때문에 곧잘 허구가 성립될 수 있다. 인체의 좌 뇌는 언어, 계산, 논리, 오른쪽 기능 전부를 담당하고 우 뇌는 감정이나 직감, 왼쪽 신체

기능 전부를 담당한다.

이러한 신진대사의 중추인 '뇌'가 고장일 때는 생명과 직결되므로 3대 질환은 다음과 같다.

▫ 뇌종양: 두통, 구역질 및 구토 등이 나타나며 반신마비, 간질 발작, 시력 및 청력장애 등이 나타날 수 있다. 특히 머리가 전체적으로 뻐근하고 저녁보다 아침에 두통이 심할 때는 뇌종양이 의심이 되므로 두통과 함께 구역질이나 구토가 동반되면 즉시 병원을 찾아야 한다.

▫ 뇌혈관질환: 뇌혈관의 파열로 인한 뇌출혈과 뇌혈관의 폐쇄로 인한 뇌경색 등 뇌졸중 외에 뇌동맥류, 뇌내혈종, 뇌동정맥기형 및 모야모야씨병 등이 있다. 출혈성 뇌혈관질환인 뇌출혈은 갑자기 혼수상태에 빠지거나 반신마비가 나타나며 혼수상태에서 회복되어도 지속적으로 심한 두통이 나타난다. 뇌경색은 갑자기 반신마비나 언어장애가 나타나며 2~3주 내에 일단 회복이 되더라도 다시 재발하는 경우가 많다. 특히 뇌경색은 뇌출혈에 비해 아직 일반인의 인식이 낮아 발병 초기 적절한 치료를 받지 못하는 경우가 많아 주의가 필요하다. 흔히 뇌혈관의 동맥경화나 색전증에 의해 유발되는데 '위험인자'인 고혈압, 심장질환, 흡연, 당뇨병, 비만, 과음 및 고령 등을 조절함으로써 평소에 예방노력을 기울이는 것이 중요하다.

▫ 파킨슨병: 노인성 신경질환의 하나로 신경전달물질인 도파민의 뇌 내 결핍으로 신경전도에 이상을 일으키는 질환으로 팔이나 다리가 떨리거나 꼿꼿해지는 증상이 나타나며 행동이 느려지고 걷기가 힘든 증상이 특징이다.

3) 위(胃)

식도에 달려있는 위
는 평소 배꼽 위쪽에
납작 엎드려 있다가 음
식이 넘어오면 불룩하
게 배꼽 아래쪽으로 처
지는 놀라운 유연성을
지니고 있다. 음식이 들

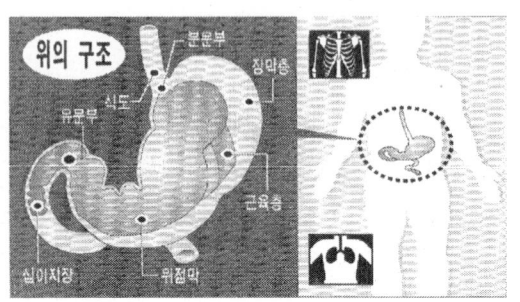

어오면 순서대로 차곡차곡 쌓았다가 15~20초 간격으로 연동운동을
해 휘휘 젓고 벽에 빼곡히 자리 잡고 있는 3천5백만 개나 되는 위샘
에서 위액을 분비, 노골노골하게 만든다. 그리고 나서는 십이지장과
연결된 유문무가 맷돌 같은 운동으로 음식을 1㎜이하의 작은 입자로
갈아 장(腸) 쪽으로 내려 보낸다. 하루에 분비되는 위액은 2~3ℓ, 위
액에는 단백질, 탄수화물 등을 분해하는 각종 효소들이 들어 있다.

특히 위샘에서 나오는 위산은 강한 산성을 띠고 있는데 화장실 바
닥의 때도 쉽게 녹일 만큼 산도가 높다. 음식에 슬쩍 묻어 넘어온 수
많은 세균들은 이 위산의 살균작용으로 거의 다 죽는다. 이 위는 상당
히 민감하여 마음이 안정된 상태에서는 느긋하게 소화 작용을 하지만
우울하거나 불안하면 위 근육도 긴장해 속이 불편해진다. 즉 위는 소
화되기 전의 음식물을 한동안 저장하고 1㎜이하의 아주 작은 입자로
음식물을 갈아 십이지장으로 배출하며 강한 산성용액으로 음식물과
함께 들어온 각종 병균을 죽이는 것이다. 이러한 역할이 되지 않을 때
나타나는 증상이 기능성 장애다. 대표적인 기능성 장애로는 ‘소화불량’
이며 체증·메스꺼움이 나타나는 ‘운동장애성’과 속 쓰림 증상이 대표
적인 ‘궤양성’, 되새김이나 트림증상이 나타나는 ‘역류성’ 등 3가지로

나눌 수 있다.

운동장애성은 50%이상으로 조금만 먹어도 배가 부른 조기 포만감이 나타나고 궤양성은 속이 쓰리고 상복부에 통증이 느껴지며 공복 시 주기적으로 통증을 일으키며 밤과 새벽에 통증이 심하다. 역류성은 신물이 올라오고 가슴이 따가울 때이다.

예방으로는 식습관을 올바로 해야 한다. 규칙적으로 천천히 잘 씹어서 음식물을 섭취해야 한다. 위는 식사 후 2시간 정도 지나면 강한 수축현상으로 남아있는 음식물을 밀어내고 위를 깨끗이 비우는데 규칙적인 식사는 항상 위를 깨끗한 상태로 유지, 원활한 소화를 가능하게 해준다. 또 천천히 음식을 먹으면 위의 수축과 팽창이 자연스럽게 이뤄져 무리를 주지 않으며 오래 씹으면 음식물이 더 잘게 갈아지므로 위의 운동부담을 줄여준다.

위의 모양

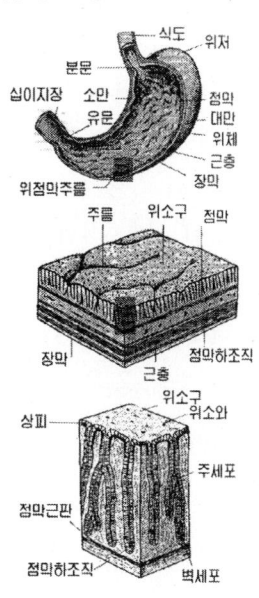

위의 기능과 무관하게 생기는 병변 중에는 위염이 가장 일반적인데 헬리코박터 파일로리 균에 감염되거나 특정 약물로 위 점막 손상이 있을 때, 스트레스를 받거나 과도한 음주·흡연을 했을 때 나타난다. 헬리코박터는 대부분 위 질환과 연관되어 발암물질(질소화합물)과 결합, 위암 발생을 유발시킨다. 위궤양은 위 점막부위의 손상을 위염, 위 점막 아래까지의 염증이 확대된 경위를 위궤양으로 한다.

▷ 종류와 치료법

위장이 정신건강과 밀접한 관계가 있음을 보여주는 우리네 속담 중

"사촌이 땅을 사면 배가 아프다"는 말이 있다. 이는 곧 '위장은 마음의 거울' 사는 즐거움을 먹는 즐거움에 비유하는 사람이 많을 정도로 위가 우리 삶의 질에 미치는 영향은 절대적이다. 다양한 위장질환의 종류와 원인, 치료 등은 다음과 같다.

▫ 위 운동 장애

위의 분쇄기능, 즉 운동성이 떨어지는 위장질환, 적은 양을 먹어도 배가 더부룩한 느낌이 드는 것은 위의 탄력성이 떨어졌기 때문이다. 이는 '많은 양의 음식을 빠른 시간에 먹어치우는 한국인의 음식문화가 위의 탄력성을 떨어뜨리는 가장 큰 원인'이나 '천천히 오래 씹고 위에서 분해가 잘 되지 않는 섬유질 식품을 줄이는 식생활'이 치료에 좋다.

▫ 위염·위궤양

과거에는 위벽의 손상의 가장 큰 원인은 위산 때문인 것으로 생각했었다. 그러나 위 점액층에 사는 헬리코박터균이 발견되면서 원인뿐 아니라 진단·치료의 방향도 바뀌게 되었다. 우리나라 성인의 70~80%가 보균자로 추정되는 헬리코박터는 위산으로부터 자신을 보호하기 위해 암모니아를 만드는 유리아제라는 효소를 분비한다. 문제되는 것은 이 세균이 생존을 위해 발생시키는 유해산소와 암모니아 등 독성물질이 위 점막세포를 손상시킨다는 것이다. 따라서 헬리코박터균의 퇴치가 치료에 가장 중요하다.

▫ 위출혈

위벽손상에 의해 혈액이 위 내부로 분출하는 것으로 위암, 소화성궤양, 진통제 등 약물·알코올 등이 주범이다. 식도정맥류·위궤양 출혈·음주 후 구토로 인한 대량출혈은 응급을 다룬다.

* 참고

위장질환의 형태

증 상	병 명	원 인
공복 시 윗배에 답답한 통증	위궤양 십이지장궤양	위 점막 층에는 지각신경이 없으나 심한 스트레스에 의해 위액이 점막 아래 층을 침범했기 때문
식사 몇 시간 후 윗배가 꽉 죄는 듯 아프다.	급성위염	공복 시 알코올 등 자극성 음식을 대량 섭취 점막이 파괴돼 일어나는 통증
가슴뼈 안쪽에 쓰라린 통증	위궤양 십이지장궤양	위액이나 십이지장액이 식도 하부로 역류, 식도점막을 자극한다. 트림을 하기도 한다.
식후 1~2시간 후 트림 나고 불쾌해진다.	만성위염 위궤양	트림의 대부분은 음식과 함께 들어간 공기가 역류되는 것 위액이 나오는 수도 있다.
속이 울렁거리고 기침하면 피를 토한다.	위궤양 미란성위염	궤양은 장벽을 에이고 때로는 혈관을 파열시킨다. 그것이 입으로 나오면 토혈, 항문으로 나오면 하혈
식후 트림, 공복 시 앞가슴이 타는 듯 쓰림	역류성 식도염	위산이 식도로 역류하기 때문
식후 명치와 배꼽사이가 지속적으로 아픔, 등으로 통증이 뻗는다.	췌장염·암	식사로 췌장액의 분비가 시작되면서 췌장이 운동을 시작하기 때문
통증부위가 옮겨 다니고 아랫배 네 귀퉁이가 특히 아프다.	대장질환	장운동에 따라 통증 위치가 바뀌고 가스가 주로 장의 네 귀퉁이에 차기 때문

※ 헬리코박터란

헬리코박터는 염산 성분의 위 속에서 염산을 중화해 살 수 있는 강력한 능력을 가진 세균이다. 또 위 바깥에서도 살 수 있으며 키스로도 전염된다. 헬리코박터는 국내 성인의 80%이상이 걸려 있는 것으로 알려진 위염의 주범으로 여러 개의 꼬리를 갖고 있어 밥통 속을 이리저리 헤엄치면서 돌아다닌다. 특히 위의 몸통보다는 아래의 꼬리처럼 생긴 유문에 많이 산다. 헬리코박터(HP)는 위의 유문(파이로리)에 사는 나선(헬리코) 모양의 박테리아(박터)란 뜻으로 원래는 '인체조직과 닮은 세균'이란 뜻의 '캠필로 박터(CLO)'였지만 이름이 바뀌었다. 헬리코박터(HP)가 내는 효소는 요소를 분해해 암모니아를 만든다. 이 요소분해 효소가 위산을 중화시켜 헬리코박터(HP)가 살기 좋은 환경을 만들게 된다. 헬리코박터(HP)에서 나오는 독성물질이 위 점막에 직접 상처를 내기도 하지만 이 균이 활동하고 있는 위 점막을 위산이 공격해 위에 구멍이 나기도 한다. 최근에는 헬리코박터(HP)가 철분 결핍 빈혈의 주범으로 밝혀지기도 했다.

감염에 대해서는 명확히 밝혀지지는 않았지만 감염자가 토한 음식이나 대변에 오염된 물, 헬리코박터에 오염된 식품 등을 통해 전염된다는 가설이 유력하다. 또 위액의 역류로 입안까지 나온 균이 입을 통해 다른 사람에게 감염되기도 하는데 주로 술잔을 돌리거나 수저를 같이 사용하다 감염될 수도 있고 키스를 통해 감염되기도 한다.

결론적으로 얼굴이 웃으면 위도 웃고 마음이 슬프면 위도 슬프다. 심리상태가 위에 영향을 미치는 것은 위벽에 뻗어있는 자율신경 때문이다. 용량 2ℓ의 위가 소화시키는 기능은 음식을 잘게 부수기 위한 파동운동, 즉 식도와 연결된 분문부에서 시작해 위체부·위저부·유문부로 진행하는 파동시간은 30초 정도, 보통 15~20초마다 한번씩(식후에는 좀더 자주)파동이 발생, 마치 파도처럼 위벽이 일렁이며 음식을 부수고 섞는 작용을 한다. 다음은 위액(염산)과 펩신(단백질 분해효소)의 분비, 위벽에는 약 3천5백만 개의 샘이 있어 하루에 $2~3\ell$의 염산을 쏟아 붓고 이 자극에 의해 펩신이 분비된다. 염산은 pH2의 강산성, 금속도 녹이는 염산에 위가 녹지 않는 것은 위벽 표면의 점막을 덮고 있는 두께 0.5mm의 점액층 때문이다. 이곳의 점액 세포가 위벽을 감싸 안으면서 알칼리성 점액을 분비, 중화시키기 때문이다.

위의 병은 알코올이나 약물·스트레스, 알코올은 분자량이 작기 때문에 보호막을 뚫어 위 점막에 손상을 입히고, 스트레스는 위벽의 혈류를 악화시켜 점액분비를 감소시킨다. 아무리 충직한 인체기관이지만 주인이 보호하지 않으면 언제든지 배신할 수 있는 것이 위장이다.

4) 간(Liver)

간을 '거대한 화학공장'이라고도 하며 '침묵의 장기'로 불린다. 70~80%가 파괴되어도 자신의 일을 훌륭히 수행하며 70%를 잘라내도 4~5개월 후면 정상크기로 재생되는 유일한 장기로 횡격막의 바로 밑에 있으며 복강의 오른쪽 부분에 위치하며 무게는 성인의 경우 1300~1500g정도로 크기는 가로 약 25㎝, 세로 약 15㎝, 두께 약 10㎝로 인체에서 가장 큰 장기다. 모양은 마름모꼴로 크게 우엽과 좌엽으로 나

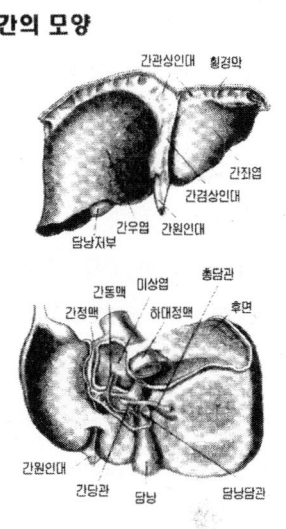

간의 모양

뉘는데 아래 쪽에 움푹 팬 '문맥'이 있다. 이곳을 통해 간동맥, 문정맥, 담관, 임파관이 간 속으로 연결된다. 간동맥은 복부대동맥, 간정맥은 심장과 연결되며 문정맥은 위와 소장, 대장, 비장과 이어진다.

500가지가 넘는 간 기능 중 가장 중요한 것은 해독작용과 대사 작용이다. 독성물질이 흡수되면 간이 인체에 무해하게 해독해 주고 또 간은 1000여 종에 이르는 다양한 효소를 생산, 몸 전체의 대사를 관장한다. 몸에 필요한 영양분을 적절히 생산, 저장했다가 필요할 때마다 공급하는 역할을 하는 것으로 간장이 하는 일은 500여 종류이며 그중

중요한 것은 담즙 배출기능인데, 간은 죽은 적혈구를 이용해 담즙을 생성한 뒤에 담낭에 저장시켰다가 십이지장을 거쳐 배출한다. 이 기능이 문제가 생기면 황달증상이 나타난다. 특히 간장은 해독작용을 한다고 알려져 있다. 소량의 식품첨가물, 약품, 알코올 등으로 간이 손상을 입지 않는 것은 간이 신속하게 해독, 배설작용을 하기 때문이다. 또한 음식으로 섭취한 단백질, 당질, 지방, 비타민 등의 영양소를 체내에서 이용될 수 있는 형태로 변화시키고 저장하기도 하며 필요에 따라서 혈액 중에 보내며 불필요한 호르몬을 분해하여 호르몬 균형을 조정하는 대사 작용도 한다.

다시 말해서 간의 기능을 종합해 보면

① 소화관에서 흡수한 영양소를 처리한다. 소화관을 지나온 혈액은 일단 간을 거치게 되어 있으며 흡수된 각종 영양소, 즉 당질 지방질 아미노산 등은 간에서 가공 처리되며 필요에 따라 다른 기관에 공급된다.

② 단백질 대사의 노폐물인 암모니아를 요소로 합성한다.

③ 주요 혈청 단백질을 합성하는데 이들은 각종 물질을 수송하거나 또는 혈액응고에 관여하는 등 대단히 중요한 기능을 하고 있다.

④ 철이나 비타민을 저장한다.

⑤ 섭취한 약물, 알코올, 각종 화학물질을 대사하여 배설될 수 있는 형태로 바꾸어 주며 이는 간의 해독작용을 의미한다.

이러한 중요한 기능을 하면서도 재생능력이 뛰어나 일부만 남아 있더라도 생명을 유지하는 데 지장이 없으며 웬만한 이상이 있어도 별로 증상을 나타내지 않는 장기이다.

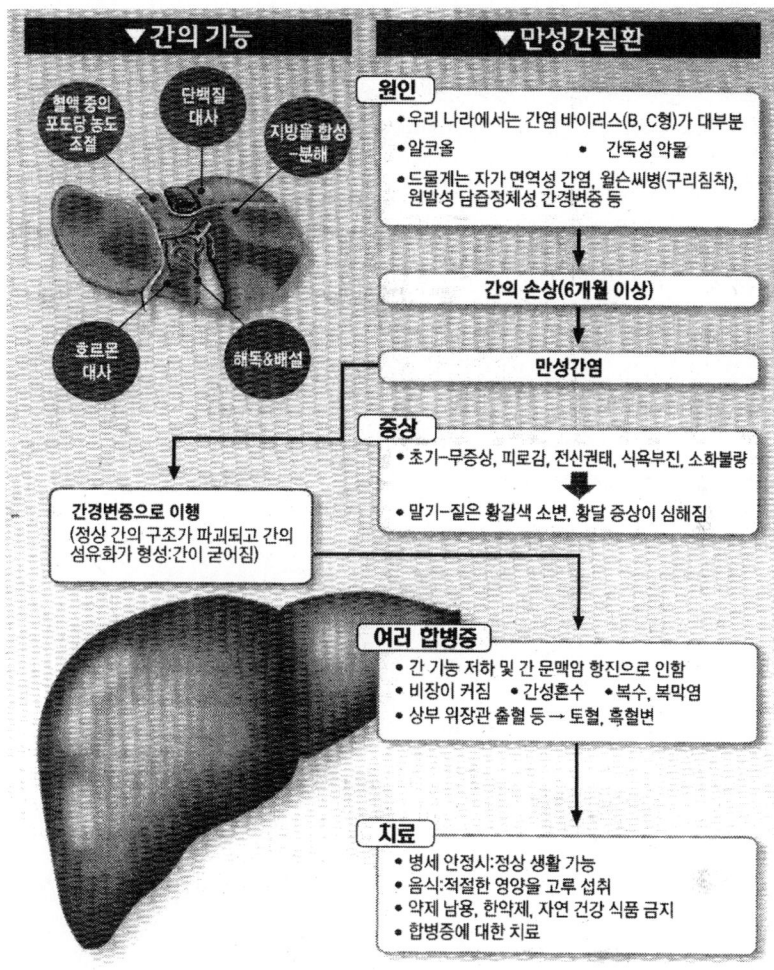

▼ 간의 기능

- 혈액 중의 포도당 농도 조절
- 단백질 대사
- 지방을 합성·분해
- 호르몬 대사
- 해독&배설

▼ 만성간질환

원인
- 우리 나라에서는 간염 바이러스(B, C형)가 대부분
- 알코올
- 간독성 약물
- 드물게는 자가 면역성 간염, 윌슨씨병(구리침착), 원발성 담즙정체성 간경변증 등

↓

간의 손상(6개월 이상)

만성간염

증상
- 초기-무증상, 피로감, 전신권태, 식욕부진, 소화불량
- 말기-짙은 황갈색 소변, 황달 증상이 심해짐

간경변증으로 이행
(정상 간의 구조가 파괴되고 간의 섬유화가 형성:간이 굳어짐)

여러 합병증
- 간 기능 저하 및 간 문맥압 항진으로 인함
- 비장이 커짐   • 간성혼수   • 복수, 복막염
- 상부 위장관 출혈 등 → 토혈, 흑혈변

치료
- 병세 안정시:정상 생활 가능
- 음식:적절한 영양을 고루 섭취
- 약제 남용, 한약제, 자연 건강 식품 금지
- 합병증에 대한 치료

5) 폐

좌우 한 쌍으로 된 폐(허파)는 갈비
뼈 안쪽에 있으며 길이는 약 25cm이고
우엽이 전체 용적의 55%를 차지한다.
크고 작은 혈관들이 무수히 뒤엉켜있는
폐 속에는 폐포(허파꽈리)라고 하는 공
기 주머니가 마치 포도송이처럼 달려
있다. 직경 0.1~0.2mm정도인 폐포는 정
상인의 경우 약 3억 개에 이른다. 이 폐
포의 표면적을 다 합치면 20평 규모의
아파트 면적에 해당하는 70~80㎠나 된다.

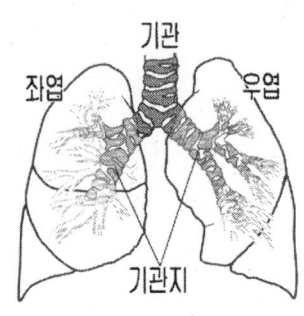

폐의 모양

한 번의 호흡으로 담을 수 있는 최대 공기 양(폐활량)은 성인 남자
의 경우 약 5ℓ, 운동 시에는 7~10ℓ로 증가하게 된다. 폐호흡을 조
절하는 기관은 뇌의 연수에 있는 호흡중추로서 순간순간 변하는 조직
세포의 산소농도와 탄산가스 농도 등의 정보를 수집 분석하여 가스
교환 명령을 내린다. 정상인이 들이마시는 흡기(吸氣)조성은 산소가
21%, 탄산가스가 0.03%이며 내쉬는 호기(呼氣)엔 탄산가스가 3~5%
로 늘어나 있고 산소는 14~17%로 줄어든다. 호흡을 통해 늘 외계와
접촉하기 때문에 폐는 청소기능이 뛰어나다. 숨쉴 때 체내에 들어온
외부의 먼지나 세균은 90%이상이 대개 2시간 이내에 제거된다. 폐의
표면은 어릴 때는 밝은 핑크빛이나 어른이 되면 오염된 공기 흡입으
로 검은 점들이 여기저기 생기는데 흡연경력이 긴 사람일수록 더욱
시커멓게 변한다.

6) 심장

심장은 흉강내의 횡격막 바로 위, 그리고 오른쪽 폐와 왼쪽 폐 사이에 있는데 가슴의 정중선으로 보면 3분의 2 정도는 왼쪽에 있고 3분의 1 정도가 오른쪽에 있는 셈이다. 모양은 복숭아와 닮았고 크기는 사람의 주먹만한데 무게는 200~350g정도밖에 안 되지만 박동의 힘은 대단해 우리 몸 곳곳에 뻗쳐있는 길이 13만km(지구의 둘레는 4만km)의 혈관에 피를 뿜어 돌리는 힘이 있다. 심장은 온 몸을 돌고 더러워진 채 들어오는 피(정맥혈)를 받아들인 뒤 두 개의 폐로 보내어

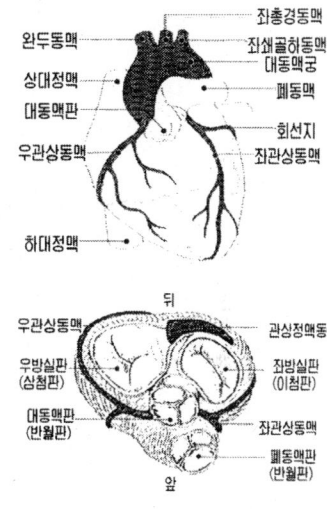

심장의 모양

좌총경동맥
완두동맥
좌쇄골하동맥
대동맥궁
상대정맥
폐동맥
대동맥판
우관상동맥
회선지
좌관상동맥
하대정맥

뒤
우관상동맥
관상정맥동
우방실판
(삼첨판)
좌방실판
(이첨판)
대동맥판
(반월판)
좌관상동맥
폐동맥판
(반월판)
앞

산소가 풍부하고 깨끗하게 만든 다음 대동맥을 통해 다시 몸 전체로 내보내는 펌프 역할을 한다. 하루에 심장을 지나는 피는 9000ℓ~10t이 넘는다. 이런 엄청난 양의 피를 통과시키면서 거꾸로 흐르는 사고가 일어나지 않는 것은 삼천판, 폐동맥판, 승모판, 대동맥판으로 불리는 심장판막들이 심방과 심실 사이, 심실과 동맥 사이에 자리를 잡아 조절해 주기 때문이다.

심장근육은 뼈에 붙어 수축과 이완을 빠르게 하는 골격근과 내장에 붙어 천천히 끈기 있게 움직이는 내장근의 성격을 고르게 지녀 빠르게 움직이면서도 지치지 않는 특성을 가지고 있다. 심장은 평상시에 매분 60~70회 박동하는데 이런 계산이면 하루에는 평균 십만 번쯤 뛰는 셈이다. 일 년이면 36,00만 번 뛰는 계산이 나오며 70년을 산다

고 한다면 25억 회나 수축과 확장을 거듭하는 펌프질을 하게 되는 셈이다. 이런 심장은 매일 십만 번씩 수축과 이완을 계속하며 1분마다 5~6ℓ 또는 1일 10t 이상의 혈액을 방출하여 혈액순환을 유지한다. 이와 같이 심장은 요람에서 무덤까지 한 순간도 쉬는 일이 없이 깨어 있을 때나 잠잘 때나 계속하여 뛰고 있는 것이다. 심장이 이렇게 운동을 할 수 있는 것은 심장을 둘러싸고 있는 관상동맥(冠狀動脈)을 통해 전신이 소비하는 양의 10%나 되는 산소와 충분한 영양을 공급받으며 자율신경의 적절한 지배를 받고 있기 때문이다.

· 심장마비: 주로 심장을 왕관모양으로 둘러싼 관상동맥의 동맥경화 때문에 발생하는 것으로 알려졌다. 동맥경화가 있는 사람이 무리한 활동과 정신적인 흥분상태에 빠지면 심근의 수축력이 극도로 떨어지며 혈액공급이 끊겨 쇼크사를 유발할 위험이 높아진다. 특히 심장마비를 일으키는 가장 큰 원인 질환은 협심증(관상동맥에 콜레스테롤 같은 이물질이 끼여 혈관이 좁아져 생기는 병)이다. 혈관이 좁아지면 혈액순환이 제대로 이루어지지 않아 혈류량이 부족해지고 심장근육은 허혈 상태가 돼 가슴을 쥐어짜는 듯한 흉통에 시달리게 된다.

· 부정맥: 심장박동이 불규칙해 때로 가슴이 답답해지고 심하게 두근거리거나 숨이 차는 증세. 대개는 가볍지만 심한 경우 의식을 잃게 되는 수도 있다. 사람의 정상적인 심장 박동은 보통 1분에 60~70회이지만 운동을 하거나 흥분했을 때 또는 열이 있으면 맥박수가 늘어나고 잠을 잘 때는 줄어든다. 서맥은 이 박동수가 1분에 40회 이하로 뚝 떨어진 경우이고 빈맥은 반대로 1분에 150회 이상 빠르게 움직이는 경우를 말한다.

심장병이 있거나 갑상선기능항진증 등과 같은 내분비계의 이상, 폐질환 등의 질병으로 인해 발생하고 심한 스트레스나 과로로 일어나기도 한다. 따라서 심장이 잠시 멎은 듯 느껴지나 가슴이 두근두근 거리고 숨이 차는 증상이 자주 보이는 사람은 일단 빈맥이 아닌지 의심해 보는 것이 좋다. 반면 서맥의 경우 조금만 움직여도 쉽게 숨이 차고 자주 어지럼증을 느끼고 때로는 간질과 비슷한 발작을 일으키기도 한다.

7) 췌장

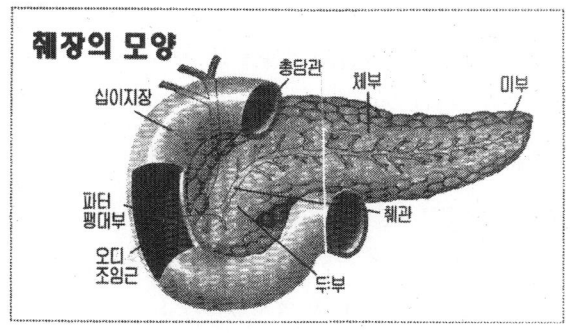

이자로 불리는 장기이다. 십이지장 뒤쪽에 위치한 췌장은 머리, 몸통, 꼬리로 구성돼 있다. 머리부분은 십이지장 C자 모양의 오목한 부위에 박혀있고 꼬리부분은 비장 입구에 접해 있다. 크기는 대략 길이 15cm, 폭 3cm, 두께 2cm정도며 무게는 약 70~80g이다. 혈당 조절 호르몬인 인슐린과 글루카곤을 만들고 트립신(단백질을 아미노산으로 바꾼다), 아밀라아제(녹말을 당으로 바꾼다), 리파아제(지방을 분해한다) 등 20여 가지 소화효소를 생산한다. 췌액은 지방뿐만 아니라 탄수화물, 단백질까지 종합 처리해 '소화기관'의 작전참모 또는 '비밀 화학공장'으로 불린다. 췌장이 분비하는 인슐린은 세포가 필요로 하는 포도당의 정확한 양을 결정하고 포도당을 연소시키는 일을 돕는다. 따라서 연소되지 않은 포도당이 그대로 배설되면 오줌은 달짝지근하게 되고 이 같은 현상이 나타나기 시작하면 몸은 허약해지는 것이다.

한편 담도계는 총담관, 담낭관과 간관, 우측 및 좌측간관, 간 내 담도 및 담낭으로 구성된다. 담도계의 주된 기능은 지방 소화를 돕는 일, 간 소엽에 있는 간 내 담도로 나온 담즙들은 오른쪽은 오른쪽 간관으로, 왼쪽 담즙은 왼쪽 간관으로 모인 후 서로 만나 총간관을 형성한다. 이 총간관과 담낭관이 합쳐 총담관을 이룬다. 이 총담관에 흐르는 담즙은 담낭관을 통해 총담관내로 들어간 후 췌장관과 만나 십이지장의 유두부로 배출되는데 하루 배출량은 500~600㎖이다.

우리 몸 안에는 항상 5~10μg/㎖정도의 인슐린이 췌장에서 분비되고 있는데 췌장의 랑게르한스섬(膵島)이란 세포가 파괴되면 인슐린 분비량이 급격히 줄어든다. 인슐린은 우리가 섭취한 음식물 속의 포도당을 에너지로 바꿀 때 절대적으로 필요한 호르몬, 인슐린 부족으로 체내의 포도당이 조절되지 못하면 당뇨병이 걸리게 된다. 정상 혈당치는 공복 시 70~110㎎/㎗, 식사 후 1시간 뒤 140㎎/㎗이다.

8) 신장

신장은 뇌, 심장, 간, 폐와 함께 생명유지에 필요한 5대 장기 중 하나로서 쌍으로 돼 있다. 오른쪽 신장은 간 아래, 왼쪽 신장은 비장 아래 위치하고 있다. 길이 10~12㎝, 넓이 4~6㎝, 두께 3~4㎝의 콩 모양으로 생긴 신장 1개의 무게는 120~140g이다. 이렇게 전체 몸무게의 0.5%에 불과한 신장이지만 이곳을 통과하는 혈류량은 심장에서 짜내는 혈액량의 20~25%나 된다. 다시 말해 신장은 혈관으로 구성된 기관이다. 신장의 가장 큰 기능은 배설기능, 먹는 일 못지않게 배설도 중요하다. '먹는 것은 100냥, 싸는 것은 200냥'이라는 말이 있듯이 아무리 잘 먹어도 배설이 순조롭지 못하면 말짱 헛일이다. 인체에서 소변을 걸러내는 곳은 신장이다. 또 다른 배설기관인 장은 열흘 남짓 기능을 하지 않고 대장에 변을 쌓아두고 있어도 생명에는 전혀 지장이 없으나 신장은 3일만 일을 안 해도 문제가 심각해진다. 음식물을 먹은 후 나오는 노폐물은 물론 우리 몸의 파괴된 조직이 대사되는 과정에서 나오는 유독 물질도 모두 신장을 통해 배설되기 때문이다.

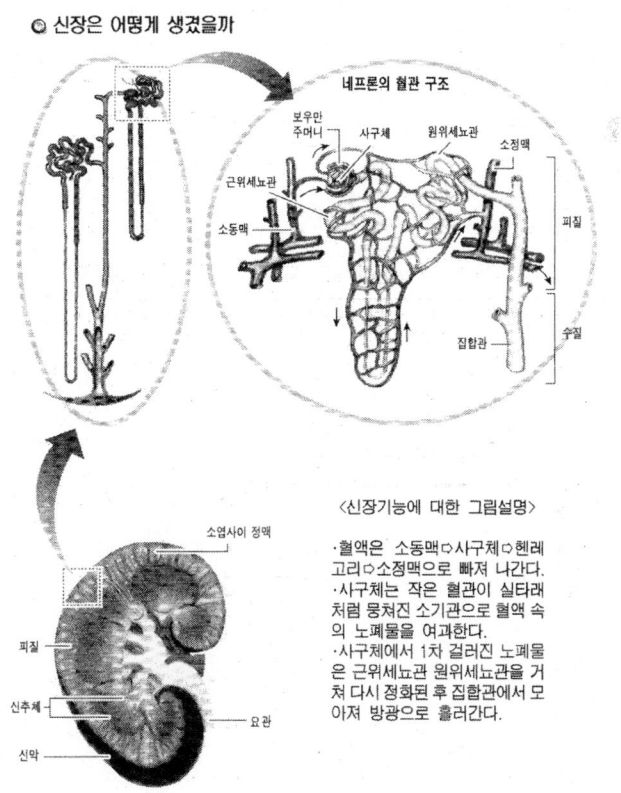

◎ 신장은 어떻게 생겼을까

네프론의 혈관 구조

보우만
주머니   사구체   원위세뇨관   소정맥

근위세뇨관

소동맥   피질

집합관   수질

소엽사이 정맥

피질

신추체   요관

신막

〈신장기능에 대한 그림설명〉

·혈액은 소동맥⇨사구체⇨헨레
고리⇨소정맥으로 빠져 나간다.
·사구체는 작은 혈관이 실타래
처럼 뭉쳐진 소기관으로 혈액 속
의 노폐물을 여과한다.
·사구체에서 1차 걸러진 노폐물
은 근위세뇨관 원위세뇨관을 거
쳐 다시 정화된 후 집합관에서 모
아져 방광으로 흘러간다.

신장은 배설 기능 외에 몸속의 수분과 염분의 양을 일정하게 유지시켜 주는 일도 한다. 때문에 신부전으로 신장기능이 떨어진 환자들은

수분과 염분을 잘 배설하지 못해 몸이 붓고 혈압이 올라가는 등 여러 가지 신체적 이상을 겪게 된다. 따라서 소변 색을 눈여겨보아야 한다. 그 소변 색을 분별할 수 있는 것으로 정상 소변은 무색에서 황갈색까지 다양하고, 적색뇨는 혈액이 새나오는 혈뇨로 신장이상의 가능성이 높다고 한다. 또한 정상뇨는 거품이 생기지만 양이 적다. 거품이 심하면 단백뇨, 소변에 단백질이 새나오는 것으로 신부전을 들 수 있다. 사구체에서 단백질이 빠져나가거나 세뇨관에서 재흡수가 안 되기 때문이다. 소변에서 심한 암모니아 냄새가 나면 대장균 등 세균감염을 의심해야 한다.

다시 말해서 신장(콩팥)의 주요 기능을 종합하여 보면 ① 인체 내의 수분과 전해질(염분과 포타슘 등) 및 산도의 균형을 조절하고, ② 혈압을 조절 유지하며 ③ 단백질 대사의 최종산물인 요소, 요산, 크레아티닌 등을 배설하여 이들이 체내에 축적되는 것을 막고 ④ 인체에 흡수된 비타민D를 활성화시켜 장에서 칼슘의 흡수를 촉진시키며 ⑤ 골수에서의 적혈구 생산을 도와준다.

이렇게 신장은 몸의 내부 상태를 균형 있게 유지하는 중요한 장기로 이 신장의 기능이 떨어지면 혈액 내에 배설되지 못한 노폐물이 쌓이게 되어 이것이 전신으로 영향을 미치게 된다는 것이다. 특히 콩팥, 부신, 고환 등 비뇨생식기계와 성호르몬을 망라한 신장이 허약하면 성 기능에 치명적일 뿐 아니라 뇌졸중, 당뇨병과 같은 성인병에 걸리기 쉽다. 이러한 신장이 허약하면 쉽게 피로해지고 몸이 자주 부으며 치아가 흔들리고 폐나 기관지에 이상이 없어도 숨이 차고 신장염, 당뇨병, 갑상선질환, 전립선질환 등이 잘 생기고 뇌 기능이 감퇴해 건망증이 생기거나 치매도 나타난다. 신장은 성 기능과 밀접한 관계가 있어 남성은 정액을 흘리는 유정(遺精)이나 조루가, 여성은 월경 장애나 불임증이 생기기 쉽다.(정지천: 신장이 강해야 성인병을 예방한다. 도서출판 청송 刊)

9) 갑상선(甲狀腺)

신체기관을 조절하는 호르몬을 분
비하는 내분비기관 중 하나로 목의
앞부분 '갑상선 연골'의 즉 목에는 '아
담의 사과'라는 뼈가 튀어 나와 있는
데 이를 갑상선 연골이라고 한다. 갑
상선은 아담의 사과 바로 아래에서
목 가운데를 중심으로 양쪽으로 하나
씩 두 개가 있다. 길이는 4~5cm, 넓
이 1~2cm, 두께 2~3cm로 엄지손가

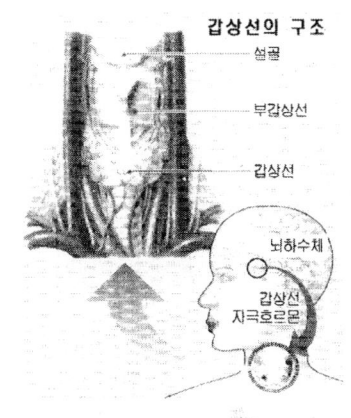

갑상선의 구조
설골
부갑상선
갑상선
뇌하수체
갑상선
자극호르몬

락보다 조금 작은 정도이며 전체 무게는 15~20g정도이다. 뇌하수체
에서 나오는 갑상선자극호르몬의 명령을 받아 신체기능을 조절하는
갑상선 호르몬을 분비한다.

▫ 갑상선 호르몬

갑상선 이상에 따라 몸에 심각한 변화가 일어나는 것은 신체대사과
정 즉 심장이 뛰고, 위와 장이 움직여 소화를 하고, 체온을 유지하고
땀이 나는 등 몸이 스스로를 유지해 나가는 작용을 조절해 주는 갑상
선 호르몬에 영향을 주기 때문이다. 이 호르몬은 인체 내 모든 기관이
정상적으로 활동하도록 도와주고 태아와 신생아의 뇌와 뼈의 성장을
촉진해준다.

▫ 갑상선 항진증(亢進症)

면역체계가 교환돼 세균을 잡아야 할 항체가 갑상선을 지속적으로
자극해 호르몬을 분비하도록 함에 따라 나타난다. 갑상선호르몬의 농
도가 높아지면 신진대사가 필요 없이 활발해진다. 이에 따라 심장이

빨리 뛰고 몸이 더워지며 땀이 많이 난다. 에너지를 많이 소비하므로 아무리 먹어도 체중이 늘지 않으며 빨리 피곤함을 느끼는 등 '갑상선 호르몬'이 과도하게 분비되는 증상으로 면역체계의 이상으로 발생하며 신체 활동이 왕성한 10~20대 여성에서 주로 나타난다.

▫ 갑상선 저하증(低下症)

면역세포가 갑상선을 외부물질로 인식해 파괴하면서 발병한다. 호르몬을 분비해야 할 갑상선이 손상을 입어 갑상선 호르몬이 부족해지고 신체기능도 떨어진다. 이에 따라 맥박이 느려져 분당 60회 이하로 떨어지기도 하고 숨쉬기가 어려워진다. 팔다리가 저리고 쥐가 나며 말도 더뎌진다. 사용하는 에너지양도 적어져 식욕이 없는데도 체중이 늘고 장의 운동이 느려져 변비도 생기며 피부가 거칠어지고 추위를 타는 등 40대 주부들에게서 흔히 볼 수 있다.

* 갑상선 항진증과 저하증 증상 비교

갑상선 항진증	갑상선 저하증
피로하고 신경이 예민해지며 쉽게 짜증을 낸다.	쉽게 피로해지고 나른하며 의욕이 없다.
갑상선이 커진다(목이 붓는다).	얼굴과 손발이 붓고 손 발바닥이 노래진다.
피부가 촉촉하고 벨벳 같아진다.	피부가 건조하고 거칠어진다.
더위를 참지 못하고 땀이 많이 난다.	추위를 타고 땀이 잘 나지 않는다.
식욕이 왕성하여 자주 많이 먹는데 체중이 준다.	입맛이 없어 잘 못 먹는데 체중이 는다.
가슴이 뛰며 맥박이 빨라지고 숨이 차다.	기억력이 감퇴하고 청력이 떨어진다.
눈 주위가 붓고 눈이 돌출된다.	목소리가 거칠어지고 쉽게 쉰다.
무릎아래 정강이 부분이 붓는다.	머리카락이 잘 부스러지거나 빠진다.
변이 묽어지고 설사처럼 횟수가 잦아진다.	변비가 잘 생긴다.
월경량이 줄어든다.	월경량이 많아진다.

　▫ 갑상선 기능 이상이라면 빨리 병원을 찾아야 한다.

　갑상선 항진증과 저하증은 약으로 치료하면 갑상선 기능의 변화가 제멋대로인 경우가 있다. 항진증은 약을 먹기 시작하면 어느 순간에 갑자기 저하증이 될 수 있고 저하증도 반대로 항진증이 될 수 있다. 그래서 처음에는 되도록이면 자주 피검사를 하여 약의 용량을 탄력적으로 조절하는 것이 좋다. 또한 몸이 이상한 증세를 느낀다면 아무리 그동안 갑상선 수치가 잘 조절되고 있었더라도 또는 병원에서 오라고 한 날짜가 아니더라도 빨리 병원을 찾아야 한다. 기능이 제멋대로인데 약을 먹는 것은 도리어 약을 안 먹는 것만 못하다.

　▫ 갑상선 치료약의 부작용

　갑상선 수치가 잘 조절되고 있고 몸도 편해지고 있는데 너무 피곤하거나 체중변화가 심해지거나 하는 이상한 증세들이 나타날 수 있다. 약의 용량이 과해서 기능이 반대로 되는 경우이다. 이런 경우에는 병원을 찾아야 한다. 만약 다른 이상 없이 이런 증세가 계속되면 약의 부작용이다. 약의 부작용증세에는

　* 생명을 위협할 수 있는 심각한 부작용도 있으므로 빨리 병원을 찾아야 한다. 심각한 부작용으로는 목이 아프고 열이 나는 증세가 있는데 이것은 약에 의해 혈액 내의 백혈구가 감소하기 때문이다.

　* 간 기능이 약화될 수 있다. 몸이 피곤하고 눈이나 손이 노래진다면 간 기능 약화를 의심해야 한다.

　* 가렵고 피부병 증세가 나타날 수 있다.

　이런 문제를 막으려면 정기적인 피검사가 가장 좋은 방법이다. 피검사에서 이런 문제들이 잘 나타난다.

　▫ 갑상선 혹이 있다면

　갑상선의 혹은 초음파의 발달로 좋은 초음파의 경우 1mm의 작은

혹까지 잘 보인다. 갑상선 혹의 가장 중요한 문제는 악성(암)이며 암인 경우에는 작을 때 찾아내어 수술할수록 예후가 좋으므로 아주 작은 혹도 조직검사를 하는 것이 원칙이다. 혹이 있는데도 그냥 두고 보는 것은 병을 키우는 것이다. 암이 아닌 양성종양이라면 약물이나 수술 치료가 가능하고 최근에는 수술 않고 흉터 없이 치료하는 고주파열 치료가 사용되고 있다.

▫ 갑상선 질환의 또 다른 문제점
* 갑상선 질환은 유전의 성향이 있다는 문제점을 가지고 있다.
* 갑상선 혹이 있으면 유방이나 자궁의 혹도 동반될 가능성이 있다.
* 갑상선 약은 간 기능을 저하시킬 수 있다.(술은 되도록 피하는 것이 좋다.)

▫ 갑상선 질환의 식사요법
대부분의 호르몬은 우리 몸의 특정한 부위에 작용하는 데 비해 갑상선 호르몬은 우리 몸의 모든 부분에 작용한다. 우리 몸은 갑상선 호르몬에 의해 산소 소비량이 증가되는데 이런 과정은 우리 몸의 에너지원(포도당, 아미노산, 지방산)을 소모시키며 몸에서 열을 발생시킨다. 따라서 갑상선 호르몬이 과하면 갑상선 기능 항진증으로 몸 안의 에너지원이 지나치게 많이 소모되어 마르고 몸에서 열이 나는 증세를 보인다. 반대로 갑상선 호르몬이 모자라면 갑상선 기능 저하증으로 몸 안에 에너지원들이 축적되게 되고, 살이 찌고, 추위를 타게 된다. 축적된 지방 성분 때문에 지방간이나 혈액 내에도 지방질이 쌓이게 된다. 이러한 이유로 갑상선 질환이 있을 경우에는 치료로 정상이 되기 전까지는 상황에 맞는 식사요법이 요구된다. 또한 일단 갑상선 기능 이상이 교정된 후에는 정상 갑상선 기능에 맞는 식이로 다시 맞추어야 한다.

＊ 갑상선 기능 저하증의 식사 요법

저하증은 몸에 영양성분이 지나치게 축적되므로 식사량을 제한하는 것이 좋다. 되도록이면 신선한 채소와 생선 중심의 식단을 짜고 과일도 많이 먹는 게 좋다. 밥은 현미나 잡곡밥이 좋다. 저하증에는 요오드가 많이 들어있는 음식(해조류로 만든 건강식품류)을 제한하는 것이 좋다. 술, 담배, 커피, 짠 음식이나 너무 단 음식을 삼가고 특히 몸 안에 콜레스테롤 수치가 높아지고 지방간이 생기므로 지방질이 많은 음식도 좋지 않다. 또한 하시모도 갑상선염(저하증)에서는 갑상선 종양이 잘 생기므로 갑상선 종양을 일으킬 수 있는 콩, 양배추, 케일 등도 안 먹는 것이 좋다. 상황버섯은 면역기능을 강화하므로 면역체계의 이상 때문에 생기는 갑상선 기능이상에 좋다.

10) 기타

▫ 입

사람은 입술이 뚜렷이 뒤집혀 있는 유일한 동물로서 선명한 입술은 우선 다른 사람에게 표정을 잘 전한다고 한다. 사람은 기분에 따라 입술을 감싸고 있는 입 둘레 근육을 비롯해 6~8개의 근육이 움직이면서 큰 표정 변화를 연출할 수 있으며 따라서 서양인들은 입을 '얼굴의 싸움터(Battleground of the Face)'로 부른다. 그런데 입술은 자주 지은 표정으로 굳어지는 경향이 있다. 평생 근심과 걱정으로 지낸 사람은 늙어서 함박웃음을 지을 수 없다. 젊었을 때의 미소가 조쌀한 얼굴을 보장하는 것이다.

– 성적(性的) 입: 입술은 얼굴에서 가장 확연히 감지되는 곳이기도 하다. 성적으로 흥분하면 입술은 더욱 붉어지고 되도록 두툼하게

솟아오른다. 그래서 영국의 동물행태학자 데스몬드 모리스는 "여성의 입술은 성적 흥분기에 자신의 몸에 있는 '또 다른 입술(음순 陰脣)'과 비슷하게 변한다"고 했다. 사람들이 키스 흡연 등을 좋아하는 것을 심리학자들은 젖먹이 때 어머니의 젖꼭지나 우유병 꼭지를 빨던 경험과 연관시킨다. 입술이 여성을 상징한다면 혀는 남성을 상징한다. 따라서 서양에서는 입술을 살짝 벌리고 혀를 내미는 행동은 성적 암시를 나타낸다며 점잖지 않게 여긴다.

　- 키스의 건강 학: 남녀가 키스할 때는 교감신경이 침샘근육을 자극, 고여 있던 침을 짜내 주고 부교감신경이 신경전달물질을 왕성히 움직이게 해서 침이 늘어난다. 침에는 '침 먹은 지네'란 표현에서 알 수 있듯이 항균물질이 들어있으며 면역과 성장 해독 등을 돕는 물질도 듬뿍 있다. 또 키스하는 동안 뇌에선 엔도르핀과 엔케팔렌 등 면역 기능을 높이고 스트레스를 풀어주는 물질이 나온다. 미국에선 분위기 있는 키스를 즐기는 사람이 그렇지 않은 사람보다 평균 5년 정도 더 오래 산다는 연구 결과도 나왔다.

　- 혀: 혀는 길이 약 10㎝, 무게 약 57g의 근육 덩어리이며 적어도 10여 종류의 근육이 전후좌우로 자리 잡고 있으면서 혀를 자유자재로 움직이게 한다. 또한 1만여 개의 돌기로 뒤덮여 있고 돌기마다 50~250개의 맛 싹이 있어 '맛보는 재미'를 안겨준다. 미국 언론의 유명한 음식 칼럼니스트들은 대부분 나이가 50대 이상이지만 사실 여성은 40대, 남성은 50대가 지나면서 맛 싹의 수가 줄고 미각이 떨어진다. 색맹이 있듯 미맹(味盲)도 있는데 이것은 PTC라는 쓴맛을 내는 성분에 대해 맛을 못 느끼는 것이라 말할 수 있다. 또한 혀는 사람을 말하는 동물로 만들었다.

　- 입안의 질병 판별 요령

　① 입술이 트고 갈라지면　건조한 날씨에 자신도 모르게 입술을 빠

는 습관을 가진 사람에게 흔히 나타난다. 초기엔 보습제를 발라주는 것이 좋지만 색소 향료 등이 든 것은 알레르기를 일으킬 수 있으므로 피한다.

② 입 주위 물집: 대부분 헤르페스란 바이러스에 감염됐다가 피곤하면 발병. 물집이 생기자마자 인터페론 등 항바이러스 연고제를 발라주면 가라앉는다.

③ 입안이 헐면: 세균 바이러스 알레르기 면역계이상 등에 과로와 스트레스가 더해져 생기는 것으로 추정된다. 비타민제제와 채소, 과일을 듬뿍 먹으면서 푹 쉬면 낫는다. 헌 부위를 혀로 건드리지 않아야 한다. 입안 한쪽이 하얀 선으로 굳어있는 경우엔 대부분 뺨을 씹었기 때문이지만 입안 점막이 하얀 그물처럼 보이면 초기 구강암일 수도 있으므로 검사를 받아야 한다.

④ 혓바늘이 나면: 돌기에 염증이 생긴 것으로 스트레스 영양장애 위궤양 따위가 원인이다. 대부분 푹 쉬면 낫는다.

⑤ 입 냄새가 심할 땐: 90%가 치주염 등 구강질환 때문에 생긴다. 당뇨병, 콩팥질환, 간 질환, 축농증 등도 원인이지만 이때엔 입을 다물고 코로 숨쉴 때 냄새가 많이 나는 것이 특징.

⑥ 입이 바싹바싹 마르면: 스트레스가 뇌를 자극해 침샘의 활동이 저하되고 입이 마를 수 있다. 노화로 침샘 기능이 약해지거나 고혈압 치료제, 항이뇨제 등 약물을 복용한 경우 또는 머리 쪽에 방사선 치료를 받았을 때도 구강건조증이 생긴다.

⑦ 혀 이끼가 끼면: 혀 이끼는 건강상태가 나쁘면 많이 낀다. 과로나 스트레스로 침이 줄어들 때 많이 끼고 소화기질환, 당뇨병, 비타민 결핍증 등이 있거나 항생제를 오래 복용할 때도 잘 낀다.

– 이: 입안에서 음식을 소화하는 데 빼놓을 수 없는 것은 이빨이다. 이가 음식을 부수지 못하면 아무리 영양가 높은 음식이라도 소화불량

이 걸리기 쉽다. 이의 겉 표면을 덮고 있는 에나멜질이라는 성분은 우리 몸에서 가장 단단한 부분인데 건강한 치아를 가진 사람이 음식을 깨물어 부술 때에는 순간적으로 어금니 하나에 50-90kg 중의 힘이 가해진다. 아래 위 32개의 영구치는 하는 일이 나뉘어져 있다. 앞니는 음식을 자르는 가위 역할을 하고 송곳니는 음식을 찢는 칼과 같은 역할을 한다. 작은 어금니는 음식을 더 잘게 부수는 맷돌 같은 일을 한다. 그래서 초식동물에서는 어금니가 발달하고 육식동물은 송곳니, 앞니가 발달돼 있다. 사람은 잡식동물이라서 골고루 갖추고 있는 셈이다.

 - 침: 입안에는 또 소화를 돕기 위해 침을 분비하는 침샘이 세 군데 있다. 양쪽 귀밑에는 제일 큰 이하선이 있고 턱 양쪽에는 턱밑샘이 혀 밑에는 제일 작은 샘이 있다. 침은 pH 6.5-6.9 정도의 중성에 가깝고 성인의 경우 하루평균 1-1.5 ℓ 정도 분비된다. 침 속에는 프티알린이라는 효소가 있어 복잡한 구조의 다당류를 잘라서 간단한 이당류로 분해 소화를 돕는다. 침 속에는 또 무친이라는 단백질이 있어서 윤활유 역할을 하며 음식이 부드럽게 식도로 넘어가도록 한다. 그 외에도 침에는 세균을 죽이는 항균기능도 있는 것으로 알려져 있다.

 ▫ 관절: 우리 몸은 200여개의 뼈로 구성돼 있다. 관절은 이들 뼈와 뼈 사이의 이음매 역할을 하는 기관이다. 우리가 팔, 다리, 목, 허리 등을 여러 방향으로 움직일 수 있는 것은 관절부위가 회전하거나 구부러짐으로써 가능한 것이다. 관절의 수는 모두 68개, 뼈 끝부분(골두)은 연골로 덮여있다. 이 연골은 탄력이 있어 뼈를 여러 충격에서 보호하는 역할을 한다. 관절은 대부분 한쪽 뼈의 머리가 둥글게 나오고 다른 쪽 뼈가 깊이 우묵해져 있어 이 두 뼈가 맞물린 형태로 돼있다. 관절의 모양은 위치에 따라 조금씩 다른데 몸속에서도 특히 잘 움직이는 무릎, 팔꿈치 손목, 어깨 등의 관절을 '활막'관절이라고 한다.

'활막'은 활액이라는 끈적끈적한 물질을 분비해 연골에 영양을 공급할 뿐만 아니라 관절의 운동을 원활하게 해 관절을 부드럽게 움직이게 한다. '활막'은 관절 내 박테리아, 이물질, 기타 찌꺼기를 제거하는 능력도 갖고 있다.

ㅁ 발: 발은 뼈 26개, 관절 33개, 근육 20개와 인대 100여개로 이뤄져 있으며 평생 1000만 번 이상 땅과 부딪친다. 발은 60세까지 지구세 바퀴 반인 16만㎞를 여행하며 1㎞ 걸을 때마다 15톤의 무게를 견딘다. 발바닥엔 손금과 마찬가지로 '발금'이 있다. 개인마다 달라 손의 지문이나 손바닥의 손금처럼 쓸 수 있다. 생물학적으로는 미끄럼을 방지하기 위해 생긴 것이다. 발톱은 손톱과 함께 태내에서 8~12주쯤 생겨 하루 평균 0.25㎜씩 자란다. 손톱 (1㎜)의 4분의 1쯤 되는 성장 속도다. 발은 15~16세 무렵 성장을 멈춘다. 한방에서는 발바닥 중심부 깊

발의 모양

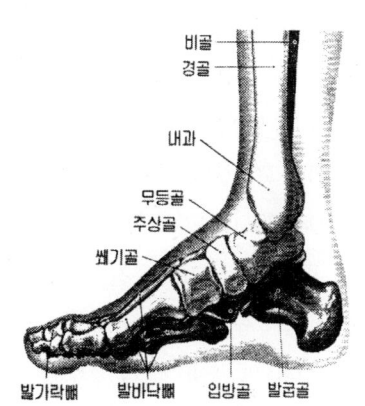

은 곳인 '장심'에 위, 심장, 간장, 신장 등의 반사구가 모여 있다고 보고 있다. 건강한 발의 조건은 5무(五無) 즉 무통(無痛), 무변형(無變形: 변형된 부위가 없는 것), 무부종(無浮腫: 붓지 않는 것), 무냉(無冷: 시리거나 차지 않은 것), 무육자(無肉刺: 티눈이나 굳은살이 없는 것) 등이다.

ㅁ 손: '하나의 도구로서 모든 완벽함의 극치를 이룬 것'(영국의 찰스 벨 경), '정신의 칼날'(구소련 출신의 미국 시인 조지프 브로드스

키) '눈에 보이는 뇌의 일부'라는 독일의 철학자 임마누엘 칸트의 말을 빌리지 않더라도 사실 손처럼 오묘한 신체 부위도 드물다. 특히 손은 건강과 심리상태를 반영하는데 큰 역할을 한다. 손은 주인공의 직업·나이·불안감·자부심을 나타낸다. 나아가 어떤 질병의 초기 증세와 비타민이나 무기질 결핍증이 있다는 사실을 알려준다. 그러나 손은 수없이 험한 대접을 받고, 혹독한 날씨와 기온에 시달리고, 물과 흙 속에 들어가는가 하면 세제처럼 자극을 주는 물질에 노출되기도 한다. 이러한 손은 손가락 안쪽과 손바닥에는 촉각을 느끼는 '마이너스14소체'가 풍부하기 때문에 손은 신체 어느 부위보다도 민감한 곳 중 하나다. 우리의 손은 모두 14개의 손가락뼈와 5개의 손바닥 뼈, 8개의 손목 뼈, 10개의 손톱과 수많은 관절, 근육, 인대 등으로 이뤄져 있다. 인간은 한평생 동안 약 2500만 번 굽혔다 펴기를 되풀이한다고 한 과학자는 보고하고 있다. 손톱은 태내에서 8~12주쯤 생긴다. 손톱 아래 '털바탕질 배세포'가 손톱이 자라는 뿌리다. 이곳 세포가 앞으로 나가면서 각질이 되면 바로 손톱이다. 사람마다 개인차가 있긴 하지만 하루 평균 0.1mm씩 자라며 3~6개월 주기로 완전히 새 것으로 바뀐다. 손톱은 겨울보다 여름에 빨리 자라며 발톱보다 4배 빨리 자란다. 특히 지문이 같을 가능성은 64,000,000,000대 1이다. 그러므로 이 세상 사람들의 지문은 모두 다르다.

- 손가락 : '손의 신비'의 저자인 미국의 존 네이피어박사는 "사람의 손이 없었다면 도구적 인간(호모 하빌리스. Homo Habilis)도 없었을 것"이라고 했다. 이 중 진화에 가장 큰 역할을 한 것이 엄지손가락의 아귀힘이다. 아이잭 뉴턴은 "다른 증거가 없어도 엄지 하나만으로도 신의 존재를 믿을 수 있다"고 말했다. 손가락은 욕을 할 때 자주 쓰이는데 우리나라에선 엄지를 같은 쪽 손의 검지와 중지사이에 끼워 넣는 것이 욕이다. 그러나 브라질에선 행운을 기원하는 표시이다. 손

가락을 이용해 성교 흉내를 내는 것을 피스톨라(Pistola)라고 부른다. 중국에선 중지를 세우고 다른 쪽 손의 엄지와 검지로 동그라미를 만든 다음 끼워 넣는 것이 피스톨라다. 서양에서는 중지를 음탕한 손이라 불렀다. 유럽이나 미국에서 중지를 치켜 올리는 것이 욕이란 것은 우리나라에도 어느 정도 알려져 있다. 그런데 영국에선 손바닥을 몸쪽으로 향하게 하고 행운의 'V'자를 만드는 것도 똑같은 뜻이므로 조심해야 하겠다.

　- 손톱을 보면 건강을 알 수 있다: ①손톱이 옛 시계 유리처럼 불룩해지고 손가락 끝 부분이 둥글거나 네모진 송곳 모양으로 커지면 간 질환, 기관지 확장증, 기관지염, 폐렴, 폐암 ② 손톱을 가로질러 홈을 판 듯한 줄무늬가 있고 손톱 뿌리 부분에서 손끝방향으로 이동해 가면 홍역, 급만성 열질환, 또는 격심한 스트레스 ③ 손톱이 숟가락 모양으로 들어가면 관상동맥질환, 매독, 갑상선질환 ④ 손톱 끝 1~2㎜는 정상적 분홍색이지만 다른 부분이 흰색이면 간경화증, 당뇨병, 심장병 ⑤ 손톱에 작은 홈이 생기면 원형 탈모증, 류마티스성관절염, 만성습진 ⑥ 손톱이 노래지면 림프선질환, 폐암, 매독 등을 의심할 수 있고 ⑦ 가로로 굵은 하얀 선이 나타나면 간경화, 콩팥질환 등으로 신체에 알부민이 떨어졌을 가능성이 있다.

　- 왼손과 오른손: 인류는 왼손잡이를 배척해 왔다. 1980년 세계 40억 인구 중 2억 명만이 왼손잡이라는 연구 결과도 있다. 그러나 미국 미네소타대의 브링 브링글슨 박사는 "부모나 교사가 간섭하지 않으면 100명 중 34명이 왼손잡이"라고 주장했다. 영어 단어에서도 왼손은 천대받았다. 영어의 왼쪽 레프트(Left)는 '버려졌다'는 뜻이며 '요령 없는(Gauche)' '불길한(Sinister)' 등도 어원은 왼쪽이고 오른쪽 라이트(Right)는 '옳다'는 뜻으로 '정당한(Righteous)' '빈틈없는(Dexterous)' 것으로 어원의 뜻이 같다.

13. 과대선전에 속는 건강보조식품

　우리가 건강식품 · 자연식품을 이용하는 목적은 병을 치료한다는 것
보다 현재의 건강을 유지하고 예방하는 데 있다. 그런데 우리나라에서
올바른 식품의 가장 저해가 되는 요인은 식품에 대한 일반적인 지식
에 대한 부족과 과대망상적인 허례허식, 그리고 메이커에 대한 맹목적
인 추종, 외국제품에 대한 선호 등에 따라 국내제품의 우월성에 대한
기대감 포기 등으로 식문화의 발전이 늦어지고 있는 실정이다.

　반면 식품제조업을 하고 있는 사업자들은 국민의 기호를 충분히 충
족시켜 주고 완벽한 식품을 만들어 소비자에게 보급하고자 전문성을
갖고 있는 연구원의 확보와 식문화를 우리 것으로 새로운 장을 열려
는 의지가 결여되어 있다는 것이다. 그러므로 고객이 즐겨 찾아주지
않기 때문에 수요에 기대가 되지 않으므로 이제는 고객의 기대에 부
응하는 품질 생산에 기대하기가 어렵다는 것이다. 특히 심혈을 기울여
좋은 제품을 개발해 놓으면 다른 한 쪽에서는 저질의 유사품을 생산
해 유통질서를 흐려놓고 그 제품에 대한 소비 자체를 위축시켜버리는
경우가 허다하여 식품에 대한 허구성이 날로 증가하고 있는 실정이다.
이러한 현실을 감안 건강식품의 허와 실을 따져 보았다.

1) 과대선전에 이용되고 있는 식품

　'영양에 대한 지식 편의 건강식품, 자연식품'난에서 언급하였듯이 건

강에 대한 관심이 높아짐에 따라 식품에 대한 관심 또한 높다. 그러다 보니 '건강식품'이나 '자연식품', '무공해 식품'이 무차별식으로 나오고 있으나 건강상 우수하다고 하는 것은 과학적인 근거가 없을 뿐만 아니라 생산과정을 보지 못한 과대선전에 불과하다. 그런데도 사람들은 아무 의심 없이 구매하여 마치 그것이 보약인양 또한 건강에 엄청난 효과가 있는 것같이 착각에 빠지는 것은 그만큼 자신을 위시한 가족의 건강을 생각하고 있다는 표시의 결과라고 본다. 그러나 확인할 수 없는 식품에 대해서는 선전에 얼마나 권위와 신망도가 있는 제품인가를 최소한 염두에 두고 구매를 한다면 과대선전이나 허황된 광고는 결코 하지 못할 것이며 그렇게 되면 우리들의 건강 역시 보존이 될 것이다. 또한 식품을 섭취할 때 적당량을 섭취하느냐에 따라서도 인체의 변화는 온다는 것을 명심해야 한다.

우선 세계보건기구(WHO)에 의하면 '건강'은 만인이 갖는 기본권리의 하나로 생명현상의 동적 평형이 유지된 상태로 생리학적으로 환경에 적응해서 체내의 모든 기관 사이에 생리적 항상성(恒常性)이 유지된 상태라고 한다. 따라서 건강식품(Health foods)의 정확한 명칭은 건강보조식품(health supplemental foods)이지만 공식적인 명칭은 아니며 이는 농약이나 살충제의 위험이 없는 자연식품이나 유기식품, 다이어트 식품까지도 포함하고 있다.

특히 건강식품은 종래의 식품과는 달리 약간의 의약적 효과를 기대하면서 섭취하는데 정제나 캡슐의 모양을 하고 있어 약품으로 혼동할 우려가 있으며 미각과 같은 식욕본능에 의해 제어하기 어렵고 특정 영양소만을 추출하거나 첨가하여 고농도화를 시켰기 때문에 보통 식품같이 섭취할 수가 없다. 따라서 건강식품은 과학적인 규격기준의 설정 및 유용성의 표시가 반드시 뒤따라야 한다.

보통 건강식품의 재료로 이용되는 것은 꿀, 화분, 효모, 배아, 간요, 농축단백, 무기질과 비타민류, 유기산류, 특이 동식물의 농축물 등이며 이를 적당히 배합 또는 가공하여 만들고 있는 것이다.

자연식품이란 사람의 돌봄 없이 자생한 식물 중 먹을 수 있는 식품을 의미하며 무공해 식품이란 공해가 없는 식품 즉 공해성 물질로 오염되지 않는 식품을 말하며 잔류농약, 중금속, 합성비료, 식품첨가물, 기타 환경오염 유독물질 등에 오염되지 않는 식품을 말한다. 재배가공은 유기농법(organic farming)으로 행하며 화학비료 대신 저항력이 강하도록 재배한 것이다. 그러나 화학비료를 사용하지 않고 유기농법을 재배한다고 해서 자연식품, 무공해식품이라고 말할 수 없고 엄격한 기준에 의해서 실시된 것만이 인정할 수 있다.

그러나 문제는 그 효능을 증명하기가 대단히 힘들고 효능이 있다고 하는 것은 본인의 주관적인 느낌에 의할 수밖에 없기 때문에 과학적으로 입증된 것은 거의 없다고 해도 과언이 아니다. 일단 동물 실험한 것이 일부 있지만 동물과 사람은 다르기 때문에 효능을 입증했다고 할 수는 없다.

2) 건강보조식품이 필요한가?

다양한 균형식을 먹으면 대부분의 경우 비타민을 비롯한 필요한 영양가를 섭취하게 되므로 다른 영양제가 필요로 하지 않을 것이다. 그런데도 사람들은 자가진단에 의해 판단하는 자가당착의 행위를 서슴지 않고 있다.

비타민 알약은 균형식의 대체물이 아니며 될 수도 없다. 이유는 에너지를 생산시키는 영양소나 섬유질이 포함되어 있지 않기 때문이다. 다수의 사람들이 충분한 비타민을 섭취하는 것은 음식물에 포함된 열량이나 지방, 설탕 및 나트륨의 양을 조절하는 것에 비하면 문제도 아니다. 때때로 건강보조식품이 필요한 경우가 있다. 예를 들면 갓난아기는 비타민 D를 섭취할 필요가 있다. 아직 성장하고 있는 10대 소녀가 자기 몸매를 유지하고 싶어 다이어트를 하여 체력이 급격히 떨어졌을 때 복합 비타민과 무기질 등 보조식품을 먹을 필요가 있다. 임신한 여성에게는 엽산(葉酸)이 필요한데 음식만으로 부족할 경우에는 흔히 엽산 영양제를 복용할 수 있다.

동물성 식품을 먹지 않는 절대 채식주의자는 비타민 B_{12}와 약간의 다른 보조식품을 먹을 필요가 있으며 오랫동안 하루에 1600cal 이하를 소비하는 사람은 보조식품을 복용하지 않으면 비타민을 비롯한 영양소를 적절하게 섭취하기 어려울 가능성이 있다. 일부 유전병은 비타민 신진대사의 영향을 주며 만성적인 장 질환으로 비타민과 무기질의 흡수를 방해한다. 다른 질병에 걸리거나 수술을 하거나 심지어 일부 장기 투여를 하는 경우에는 특정 비타민이 필요한 정도에 영향을 줄 수 있다. 그래서 보조식품이 필요하다. 알코올 중독자들은 흔히 영양실조에 걸린다. 이유는 식사가 균형식이 못되어 엽산과 일부 비타민 B군과 같은 여러 가지 비타민과 무기질의 섭취가 제대로 이루어지지 않기 때문이다. 알코올 중독자들은 RDA(임신 중 또는 수유중이 아닌 성인의 하루 필요량으로서 영양 권장량이라고 한다.)에 근사한 수치의 종합 비타민 및 무기질 보조식품을 섭취하면 영양실조에 걸리는 것을 방지할 수 있다. 그러나 그들이 음주를 억제하고 규칙적인 균형식을 하기 시작하면 보조식품의 필요성이 점차 줄어들 수 있을 것이다.

3) 보조식품을 분별 있게 섭취하려면

일부 영양소는 과도하게 섭취하면 해로운 영향을 줄 수 있으므로

RDA(Recommended Dietary Allowance)이상은 섭취하지 말아야 한
다. 만약 어떤 보조식품이 RDA의 150%가 넘는 영양소를 포함하고
있으며 특히 그 수준이 RDA의 10배 내지 100배에 달하면(이것을 대
량투여라고 한다) 마약처럼 해로운 영향을 미칠 수 있다. 특히 대부분
의 영양소가 어른보다 덜 필요한 어린이들은 이러한 영향에 빠지기
쉬우며 일부 비타민을 다량 복용하면 병이 날 수도 있다. 특히 몸의
조직에 쉽게 저장되고 축적되며 지방에 용해되는 비타민 A와 D를 과
다하게 복용하는 것은 나쁘다. 또한 천연식품에서 추출하는 '자연'비타
민은 합성 비타민과 효과가 비슷하다고 한다. 이처럼 효과 면에서 그
차이를 구분할 수 없는데도 불구하고 '자연'이라고 광고하는 보조식품
은 비싸다. 마찬가지로 유명 상표 제품과 기타 제품은 때때로 그들이
함유하고 있는 영양소의 양과 종류가 다를 때도 있지만 대체로 가격
이외의 점에서는 같다.

비타민 B_{15}와 비타민 B_{17}로 잘못 알려지고 있는 두 물질은 팬가메이
트와 레이얼트릴이다. 팬가메이트는 먹을 필요가 있다고 증명된 바가
없으며 레이얼트릴은 청산가리를 함유하고 있어 판매나 사용이 금지
되고 있다. 특히 보조식품을 들기 전에는 식습관을 점검할 필요가 있
다. 식품을 최소한으로 권장하는 횟수만큼 먹지 않으면 일부 비타민과
무기질이 부족해질 뿐만 아니라 또한 지방, 당분이나 열량이 지나치게
많을 가능성이 있기 때문에 보조식품을 먹어도 건강식의 대용이 되지
못할 경우가 있다.

따라서 건강식을 분별 있게 섭취하기를 바란다면

첫째, 눈에 띄는 큰 결과를 기대하지 말아야 한다. 확실하게 다른
어떤 변화나 새로운 활기가 생길 것을 기대해서는 안 된다.

둘째, 한두 번 섭취하였다고 효과가 나타나는 것은 아니다. 장기간
습관적으로 섭취하였을 때 눈에 띄지는 않지만 몸 일부에 도움이 될

지 모른다는 희망된 생각을 하는 것이 좋다.

셋째, 섭취하였다고 질병이 낫는다거나 활력을 되찾는다거나 확실하게 달라지게 하는 건강식품은 없다고 생각하여야 한다.

넷째, 광고나 판매원의 설명은 과장된 것이라고 일단 의심하고 자신이 참고하여 해당 식품에 대해 많은 사람들의 의견을 듣고 본인 판단으로 결정하여야 한다.

이와 같은 사실을 기억하고 섭취하였을 때 한결 마음이 가벼워질 수 있다.

4) 무기질과 보조식품

무기질은 인체 내에서 열량원은 되지 않으나 뼈, 이, 피 세포 등의 신체조직을 구성할 뿐 아니라 다양한 조절기능을 수행하는 중요한 성분들이며 인체구성 화학원소(element) 중에서 주로 물과 유기물을 만들고 있는 H, O, C, N을 제외한 나머지를 일괄해서 무기질(minerals)이라고 총칭한다. 또한 세포의 화학반응을 돕고 체액을 조절하는 데 필요하다. 필수 무기질은 두 그룹으로 나누어진다. 사람이 하루에 100mg 이상 다량이 필요한 무기질은 칼슘, 염화물, 마그네슘, 인, 칼륨, 나트륨, 유황 등이다. 그보다 훨씬 적은 양을 매일 필요로 하는 미량 무기질(trace element)은 코발트, 구리, 불화물, 요오드, 철, 망간, 몰리브덴, 셀렌, 아연 등이다.

이와 같이 우리 몸은 단지 적은 양의 필수무기질을 필요로 하지만 자체로 그것을 생산할 수 없기 때문에 음식이나 보조식품을 통해서 그것을 얻지 않으면 안 된다. 모든 사람이 모든 필수 무기질을 필요로 하지만 그 양은 연령 그리고 임신과 같은 여러 가지 변수에 따라 다르다. 무기질은 조리를 하여도 파괴되지 않으므로 다양한 식품을 섭취하면 필요한 무기질을 얻을 수 있지만 예외는 있다. 임신이 가능한 여자는 월경으로 인해 철분을 잃고 임신 중에는 태아의 철분을 추가로 공급해야 하기 때문에 철분보조식품을 필요로 할 수 있다. 대부분의 여자는 임신 중이나 수유중일 때 유제품을 먹을 수 없거나 먹기 싫어 하는 여자는 칼슘보조식품을 복용할 수 있다. 이유는 태아를 건강하게 하고 젖이 잘 나오게 하기 위해 철분의 소요량이 증가하기 때문이다. 또한 병에 걸려 있거나 칼로리가 매우 낮은 식이요법을 실시하고 있는 사람은 무기질 보조식품을 먹어야 한다. 그러나 과도한 양은 간, 췌장, 심장에 피해를 줄 수 있다.

5) 건강지식에 대한 혼란의 야기는 건강식품이다

건강이라고 하는 것은 상대적인 것으로 절대적인 기준이 없다는 것이다. 단지 열심히 그리고 즐겁게 사는 것이 바로 건강이다. 그런데 사람들은 건강에 대한 관심이 지대하다. 그러나 그것은 '건강에 대한 지나친 집착'과 '잘못된 건강상식'으로 건강과잉시대가 만들어낸 부정적인 산물일 뿐이다.

성인병 중 암, 당뇨병 등은 일차적 원인은 아직 밝혀지지 않고 있는데도 이러한 병들을 치료하는 데 무슨 약, 또는 무슨 건강식품이 특효라는 식의 과장되고 건강을 좀먹게 하는 주범일 뿐이다. 특히 육류 섭취 여부에 대해서 서양인의 동물성 지방 섭취량이 전체 칼로리 섭취량의 40~50%이나 우리 국민은 20%미만이라는 결과도 이미 밝혀진 바 있다. 육류 섭취는 1인 1일 미국인이 300~400g, 유럽 선진국은 200~300g, 일본인은 100~150g인 데 반해 우리 국민은 70~80g밖에 되지 않아 잘 먹고 잘사는 부유층은 선진국 수준의 육류를 섭취하다보니 '먹지 말아라'는 말이 효용가치가 있으나 서민층은 끼니도 제때 못 때우는데 육류 섭취가 불가능한가를 먼저 생각해야 한다. 그런데도 '먹지 말라'고 하는 것은 어느 부류를 위한 말인가?

음식과 물은 체액(體液)을 산성, 알칼리성에 치우치지 않게 조절하는 것이라고 했다. "자연에서 많이 나는 것은 많이 먹고 적게 나는 것은 적게 먹어야 한다"는 것이다. 즉 물이 가장 많으니까 물을 많이 먹고 곡식 중에서도 쌀처럼 많이 나는 것은 많이 먹고 적게 나는 것은 조금만 먹으라는 것이다. 그런데도 사람들은 건강에 집착한 나머지 특정한 식품이나 약이 몸에 좋다는 말만 들으면 값을 따지지 않고 혼자서만 먹겠다는 사람들이 있는데 이는 자연의 순리를 거스른 어리석은 행동일 뿐으로 자연의 순리를 순응하면 건강을 유지할 수 있는데도 이를 어겨 병이 많이 생기는 것이다.

날씨가 무더운 열대지방 사람들은 장이 차다는 것이다. 따라서 열대지방의 음식들은 수분이 많고 찬 것이 대부분이며 살균작용을 하도록 향료도 많이 쓴다. 또 추운 지방 사람들은 장이 뜨거우며 육류 등 열량이 풍부한 음식을 먹도록 되어 있다. 이들은 장이 짧아 육류를 먹어도 소화되고 난 부패물이 빨리 몸 밖으로 빠져나가도록 돼 있다. 열대나 온대지방 사람들은 육류를 먹을 경우 소화되고 난 찌꺼기가 긴장을 통과하느라 시간이 걸려 몸속으로 유해한 성분들이 흡수된다.

따라서 육류는 적당량을 섭취해야 한다는 것이다. 이러한 것을 참작하여 보면 기후와 풍토에 맞는 식품이 건강에 도움을 주는 것이지 수입한 식품은 결코 건강에 이로움을 줄 수 없다는 것이다.

우리 조상들은 우리 몸에 가장 맞는 식생활 문화를 형성해왔다. 우리 민족의 밥상을 금목수화토(金木水火土)의 오행과 청황적백흑(靑黃赤白黑)의 오색, 그리고 산함신감고(酸鹹辛甘苦)의 오미가 적절히 조화된 것으로 그 자체가 하나의 약상이었다. 이것은 우리 민족이 유구한 역사 속에서 형성해온 체질은 이 땅에서 나는 음식과 밀접하게 연결돼 있기 때문이다. 그러므로 즐겁게 살고 우리 조상이 물려준 식생활 문화를 이어가면서 잘 먹고 잘 자며 질병에 대한 것은 평소 예방을 하면서 건강의 제일 요소인 3R, 즉 근심(Worry), 서두름(Hurry), 분노(Angry)를 자제하면서 마음의 평화를 가져오는 것이 건강을 유지할 수 있는 기본이지, 과장되고 허황된 광고에 의지하여 먹는 건강식품이 건강을 유지하는 것이 결코 아니다.

6) 건강식품의 선택은 식품정보를 정확히 알고 선택하라

식품은 기본적으로 과학이요 상식이며 안전성이 제일 중요하다. 그런데 일반적인 상식도 없는 건강식품 판매자들이 허무맹랑한 달콤한 이야기와 그들이 내세우는 사람들의 체험담, 즉 이런 식품이나 약을 복용하고 나니 이런 저런 고질병 등이 없어졌다고 열변한다. 그 이야기에 자신도 모르게 도취되어 나도 아니 내 가족도 그런 병이 나을 수 있을까? 반신반의하면서도 심리적인 동요와 그 심리적인 것을 이용하려는 상술에 자신도 모르게 구입을 하게 된다. 그러나 구입할 때까지는 좋다고 믿었다가 집에 와서는 후회하게 된다. 바로 이런 행위는 건강과 식품의 상식이 없기 때문이다.

지금은 현대 의학이 급속도로 발전하고 있기 때문에 의학의 범위 내에서 조상들이 물려준 민속요법이나 대체의학 등을 곁들여 이용하는 객관적인 연구결과를 토대로 건강식품을 선택할 때다. 모든 사람들은 질병을 얻게 되면 지푸라기라도 잡고 싶은 심정으로 무수한 건강법에 빠져 경제적, 신체적 손해를 보고 있음에도 불구하고 그런 무모한 행위를 버리지 못하고 있다. 이제는 과거와는 다르다. 모든 건강법은 확실한 근거를 토대로 하여야 하며 절대 과신하지 말고 좀더 심사숙고하여 선택의 여부를 결정해야 한다. 그러면 어떠한 것을 토대로 해야 할 것인가?

첫째, 근거 연구논문과 통계치가 제시된 식품이어야 한다.

건강이나 질병, 노화 등에 관련된 원인이나 예방법, 치유법이 인정을 받으려면 일정한 틀에 따라 실행된 연구이어야 한다.

둘째, 임상실험 대상수가 많아야 하며 주장하는 효과가 단기간의 조사된 것보다는 장시간 조사된 것이 더 믿을 만하다.

셋째, 부작용이나 안전성에 대한 부연설명이 같이 곁들여 있으면 믿을 만한 식품이다.

식품은 약이 아니다. 따라서 효과의 초점보다 부작용과 안전성에 그 초점이 있어야 한다. 아무리 효과가 좋은 것이라도 부작용이 있거나 안전하지 않으면 그 식품은 먹지 않는 것이 더 낫다. 따라서 그 식품이 국가의 공인기관인 위생기관이나 연구기관으로부터 검증을 받았는지를 확인해야 한다. 현재 일부의 업자들은 위생기관으로부터 안전성 시험은 받지 않으면서도 한국과학 무슨 기관으로부터 성분분석표를 받아 엄청난 성분이 들어있다고 현혹한다. 그러나 그 성분 자체가 중요한 것이 아니라 이 식품 속에는 대장균이나 많은 세균이 들어 있어 그 많은 좋은 성분이 체내에서 효능을 발휘할 수 있느냐가 더 중요한 것이다.

넷째, 이 식품의 제조 및 개발자가 실제 관련분야의 전문가인가를 확인함으로써 신뢰성이 높아질 것이다. 식품은 인체에 가장 빨리 영향을 미칠 수 있는 것이다. 따라서 해당분야의 비전문가가 그 제품을 개발하였다면 확실한 근거를 제시되어야 한다. 그러나 대부분 확실한 근거 대신 단지 체험에 의한 개발이라고 답변을 할 것이다. 그러나 사람은 생긴 모양도 다르고 체질도 다르다. 나와 똑같을 수는 없는 것이다.

다섯째, 기타 행정적으로 이상이 없는지를 알아야 한다. 즉 제조하는 데 필요한 모든 허가사항이 있는지를 확인하고 기타 우수성을 인정할 수 있는 특허사항과 인증서 및 대학과 산학연으로 연계되었는지 등 필요한 사항을 확인할 필요가 있다.

위와 같은 사항을 숙지하면 속을 필요도 없고 후회할 일도 없다. 사람은 눈만 뜨면 하루의 에너지를 축적하기 위해서 먹는다. 그러므로 식품의 중요성에 대해서 더 강조할 필요가 없는데도 식품에 대한 큰 관심을 갖지 않는다. 그러하니 식품에 대해서 모를 수밖에 없다. 이러한 사실을 필자는 학자로서가 아니고 한 제품을 개발하여 회사를 운영하면서 대중과 대화하는 중에 깨달았다. 이제는 더 이상 무모한 행동을 하여 바른 식품이 아닌 저질식품(나쁜 식품)을 선택하여 경제적 손실보다도 더 큰 건강을 잃어서는 안 된다.

7) 건강식품 사용법상의 문제

건강식품의 사용법상에 문제가 되는 것이 명현과 알레르기이다. 명현이라고 하는 것은 한방약의 용어로 '호전반응'이라고도 한다. 간단히 말해 허약체질의 사람이 병에 걸려 한방약과 건강식품을 먹었을 경우 일시적으로 통증과 발열, 진땀, 설사, 발진 등의 증상이 나타나는데 그런 증상이 없어지고 나면 오랜 기간 아팠던 병이나 체질이 완전히 치유되는 현상이다. 이런 현상이 일어나는 것은 다음과 같은 이유 때문이다.

① 인체에는 체내에서 발생한 독소를 해소하고 대변, 소변, 땀, 호흡

등에 따라 체외로 배설하는 기능이 있다. 그러나 허약체질과 만성병에 시달리는 사람은 이 독소 배설 능력이 약하여 유독한 물질을 신체 속에 저장한다. 그런 인체에 좋은 식품과 한방약이 들어가면 체질개선, 자연 치료력이 회복되어 신체가 일시적으로 독소의 배설을 시작하게 된다. 때문에 이상 증세가 나타나지만 배설이 끝나면 건강을 회복하게 된다.

② 인체에는 다양한 기관의 밀접한 상호작용에 따라 운영되고 있다. 병이 난 기관의 효능이 약해지면 그것에 대응해 다른 기관의 효능도 약해져 신체는 건강할 때와는 다른 균형으로 생명을 유지하게 된다. 그러나 건강식품이 효과를 발휘함에 따라 쇠약해진 기관의 기능이 회복된다면 신체는 병에 걸렸을 때의 균형에서 건강할 때의 균형으로 변한다. 이때 약간의 혼란이 일어나게 되는데 이 현상을 명현이라고 한다.

이상의 두 가지 설명은 근대 의학적인 면에서 보면 다소 미흡한 설명일지 모르나 '명현'의 반응은 분명히 존재한다. 건강식품과 알레르기에 대한 문제도 화제에 곧잘 오르는데 평상시 음식물인 고등어, 계란 등에 알레르기를 일으키는 사람이 있는 것처럼 드물지만 로열젤리, 천연 비타민 E에 거부반응을 나타내는 사람도 있다. 알레르기의 원인이 되는 건강식품을 계속해서 먹는 것은 인체에 악영향을 끼치기 때문에 곧 중단하지 않으면 안 된다. 더구나 건강식품 중 약효가 있는 건강식품의 경우 '과잉효과'의 현상을 나타내는 것도 주의해야 한다. 예를 들면 보통 변을 보던 사람이 효과 좋은 건강식품을 적량 이상 먹어 설사를 일으키는 경우도 있다. 그런데 명현이라면 계속 섭취해도 좋지만 알레르기라면 즉각 중지해야 한다. 또한 과잉효과를 일으킨다면 양을 줄이는 것이 좋다. 다만 이 세 가지를 어떻게 구별할 수 있을까가 문제이다. 우선 정확한 판정 방법으로 알레르기 검출을 위해 맥박실험이다. 이 실험은 섭취하던 것을 4일간 중지하고 난 뒤 그 후에 다시 섭취해 보는 방법이다. 그때 식전과 식후 30분의 맥박수를 조사하는데 식후의 맥박수가 20이상으로 증가한다면 그 식품은 알레르기의 원인으로 생각하고 중지해야만 한다. 명현반응이 잘 나타나는 것은 설사이다. 복통을 동반하지 않은 설사는 과잉효과의 경우가 많기 때문에 양을 계속 줄여보는 것이 좋다. 그러나 3~4일 지나도 호전되지 않는다면 곧 중지해야 한다.

8) 여섯 가지 고치지 못할 환자(육불치: 六不治)

의서인 '의종필독'에는 '옛말에 병으로 몸이 상한 것은 치료할 수 있으나 약으로 몸이 상한 것은 오히려 치료하기 힘들다.'고 하였다. 그 외에도 고치지 못할 병을 가진 환자가 있다 하여 육불치(六不治)라 하였다. 그 육불치는 다음과 같다.

첫째, 교만하고 사리를 모르는 것.
둘째, 몸을 소중히 여길 줄 모르고 재산만 지중히 여기는 것.
셋째, 입고 먹는 것을 알맞게 못하는 것.
넷째, 몸 안의 음양과 오장의 기운이 안정되지 못하는 것.
다섯째, 몸이 여위었는데 약을 먹지 못하는 것.
여섯째, 무당을 믿고 의사를 믿지 않는 것.

14. 생명의 근본인 기(氣)와 건강

1) 기(氣)와 자연치유력

과학의 발달로 자연과 생명의 심오한 존재의 법칙에 대하여 숨겨진 비밀을 찾아가면서 세계의 모든 관심은 동양사상으로 초점이 맞추어 가고 있으나 동양에서는 이미 생명의 근본이 되는 기(氣)로서 과학에서도 찾지 못한 신비함을 이루고 있었다. 따라서 기(氣)는 세계 관심의 대상이 되었고 동양사상에서 가장 큰 생명의 근본이 되는 것이었다. 특히 요즈음은 인간의 최대 관심사가 건강에 있다 보니 기(氣)와 건강과의 관계에 대한 관심과 연구가 활발해져 건강문제를 기(氣)와 관련해서 해결하고자 하는 노력이 앞서고 있다. 이러한 현상은 생명에 대한 근본적인 문제는 발달된 서양의학과 첨단화된 과학으로 완전히 해결할 수 없으며 과학이 생명을 탄생시킬 수 없다는 것이다.

생명체가 생을 영위하는 과정은 신비 그 자체로 오묘하기만 하지만 그 모든 것을 찾아내려고 과학들의 연구는 계속되고 있지만 창조해내지 못하고 있으며 일부라도 현대과학이 자연의 신비를 해부한다고는 하지만 지금까지 창조주의 능력에는 미치지 못하고 있는 것이 현실이다. 그러나 과학은 학자들의 연구만큼 신의 창조력을 깨우치게 하는 데는 일조를 하고 있다는 것은 주지의 사실이다. 그러나 창조주의 능력은 신비한 현상일 뿐이다. 자연 속의 신비는 우리가 무심코 지나치는 식물의 싹트는 현상과 인체의 경우 출생과 동시에 인간이나 동물들은 아무런 배움이나 도움도 필요 없이 폐는 호흡작용을 할 줄 알고 심장은 혈액을 순환시킬 줄 알며, 위는 음식물을 소화시키려고 분쇄작용을 할 줄 안다. 또한 병원균이 침입하면 백혈구가 싸워 이기며 골절이나 외상을 입으면 임파액이 이를 치유해 준다. 이러한 현상을 자연치유력이라고 부른다. 아무리 현대 의학이 발달한다 하더라도 이 자연치유력이 없이는 절대적인 치료란 존재할 수 없으며 그 효용도 없게될 것이다. 이와 같은 자연치유력이야말로 누가 창안해 내거나 시킨것도 아니요 어떤 힘을 작용하여 이루어진 것도 아닌 인간의 지혜로는 밝혀내기 어려운 신비한 현상일 뿐이다. 이러한 현상을 창조주의힘이라고 말할 수 있다. 따라서 동양철학에서는 만물을 형성하는 근원의 세기(勢氣)를 기(氣)라고 하여 이는 활동하는 힘(元氣, 精氣, 生氣, 氣力) 등으로 표현함으로써 초자연적 현상들을 기(氣)의 작용이라고생각할 수 있다.

그러므로 은연중 인식 내지는 인정하고 있는 인간의 기(氣)적 존재가 눈에 보이지 않지만 나뭇잎이 흔들리는 것을 보고 바람을 느끼듯이 기(氣)는 볼 수 없지만 인간에게서 나타나는 활동상황을 보고 기(氣)를 느낄 수 있다. 그래서 인간들은 '기분(氣分이 좋다'는 말을 할때에는 유쾌하고 기쁘다는 표현이지만 이것은 바로 스트레스가 없이건강하다는 의미도 된다. 기분(氣分)이라는 것은 '기운(氣運)이 인체의 전반에 골고루 분배(分配)되어 퍼져있는 상태'를 말하는 것으로 이는 다시 말해서 유쾌하고 기쁘고 건강한 상태이며, 반대로 기(氣)의분배가 어느 한쪽으로 몰려 있으면 다른 한쪽은 절대치가 적기 때문에 균형을 잃게 되어 건강이 나쁜 상태로 이때는 '기분(氣分)이 나쁜상태'라고 할 수 있다.

우리가 대자연을 대아(大我)라 부르고 인간을 소아(小我)라 부를때 우주의 큰 질서인 대아의 법을 인간이 깨닫고 그 법에 순응하며사는 것이 이치에 합당한 것이며 건강의 비결이다.

2) 기(氣)란?

기(氣)란 우주가 비롯한 이래로 만물의 원천이요 생명의 근원이며 가장 미세한 물질이기도 하다. 기(氣)라고 하는 것은 눈에 보이지 않으나 항상 작용을 하는 '천·지·인'에 가득 차 있는 에너지를 가리킨다. 그러므로 기란 생명의 에너지 우주의 에너지이기도 하며 또한 정신의 에너지이기도 하다. 그러므로 우리 주위에는 기(氣)와 결합된 단어들을 많이 볼 수 있는데, 대기(大氣), 공기(空氣), 원기(元氣), 생기(生氣) 등 자연계나 인체에 관련된 기(氣)에 관한 말들을 가까이서 접하게 된다. 그러나 기(氣)의 정체는 눈으로 확인하기는 어렵고 기(氣)의 활동상태만을 간단히 알 수 있다. 다시 말해서 사람에게 생명의 근원이 되는 원기(元氣)가 있지만 이것 역시 눈으로 볼 수는 없고 그 사람이 활동이나 정신력 등을 통해 생명력에 차이가 있음을 알 수 있는 것과 같다.

천체(天體)에서부터 동·식물에 이르기까지 생명력의 근원이 되는 기(氣)는 천지창조 때 주어지는 창조주의 능력으로밖에는 달리 설명할 수 없는 것이다. 우리가 복잡다단한 기구들을 만들 수는 있지만 겨자씨 한 알을 만들지 못하는 것이 이 기(氣) 때문이라고 한다. 이러한 생명의 근원인 기(氣)를 세 가지로 대별할 수 있다.

첫째, 천체를 움직이는 힘의 근원인 대기(大氣)가 그것이다. 대기의 힘은 공기에 의해서 형성된 힘이고 공기를 통해서 우리에게 전해진다.

둘째, 동·식물의 힘의 근원이 되는 생기(生氣)가 그것이다. 식물이 자라는 상태, 동물의 활동상황이 생기가 많고 적음을 나타내준다. 식물이 파릇파릇하고 동물의 움직임이 씩씩하고 민첩할 때 생기가 있다고 한다. 그래서 사람에게는 생기라는 말은 사용하지 않아야 한다. 사람에게 생기가 있다든지 생기발랄하다는 표현은 인간을 동물화한 표현으로 격하시킬 것이다.

셋째, 인간의 생명력인 원기(元氣)가 있다. 이 원기는 우리 안에 있기 때문에 인정할 때 가지게 되고 느낄 때 완전하게 된다.

위의 세 가지 기(氣)는 서로 교류·융화·상통하면서 이 세상이 끝날 때까지 생명력을 향유한다는 것이 가장 중요함으로 이것이 바로 기(氣)의 순응이며 자연의 이치이다.

만약 기(氣)의 순응을 이해하고 받아들인다면 우주의 영원성, 생명의 무한성을 구체적으로 깨닫게 되고 지금부터 다른 관점에서 이 세상을 살아갈 수 있게 될 것이다.

대기·생기·원기는 각기 다르지만 그 근본은 하나이다. 공기는 대기를 형성하면서 원기와 생기에 대기를 전하는 매체이다. 식물도 동물도 공기를 통해 대기의 기운을 받아서 생명력을 갖는다. 또한 인간의 원기와 식물의 생기의 관계에서 보면 사람이 식물에게 원기를 넣어 생기를 도와주듯이 식물의 생기는 바로 인간의 원기를 도와주기 때문에 이러한 관계를 건강과 연결시키기 위해 살아있는 식품(생즙)을 권하는 것은 기를 얻을 수 있기 때문이다. 식물과 인간, 인간과 식물사이에는 뿌린 만큼 거둔다는 말과 같이 이러한 논리가 그대로 적용된다는 것이다.

중국의 철학개념에서는 기(氣)는 일종의 아주 미세한 물질이며 우주 만물의 근원을 구성하고 있다고 한다. 중국의 전통 의학에서는 기(氣)를 여러 가지로 나누어 생각한다.

'선천(先天)의 기(氣)'는 선천적으로 갖추고 있는 기(氣)를 의미하는 것으로 선조 대대로부터 이어받아 태아의 형성과 발육에 이바지해온 생명의 원동력이라 할 수 있는 것이다. 이것을 〈진기〉 또는 〈원기〉라고 한다.

'후천의 기(氣)'는 모체를 떠나고 나서 후천적으로 얻어진 기(氣)이다. 이것은 다시 분류되어 공기(하늘의 기(氣))를 빨아들임으로써 폐에 들어온 기(氣)를 '폐기(肺氣) 또는 종기(宗氣)'라 하고 수곡(水穀: 물이나 곡물)의 기(氣)가 있는데 이것은 지기(地氣: 음식물)가 위(胃)에 들어와 소화되어 위기(胃氣) 또는 중기(中氣)가 된 것이다. 그리고 이 폐기와 위기의 두 가지의 기가 인체의 위기(衛氣: 인체의 둘레를 흐르며 인체를 보호하고 있는 기(氣))와 영기(營氣: 경락을 흘러 오장육부에 영양을 주며 그것을 움직이게 하는 기(氣))를 만들고 있다. 어머니의 뱃속에서 태아가 생길 때부터 선천적으로 유전적으로 이어받은 원기 또는 진기는 인체의 저력이라고 하는 근원을 이루고 있는 것이다. 이러한 선천적인 기(원기, 진기)와 후천적인 기(위기, 영기)가 혼합되어 서로 작용하며 인간의 생명 활동이 영위된다고 생각하고 있다.

이와 같이 기(氣)는 생명에 필요한 에너지이며 미립자의 흐름 등으로 구성된 물질이다. 전파나 공기가 우리들의 눈에 보이지 않듯이 기(氣) 또한 눈으로는 볼 수 없으나 생명체에 존재하는 가장 소중한 물질인 것이다. 기(氣)는 전신의 경락(인체의 도처에 자리 잡고 있는 그물과 같은 기의 통로)을 지나 끊임없이 온 몸을 유동하고 있는 것이다.

보통 생명체 안을 두루 돌아다니는 기(氣)를 '내기', 밖으로 방출되는 기(氣)를 '외기'라고 부르는데 '내기'는 사체 속에는 이미 존재하지 않으며 생명이 있는 것의 안에만 존재한다. 최근에는 기공법의 훈련에 따라 외기를 강하게 하는 기공사가 자기 손에서 방출한 외기로 병자를 치료하는 일도 있다.

이 생명 에너지인 기(氣)는 다음 다섯 가지의 조건으로 강약이 좌우된다는 것이다.

① 선천성
② 기공법의 훈련(조심 · 조식 · 조신의 세 가지 조절)

③ 환경, 날씨, 온도, 공기(하늘의 기)

④ 정신, 의식의 상태

⑤ 음식물(땅의 기)

이러한 기(氣)의 문제는 의학을 비롯하여 생물학, 면역학, 생명과학 등 건강과 직결된 방면의 연구가 활발히 되고 있다고 한다.

3) 기(氣)와 동양사상(東洋思想)

만물을 생성 소멸시키는 물질적 시원을 동양사상으로는 기(氣)라고 한다. 이 기(氣) 속에는 우주의 본질이 내포되어 있다는 것이다. 식물이 싹트고 자라고 열매를 맺고 숨쉬고 사람이 죽고 사는 것까지가 기(氣)의 작용이라고 본다.

동양사상은 서구의 실존철학과 다르다. 서구의 실존철학이 어느 한 부위의 문제를 다루었다면 동양철학은 그 부위와 연결되는 전체를 다루는 철학이라고 말할 수 있다. 그러므로 인체를 파악할 때도 인체적 측면에서만 파악하고 있는 것이 아니라 그 인체가 속해 있는 지구와 그 지구를 에워싸고 있는 우주까지 연결시켜 파악하고 있다. 우주가 변화하면 인간도 변화한다는 견해이다. 그러므로 인간은 소우주라고 생각한다.

그리고 동양사상은 우주변화의 원리를 음양오행(陰陽五行)이라는 공식을 만들어 표현한다. 우주의 현상을 음양오행(陰陽五行)으로 체계화 하면 인체도 음양오행(陰陽五行)으로 체계화 할 수 있다. 이처럼 인체를 우주와 일치시키는 것이 동양사상의 근본이다. 우주에 공간이 있으면 인체에도 공간이 있고, 우주에 하늘이 있는 것처럼 인체에도 하늘이 있고, 우주에 바람이 불면 인체도 바람이 불고, 우주에 바다와

강이 있는 것처럼 인체에도 바다와 강이 있다는 것이다. 습(濕)·한(寒)·열(熱)·풍(風)의 오묘한 공존이 우주의 생성에 필요하듯이 인체의 생성에도 인체 내에 오묘하게 공존해야 한다고 보고 있다. 음양오행(陰陽五行)이라 하는 것은 음(陰)과 양(陽)의 오행(五行: 木·火·土·金·水)의 작용을 말함인데 이 음양(陰陽)이란 우주(宇宙)의 온갖 사물과 모든 현상을 모두 음(陰)과 양(陽)으로 구분하여 놓은 것을 뜻한다. 즉 모든 사물의 본질의 구성 요소는 상대성을 지니고 있다는 말과 같다.

▷ 상생작용(相生作用)

• 목생화(木生火: 나무는 불을 낳는다)

나무는 불을 만든다는 가장 평범하면서도 진리를 간직한 이치다. 동양의학에선 간(肝)과 담(膽)을 목(木)에 속하는 것으로 규정한다. 간(肝)은 피를 정장하는 구실을 하고 울혈을 푸는 작용을 하기 때문에 간(肝)과 담(膽)의 기능이 충실하면 화(火)에 속하는 심장과 소장(小腸)도 따라서 활발하게 자기의 기능을 발휘할 수 있다고 풀이한 것이다.

• 화생토(火生土: 불은 흙을 낳는다)

불에 타면 재가 흙으로 변한다는 원리로 화(火)에 속하는 심장(心臟)과 소장(小腸)은 인체에 영양을 공급해주는 중요한 구실을 하기 때문에 이 움직임이 왕성하면 토(土)에 속하는 위장과 비장(脾臟)의 기능이 좋아져 체내의 소화 흡수를 도와준다고 풀이한 것이다.

• 토생금(土生金: 흙은 금을 낳는다)

흙은 쇠를 생성시키는 모체가 된다. 이러한 원리로 흙에 속하는 비장과 위가 강구하면 소화력이 좋기 때문에 그 영향을 받는 배설기관 (排泄器官), 즉 쇠(金)에 속하는 폐(肺)와 대장(大腸)이 튼튼해진다고 풀이한 것이다.

• 금생수(金生水: 쇠는 물을 낳는다)

쇠는 물을 만드는 모체로서 金인 폐장과 대장의 기능이 활발하면 대사산물인 노폐물 배설 및 생식작용이 좋아진다. 그러므로 물에 속하는 신장(腎臟)과 방광(膀胱)의 기능이 원활해진다고 풀이한 것이다.

• 수생목(水生木: 물은 나무를 만든다)

물이 나무를 자라게 하듯이 물에 속하는 신장과 방광이 배설 및 해독작용을 도와주어야만 간과 담의 기능이 좋아진다고 풀이한 것이다.

이와 같이 우리 인체의 오장육부는 모두 서로간의 상생관계를 이루고 있는데 이것을 모자관계(母子關係)라고도 한다. 따라서 병을 고치려면 즉 해당기관의 기능이 허(虛)했을 때는 상생의 모(母)를 보(補)해야 하고 자(子)를 사(瀉)해 주어야 한다. 이 보와 사라고 하는 것은 증세를 판단하여 치료하는 두 개의 기준으로 증세가 허(虛)한가 실(實)한가에 따라 보(補)해 주느냐 사(瀉)해 주느냐하는 것을 결정하는 것이다. 물론 허(虛)할 때는 보(補)해 주어야 하고 실(實)할 때는 사(瀉)해 주어야 한다.

▷ 상극작용(相剋作用)

• 목극토(木剋土: 나무는 흙을 이긴다)

나무에 해당하는 간과 담에 이상이 있으면 흙인 비장과 위가 영향

을 받게 되어 소화기능에 영향을 끼친다는 것이다. 그러므로 소화기능
이 약해져 있을 때는 그 상극관계에 있는 나무 즉 간과 담경을 살펴
서 다스리라는 풀이이다.

• 금극토(金剋土: 쇠는 나무를 이긴다)

금에 속하는 대장과 폐의 배설기관 호흡기 계통이 이상이 있으면
나무에 해당하는 간과 담의 장애가 생긴다는 것이다. 그러므로 간과
담이 약한 사람은 폐와 대장을 다스려서 그 피해를 예방해야 한다는
풀이이다.

• 수극화(水剋火: 물은 불을 이긴다)

물에 해당하는 신장과 방광에 이상이 있으면 그 영향이 불에 해당
하는 심장과 소장이 이상을 받게 된다는 것이다. 그러므로 신장과 방
광에 이상이 있는 사람은 곧 혈압이 오르거나 심장마비의 위험성이
있으므로 상극관계에 있는 신장과 방광경을 먼저 잘 다스려야 한다는
풀이이다.

• 화극금(火剋金: 불이 쇠붙이를 이긴다)

불인 심장과 소장의 기능이 떨어지면 金에 해당하는 폐와 대장에
영향이 미치게 되어 호흡기능의 장애와 변비 등이 생기기 쉽다. 특히
혈압이 높은 사람에게 있어서 변비는 해로우므로 조심해야 하며 그
것을 치료하기 위해선 불의 증세를 먼저 다스릴 필요가 있다는 풀이
이다.

• 토극수(土剋水: 흙은 물을 이긴다)

흙에 해당하는 비장과 위가 약해져 소화기능이 활발치 못하면 물에

해당하는 신장과 방광기능에 장애가 오고 생식과 생리기능에 이상이 오기 쉽다. 그러므로 이럴 때는 비경과 위경을 먼저 다스리는 것이 원칙이라는 풀이다.

앞에서 기술한 바와 같이 상생관계로 병을 다스릴 때 즉 허할 때에는 모(母)를 보(補)하고 자(子)를 사(瀉)하는 방법을 쓴다. 그러나 상극관계로 병을 다스릴 때 즉 실(實)할 때에는 모(母)를 사(瀉)하고 자(子)를 보(補)해 주는 방법으로 상반된 처리를 해야 한다. 바로 이러한 원칙이 동양의학의 기본이며 투약이나 침술에 있어서도 이러한 원칙에 따라 환자를 다루게 된다.

이상과 같이 인체에도 우주의 생성원리인 음(陰)·양(陽)과 오행의 원리가 존재한다고 보는 것이 동양사상이다. 이 음(陰)·양(陽)·오행(五行)의 원리의 근본도 기의 활동으로 보고 있다.

▷ 경락경혈논(經絡經穴論)

이 우주에는 생명의 원기, 즉 만물의 정기(精氣)로 채워져 있다. 그런데 이 기(氣)라고 하는 것은 눈으로 볼 수 있는 외형적인 것이 아니라 스스로 발(發)하므로 타율적인 것이 아니라 자율성을 지닌 에너지를 가리키는 것이다. 영국의 과학자이자 철학자인 뉴턴(Newton)은 바람 한 점 없는 날 사과가 가지에서 떨어지는 평범한 현상을 보고 만유인력(萬有引力)이라고 하는 유현(幽玄)한 진리를 발견한 것과 같이 지구를 둘러싸고 있는 공간에는 자장(磁場)이라는 에너지가 있다. 지구가 태양을 달이 지구를 중심으로 돌고 있는 것처럼 우주에는 인력이라고 하는 자장의 작용이 존재하는 것이다. 다시 말해 자장의 파동은 전기의 형태이며 그것은 곧 에너지를 말함이다.

하늘(天)과 땅(地)·인(人)뿐만 아니라 돌이나 물·나뭇가지 따위의 온갖 만물 어느 것 하나 기(氣)의 영향을 받지 않은 것이 없다. 물질의 최초 원소인 전자에서부터 우주에 이르기까지 모든 구성의 근본 힘이 기(氣), 즉 에너지인 것이다. 이와 같은 사실은 인체에 있어서도 마찬가지이다. 체내의 혈이나 수분·골격 등 어떠한 것이든 기(氣)의 영향을 받지 않는 것이 없다. 혈기(血氣)·원기(元氣)·양기(陽氣)·생기(生氣)·정기(精氣) 등 이러한 기(氣)들이 몸 안을 제대로 돌지 못하면 우울해지기 쉽고, 근심이 쌓이게 되며 스트레스가 축적되어 점차 질병의 함정으로 빠져들게 되는 것이다. 이렇게 우리 인체의 오장육부는 기(氣)의 영향을 받고 있다고 보아야 한다.

경락(經絡)이라는 것은 바로 이러한 기(氣)의 순환로를 말함인데 그 의미는 '가로로 흐르는 줄기를 바탕으로 하여 그물처럼 망을 이루었다'는 뜻으로 풀이할 수 있다. 또한 경혈(經穴)이라는 것은 기(氣)가 흐르는 경로의 일점(一点)으로 외부와 교류(交流)하고 작하을 한다는 뜻으로 별다른 뜻은 없다. 다시 말하자면 경락은 기(氣)와 혈의 순환로로서 기차의 객로에 비할 수 있으며 경혈은 연료공급과 화물을 취급하며 잠시 머무르는 정거장이라고 생각하면 쉬울 것이다.

중국의 한의원서 황제내경(皇帝內經)에 경락경혈에 대해 서술한 것을 보면 경락은 정경(正經)이 12줄기이며 기맥(氣脈)이 8줄기라고 적고 있다. 그러나 기맥 8줄 중에서 6줄기는 정경과 혈이 중복되어 있기 때문에 흔히 임맥(任脈)과 독맥(督脈) 두 줄기만을 따져 14경락을 쓰고 있다. 이 14경락에는 모두 365개의 경혈이 있다. 이러한 경락경혈론 사상에 있어 동양의학에서 기(氣)와 혈이 순환하는 과정에 있어서 과부족이 되거나 정체될 수 있게 된다. 또한 경혈의 이상 역시 그 경혈이 속해 있는 경락의 이상이며 그것이 경혈의 이상 역시 그 경혈이 속해 있는 경락의 이상이며 그것이 경혈로 나타난다는 것이다.

4) 사상의학의 체질

나는 어떤 체질을 가지고 있을까. 생활 속에서 가꾸는 건강을 추구하는 요즘 체질에 대한 관심이 깊다. 그러나 체질이라고 하는 것은 사람이 본래 가지고 태어난 신체적 특성과 정신적 특성, 그리고 여러 가지 다른 특성을 합친 포괄적인 개념으로 이 체질은 아무리 좋은 약(보약)을 많이 쓴다고 해도 바꾸어지지 않지만 후천적인 노력에 의하여 개선될 수는 있다고 한다.

수천 년 전부터 동·서양의 여러 학자들은 체질에 대한 연구에 힘을 기울였다. 가장 오래된 중국의학서인 '황제내경'에는 음양론에 의거한 음양 오태인론과 오행설에 의거한 오행 이십오태인론이 소개되어 있고 고대 그리스의 의학자 갈레누스는 인간의 기질을 네 가지로 구분한 사기질론을 주장했으며 19세기 독일의 정신의학자 크레치머는 정신병과 체형의 관계를 기초로 한 세 가지 체질설을 발표하기도 했다.

조선 말기의 의학자 이제마는 그의 저서 『동의수세보원』을 통해 여러 체질론 가운데 가장 획기적이고 체계적인 이론으로 평가받는 사상의학을 세상에 내놓았다. 사상의학은 각 사람들이 가진 장기 기능의 대소 차이와 특징을 파악하고 그것을 기초로 외모·심성·병증 등의 차이를 분석하고 윤리적이고 철학적인 토대로 종합 정리하여 체질을 분류했으며 체질 병에 대한 치료방법까지 제시하는 체계적인 이론을 갖추고 있다. 또한 사상체질 의학은 거의 100년 동안 수많은 임상실험을 통해 정확성과 과학성이 입증되고 있다. 사람은 본래 사장(四臟: 폐, 비, 간, 신) 중 어떤 장기는 대(大)하고, 어떤 장기는 소(小)하게 태어난다(여기서 말하는 대소는 장기의 크고 작음이 아니라 기능의 활발함과 약함을 말하므로 한의학의 허실의 개념과 유사하다고 할 수 있다). 이제마는 이런 장기의 대소 구조가 한 사람의 기질이나 성격,

체형, 그리고 특정한 병에 대한 저항력 등을 결정하는 기초로 보았다.

사상의학에는 5가지 명제가 있다. 첫째는 사람의 체형과 외모는 체질에 따라 다르다. 둘째는 체질에 따라 심성도 다르게 나타난다. 셋째는 체질에 따라 즐겨 먹어야 할 음식도 다르고 넷째 체질에 맞지 않으면 보약도 해가 된다. 그리고 마지막으로 체질마다 병도 다르고 치료법도 다르다. 따라서 일률적으로 적용되는 치료법이나 약물이 모든 사람에게 똑같은 효험을 발휘하지 않고 몸에 좋다는 음식이 모든 사람에게 이롭게 작용하지 않기 때문에 건강을 지키기 위해서 먼저 내 몸을 아는 것이 중요하다. 이제마는 자신이 발견하고 발전시킨 사상의학이 심오하기는 하나 자신이 죽은 지 100년이 되면 사람들이 쉽게 이해할 수 있을 것이며 집집마다 널리 퍼져 개개인이 직접 자기 병을 치료할 수 있게 되어 모든 사람이 건강 장수를 누릴 것이라고 하였다. 이러한 체질을 분류하면 다음과 같다.

▷ 태양인

태양인은 머리가 크고 둥근 편이며 특히 목덜미와 뒷머리가 발달되어 있고 눈이 작다. 체구는 단정한 편이나 상체에 비해 하체와 허리가 약해 보인다. 대체로 몸은 마른 편이고 깔끔한 인상에 눈에 광채가 있다. 태양인은 폐가 크고 간이 작은 폐대간소(肺大肝小) 체질이다. 즉 간 기능이 저폐기능이 항진 상태인 간허폐실(肝虛肺實) 체질이다. 태양인은 세상이 본래 바르게 돌아가야 한다고 보기 때문에 사람들이 서로 속이는 것에 남달리 비애를 느끼고 또 그로 인해서 폐기능 항진이 생기며 또 남들이 자기를 욕하는 것을 보면 크게 분노를 느끼고 그로 인해 간기능 저하가 생기는 심신(心身) 정보체계를 가진 사람들이다.

따라서 태양인은 폐의 기능이 좋지만 간의 기능이 약하며 오래 앉아 있거나 오래 걷지 못한다. 또한 애성이 원산(遠散)하고 노정(努情)이 촉급(促急)하다고 하여 애성이 원산하면 기(氣)가 폐기(肺氣)가 성(盛)하고 노정이 촉급하면 기가 간을 깎아서 간이 약해진다. 그리고 소변이 많고 청각이 특히 발달한 것도 태양인의 특징이다. 그러나 태양인은 철이 없을 때는 세상을 자기 본위로 보고 자만심이 강하며 제 뜻과 다른 사람들에 대해 참지를 못하는 경향이 강하다. 따라서 태양인은 동정심과 이해심을 길러 남들과 잘 소통되도록 하는 것이 중요하다.

▷ 태음인

태음인은 허리가 발달되어 사상인 중에는 가장 골격이 큰 편이다. 뼈대가 굵고 살이 비대한 사람이 많으며 입술이 두텁고 특히 손발이 큰 편이다. 반면에 목덜미의 기세가 약하다. 키가 큰 것이 보통이며 작은 사람은 드물다. 피부와 근육이 견고하고 땀구멍이 성글며 땀이 많은 편이다. 걸음걸이가 무겁게 느껴지거나 혹은 오리걸음같이 뒤뚱이며 걷는다. 여자의 경우에는 눈매의 자태는 없으나 시원스럽고 남자의 경우는 눈 끝이 쳐 올라가서 범상 같고 또 성난 사람 같은 인상을 준다. 몸에는 늘 땀기가 있고 활동을 하면 땀이 잘 흐른다. 찬밥을 먹을 때도 땀을 흘리는 사람은 대개 태음인이 많다. 땀을 흘려도 건강에는 이상이 없고 도리어 신진대사가 잘 되므로 건강한 증거다. 여자들은 겨울에 손이 비교적 건조한 편이며 잘 트기가 쉽다.

태음인은 간이 튼튼하고 폐 기능이 약하게 태어난 사람을 말한다. 그러므로 폐 기능 저하와 관련된 질환은 쉽게 올 수가 있다. 기침, 기관지염, 폐결핵, 폐기종, 폐수종 등의 폐 기관지 질환은 항상 조심하여야 한다. 일반적으로 태음인은 대장의 질환을 앓는 경우가 많아 변비가 흔히 찾아와 고생을 하지만 병적으로는 그다지 대수롭지 않은 증상이다. 그러나 설사가 장기간 계속된다면 가볍게 넘기지 말아야 한다. 태음인은 땀구멍이 잘 통하여 땀이 잘나면 건강하다. 땀이 많이 나는 것은 보통 몸이 허한 증상으로 생각하기 쉬운데 태음인의 경우는 오히려 건강한 증거이기 때문에 걱정할 필요가 없다. 몸이 찌뿌듯할 때 목욕이나 사우나를 통해 땀을 빼고 나면 기분이 좋아지고 상쾌해지는 체질이 바로 태음인이다. 그렇기 때문에 거꾸로 땀이 나지 않으면 병이 진행 중인 것이 아닌가 의심해 보아야 한다.

기의 흐름이 원활하지 못하거나 기가 약해지기 쉽다. 기운이 허약해지면 피부의 땀구멍 조절능력이 떨어진다. 그러므로 조금만 움직여도 숨이 차며 지치고 식은땀을 흘릴 수가 있다. 태음인은 원래 땀이 많은 체질이지만 이 경우의 땀은 자한증이라고 하여 질병으로 보고 있다. 기가 약해지면 우선 혈액순환의 장애를 가져온다. 거기에 피부 지방층도 두껍기 때문에 태음인은 혈액순환과 관련한 질환이 많다. 혈액순환이 원만치 못하면 심장의 부담을 유발시킨다. 원래 골격이 크고 피부가 두껍기 때문에 비만이 많은데 태음인의 특성이 잘 움직이기 싫어하여 자칫 게을러지는 경우도 많다. 태음인 중에서는 48%가 비만에 해당된다. 그런 까닭에 비만과 더불어 고혈압, 당뇨병, 동맥경화 및 각종 심장질환 따위의 질병이 쉽게 찾아온다. 간과 소화기가 튼튼하기 때문에 먹는 음식량도 많고 술도 잘 마시는 사람이 많다. 웬만한 간의 부담은 너끈히 이겨낸다. 그러나 간에 대한 자신감 때문에 오히려 간을 망치는 경우도 많다. 실제 간염이나 간경화 등 간 질환을 앓는 사람 중에는 태음인이 오히려 많다. 태음인이 간을 망치면 모든 것을 망치는 것이라 볼 수 있는데 그렇기 때문에 태음인들은 과식과 과음을 삼가야 한다. 얼굴빛이 누르거나 검붉으면 간에 조열이 있고 폐가 건조한 상태일 수 있으므로 전문의와 상담이 필요하다.

▷ 소양인

소양인은 상체가 하체에 비해 발달하고 흉부와 어깨가 넓고 충실한 반면 골반 및 엉덩이는 협소한 역삼각형의 체형을 가져 다부지고 남성답다. 상체가 실하고 하체가 가벼워 몸놀림이 민첩하고 순발력이 있으며 걸음걸이는 가볍고 빨라 경쾌하게 보이기는 하나 일면 경솔하고 가볍게 보인다. 눈과 귀가 위로 올라가 있어 날카로운 인상을 풍기며 눈빛은 밝고 초롱초롱하며 음성은 가볍고 높은 소프라노, 입은 과히 크지 않고 입술이 얇으며 하관이 가파르고 턱이 뾰족하다. 키가 큰 사람은 드물고 몸은 대체로 날씬한 편이다. 생김새 때문에 여간 깐깐하고 기세등등해 보이지 않으나 실제로는 마음이 약하고 요모조모 재는 데는 별로 소질이 없다. 몸에는 열이 많으나 땀은 적은 편이며, 체내의 열로 인해 피부는 건조하기 쉬워서 건성피부가 많으나 촉감은 의외로 부드럽고 살결이 희고 깨끗하다.

특히 소양인은 소화기능이 튼튼하고 신장기능이 약한 체질이다. 본래 신장은 오행 중에 수(水)에 속하는 장기로 수기(水氣)가 허약하면 신진대사에 이상이 생기기 쉬우며 허리 아래 기관이 부실하다. 따라서 소양인은 대체로 신장·자궁·방광의 질환에 잘 걸리고 허리나 다리에 통증을 자주 느낀다. 신진대사가 원활하지 못한 소양인은 주로 배설에 문제를 일으켜 방광이 약하니 소변을 자주 보게 되며 여성이 중년에 이르면 여성이 가장 수치심을 느끼는 질병 중 하나인 오줌소태가 되는 경우가 많다. 대변의 배설에도 어려움을 겪어 한방에서는 소양인의 건강을 판단하는 데 대변의 순조로운 소통을 가장 뚜렷한 징표로 삼고 있다. 변비가 계속되면 가슴이 답답해지고 가슴속이 뜨거워진다. 소양인은 몸에 지나치게 열이 많은 체질을 갖고 있기 때문에 신장이 허하면 몸속의 열기를 억제하지 못하여 인체의 균형이 깨져 건강에 문제를 일으키게 되는 것이다. 두통, 코피, 입안의 염증 등의 증상이 자주 나타나는 것은 이 때문이다.

소양인은 여름을 심하게 탄다. 깡마른 체격인데도 더위를 못 견뎌하고 찬 것만 찾는다. 이는 열을 잘 다스리지 못하면 스트레스를 이겨내지 못하고 폭발하게 되며 심장에도 심한 압박을 주어 건강에 치명적인 충격을 받기도 한다. 그러나 소양인은 왕성한 소화력을 갖고 있어 건강을 지켜나가지만 동시에 적이기도 하다. 이는 자신의 소화력을 믿고 어떤 음식이든 가리지 않고 양껏 먹는다. 또한 위에 열이 많아 아무리 많은 양의 음식을 먹어도 쉽게 배고픔을 느끼게 되므로 과식과 폭식의 습관을 가지고 있다. 위장이 실해 좀처럼 위장질환이나 소화불량에 걸리는 법이 없는 소양인의 위장도 한계에 다다르면 병이 나고 만다. 먹는 양에 비해 살이 찌지 않는 체질이지만 비만을 막는 둑도 한계가 있다.

소양인은 근육은 강하나 뼈가 약한 체질이며 상체 비만이 되기 쉽다. 상체에 비해 가늘고 약한 소양인의 다리는 무거운 상체를 견뎌내기 어려워 관절염이나 그 외 다리 통증에 시달리게 된다. 신장기능이 허하므로 생식기능 역시 좋지 않다. 남성의 경우 부부생활에 어려움을 겪는 사람이 많으며 여성의 경우 자궁이 튼튼하지 못해 임신에 어려움을 겪는 사람이 종종 있으며 대부분 다산은 하지 못한다. 소양인의 병증은 열로 인한 것이어서 진전이 빠르므로 초기 병이라고 대수롭게 보고 그냥 넘기지 말고 빨리 치료받는 것이 좋다. 이와 같이 소양인은 스트레스의 강도가 높으므로 건강관리와 더불어 마음을 다스리는 데 신경을 써야 하며 감정의 지나침도 모자람도 없는 중용의 덕은 건강을 지켜내는 최고의 지혜다.

▷ 소음인

　소음인은 뼈대가 비교적 가늘고 가름해 외모상으로 왜소해 보이는 경향이 있다. 손발이 찬 편이며 피부색은 창백한 경우가 많다. 엉덩이가 크고 앉은 자세가 안정적이나 상체가 빈약하여 약해 보이는 인상을 준다. 대체적으로 볼 때 소음인은 키가 작다. 상체보다는 하체가 발달하여 체형의 균형이 잘 잡혀 있다. 몸은 비교적 마른 편이며 용모는 잘 짜여 있어 여자는 오밀조밀하고 예쁘며 애교가 있다. 몸이 전체적으로 균형이 잡혀있기 때문에 걸음걸이가 자연스럽고 얌전하지만 상체를 앞으로 수그린 모습을 하는 사람이 많다.

　얼굴의 특징은 이마가 솟고 눈·코·입이 크지 않으며 눈빛은 강렬한 반사형이기보다는 은은한 흡수형이다. 말할 때에는 눈웃음을 짓고 조용하며 침착하게 자신의 의사를 논리정연하게 설명한다. 또한 소음인은 피부가 매우 부드럽고 밀착하여 땀이 적으며 겨울에도 손이 잘 트지 않는다. 가끔 한숨을 쉬는 일이 있어 남 보기에 고민이 많은 사람처럼 보이기도 한다. 늘씬하고 또렷한 이목구비의 현대 미인은 체질적으로 보면 태양인의 신체적 특성에 속한다. 그러나 우리나라의 전통적인 미인형은 소음인의 체질을 꼽았다. 소음인의 여자는 완만한 이목구비와 전체적으로 작은 몸집의 소유자가 많으며 엉덩이가 크고 자궁발육이 좋기 때문에 출산에 유리하다.

　소음인은 비·위장이 약하고 신장·방광의 기능이 튼튼하게 태어난 체질을 말한다. 그러므로 항상 남들보다 소화기 장애와 관련된 질환이 많이 나타날 수 있다. 소화가 잘 안 된다거나 속이 더부룩하거나 미식미식하고 차멀미가 잘 난다. 소화될 무렵이나 식사 전 속이 비었을 때 속 쓰림 현상, 입맛이 없거나 잘 체하는 등의 증상이 다른 체질에 비해 월등히 많다. 소화액의 분비기능도 다른 체질보다 좋지 않은 편이므로 갑자기 많이 먹거나 굶거나 하면 쉽게 소화 장애가 온다. 모든 세포는 혈액을 통해 영양공급을 받는다. 혈액은 음식물을 통해 만들어지고 이 음식물들은 충분한 소화액이 분비될 때 원만하게 분해·흡수된다. 이렇게 흡수된 영양소는 간으로 보내져 혈액으로 만들어진다. 그러므로 소화 장애가 있거나 소화액 분비가 잘 되지 않는 소음인의 경우에는 빈혈이나 순환장애로 인한 손발 저림 증세가 나타나기도 한다.

소음인은 다른 체질에 비해 비교적 내성적이고 예민한 사람이 많기 때문에 자신의 감정을 밖으로 잘 드러내지 않고 꾹꾹 참는 경향이 있으므로 신경질이 많은 편이며 별일도 아닌데 불안해하거나 초조해하는 경우가 많고 수면 시 깊은 잠을 이루지 못하고 꿈을 많이 꾸거나 불면증에 시달리는 경우가 많으며 스트레스를 많이 받는 경우 기울증 증세가 나타난다. 기울증이란 스트레스증으로 기의 흐름이 정체되는 것인데 명치끝에서 기가 뭉치게 되면 잘 체하고 명치끝이 더부룩해진다.

소음인은 비교적 몸이 마르고 손발이 찬 사람이 많기 때문에 대부분 속이 냉하다. 그런 까닭에 아랫배가 차고 아픈 사람이 많으며 여성의 경우 생리통이 심하고 생리기간이 불규칙한 경우도 많다. 이런 경우에 스트레스를 받지 않으려고 노력하고 적당한 운동으로 소화 장애를 극복해야 한다. 특히 항상 몸을 따뜻하게 하는 것이 중요하다.

이상과 같이 기(氣)는 생명이 있는 곳에만 존재하며 그 생명력 자체이고 생명의 근본이다. 비과학적이라 도외시 당했던 동양의 형이상학(形而上學)들이 과학이 발달하면서 그 가치가 인정되고 과학적 입증으로 설명되고 있다. 또한 기와 식품과의 관계를 볼 때 인간의 원기와 식물의 생기의 상관관계로 자연의 이치를 깨닫게 되고 아울러 그 식물의 식품이 인간에게 건강을 주고 있다는 사실이 과학의 발달 없이는 설명이 불가능했다. 이와 같은 기(氣)를 활용해서 건강을 지키고, 병도 치유할 수 있어 사회생활에서 모든 일에 만족감을 가질 수 있었고 자기가 하는 일에 집중을 높일 수 있다.

　기(氣)는 질병을 고친다는 것보다는 몸을 건강하게 한다고 해야 할 것이다. 따라서 기(氣)는 우주의 질서이며 인체는 소우주의 개념으로 질서의 법칙 속에서 흐르고 있는데 이 흐름이 원활하지 못할 때 그곳에 이상이 생기는 것이 병이 된다고 하는 것이 동양의학의 기본 개념이다. 그러므로 기(氣)를 이용해서 이 흐름의 이상을 원활하게 할 수 있다는 것이고 이렇게 할 때 몸은 건강한 것이다. 이러한 기(氣)에 대한 올바른 인식을 통해 바른 음식과 건전한 생활로 건강한 나날이 되기를 희망한다.

5) 기(氣) 순환과 생체리듬

　한의학에서는 기(氣) 순환과 진액의 분포 및 순행에 일정한 규칙이 있다고 보는데 생체리듬의 관점과 일맥상통한다. 인체의 가장 바깥에서 외부에 대한 방어기능을 하며 피부와 모발을 윤택하게 하고 치밀하게 만드는 기(氣)를 위기(衛氣)라고 한다. 혈맥(血脈)을 따라 인체에 영양을 공급하며 진액을 보내어 윤활하게 하는 기(氣)는 영기(靈氣)라고 한다. 이러한 위기와 영기는 밤낮으로 일정한 규칙에 의해 순행하며 우리 인체를 건강하게 지켜준다. 생체리듬의 균형이 깨어진 사람은 체내기의 순환이 정체되고 불순한 대사산물인 담음(痰飮)이 자꾸 쌓이게 되니 비만이 될 수밖에 없다.

　제때에 잠을 자면 피부에 영양과 산소를 공급하고 피부 조직을 재생시키며 심신의 피로를 풀 수 있지만 그렇지 않다면 피부에 트러블이 발생하고 비만한 체형으로 바뀌게 된다. 불규칙한 생활에 의한 수면장애, 과로, 영양의 불균형, 변비 등은 모두 비만과 피부 문제를 일으키는 직접적인 원인이 된다. 따라서 비만이나 피부의 문제로 고민하는 사람이라면 먼저 자신의 생활방식을 점검해 보아야 한다.

불규칙한 식습관이나 수면습관, 환경의 문제로 인해 생체리듬이 깨어져 나타나는 문제부터 치유를 하여야지 비정상적인 방법, 즉 식사량을 줄이거나 이뇨제를 복용해서 살을 뺀다는 것은 도리어 인체의 균형을 깨뜨리는 방법이 되겠다. 피부가 깨끗하지 못하다면 역시 자신의 생체리듬을 점검하고 근본적인 오장육부(五臟六腑)의 문제와 불순한 대사산물의 문제를 해결하지 않은 채 피부 마사지만 한다고 해서 피부의 문제가 해결될 수는 없을 것이다.

15. 음이온이 건강에 주는 효과

1) 이온이란?

전기를 띤 눈에 보이지 않는 미립자를 말하며 (+)의 전기를 띤 것을 플러스이온(양이온), (−)전기를 띤 것을 마이너스 이온(음이온)이라 한다. 공기 중에는 양이온과 음이온이 탄산가스, 산소, 질소, 수소 등 여러 혼합물과 같이 존재하고 있으며 양이온이 많을 때 양전기를 띠게 되며 음이온이 많을 때 음전기를 띠게 한다. 양이온과 음이온은 다 공기 중에 많이 떠다니고 있는데 특히 음이온은 가벼워 대기 중을 자유자재로 나돌기 때문에 극히 활동적이다. 이 활동력(생체 에너지)이 우리의 생명과 건강을 소생시킬 수 있는 작용을 하는 원동력이다. 공기 중에 이온 즉, 공기 이온은 기상조건에 의해서만 시시각각으로 변동하고 있지만 특히 불연속, 한랭전선, 저기압 등이 통과할 때는 양이온이 증가한다. 그리고 이에 영향을 받아 인체 내의 음이온이 감소해 양이온이 증가하고 나아가서는 신경통, 천식, 뇌졸중 등의 발생이 높게 된다는 보고서가 있다.

우리가 느낄 수 있는 현상으로는

폭풍이 지나간 후 밖을 걸을 때의 상쾌한 느낌!
폭포수에서 서있는 느낌!
소나무 숲에 있는 느낌!

이는 물방울이 어떤 물체에 힘차게 부딪혀 분열하면서 물방울은 양극의 전기를 띠고 주위의 공기는 음극의 전기를 띠는 공기의 이온화 현상에 의해 음으로 대전된 산소이온이 다량으로 발생하였기 때문이다.

음이온이란 공기 중에 전기를 띤 눈에 보이지 않는 미립자로서 여러 가지 형태를 지닌 물질의 최소 구성단위인 원자와 그 원자의 집합체인 분자가 전기를 수반한 상태를 이온이라 하며 마이너스(−)전기를 띤 것을 말하며 전자가 부족한 것은 양전자를 띠므로 양이온(대기 중의 오염물질 대부분)이며 전자가 과다한 것은 음전하를 띠므로 음이온이라 하며 안정된 순수한 공기 중의 음이온과 양이온의 비율은 1 : 1.2로 존재한다.

2) 음이온의 생성장소

음이온이 가장 많이 생성되는 곳은 폭포라 할 수 있다. 그 외 장소로는 삼림욕장(특히 소나무가 많은 곳), 물살이 빠른 계곡, 비가 내린 뒤의 공원, 잘 가꾸어진 정원, 파도가 치는 바닷가 등이 있다.

음이온이 1CC당 1,000개 이상으로 풍부해지면 뇌에서 알파(α)파의 활동을 증가시켜 천식과 편두통의 본질적인 요소가 되는 걱정과 긴장을 완화시켜주며 천식과 같은 호흡기질환을 일으키는 신경호르몬인 세로토닌과 자유히스타민을 억제하여 정신운동 수행능력과 긴장완화 같은 효과가 있다.

3) 음이온의 실태

문명의 발달은 인체에 유해한 전자파, 자동차 매연, 공해, 먼지, 알레르기 항원 등이 기하급수적으로 증가하여 대도시의 경우 산소 중 음이온이 ㎤당 2000-4000개정도가 발생하며 실내에서는 수백 또는 그 이하이다.

4) 음이온의 측정 수치

정상적인 이온 수　　： ㎤당 2000-4000
요세미트 폭포　　　： ㎤당 100,000개
무지게 폭포(양산)　： ㎤당 3000-12000
금정산(부산)　　　： ㎤당 500개 이하
출퇴근 시 고속도로 ： ㎤당 100개 이하

5) 음이온의 유해성

환경오염이 심한 경우 정상상태의 이온 구성비가 파괴되어 양이온이 우세한 조건으로 변하며 이렇게 되면 공기의 이온들은 브라운 운동에 의해 빠른 속도로 부딪혀서 생물학적으로 아무런 활성을 갖지 못하는 큰 입자 덩어리가 된다. 이때의 큰 입자 덩어리로 된 이온 수는 공기 1cc당 수백만 개에 이르게 되는 반면에 우리에게 유익한 음이온 수는 현저히 감소하게 되며 두통, 긴장 등을 악화시키게 된다.

6) 음이온과 인체

인체 내에 음이온이 감소하면 왜 몸의 상태가 나빠지는가?

인체는 무수히 많은 세포로 이루어져 있는데 그 하나하나는 세포막으로 둘러 싸여져 있다. 이 세포막은 여러 가지 중요한 작용을 하고 있는데 그 하나로서 세포 내에 영양을 흡수하기도 하고 역으로 노폐물을 배출하기도 하는 작용을 하고 있다. 그때 세포 내측에 음이온, 외측에 양이온이 많이 존재한다면 세포막을 비롯한 세포 전체의 작용이 정상적으로 이루어지지만 세포내의 음이온이 적게 되고 양이온이 많게 되면 영양분의 흡수나 노폐물의 배출이 원활하지 않게 이루어지게 된다. 즉 신진대사가 나쁘게 되면 몸 전체의 생리작용도 쇠퇴하게 되고 나아가서는 여러 병으로 이어지게 되는 것이다.

구체적으로 말하면 우선 영양이 충분하게 흡수되지 않고 노폐물의 배출이 나쁘게 되기 때문에 혈액이 산성화된다. 따라서 각종 병원균의 감염에 대한 저항력도 떨어지게 되고 또 신경계의 영양공급도 결핍되기 쉽게 되어 내장을 지배하고 있는 자율신경의 작용도 정상적이지 못하게 되는 것이다. 그렇기 때문에 고혈압, 동맥경화, 뇌졸중, 심장병, 암 등의 성인병의 유발을 비롯해 빈혈, 알레르기성 질환, 허약체질, 갱년기장애, 어깨 결림, 요통, 류머티즘, 신경통, 두통, 더 나아가 상습적인 변비, 위장병, 간장병, 자율신경 실조증, 불면증 등을 유발할 수 있다.

음이온과 양이온이 인체에 미치는 영향에 관한 연구결과는 다음과 같다.

임상항목	양이온이 많을 때	음이온이 많을 때
혈 관	수 축	정 상
혈 압	상 승	정 상
혈 액	산 성	알 칼 리 성
혈 당	증 가	감 소
심 장 활 동	활 동 둔 화	활 동 강 화
호 흡	곤 란	정 상
뼈	발 육 저 하	발 육 양 호
신 장	활 동 둔 화	활 동 강 화
내 분 비 선	부 진	조 화
자 율 신 경	부 조 화	조 절
교 감 신 경	흥 분	조 절
스 트 레 스	누 적	해 소
피 로	누 적	회 복
저 항 력	감 소	증 가
세 포	노 화	활 동 촉 진
주 의 력	감 소	집 중

7) 양이온이 인체에 주는 영향

　미국의 Medical research에서는 양이온 환경에서 인체는 과량의 Serotonin/histamine을 분비하여 건강을 해친다는 연구 발표를 한 바 있다. 그 밖에 허파의 산소흡수 능력을 저하시키고 피로하게 하는 경향이 있다. 인간문명의 발달로 산업이 고도로 발달하면서 자연적인 환경에서 점점 멀어지고 있는 현실에서 고도화된 산업화의 사회로의 변화는 합성고분자, 시멘트, 전자파 등은 양이온성 환경으로의 변화라고 말할 수 있을 것이다. 보통 도시 생활자들은 20-200/cc(max)의 음이온을 마시는데 이 수치는 점점 감소하는 추세에 있다.

8) 음이온의 4대 작용

1. 혈액의 정화작용

일본 다키다 박사의 연구에 의하면 어느 일정한 조건하에 + 혹은 - 의 전위를 전신에 부과할 때 혈액 중에 있어서 생체이온과 체내 무기질(나트륨, 칼슘, 칼륨) 등 사이에는 밀접한 관련이 보임이 임상을 통해 알 수 있다. 예를 들면 음전위를 부과하면 혈액 중의 칼슘, 나트륨의 이온화가 증가되고 나아가서는 혈액의 약알칼리화가 진행되어 정화된다고 말한다.

2. 세포의 부활작용

혈액 중에 음이온이 늘어나게 되면 세포의 작용은 매우 좋게 된다. 세포막의 전기적 물질교류가 촉진되고 영양은 충분히 세포 내에 들어오며 노폐물도 완전히 배출되게 된다. 즉 음이온이 증가함에 따라 신진대사가 왕성하게 되고 그 작용은 점점 병든 세포의 재생 및 죽은 세포가 부활하게 되는 것이다. 또 혈액 중의 칼슘 증가는 근육 특히 심근의 흥분성을 높여 심장을 한층 더 건강하게 된다고 잘 알려져 있다.

3. 저항력 증가

음이온이 늘어나게 되면 혈관 중의 감마 글로불린(γ-globulin)은 현저하게 증가한다. 감마 글로불린(γ-globulin)이란 혈청에 포함된 글로불린의 일종으로 여러 전염병에 걸리게 되면 증가하는데 그 성분 중에는 면역력을 갖는 항체를 포함하고 있다. 따라서 감마 글로불린(γ-globulin)의 증가와 함께 여러 가지 병에 대한 항체도 증가해 그 결과 생체에 방위력이 강화되고 여러 가지 감염에 대한 저항력도 증가된다.

4. 자율신경의 조정 작용

음이온의 효용은 자율신경을 조정하는 데 이른다. 자율신경은 모든 내장, 샘, 혈관 등 우리의 의사와는 상관없이 반응하는 기관을 컨트롤하고 있는 부수의 신경인데 생명유지에 없어서는 안 되는 기본적인 기능을 하고 있기 때문에 생명신경이라고도 불리어지는 것으로 음이온의 양은 혈관, 내장(오장육부) 등 우리 몸의 상태나 느낌 등을 인체에 유리하도록 자율신경계를 조절해 준다. 그러므로 신경계통, 혈액, 세포, 임파선 등에 생기를 주어 약화된 기능을 강화시키고 활력을 주는 결정적 역할을 한다.

5. 기타 통증완화작용

음이온은 이온화 된 칼슘을 증가시키고 엔도르핀, 엔카파린이라는 물질을 발생시켜 피로회복, 체력증강에 역할을 할 뿐 아니라 통증이 심한 부분의 세포를 건강하게 하고 피를 잘 돌게 하여 통증을 완화시키는 작용을 한다.

9) 알기 쉬운 음이온에 대한 문답

1. 음이온 발생에 온도, 습도가 관계있는가?

관련이 있다. 고온 고습에서는 음이온 발생이 어렵다. 이상적인 상대습도는 40-60%정도이다.

2. 음이온의 종류는?

공기 음이온의 크기를 다음과 같이 분류한다.

• 원자이온: 플러스 원자이온은 원자가 전자를 잃은 것이고 마이너스 이온 원자는 전자가 중성원자에 부착한 것을 가리킨다. 대기의

상층에만 존재하는 것으로 알려져 있다.

- 원소이온: 전자나 원자이온이 핵이 되어 주위의 기체분자를 끌어 집단이 된 것으로 통상 분자의 수는 10-30개라고 말해지고 있다. 그 운동력도 양이온은 1.36㎜/초, 음이온은 2.1㎜/초 정도로 비교적 고속이다. 신체에도 가장 큰 효과가 있다.

- 대이온: 전자나 소이온이 안개나 먼지 등의 미립자에 부착한 것으로 소이온과 같은 형태이지만 질량은 소이온의 1000배 정도의 것으로 운동속도도 0.01-0.0005㎜/초 정도로 늦다. 오염된 공기 중에 많이 존재한다.

- 중이온: 대이온과 소이온의 중간 정도의 운동속도를 가지고 있고 낮은 습도에서만 발생한다. 운동속도는 0.1-0.01㎜/초 정도로 지표 가까이에는 없다.

3. 정전기와 음이온의 차이는?

정전기란 건조한 날씨에 공기 중의 전기가 금속 같은 곳에 모여 있다가 방전되는 현상이다. 그런데 어느 정도의 습도만 있으면 물방울에 부착해 이온화가 된다. 이것이 정전기와 이온의 차이이다.

4. 공기 중 이온의 수면은 어느 정도인가?

소이온은 100초 전 후이다. 음이온이 양이온보다 확산계수가 높기 때문에 수명이 짧은 경향이 있다.

5. 몸 주위의 소이온은 어떤 형태로 존재하는가?

산소분자의 경우에는 이온화 한 수분과 결합해 존재한다.

6. 공기이온은 영구적인가?

영구히 존재하지 않는다. 소이온은 수십 초 정도라고 알려져 있다.

7. 확산계수란 무엇인가?

공기이온은 전기장의 영향을 받아 주위에 확산하는 성질이 있다. 이 확산의 정도를 나타내는 수치를 확산계수라고 부른다. 일반적으로 음이온과 소이온이 양이온과 대이온보다 확산계수가 크다.

8. 습도가 높아지면 음이온이 감소하는 이유는 무엇인가?

공기 중의 이온은 세세한 물방울에 부착해 존재한다. 따라서 세세한 물방울 수가 많으면 음이온 발생에는 유리하지만 물방울의 재결합으로 물방울의 수가 감소하기 때문에 결과적으로 음이온이 감소하게 된다.

9. 음이온의 정의 간단히 요약한다면

공기이온은 어떤 요인에 의해 방출된 전자가 공기 중의 분자에 부착한 것으로 음이온 공기이온이 된다.

10. 방에 사람이 있으면 음이온의 농도는 어떻게 되는가?

농도가 감소한다.

10) 숯과 이온

숯은 순수한 우리말로 신선하고 힘이 좋다는 뜻이며 영어로는 중국을 뜻하는 '차이나(china)'와 좋다는 '쿨(cool)'의 합성어인 '차콜(charcoal)'이다. 이는 중국에서 숯을 약으로 먹는 것을 알고 서양인이 복용해 본 후 몸이 좋아져서 이렇게 말을 만들었다는 설이 있다.

숯은 음(-)이온을 공급하며 숯 자체에서 발생되는 음이온은 산소가 풍부해 공기를 맑게 하고 모든 생명 활동을 돕는 작용을 한다.

예를 들면 냉장고 내에 산소가 부족할 때 냉장고에서는 심한 악취를 낸다. 이는 산소를 싫어하는 미생물들이 많이 번식해 가스를 발산하기 때문인데 이런 환경에서는 자연히 양이온이 많이 존재하고 음이온은 매우 적어진다. 이때 숯을 이용하면 숯에 기생하는 미생물과 숯이 내뿜는 음이온의 효과로 냉장고 심한 악취를 제거할 수 있다.

16. 물에 관해서

1) 물에 대한 개념

물은 이 지구상(地球上)에서 가장 중요한 물질이면서도 독특(獨特)한 물질이며 동시에 기체(氣體), 액체(液體), 고체(固體)의 형태로 존재하면서 생명체(生命體)에게 필수불가결(必須不可決)한 물질이고 또한 다른 물질의 비중(比重)을 재는 척도(尺度)로서 사용될 뿐만 아니라 지표상(地表上)의 자연력(自然力)의 순환(循環)에 있어서도 중요한 역할을 한다. 그러나 인간들은 자연의 고마움과 그 귀중함을 잊어버리고 심각한 오염을 발생시켜 스스로 자기를 지키려고 애쓰는 것을 볼 때 자연계의 어떠한 것이 나의 생명을 연장시켜주고 나를 지켜주는가를 우선 알아야 할 것이다.

물은 도처에 존재하는 무색무취의 액체로 화학약품과 무기 광물질이 들어 있지 않은 순수한 것은 맑은 공기와 더불어 인간이 천수를 다할 수 있도록 건강을 지켜주는 가장 근본이 되는 것이다. 또한 모든 동, 식물 그리고 어떠한 작은 미생물도 공기와 물 없이는 아무리 많은 영양분이 있다고 해도 살아갈 수가 없다. 따라서 생명의 근원은 물과 공기이다. 하나님이 천지를 창조하실 때 첫날에 빛이 있게 하여 낮과 밤을 만드시고 둘째 날에 물 가운데 궁창(穹蒼: 지구와 직접 접하고 있는 대기권의 하늘을 말함))이 있어 물과 물로 나뉘게 하여 궁창을 하늘이라 칭하시고 그 위의 물과 아래의 물로 나뉘게 하시어 대기권의 수증기로 인하여 지구를 마치 온실과 같이하여 생물들에게 최적의 환경을 만들어 삶을 영위토록 하신 뒤에 인간을 지으시고 생물을 지으신 것을 볼 때 천지 만물 중에 물의 중요성을 알고 계셨음이 아닌가 느낄 수가 있다. 인간과 생물이 없을 때는 땅에 비를 내리지 아니하신 하나님이시다.

일찍이 그리스 자연철학의 시조 탈레스는 '물은 만물의 근원'이라고 하여 우주의 근원과 자연의 이치를 '물'로써 설명하려고 하였으며 중국의 관자(管子)는 '물이란 무엇인가, 만물의 본원(本源)이며 제생(諸生)의 종질(宗質)이다'라고 하였다. 자연주의자 포올시브래그 박사는 그의 저서에 대한 충격적인 진실(The Shocking Truth about Water)에서 현대는 식수원인 강과 호수가 오염되어 있어서 절대로 안심하고 마실 수 있는 물이 이 지상에는 없다고 하면서 이제는 인공으로 증류를 해서 식수로 이용하라는 것이 그의 주장이다. 또한 무기 광물질을 가진 물은 절대 먹어서는 안 된다고 강조하고 있다.

절대불변의 물은 그 성분자이고 그 정전기적 인력이 가장 강하므로 거의 모든 물질을 녹이는 막강한 용해력을 갖고 있어 체내에서 단백질과 핵산, 녹말, 당은 모두 물에 녹아서 작용하고 화학작용을 촉진하는 등 인간의 생명에 절대적인 것으로 이 물을 영적 세계와 물질세계를 이어주는 촉매, 즉 영적 세계인 생명을 기체에 비유하고 물질세계인 육신을 고체라고 볼 때 이를 연결시켜 주는 촉매제는 '물'이다 라고까지 말하고 있다. 이러한 귀중한 물에 대하여 자세히 알아보고자 한다.

2) 지구상의 물은 얼마나 있을까?

물은 지구상에서 가장 풍부한 자원이다. 그렇기 때문에 지구를 물의 행성이라고 부르기도 한다. 우주공간에서 지구를 내려다보면 파란색이 가장 많다. 그것은 물이 많기 때문이다. 과학자들은 지구가 생겨났을 때의 물이 한 방울도 더 늘거나 줄어들지 않았다고 믿고 있다. 지구에 있는 물의 양은 13억 8천 5백만㎦ 정도로 추정되고 있다. 이 중 바닷물이 97%인 13억 5천만㎦ 이고 나머지 3%인 3천5백만㎦이 민물로 존재한다. 민물 중 69% 정도인 2천4백만㎦은 빙산, 빙하 형태이고 지하수는 29%인 1천만㎦ 정도이며 나머지 2%인 1백만 ㎦가 민물호수나 늪, 강, 하천 등의 지표수와 대기층에 있다. 이 2%의 물 가운데 21% 정도가 아시아 주에, 26% 정도가 미국, 캐나다 등의 북미 주에, 28% 정도가 아프리카 주에 있으며 나머지 25%의 물은 이 3대주를 제외한 곳에 있다. 하천이나 강에 있는 물의 양은 1,200㎦로서 지구 총수자원의 0.0001%이므로 전체로 보아 매우 적은 양이다. 그러나 수자원 이용 측면에서는 이것이 가장 귀중하다.

3) 우리나라의 물은 얼마나 될까?

우리 국토에는 연평균 1,274㎜의 비가 내리고 그 양은 1,267억 톤이나 된다. 이 중에서도 45%는 증발하거나 땅속으로 스며들어 없어지고

55%인 697억 톤만이 하천을 통하여 흐른다. 강을 통하여 흐르는 물중에서도 37%인 467억 톤은 홍수기에 바다로 흘러 버리고 평상시에는 18%인 230억 톤만 강으로 흐른다. 강을 통하여 흐르는 230억 톤 중 164억 톤은 직접 이용되고 나머지 66억 톤은 댐에 저장되었다가 필요할 때 공급된다. 우리나라의 댐에서 공급할 수 있는 물은 연간 강수량의 10% 정도인 126억 톤이다. 한국수자원공사(1995.12월)에 의하여 발표된 물의 쓰임새를 목적별로 보면 생활용수로 19%, 공업용수로 9%, 농업용수로 53%, 그리고 하천유지 용수로 19%를 사용한다고 한다.

지구상에 있는 물 존재량

상 태		부 피(㎦)	구성비(%)
염수	해양	1,349,929,000	97.500
	염수호	94,000	0.007
담수	빙산. 빙하	24,230,000	1.750
	담수호	125,000	0.009
	강. 하천	1.200	0.0001
	토중수	25.000	0.002
지하수	옅은 층	4,500,000	
	깊은 층	5,600,000	0.72
수증기	동물	600	0.0001
	식물	600	
총 계		1,384,518,000	100

* 자료 : [자연의 물 인간의 물] 1994, 최영박** 물 1㎦ = 10억 톤, 물1㎥ = 1t = 1,000 ℓ, 물1㎤ = 1cc = 1g

1994년 같은 극심한 가뭄이 든 해 말고는 물이 모자라지 않았지만 일부 공업지역에서는 물 부족이 심각했다. 조사 보고에 의하면 경제성장의 템포에 따라 산업화 도시화의 물결에 비례해서 급격하게 물의 수요는 증가하고 물의 증가에 의해서 소비의 양도 늘어나는 만큼 물의 오염도도 심각해질 것은 뻔한 이치이다. 그 이유는 2001년에는 지금보다 17%의 물 수요가 늘어날 전망인데 이 물은 공업용수라고 하니 식수는 그만큼 줄어들게 되는 것이다. 우리나라는 세계 평균 750㎜보다 훨씬 많은 양의 비가 내려 다행이기는 해도 이 물의 양을 인구수로 나눈 것이 바로 국민 1인당 쓸 수 있는 몫이기 때문에 인구밀도가 높은 우리나라는 국민 1인당 쓸 수 있는 물은 세계인 평균양의 11분의 1에 지나지 않는다고 한다.

4) 물의 품(品)을 논할 때

물은 일상생활에 언제나 쓰면서도 인간에게 주는 필요성을 조금도 생각하지 못하고 알지도 못하기 쉽다. 하늘이 사람을 낳으면 수곡(水穀)으로써 고루 기르니 물이란 우리에게 일상생활에 있어서 얼마만큼 중요하고 필요한가? 사람의 형체에 후하고 박한 것이 있고 수명의 길고 짧음이 있는 것이 물과 흙의 관계에 많은 원인(原因)이 있기 때문이니 지방(地方)의 남쪽과 북쪽 지방을 나눠서 징험(徵驗)해 보면 같지 않는 것을 알 수가 있는 것이다.[食物]

우물물이 먼 지맥(地脈)에서부터 흘러나오는 것이 제일 좋은 것이 되고 가까운 하천에서 스며서 오는 것은 좋지 않으며 또 도시의 人家가 밀집한 곳의 하수구의 오물이 우물 속에 스며들어가는 것은 물을 떠와서 얼마 동안 통속에 안전하게 놓아두면 물통 속 밑바닥에 탁한 찌꺼기가 가라앉으니 위의 맑은 물을 떠서 써야 하며 그렇게 하지 않으면 기(氣)와 맛이 모두 나빠서 차를 끓이고 술을 빚거나 모든 음식을 만드는 데 많은 곤란을 느끼는 것이다. 비가 온 뒤에 우물물이 혼탁하면 도(桃: 복숭아)와 행인(杏仁: 살구)을 즙과 같이 우물 속에 집어넣고 흔들어 주면 혼탁한 것이 우물 밑으로 모두 가라앉아 버린다.

모든 마시는 물과 약 달이는 물은 새로 떠오는 맑은 샘물을 바로

써야 하는데 그러지 아니하면 약의 효과가 없을 뿐만 아니라 오히려 사람에게 해가 되는 것이니 이런 점을 참작해야 할 것이다.[本草]

5) 물의 명칭

▷ 東醫寶鑒 記錄 中心(40 種類)

■ 정화수(井華水: 첫새벽에 기르는 물)

달빛과 별빛을 머금은 우물에서 이른 새벽에 길은 물로서 치성을 드리는 데 쓰였다. 특히 시름시름 앓는 만성병 환자들의 약을 달이는 데 쓰인 옥수(玉水)이므로 음료수의 으뜸이다. 성질이 고르고 맛이 달고, 독(毒)이 없어서 크게 놀래서 9구멍으로 피가 나오는 것을 주로 치료하고 또 입 냄새를 없애고 얼굴색을 아름답게 하며 눈의 부예를 씻고 술 마신 뒤의 열리(熱痢)를 치료하니 이것이 첫새벽에 일어나 제일 먼저 떠온 물이 된다.

정화수(井華水)란 것은 천일진정(天一眞精)의 氣가 물위에 떠서 맺힌 것이니 그것으로써 보음약(補陰藥)을 달이거나 수연환단(修煙還丹)하는 데 쓰면 제일 좋은 것인데 청한(淸閒)을 즐기는 사람은 물로 봄차 싹을 달여 먹으면 머리와 눈을 맑게 하는 데 제일 좋고 그의 성질과 맛이 눈 녹은 물과 같다.[正傳]

정화수(井華水)를 먹는 약과 달이는 약에 쓰고 술이나 초에 넣어도 썩지를 않는다.[本草]

■ 한천수(寒泉水: 찬물이 솟아나는 샘물)

좋은 샘물인데 성질이 고르고 맛도 달고 독이 없으며 소갈(消渴)과 반위(反胃). 열리(熱痢). 열림(熱淋)을 치료하며 대소변을 이롭게 한

다.[本草]

샘물을 새로 떠다가 동이에 붓지 않는 것이 신급수(新汲水)가 되는데 맑고 깨끗해서 복잡한 기(氣)가 없어서 약을 달이는 데 쓴다.[正傳]

합구초(合口椒)의 독(毒)을 풀고 어경(魚硬: 물고기 뼈가 걸린 것)을 내린다.[本草]

■ 국화수(菊花水: 감구 포기 밑에서 나는 샘물)

황국화가 만발하는 들판에서 나오는 물로 중풍증세와 어지럼증, 불면증을 다스린다. 살구, 국화, 구기자, 오미자, 칡뿌리 등에 가까이 있는 이슬과 샘물을 약수로 만든다.

일명 국영수(菊英水)라고 하는데 성질이 온화하고 맛이 달고 독이 없으며 풍비(風痺)와 현모(眩冒)를 치료하고 風을 없애며 쇠(衰)를 보(補)하며 얼굴색을 아름답게 하고 오래 마시면 장수하고 늙지도 않는다.[本草]

■ 납설수(臘雪水: 동지(冬至)뒤 셋째 술일에 눈을 녹인 물)

겨우내 자주 내리는 눈이지만 동지 후 세 번째의 술(戌)날 납일(臘日)에 내리는 눈을 납설(臘雪)이라 한다. 즉 동지가 지난 후에 내린 눈이 녹아 대지에 스며든 물을 말하는데 옛날에는 한반도 전역에서 이런 눈 녹은 물을 채취하여 일 년 내내 약도 달이고 술도 만들었다. 우리 선조들은 이 날 눈이 내리면 돈이 내린다 하여 빈 그릇을 모조리 동원하고 심지어는 이불보까지 마당에 깔고 눈을 받았다. 이 눈을 녹여서 만든 물이 납설수(臘雪水)다. 옛날 잘사는 집에서는 양(陽)독대와 함께 음(陰)독대도 마련해 놓았다. 음독대는 납설수를 담아 놓고 쓰는데 이 물로 술을 담그면 쉬지 않고 차를 끓이면 차 맛이 좋으며 약을 달이면 약효가 더 나고 담근 장으로 간을 맞춘 음식은 쉬지 않으며 여름에 화채를 만들어 마시면 더위도 타지 않는다 했다. 또한 성질이 차고 맛이 달고 독이 없으며 천행(天行)하는 시기의 온역(溫疫)과 술 마신 뒤의 심한 열과 황달을 치료하며 모든 독을 풀고 눈을 씻으면 열적(熱赤)을 없애준다.

납설수는 섣달의 물로서 비가 내려오다가 한기(寒氣)를 만나면 얼어서 눈이 되는 것인데 그 꽃이 6능(稜)으로 되고 61의 정기(正氣)를 받은 것이다.[入門]

지금은 공해 때문에 깊은 산 오지와 강원도 백두대간 양백지역(소백산, 태백산이 갈라지는 곳)에서나 채취할 수 있다. 백두대간의 강력한 지자기 때문에 그 지역에 내리는 눈이 '육각수, 자화수(磁化水)로 분자구조(결정)까지 바뀐 물이다. 옛 궁중 납약을 만들 때 기본으로 사용하는 물이 바로 납설수로 이런 납설수는 지구상에서 알프스산 부근과 우리나라 백두대간 부근에 있는 것이 최고 품질이다. 이런 납설수 속에는 갖가지 담수 플랑크톤이 생겨나 바다로 흐르고 퇴적하면서 생물원자극소를 수만 년 이상이나 형성시켰다. 오젓, 육젓, 추젓을 담그는 새우와 반수불수 초기에 좋다는 왕새우, 밴댕이, 숭어, 꽃게, 조기, 낙지, 주꾸미 등이 모두 납설수의 영향을 받는 해양어족 생물들이다. 모든 과실(果實)을 담그면 좋고 봄눈은 벌레가 있어서 쓰지를 못한다.[本草]

• 풍년수(豐年水):

봄이 되어 씨앗을 이 납설수에 담갔다가 논밭에 뿌리면 가뭄을 타지 않는다 하여 풍년수라 했다.

• 살충수(殺蟲水)

납설수 물을 돗자리에 뿌려두면 파리, 벼룩, 빈대 등 물 것이 생기지 않는다 하여 살충수(殺蟲水)라고 했다.

- 안약수(眼藥水)

납설수에 눈을 씻으면 눈에 핏발을 없애 준다 하여 안약수(眼藥水)라 했다.

- 화장수(化粧水)

납설수로 머리를 감으면 윤기가 더 나고 얼굴을 씻으면 살결이 희어지면서 기미가 죽는다 하여 화장수(化粧水)라 했다.

"섣달에 눈이 오지 않으면 시앗(妾)바람이 분다"는 속담이 있는데 이는 납설수를 받지 못해 거칠어진 안색 때문에 부인들이 낭군을 잡아둘 수 없게 된다 해서 생긴 속담일 것이다. 그런데 이 납설이 내리는 확률은 10년에 한 번꼴이라니 이 세상에서 가장 값지고 희귀한 눈이 아닐 수 없다.

■ 춘우수(春雨 水: 봄에 내리는 빗물)

정월의 빗물인데 큰·그릇에 받아 두었다가 약을 달일 때 쓰면 양기(陽氣)가 위로 오른다.[入門]

정월(正月)의 빗물을 부부가 각각 한 잔씩 마시고 같이 자면 신통한 효과가 있어서 잉태를 한다.[本草]

성질이 처음으로 봄의 상승(上昇)과 일어나는 기를 얻었기 때문에 중기(中氣)의 모자라는 것과 청기(淸氣)가 위로 오르지 못한 증세의 약을 달이면 좋다.[正傳]

청명(淸明)때의 물과 곡우(穀雨)때의 물의 맛이 다르니 그 물로 술을 빚으면 색이 좋고 맛도 좋고 오래도록 술맛도 변하지 않는다.[食物]

■ 추로수(秋露 水: 가을의 이슬이 엉기어 된 물)

성질이 고르고 맛이 달며 독이 없어 목이 마르는 것을 그치게 하고 몸이 가볍고 살결이 예뻐진다. 해가 뜨기 전에 거두어서 쓴다. 백 가지 풀의 이슬은 백가지 병을 고치고 잣나무 잎의 이슬은 눈을 밝히고 모든 꽃의 이슬은 얼굴빛을 예쁘게 한다.[本草]

번로수(繁露水)라 하는 것은 가을의 이슬이 한참 많이 내릴 때의 것으로 쟁반 같은 곳에 받아 마시면 장수하고 배가 고프지 않는다.[本草]

추로수(秋露水)가 수렴(收斂)하고 숙살(肅殺)하는 기(氣)를 품수(稟受)한 때문으로 귀수를 치료하는 약을 달이는 데 쓰고 또 나충(癩蟲)과 옴의 모든 벌레를 죽이는 약을 섞어서 붙이면 좋다.[正傳]

■ 동상(冬霜: 겨울 서리)

성질이 친밀하고 독이 없으니 뭉쳐서 먹으면 술 열과 술 마신 뒤의 모든 열과 얼굴아 붉고 추위에 상한 코가 막힌 것을 낫게 한다. 여름에 땀띠가 짓무른 데 방분을 섞어서 바르면 바로 낫는다. 해 돋기 전에 닭의 털로 쓸어서 거두어 자기 병 속에 넣어 두면 오래 두어도 썩지 않는다.[本草]

■ 박(雹: 우박)

현대는 산성 비 때문에 우박을 먹으면 오히려 해롭다. 그러나 옛날에는 장맛이 나쁜 데 두 되쯤 장독 속에 넣으면 맛이 좋아진다.

■ 하빙(夏氷: 여름의 얼음)

성질이 아주 차고 맛도 달아 독이 없으니 번열을 없애고 식보(食譜)에 말하기를 "여름에 쓰는 얼음은 단지 음식(飮食)에 가까이 놓고 차갑게 하는 데만 써야 하니 부셔서 먹으면 그때 잠깐 좋을 뿐이며 오래되면 병이 된다."고 하였다.[本草]

■ 방제수(方諸水: 아침 이슬)

밝은 달빛을 쪼인 조개껍질에 받은 물로 눈을 밝히고 마음을 진정

시킨다. 성질이 차고 맛도 달며 독이 없으니 눈을 밝히고 마음을 진정
시키고 어린이의 열과 목이 타는 것을 없애준다. 방제수(方諸水)란 방
의 껍질로서 달을 향해서 받으면 두세 홉이 되니 역시 아침 이슬과
같은 것이다.[本草]

■ 매우수(梅雨 水: 6월초부터 7월초 사이의 장마 빗물)
성질이 차고 맛이 달며 독이 없으니 부스럼 독을 씻고 부스럼 흉터
를 없애고 때 묻은 옷을 씻으면 잿물과 같으니 5월의 빗물이다.[本草]

■ 반천하수(半天河水)
질이 고르고 일설(一說)에는 서늘하다 하였고 일설(一說)에는 차다
하였다. 맛이 달고 독이 없으니 마음의 병과 귀주의 사기(邪氣)와 나
쁜 독을 치료하고 귀수가 황홀하고 망언된 말을 하는 것을 없애준다.
이것은 대나무 울타리의 높은 대나무의 구멍 속에 빗물이 괴인 것인
데 마시면 좋고 부스럼 독을 씻는다.[本草]
장상군(長桑君)이라는 사람이 작은 까치에게 배워서 연못 속의 물
을 마셨다 하였는데 바로 대나무 끝에 괸 물이다. 그의 맑고 깨끗한
것이 하늘로부터 내려와서 밑으로 흐를 때 오도(汚淘)한 氣를 받지
않았으니 연단(煉丹)하고 선약(仙藥)을 처방하는 데 쓴다.[正傳]

■ 옥류수(屋霤水: 처마에서 떨어지는 낙숫물)
견교창(犬咬瘡)을 씻으니 초가지붕에 물을 뿌려 처마 밑에서 받아
쓰고, 그 밑에 젖은 흙을 견교창(犬咬瘡)에 붙이면 바로 차도가 있고,
많은 독이 있으니 먹으면 나쁜 종기가 생긴다.[本草]

■ 모옥의 누수(茅屋의 漏水: 새미엉에서 흘러내린 물)
운모독(雲母毒)을 죽이게 하니 운모(雲母)를 달일 때에 쓴다.

■옥정수(玉精水: 산골 바위틈에서 솟아나는 물)

옥광상(玉鑛床)에서 솟아나는 물을 말한다. 옥이란 광물은 경도(硬度) 7~8도인데 수십억 년 전 바다의 용암이 옥으로 변하여 지하에 묻힌 바다의 정기(精氣) 덩어리이다. 산호초와 함께 해양과 달 에너지의 결정이자 생명물질이다. 성질이 고르고 맛이 달며 독이 없으니 오래 먹으면 몸이 윤택하고 머리털이 검어지는데 옥(玉)이 묻힌 계곡 속에서 흘러나오는 것이다. 구슬이 있으면 산(山)의 초목도 윤택케 하는데 더욱이 사람에게야 말할 것이 있는가? 그리고 산 속에 사는 사람이 대개 장수를 하는 것이 맑은 공기는 물론 옥석(玉石)의 진액(津液)을 먹기 때문이 아닌가 생각이 된다.

■ 벽해수(碧海水: 큰 바다 물)

성질이 약간 따스하고 맛은 짜며 독이 약간 있으니 끓여서 목욕(沐浴)을 하면 풍소(風瘙)와 개선(疥癬)을 없애고 한 홉 정도 마시면 식사 후 지나치게 배가 부른 것을 토해 내린다.

큰 바다 속의 물맛은 짜고 색이 푸른 것을 쓴다.[本草]

■ 천리수(千里水)

한강물 같은 강물을 말하며 갈증과 위장병을 다스렸다. 옛 왕실에서는 음력 3월에 강심수(江心水)를 채수하는 풍속이 있었다. 강심수 속에는 납설수가 많이 포함되어 있기 때문이다. 성질이 고르고 맛은 달며 독이 없으니 병 뒤의 虛弱한 것을 치료하는데 여러 번 저어 藥을 달이면 神을 멀리 하는데 징험(徵驗)이 된다. 멀리 흐르는 물을 千里水라고 하니 이 물이 모두 더러운 사(邪)를 씻어 없애는데 약을 달이면 신을 멀리 하는 데 좋다.

천리수(千里水)가 서쪽에서 흘러내리는 것을 동류수(東流水)라고 하는데 그 물의 성질이 맑고 순하며 빨라서 관(關)을 통하고 가슴에

내려가는 것이다.[食物]

長流水는 다만 그의 흐르는 것이 멀리서 오랫동안 흐르는 것이니 꼭 동리에서 거리낄 필요는 없으며 성질이 멀고 通達하므로 굽이굽이 험난한 곳을 많이 지났으니 손과 발에 四肢끝의 藥을 달이고 또 대, 소변을 이롭게 하는 데 쓴다.[正傳]

강하수(江河水)에 여름과 가을 사이의 큰비가 지난 뒤에 산 계곡 속의 벌레나 뱀의 독을 따라서 내리니 먹으면 中毒되는 경우가 있다는 것을 알아야 한다.[食物]

■ 감란수(甘爛水)

곽란(霍亂: 심복(心腹)이 갑자기 아프며 구토하고 설사를 하며 증한(增寒)하고 장열두통(壯熱頭痛)하며 어지러운 병으로 냉한 것을 마시거나 또는 굶주리거나 또는 크게 성을 내거나 또는 모한(冒寒)하거나 또는 배와 차를 타서 위기(胃氣)를 상하면 토(吐)와 사(瀉)가 겸해서 일어난다. 곽란의 병은 풍(風)과 습(濕) 및 갈의 삼기가 합해서 된다. 풍이란 증세는 간목(肝木)이고 습이란 비토(脾土)이며 갈이란 심화(心火)인데 간(肝)은 근(筋)을 주관하기 때문에 풍이 급하고 심하면 근이 뒤틀리는 증세이며 토(吐)라는 증세는 갈이니 심화가 담상(痰上)하기 때문에 구토하는 증세이며 설(泄)이란 증세는 비토(脾土)이니 비습(脾濕)이 밑으로 흐르기 때문에 설사하는 증세이다.)을 치료하고 방광(膀胱)에 들어가서 분돈증(奔豚症)을 낫게 한다. 감란수(甘爛水)를 만드는 방법은 물 한 말쯤을 동이 속에 넣고 고르게 수백 번을 흔들어 주면 물위에 거품 방울이 수없이 많이 뜨는데 그것을 한도로 해서 쓴다. 또 이것을 백로수(百勞水)라고도 한다.[本草]

이 물이 월굴수(月窟水)와 같으니 그 맛도 달고 온화하고 성질이 유연함으로 상해음증(傷害陰症)등의 치료약을 달이는 데 쓰면 좋다.[正傳]

여기서 물동이나 항아리는 황토를 구워서 만든 그릇이다. 약성황토로 된 그릇은 모든 식용수를 정화시키고 생명수로 만들어 준다. 나무통, 플라스틱그릇에 담긴 물은 감람수라고 할 수 없다. 3~4대를 이어가며 사용했던 오래된 황토 항아리만이 감람수를 만들 수 있는 명기(名器)이다. 그 속에 담긴 감람수가 해독물질로 변화함으로 현대인들에게 해독약 구실을 할 것이다. 옛날 어른들은 식사를 하기 전에 숟가락으로 장종지의 간장을 약간 떠서 입에 넣은 후 비로소 식사를 했다. 이것은 습관적이라 할 수 있지만 해독, 해장조치를 하는 역할을 한다. 진간장은 조미료가 아니라 감람수로 만든 최고 품질의 해독제이다. 감람수로 만들고 황토로 구운 오지그릇(옹기)에 담겨져서 약성을 떼게 되었기 때문이다.

■ 역류수(逆流水)

거슬러 거꾸로 흐르는 물로서 서서히 흐르고 회윤(回潤)을 많이 한 것이다. 그의 성질이 역(逆)하고 거꾸로 흐르는 것이므로 담음(痰飮)을 토하는 약을 첨 처방하는 데 좋다.[正傳]

역류수(逆流水)는 빙빙 돌고 머물러서 흐르지 않는 것을 펴서 쓰는 것이다.[本草]

■ 순류수(順流水)

성질이 온순하고 밑으로 내리기 때문에 하초(下焦)의 방광병(膀胱病)을 치료하고 대, 소변을 이롭게 하는 데 쓴다.[正傳]

■ 급류수(急流水)

물결이 사납고 가파르고 급하게 흐르는 물인데 그의 성질이 급하고 빨라서 밑으로 잘 통하니 일편을 이롭게 하는 약에 쓰고 또는 足과 경(經)의 밑으로의 풍약(風藥)을 달인다.[正傳]

　장마 끝의 급류수는 황토수인 동시에 산 속의 독버섯이나 독초 혹
은 독 광물 등이 녹아 흐를 수 있으므로 조심하여야 하며 장마 때에
벌겋게 흐르는 황톳물은 아무런 의미 없이 흐르는 것이 아니다. 척박
해지고 독성이 강해진 토양을 황토로 해독시키는 것이다. 급류수는 2
4~48시간 놔두거나 가라앉힌 후 사용한다.

■ 온천(溫泉)

　모든 風으로 힘줄과 뼈가 오므라지는 것과 살갗의 완비(頑痺)와 손
발이 해내지 못하는 것과 큰 풍병 및 옴병 증세 등을 주로 치료하는
데 목욕을 하고 나면 허약해지니 약이나 음식으로 보(補)해야 한다.
[本草]

　성질이 덥고 독이 있으니 마시는 것을 피하고 옴병과 양매창환자
(楊梅瘡患者)가 많이 먹고 목욕을 해서 땀이 흐르면 그치느네 며칠
동안 목욕을 하면 모든 부스럼이 낫는다.[食物]

　온천(溫泉)의 밑에 유황(硫黃)이 섞여서 물이 끓여져 나오니 유황
(硫黃)이 모든 부스럼을 치료하며 물도 역시 그렇기 때문에 물에서
유황(硫黃) 냄새가 나면서 풍랭(風冷)을 낫게 하는 것이다.

■ 냉천(冷泉)

　깊은 우물 속의 찬물을 말한다. 속세에서 초수(椒水)라고도 하는데
약간 마시면 편두통(偏頭痛)과 울화증을 다스려 주고 등이 차가운 증
세며 또한 화울(火鬱)과 오한(惡寒)증세 등에 냉천(冷泉)으로 목욕하
면 모두 낫는다. 冷泉의 밑에는 백반(白礬)이 있기 때문에 물맛이 시
고 떨떠름하고 맑고 차가우니 7-8월경에 목욕을 하되 밤에 하면 틀림
없이 죽는다.[俗方] 냉천에 담갔던 수박을 밤중에 해산모가 먹으면 경
련 끝에 사망한다.

■ 장수(漿水)

좁쌀죽 옷물을 말하며 성질이 미지근하고 곽란(藿亂)과 설사(泄瀉)를 치료하며 번거로움을 풀고 잠을 쫓아 버린다.[本草]

좁쌀이 새로 익고 흰 꽃이 핀 것이 좋은 것이다.[本草]

더운물에다 생쌀을 담가서 만든 것은 미초(味醋)라고 하는데 여름철에 우물 속에 넣어 얼음처럼 차게 해서 마시면 더위를 물리친다.[杜註]

■ 지장수(地漿水)

성질이 차고 독이 없으니 중독이 돼서 고민하는 증세를 풀어주고 그 밖의 모든 독을 푼다. 산 속의 독한 버섯에 중독이 되면 반드시 죽고 또 단풍나무의 버섯을 먹으면 웃음을 그치지 못하며 죽는데 오직 지장수(地漿水)를 마셔야만 낫고 다른 약으로는 구할 수가 없다.

황토 땅을 파고 구덩이를 만들어 그 속에 물을 붓고 휘저어 흔들어서 혼탁해지면 한참 지난 뒤에 윗부분의 맑은 물을 타서 쓰는 것이다.[本草]

※ 지장수(地漿水)에 대한 모든 것

청정황토 60cm 깊이로 파 들어가면 지장대(地漿帶) 띠가 나타난다. 그 띠는 진한 초록색을 띠는데 그 띠 밑의 황토를 채취해야 한다. 물론 농약으로 오염된 논 밭 부근의 황토나 쓰레기장 부근의 황토는 절대 사용하면 안 된다. 또 낙엽이 수북하게 쌓였다가 부식한 갈토와 부식토도 지장수 만드는 황토가 아니다. 언제나 양지바른 곳의 황토를 고른다.

▶ 우리나라에서 손꼽을 만한 지역의 황토를 지적하라 하면

안면도 중장리 송림 부근의 양지 바른 곳의 황토

남한산성에서 동쪽으로 바라본 적송림 부근의 양지바른 곳의 황토

변산반도 송림부근의 양지바른 곳의 지는 태양광선을 직각으로 받은 황토

언양 자수정 광산을 뒤로하고 서쪽으로 향한 양지바른 언덕부근의 황토(양산과 인접한곳)

홍성 홍동면 수란리 부근 서향 언덕의 황토

경주 토암산자락 등성이의 동향 마사황토

하동군 악양 일대의 정동향(正東向)언덕 벼랑의 황토

비단 위와 같은 황토가 아니더라도 재래 토종 적송잎이 Y자로 두 가닥 나고 나무껍질에 붉은 기가 도는 소나무, 그중에서도 수령이 100년 이상 된 적송림 부근의 양지바른 곳에 노출된 표토 속 60cm이하의 황토가 좋다.

그 외 지장수 만들기에 적합한 황토

할미꽃 피는 동산 부근 양지바른 언덕 벽, 물총새가 집짓기를 좋아하는 서향 양지바른 언덕, 구기자가 잘 자라는 부근의 양지바른 언덕, 보리, 마늘, 무, 콩이 잘 자라는 부근의 오염되지 않은 황토, 또 밭보다 표고가 높아야 하며 최소 300m 떨어져야 한다.

▶ 지장수 만드는 법

위와 같은 황토를 취토하여 황토 1kg당 5kg정도의 석간수, 광천수(참숯으로 걸러낸 광천수 3 + 황토 1), 정수기에서 거른 물을 붓고 복숭아나무나 참나무 가지로 21회 휘젓는다. 약 50~60분 정도 가만히 놔두면 약간 누런 빛(엷은 담황색)의 물(액체)이 위(진흙)에 뜨고 황토는 가라앉는다. 위에 뜬 맑은 물을 지장수라 한다.

▶ 지장수란?

황토 속에 유익한 미생물과 생물원자극소원질의 물, 그리고 규토의 녹은 물로 형성된다.

▶ 지장수 보관

지장수는 납작한 옹기그릇이나 유리그릇에 보관해야 한다.

▶ 기타

지장수를 따라내고 나서 바닥에 가라앉은 황토는 먼지나 잡티가 안 들어가게 1~2일 보관해 두면 다시 한번 사용할 수 있다. 황토 1kg당 300g의 지장수를 2회 채취할 수 있고 옹기그릇에 담아 냉장고에 보관한다. 지장수는 120℃의 열에 20~30분간 끓여도 효력에 지장이 없고 영하 10℃이내에 있어도 별 영향을 받지 않는다. 이유는 내열성·내냉성 미생물이 그 속에 있을 뿐 아니라 생물원자극소가 녹아 있기 때문이다. 따라서 물과 호황토의 비율은 3 : 1 또는 5 : 1이 되도록 한다.

▶ 용어

☞ 복룡간: 부엌의 아궁이 밑을 파면 깊이 40cm부근에서 황토가 나오는데 최소한 30~40년 이상 된 부뚜막 밑 아궁이 바닥에서 장작이나 마른풀의 고열을 장기간 흡수한 황토를 말함.

☞ 생물원자극소이론

본체에서 떨어져 나오는 순간 생명력을 증진시키는 특수물질이 자연스럽게 만들어지기 시작한다. 그 새로운 물질을 생물에 기원된 자극이라는 의미에서 오겐스템리야틀(베네스: 생물원자극소)이라고 러시아의 과학 아카데미 회원이며 안과의사인 우라디밀페트로비치 필라토프가 명명. 이것은 식물 종자의 발아나 성장을 촉진하며 생물의 저항력을 증대시켜 상처치유를 촉진하고 조직호흡을 강화

☞ 동황토

『동의보감』에서는 동벽였다. 즉 동쪽에서 비치는 태양빛을 직각으로 받는 노출된 황토 절벽과 황토집 벽을 말한다. 이것은 토암산자락, 지리산자락, 계룡산자락, 춘천, 고성, 언양 등지에 많다. 『동의보감』 탕액

편 제1권 서두에 인체 내 오장을 보하고 사(寫)함에 있어 심장을 보함에는 금은박을 조제하여 쓰고 소장을 서늘하게 함에는 활석을 쓰며 비장을 서늘하게 하는 데에는 석고를 쓴다고 했다. 대장과 소장을 서늘하게 하는 데에는 역시 석고를 법제하여 사용한다고 했다. 신장을 서늘하게 하는 데에도 역시 활석을 쓴다. 흙이나 돌을 약용으로 사용할 때에는 반드시 불에 달구어 법제한다.

☞ 마사황토

6천만 년 간 화산폭발시의 마그마 열과 열수소게서 수정(석영)으로 결정(結晶)을 형성하고 다시 1천만 년 간 황토 속의 철분과 불소화합물이 수정과 결합되어 착색되면 자수정이 된다. 자수정의 모체가 되는 황토가 바로 마사 황토이다.

▶ 지장수의 효능

• 황토에서 추출되는 지장수는 혈액에서 분리시켜 혈장과 같은 것이다.

• 태양의 힘과 바람 에너지의 합성품인 황토의 지장수는 흙의 정기(精氣), 그 자체이다.

• 지장수는 생리활성물질, 자연의 선물이다. 즉 부조화, 불균형, 미병 상태의 인간을 자연의 생명성 건강을 은혜로서 베푸는 물질이다.

• 지구상의 최고 품질의 약성녹차를 가꾸어 병을 예방했던 고려 사람들은 '대차', '뇌원차'를 지장수에 우려 달여 마셨다고 전해지고 있다.

• 지장수는 자연을 벗어난 현대인을 자연의 원래상태로 되돌려줄 수 있다.

• 지장수는 해독제의 제왕이다.

☞ 독버섯이나 복어 알에 중독되었을 때

☞ 오리 알과 자두를 같이 먹고 중독되어 위독할 때

☞ 뱀장어와 쇠간을 같이 먹고 상극이 이루어져 위독할 때

☞ 오얏과 참새를 같이 먹어 중독되었을 때

☞ 우렁쉥이(고동)와 옥수수를 함께 먹고 중독되었을 때

☞ 양의간과 죽순을 갈아먹고 중독되었을 때

☞ 매실 말린 것과 뱀장어를 함께 먹고 중독되었을 때의 독풀이

지장수는 아무 황토나 마구잡이로 사용하여 만드는 것이 아니다. 화강암, 흑운모, 자석영(자수정)같은 광물이 많이 풍화된 점토성 토질의 황토에서 만들어 내는 지장수야말로 활용할 수 있다. 이것을 약 황토라 하고 봉화군 춘양면 적송(赤松)이 우거진 임야의 낮은 동산(민등산)부근 및 태안군 안면읍 홍송(紅松)림 부근 등 전국에 33곳이 있다.

■ 요수(遼水: 산골에 비가 와서 고인 물)

중경방(仲景方)에 누렇게 된 것을 치료하는데 마황연교탕을 요수(遼水)로 달여서 쓰면 그의 맛이 연하고 습(濕)을 돕지 않기 때문이다.[入門]

요수를 한편 무한수(無限水)라고도 하는데 산골 계곡 속의 인적이 없는 곳에 새 흙의 구덩이 속에 괴인 물인데 그 성질이 흔들리지 않고 토기(土氣)가 있으며 비위(脾胃)를 고르게 하고 음식(飮食)물을 고르게 하며 음식물을 촉진시키고 보양과 익기(益氣)를 하는 약을 달이는 데 쓴다.[正傳]

■ 생숙탕(生熟湯)

끓는 물과 새로 길어온 물을 절반씩 섞은 물 1~2되 정도에 볶은 소금을 약간 넣어 여러 시간에 걸쳐 마시면 체한 것과 나쁜 독기가 있는 음식을 토하게 된다.

맛은 짜고 독이 없으니 볶은 소금을 넣어서 한두 되를 마시면 음식이 체하고 독이 있는 음식물을 토해내고 곽란(霍亂)이 되려는 증세도 낫게 한다.[本草]

크게 취한 뒤에 고와 과(果)를 먹고서 생숙탕(生熟湯)에 몸을 담그고 있으면 탕(湯)이 모두 술과 오이의 맛으로 변한다.[本草]

백비탕(百沸湯) 반주발에 새로 길어온 물 반주발에 탄 것을 음양탕(陰陽湯)이라고 하는데 그것은 즉 생숙탕(生熟湯)이다.[醫鑑]

흐르는 물과 샘물을 합한 것도 역시 음양탕(陰陽湯)이라고 한다.[回春]

■ 열탕(熱湯)

성질이 고르고 맛은 달며 독이 없으니 오사와 곽란(霍亂)의 전근증(轉筋症)을 치료한다. 양기(陽氣)를 돕고 경락(經絡)을 바르게 하니 냉비(冷痺)로 앓는 사람이 湯속에 다리를 무릎까지만 담그고 땀을 내면 좋다.[本草]

열탕(熱湯)을 오래 끓일수록 좋고 만약 밥만 끓여서 마시면 장증(腸症)에 걸릴 염려가 있는 것이다.[食物]

■ 마비탕(麻沸湯)

누에고치 달인 물로 살충력이 탁월하여 뱀독도 해독시키고 소갈에도 다소 쓰인다.

청마(靑麻)를 달인 즙(汁)인데 목이 마르는 것을 치료하니 그의 氣가 짙어서 허열(虛熱)을 배설(排泄)하기 때문이다.[入門]

■ 조사탕(繰絲湯)

독이 없고 뱀이나 벌레 독을 낮게 한다. 이것은 누에고치(蠶)를 달인 즙인데 벌레를 죽이는 약이다.[本草]

또 목이 마르고 입 속이 마르는 것을 치료하니 이것이 화(火)에 속하면서도 음(陰)이 있는 것이다. 방광(膀胱)속의 상화(相火)를 토하고 맑은 기(氣)를 끌어서 입에까지 오르도록 한다. 삶은 탕을 마시고 또는 누에고치 껍질과 실을 달여 먹어도 효과는 난다.[丹心]

430

■ 증기수(甑氣水)

시루 뚜껑에 맺힌 물을 말하는데 머리를 감으면 머리털이 검고 길어지며 윤택하니 아침마다 감는다.[本草]

■ 동기상한(銅器上汗: 동기에 오른 김)

동 그릇으로 밥을 덮어 두면 뚜껑에 김이 서려 즙이 괴어서 밥에 떨어지는데 그 밥을 먹으면 나쁜 종기나 속 종기를 일으킨다.[本草]

■ 취탕(炊湯＝숭늉)

숙냉이란 사투리도 있는데 하룻밤 지난 것으로 얼굴을 씻으면 얼굴색이 없어지고 몸을 씻으면 버짐을 일으킨다.[本草]

■ 육천기(六天氣)

먹으면 배가 고프지 않고 수명이 연장되며 얼굴색을 아름답게 한다.[本草]

능양자명경(陵陽子·明經)에 말하기를 "봄에 아침노을을 먹는데 해가 뜰 무렵의 東으로 바라본 氣이고, 가을에 비천(飛泉)을 먹으니 해가 질 무렵의 서쪽으로 바라본 氣이며, 겨울에 이슬을 먹으니 북쪽의 야반(夜半)의 氣이고, 여름에는 정양(正陽))을 먹는데 南方해 속의 氣인데, 여기에 천현(天玄). 지황(地黃)의 이기(二氣)를 합하니 6기(六氣)가 되는 것이다.[本草]

사람이 난처하고 절박한 환경에 처하면 이 방법을 쓰는데 거북이나 뱀이 氣를 먹듯이 하면 굶어도 죽지를 않는다. 옛날에 어느 사람이 굴 속에 떨어져 보니 그 속에 큰 뱀이 있는데 뱀이 매일처럼 위의 방법과 같이 氣를 먹는 것을 그 사람이 본받아 매일 같이 氣를 먹으니 몸이 가벼워지고 경칩(驚蟄)이 되니 뱀과 사람이 같이 뛰어 나왔다]는 말이 있다.[本草]

■ 송로수(松路水)

깊은 산 적송나무 솔잎에 맺힌 이슬을 말한다. 부스럼을 씻고 흉터를 없애주며 약수 중에 으뜸으로 꼽는다. 경옥고 달일 때 이 송로수를 쓴다. 선약(仙藥)의 원료이기도 하다.

■ 단오신수(端午神水)

음력 5월5일 정오를 전후하여 '명종대'라는 대밭에 비가 오면 즉시 대를 잘라 마디와 마디사이에 고인 물을 채취한다. 이 물을 신수(神水)라고 한다. 참대를 구워서 건류시키는 과정에서 밀폐된 공간 하층부에 고이는 매우 소량의 담갈색 액체를 '죽력'이라고 하는데 '단오신'수가 바로 '죽력'과 유사한 생명물질이다. 다만 단옷날 정오 전후 비온 후에만 채취되는 것이 '단오신수'이다. 단풍나무과의 고로쇠나무의 수액을 고로쇠액이라 하여 늦은 봄에 채취하여 민간요법으로 많이 사용하는데 '단오신수야말로 고로쇠보다 그 역가가 높은 '죽력'과 같은 등급의 비중 큰 생명물질이다. '단오신수'는 아이들의 경기(놀램병), 충벌레병에 좋을 뿐 아니라 기미, 검버섯 없애는데 좋고, 중풍초기에 기능성 음료수로 좋으며 치질환자의 환부에 바르면 통증완화와 증세 경감을 가져온다.

▷ 화학 구조상의 분류

화학구조상으로 볼 때 물의 종류는 18종이나 된다.

보통 물의 분자식은 수소원자(H) 2개와 산소원자(O) 1개의 결합을 표시하는 H_2O인데 수소원소와 산소원소는 각각 독자가 아니라 세 쌍둥이 다시 말해서 3종의 同位元素로 되어 있다. 원자번호 1인 수소는 양성자 1개만으로 이루어지는 것이 보통이나 양성자 1개와 중성자 1개로 또는 양성자 1개와 중성자 2개로 될 수도 있다. 따라서 수소원소에는 원자량이 각각 1, 2, 3인 보통수소(hydrogen: 기호 H), 중수소 (deuterium: 기호 D), 3중수소(tritium: 기호 T)의 3종의 동위원소 곧 [세 쌍둥이]가 있다. 한편 원자번호 8인 산소도 원자량이 16(양성자 8 개와 중성자 8개), 17(양성자 8개와 중성자 9개), 18(양성자 8개와 중성 자 10개)의 同位元素가 있다. 물은 2개의 수소원자와 1개의 산소원자로 이루어지므로 이 3개의 원자들이 짝짓는 만큼의 종류가 있게 마련이다. 먼저 2개의 수소원자, 곧 H_2O중 H_2는 3종의 수소 同位元素들인 보통 수소(H), 중수소(D) 및 3중수소(T)가 둘씩 짝을 짓는데 그 방법에는 6 가지(HH, HD, HT, DD, DT, TT)가 있다. 그 하나하나의 쌍은 3종의 산소 同位元素와 3가지 결합방법이 있으므로 모두 18종의 결합방법, 즉 물은 18종이 있다는 예기가 된다. 이 중에서 중수(D_2O)는 보통 물 보다 원자량이 크고 녹는 온도, 어는 온도가 약간씩 다른데 특히 원자 로 안에서 우라늄의 연쇄반응을 일으키는 중성자의 속도를 감속하고 조절하는 매우 값진 물질이다. 또 3중수소는 중수와 함께 수소폭탄을 폭발하거나 태양내부에서 핵융합을 할 때 반드시 필요한 물질이다.

▷ 성질상의 분류

물은 맛과 용도에 따라 숱한 이름이 있다. 우리가 마시는 식수(食 水), 공장에서 쏟아져 나오는 폐수(廢水), 탄산가스를 함유한 소다수, 이슬을 받아 만든 감로수(甘露水), 바위 속에서 나오는 광천수(鑛泉 水), 산에서 나오는 약수(藥水) 등등 수없이 많다.

그런데 모든 물이 같지는 않다. 이 중에서 어떤 물은 생명유지에 필 수적인 매우 중요한 역할을 수행하며 건강을 유지시켜 주는 반면 어 떤 물은 동맥을 경화시키고 당뇨병, 비만증, 담석증, 관절염, 뇌졸중 등 각종 질병의 원인이 되기도 한다. 후자는 신체 내로 이물질을 들여 오는 오염된 물이며 전자는 신체 내에 축적되어 있는 이물질을 신체 밖으로 배출시키는 순수하고 깨끗한 물이다. 여기서는 물이 인체에 미치는 영향을 염두에 두어 다음과 같이 자연수(自然水)와 정수수(淨水水)로 대별한 다음 9가지로 나누어 본다.

■ 自然水

▶ 눈이 녹은 물

옛날에는 하늘에서 떨어지는 탐스러운 눈을 입을 벌리고 받아먹기도 했고 쌓여 있는 눈을 녹여서 식수로 쓰기도 하였다. 그런데 자동차에서 뿜어내는 매연, 공장굴뚝에서 꾸역꾸역 쏟아지는 연기, 각 가정에서 끊임없이 만들어 내는 연탄가스, 강대국들의 원자폭탄 및 수소폭탄의 실험에 의한 낙진, 중국대륙의 거대한 먼지인 황사 등으로 이미 대기의 오염도는 위험수위를 넘어섰다. 눈은 하얗고 깨끗하게 보이나 눈이 지상으로 내리는 과정에서 strontium 90과 같은 중금속과 낙진, 화학성분, 무기미네랄 등을 포함하게 된다. 눈을 깨끗한 그릇에 받아 녹여보면 무수한 찌꺼기가 밑에 가라앉아 있음을 볼 수 있다.

▶ 빗물

빗물도 눈과 같이 지상으로 떨어지는 과정에서 연기, 먼지, 박테리아, 화학성분, 무기미네랄, 낙진 등으로 가득한 대기를 통과함으로 빗물도 이러한 물질로 오염되어 산성비가 되어 내린다.

▶ 경수

경수는 석회염, 칼슘, 마그네슘, 철, 구리, 질산염, 염화염, 실리콘, 나트륨, 박테리아, 바이러스, 화학성분과 다른 많은 유해한 무기물과 화학물질이 포함된 물이다.

▶ 연수

연수는 저수지, 호수, 강에서 취수하는 물을 말하는데 단지 경수에 비해 연화되었을 뿐이다.

▶ 광천수

광천수는 치료효과가 있는 것으로 알려진 광천으로부터 나온 물이다. 광천수가 치료효과가 알려진 이유는 신체 내에서 이물질을 밀고 들어와 초과 무기미네랄을 배출하기 때문이다.

■ 淨水水
▶ 여과수

여과수는 일반 정수기의 필터를 통해 나온 물이다. 여과에 의해 일부 고형물이 부분적으로 제거되는 것은 사실일지 모르나 미세한 중금속이나 화학물질, 박테리아, 바이러스를 제거하지는 못한다. 왜냐하면 필터구멍이 훨씬 더 크기 때문이다. 더욱이 필터 바닥에는 찌꺼기가 모이게 되어 박테리아의 온상이 될 수 있으며 필터를 며칠 동안만 사용하게 되면 여과 전의 물보다 필터를 통해 나오는 물이 오히려 더욱 많은 병원균을 포함할 수 있다. 박테리아는 필터 바닥에 쌓인 폐기물에 의해 수백 배로 증식하여 여과수에 의해 씻겨 나온다.

▶ 역삼투압수

역삼투압수는 식물 유액의 유입과정, 인간 세포 조직의 영양분과 노폐물의 소송과정인 삼투현상을 모방 응용하여 물 속에 용해된 물질을 반투성막인 멤부레인을 통해 분리 제거하는 역삼투압 방식 정수기를 이용한 순수하고 깨끗한 물이다. 멤부레인(U.C.L.A.의과대학의 시드니 로브 박사와 수리라잔 박사가 식물의 자연 삼투 막을 모방하여 최초로 인공삼투막 개발)도 일종의 필터이지만 그 조직이 치밀하여(역삼투압의 기공은 0.0001μ 이며 사람 머리카락의 100만분의 1) 물이 분자상태로 되어야 그 막을 통과할 수 있기 때문에 중금속은 물론 미세한 바이러스 (Bacteria병균의 크기는 0.4-1.0μ 이며 Virus세균의 크기는 0.02-0.4μ)까지도 거의 완벽하게 걸러준다.(아래 표 12은 수질시험 연구소의 검사결과 나타난 것으로 역삼투압수의 제조기에 따라 온도, 용수화학성분, 오염물질정도, 삼투막에 작용하는 역압력, 각반 투막의 효율로 인하여 아래 측정치와는 조금 다를 수가 있다.)

  * 유독성 유기물질과 용해된 가스 오염물질의 추출

염소: 99%, TOTAL THM'S(트리할로메탄): 99-100%, 클로로포름: 99-100%, 클로로디프로메탄: 95-100%, 브롬디클로로메탄: 95-100%, 브롬포롬: 95-100%, 사염화탄소: 95-100%, 트리클로르에틸렌(TCE): 95-100, 폴리클로린네이트비페닐(PCB): 99-100%, 에드린(살충제): 99-100%, 린데이(살충제): 99-100%

역삼투압수의 염물 추출표(%)

오염물	추출량	오염물	추출량	오염물	추출량	오염물	추출량	오염물	추출량
나트륨	87-95	칼슘	94-97	마그네슘	96-98	철	95-98	망간	95-98
알미늄	96-99	암모늄	86-92	구 리	98-99	니켈	98-99	아연	98-99
스트론튬	96-98	카디움	96-98	은	96-98	수은	93-98	바륨	96-98
크 롬	96-98	납	96-98	염화물	87-93	중탄산염	90-95	질산염	90-92
불화물	87-93	인산염	86-99	크론산염	86-92	시안화물	86-92	셀파이트	86-98
티오황산염	96-98	시안화철	98-99	비 소	95-96	세레륨	94-96		

  * 유기물질과 오염물 추출Bacteria: 90%, Protozoa: 99%, 아메바성포닝: 99%, Giardia: 99%, 석면: 99%, 침전물/혼탁도: 99%, 화산제: 99%

▶ 증류수

증류수는 물의 증발에 의한 수증기가 모여서 생긴 물이다. 포도당이나 주사액과 같은 순수한 물을 필요로 하는데 쓰인다. 증류에 의한 일반 세균과 고형물질 등은 없앨 수 있으나 클로로포름이나 기타 유기화학물질 등의 일부 성분은 물보다 비등점이 낮으므로 물과 같이 기화되어 다시 증류수에 포함될 수 있다.

▶ 이온수

이온수란 전해 이온수 제조기를 사용하여 물을 전기분해 했을 때

물 속에 들어있는 이온화된 무기물이 양극 쪽과 음극 쪽으로 분리된 물을 말한다. 물의 전기 분해로 음극 쪽에는 +이온 군이 집합되어 알칼리성 이온수가 되고 양극 쪽에는 -이온 군이 집합되어 산성수가 된다. 알칼리성 이온 수는 음료수로 사용되고 산성수는 외용수로 사용된다.

- ■ 기타
- ▶ 순환수

지구의 물은 수증기, 안개, 눈, 비, 얼음 등으로 모습을 바꾸면서 끊임없이 순환하고 있다. 지구에 있는 지하수 중 45%정도가 땅속 800m 이내에 저장되어 있다. 그 대부분은 대수층 속에 괴어 있다가 수위가 올라가고 수압이 높아짐에 따라 지표로 나와 샘이나 강에 이른다. 또 사람의 손이나 식물에 의하여 땅위로 퍼 올려지거나 자연적으로 증발하기도 한다. 이와 같이 지구상의 순환에 참가하는 물을 말한다.

- ▶ 유류수(遺留水)

땅속에 스며든 물 중에서 어떤 것은 수십 년부터 수천 년 동안 순환하지 못하는 것이 있다. 수만 년 동안 바다 밑 깊은 곳의 수성암 구멍 속에 가두어진 물을 유류수라고 한다. 아프리카 사하라 사막의 땅속 깊숙한 곳에는 지금으로부터 3만 년 전쯤인 '뷔름 빙하 시대'에 내린 빗물이 괴어 있다고 한다. 이 유류수는 오랜 세월 동안 물의 순환에 참여하지 못하고 있다.

- ▶ 육각수(六角水)

건강수라는 육각수라는 것은 우리가 마시는 물의 화학적 구조는 6각형 고리구조, 5각형 고리구조, 5개의 사슬구조 등 모두 세 가지 형태를 갖고 있다. 이중 질병을 예방, 치료할 수 있는 것은 6각형 고리구조를 형성하고 있는 물이라고 주장하고 있다(물 환경설 창시자 김무식 박사. 1989. 9. 21.서울 경제신문).

각 영양소 100g의 대사수 생성량

영양소	100g당ME가(kg)	100kcal ME당 생성량(g)	대사수 생산량(g)
탄수화물	400	15.0	60
단백질	400	10.5	42
지방	900	11.1	108

육각수의 물이란 한마디로 차가운 냉각수를 마시는 것이다. 수온 1
0℃의 물에서는 6각형 고리구조가 불과 3~4%에 불과하나 0℃에서는
10%, 과 냉각상태인 영하 30~40℃에서는 거의 대부분이 6각형 고리
구조를 하고 있다. 다시 말해 몸에 좋은 6각형 고리구조의 물은 수온
이 낮을수록 많고 수온이 높을수록 6각형 고리구조가 적고 5각형 고
리구조가 많은 것으로 밝혀졌다. 때문에 물이 차가울수록 6각형 고리
구조의 물, 즉 건강수를 마시는 셈이어서 몸에 유익하다고 말할 수 있
다. 끓인 물을 냉장고에 넣어 냉각시켜 마시거나 얼음을 넣어 마시는
것이 좋다. 생수가 좋다고 하는 것은 물이 차서 6각형 고리구조가 많
기 때문이다.

6각수가 유익하다는 객관적인 근거는, 사람 몸속의 물은 62%가 6각
형 고리, 24%가 5각형 고리의 물이고 14%는 기타구조의 물이다. 따
라서 6각형 고리구조의 물은 인체의 세포가 좋아하는 물이라 할 수
있다. 6각형 고리구조의 물이 유익하다는 증거로 눈 녹은 물 속에 6각
수가 가장 많은데 이것을 흡수하는 식물 플랑크톤의 증식률이나 녹색
작물의 수확량 증대 또는 병아리의 성장속도 및 산란율의 향상 등은
이미 증명된 바 있다.

특히 노화와도 깊은 관련이 있는데 사람은 나이가 들면 들수록 세
포 안의 물의 구조가 흐트러져 밖으로 빠져나가게 되는데 이것이 곧
피부의 주름 등 노화 현상이다. 이때 구조성을 갖는 6각형 구조의 물
을 넣어주면 주름살 등 노화를 늦추는 데 도움이 된다고 한다.

** 6각수가 암 및 질병을 예방 치료하는 작용은?

* 암 퇴치법은 3가지가 있다.

첫째, 환부 주변의 온도를 최대한 낮추는 방법이다. 이는 암세포 주변을 둘러싸고 있는 구조화가 깨진 물을 냉각시켜서 6각형의 고리모양으로 복원시킨다는 뜻이다. 암세포 주위를 냉각시키게 되면 6각형 고리모양의 물이 다시 많아지면서 세포를 보호하게 되어 암세포의 확산이 일단 방지되고 암에 대한 면역능력이 강화돼 치료도 가능케 된다.

둘째, 이온화를 촉진시키는 원소를 투여하는 방법이다. 몸속의 이온 가운데는 게르마늄 등 물의 구조를 6각형 고리로 잘 변화시키는 이온이 있는데 그것을 넣어 줌으로써 식수를 6각형 구조로 변화시키는 것이다.

세 번째, 물에다 90도 방향에서 자장(磁場)을 걸어주면 물의 표면 장력이 커지는 사실을 이용한 자수화(磁水化) 방법이다. 이렇게 하면 6각형 고리모양으로 몸속의 물이 구조화 되어 암을 퇴치하는 것이다.

* 또한 질병을 예방하는 작용은 인체의 정상세포를 둘러싸고 있는 물은 주로 6각형 고리모양을 이루고 있는데 세포에 직접 붙어 있어 세포를 보호한다. 병이 낫다는 것은 곧 세포 주위의 물의 구조화가 깨졌다는 것을 말한다. 이때 6각형 고리구조의 물을 공급해주면 나쁜 세균의 침입을 막아내고 또 세균의 번식도 억제된다고 한다.

▶ 처녀수(處女水)

수십 억 년 전 우주 먼지에서 지구가 탄생될 때 같이 생겨난 물 가운데 지구가 형성된 이후 수많은 지각변동에도 불구하고 땅속 깊은 곳에서 물의 순환에 참여할 수 없는 물이 있다. 이 물은 결정수(結晶水)의 형태로 바위 속에 들어 있으며 이를 처녀수라고 한다. 이 처녀물은 자신을 가두고 있는 바위가 화산 활동에 의해 열리지 않는 한

밖으로 나올 수 없는 슬픈 운명의 물이다.

▶ 대사수(代謝水 metabolic water)

수소(H)와 탄소(C)를 함유하는 영양소의 산화작용, 즉 체내 대사과정에서 생기는 물을 말한다. 영양소의 종류에 따라 산소의 함량이 다르고 따라서 산화작용을 받는 과정에서 산소(O_2)의 소요량이 달라지는데 이것이 탄수화물, 단백질 및 지방의 대사수 생성량이 서로 다른 원인이 되는 것이다. 소화, 흡수된 영양소가 산화되어 매 100kcal의 대사에너지를 생산할 때에 대개 10-15g의 대사수가 생긴다. 탄수화물, 단백질 및 지방 각 1g에서 생성되는 대사수는 각각 0.6g, 0.4g, 1.0g 정도이다. 대사수의 생성량에 영향을 미치는 요인은 음식의 섭취량과 섭취된 음식물이 가지고 있는 영양소의 화학적 조성 등이다. 대사수의 생성량과 탄수화물, 단백질 및 지방의 관계는 다음과 같이 요약할 수 있다.

● 식물에 존재하는 수분

▪ 결합수(bound water): 단백질이나 탄수화물 등의 유기물과 밀접하게 결합되어 있는 물이다. 즉 유기물과 수소결합으로 강하게 결합하여 그 일부분을 형성하고 있으므로 용매로서의 기능은 가지지 않고 가열에 의해서 쉽게 제거되지 않으며 0℃ 이하의 낮은 온도에서도 얼지 않는다. 따라서 일반적으로 −18℃ 이하에서도 액상으로 존재하는 물을 말한다.

▪ 유리수(free water): 염류, 당류, 수용성 단백질 등의 용매로서 작용하며 열분자 운동이 자유롭다. 또한 미생물이 이용할 수 있기 때문에 식품의 수분량과 보장성과의 관계는 유리수를 기준으로 생각하는 것이 타당한 것이다.

● 수원상의 분류

수원으로서 구비해야 할 요건은 수질적으로 청정(淸淨)하고 장래의 오염의 우려가 적고 계획 취수량을 확보할 수 있는 곳이라야 한다. 수원에 있어서 수질과 수량은 수도계획의 근본적 요소로서 이상적으로서는 수량이 풍부하고 양질로서 도시에 가깝고 수리학적으로 자연유하식(自然流下式)의 취수가능한 지점이 좋다고 한다. 일반적으로 이와 같은 조건에 적합한 수원을 선정하기란 약간의 문제점이 제기되므로 도시 발전의 예상, 수리권(水利權)의 획득(獲得)의 난이(難易), 건설비 등을 감안하여야 한다. 또 계획 취수량은 취수한 원수(原水)가 여러 시설을 경유하여 급수될 때까지 상당한 손실이 있으므로 이것을 추정해서 계획 1일 최대 급수량 10-15% 정도 증가시키는 것이 좋다.

水原은 天水, 지표수원(地表水源), 지하수원(地下水源)으로 大別할 수 있다.

■ 천수(天水: meteoric water)

천수는 우수(雨水)를 주로 한 눈(雪), 싸락눈 등 강수(降水)를 총칭해서 천수라 하는데 천수 중의 대부분이 우수이다. 천수는 기상학적 순환에 의해 해수나 육수로부터 증발한 수증기가 응결된 것으로서 실질은 증류수이지만 지표에 낙하하는 동안 공기 중의 가스체, 먼지, 세균과 같은 불순물을 혼입하여 특히 도회지나 공장지대에서 석탄이나 중유의 연소에 의해 생기는 아황산가스, 대기 중의 탄산가스의 영향으로 pH가 저하되며 해안 부근에서는 염분을 다량 함유하고 있다. 따라서 천수를 직접 음용할 경우에는 강하하기 시작한 비나 눈은 사용하지 않는 것이 좋으며 또한 방사능 오염을 받은 비는 연속 강우 후에 제염처리를 해야 한다. 우수는 연수로서 가장 순수한 물에 가까운 것이 특징이며 연수인 까닭에 사용할 때는 석회석을 주입해서 경수(硬

水)를 부여할 때도 있다. 천수를 직접 수원으로 하는 경우는 매우 적으나 지표수, 지하수는 모두 그 원(源)을 우수에 의지한다.

■ 지표수(地表水: surface water)

지표수는 강수가 직접 지표면을 흐르고 있는 것을 말하며 또는 지표에 괴어 있는 것을 말한다. 지표나 지하에 존재하는 물은 천수가 일부 증발하고 일부는 식물에 흡수되고 또는 지중으로 침투하여 지하수가 된다. 그리고 지표에 남으면(고이면) 호소(湖沼)나 지(池)가 되고 지표를 흐르면 하천이 된다. 지표수는 하천수와 호소수(湖沼水), 그리고 저수지수로 나누어지는데 그 대부분이 우수가 직접 지표면을 流下, 流入한 것이다. 또 일부는 지하수가 반대로 유입한 것도 있다. 지표수는 각종 하수에 의해서 오염되고 있으므로 상수도 수원으로서의 가치는 감퇴되어 가고 있어 수원보호의 문제가 일어날 것이다. 수원으로서 될 수 있는 데로 오염을 피할 것에 중점을 두고 각종 하수는 충분한 처리를 해야 한다. 지표수는 지하수에 비해서 수질 상 다른 점은 다음과 같다.

◆ 부유성(浮遊性) 유기질이 풍부하다.
◆ 공기 성분이 용해되어 있다.
◆ 경도(硬度)가 작다.

▶ 하천 수(河川 水: river water)

인간은 고래로부터 하천을 도시를 이루어 현재에 이르렀으므로 현재의 대다수의 도시는 하천 가까이 있다. 이런 관계로 하천수가 많이 수도 수원으로 이용되고 있다. 오늘날 문화의 진보와 인구의 증가, 또는 인구의 도시 집중(concentration of city)에 수반해서 하천 수는 상수의 목적이 되는 것 이외에 하수의 수용에 사용되는 경향이 있다. 하수처리장이 없는 도시에서는 대부분의 생하수(生下水)가 하천으로 방류되어 하천의 오염도가 심하므로 수질상 좋지 못하다. 하천 수는 유역 내(流域 內)의 여러 불순물(impurity)을 포함하고 있으며 홍수 시에는 대단히 혼탁해져서 오염도가 증가하나 대체로 홍수 이외에는 수질이 불변이다. 그러나 유역내의 토질, 혼입하는 하수 등에 따라 어느 정도 차이는 있다. 하천 수는 침전(sedimentation), 여과(filtration) 등의 정수방법(process of purification)만 한다면 음료용으로 개량할 수 있다. 강우(降雨) 유출(流出) 초기에는 지표의 오염물이나 하저(河底)에 퇴적되었던 오염물을 유출하므로 수질이 매우 약화된다. 그러나 시간이 경과한 후에는 하천의 자정작용(自淨作用: self-purification)으로 어느 정도 깨끗해진다. 하천의 자정작용(自淨作用: self-purification)은 호소수(湖沼水)에 비하여 작다. 자정작용(自淨作用)에는 많은 (충분한) 시간이 필요로 하므로 유하(流下)시간이 짧은 나라에서는 하천수는 불리하며 오염원과 취수지점의 거리가 짧아도 오염의 영향을 받아 불리하다. 하천 수는 온도의 영향을 받아 동기(冬期)에는 차고, 하기(夏期)에는 미온이며 불쾌한 맛을 준다. 수량에 있어서 하천수는 하기한발(夏期旱魃: drought)시에 유량의 변화가 심한 결점이 있는 반면 수량측정이 용이하고 비교적 정확하므로 지하수와 같이 항구성에 대한 불안감은 적으며 수량은 지하수보다 풍부하다. 이것이 하천수원의 특색이다.

▶ 호소수(湖沼水: lake water)

호수(湖水)는 하천 유로의 진부분이라고 볼 수 있다. 넓은 의미로서의 湖는 湖, 沼, 澤의 3종으로 나누는데 평균수심으로서 湖>5m, 沼=5-1m, 澤<1m 정도이다. 여기서 좁은 의미로서의 湖는 평균수심 이상의 것만 생각한다. 호수로 유입하는 것은 하천 수 아니면 부유수(浮流水)이다. 따라서 한발에 의해서 하천수가 적어지면 저수지와 같은 역할을 할 수 있다. 그러므로 수량 상으로 하천보다는 안전하며 물의

자정작용도 하천 수에 비해서 크며 수질도 하천수보다 양호하다.

  ▶ 저수지수(貯水池水: water collected in impounding reservair)

  저수는 계곡이나 요지(凹地)를 땜을 축조(dam up)하여 표류수를 저
장하였다가 이것을 수원으로 사용하는 인공호를 말한다. 저수지는 인
공적인 호수인 고로 수질이 물의 저장작용에 의하여 개량되는 점은 호
수와 동일하다. 때로는 조류(藻類), 규조류(硅藻類)의 발생이 있다. 저
수지는 하천, 계곡 부의 상류인 관계상 대개 도시로부터 원거리이며 다
른 수원지에 비하여 위생적 견지로 보아서 양호하고 표고가 높은 관계
로 자연 유하식 송수가 가능하다. 따라서 pump식에 비하여 경상비는
적게 드나 일면 송수로 설치에 많은 건설비가 드는 불리한 점이 있다.

  ■ 지하수(地下水: ground water)

  강수는 지표수를 이루고 이 지표수가 지중에 침투하여 지하수를 이
룬다. 지표로부터 침투한 지표수는 지하수면에 도달해서 자유지하수가
되고 또는 불투수층(不透水層) 사이에 삼투층(滲透層)으로 들어가 피
압면지하수(被壓面地下水)가 된다.

지하수의 수직분포

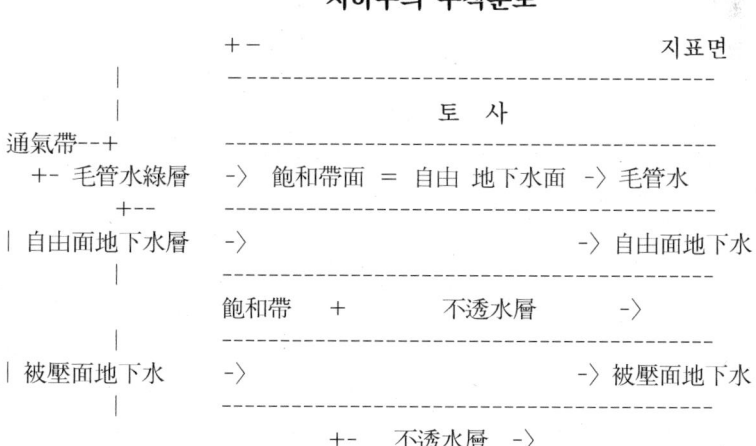

　지하의 포화대면이 자유지하수면이므로 포화대의 지하수의 증감에 따라 자유로 승강함으로 이와 같은 종류의 지하수를 자유면 지하수라 한다. 이것을 포장하는 대수층을 자유면 지하수층이라 한다. 상하 2개의 불투 수지층 사이에 끼어 있는 포화대의 지하수 층을 피압면 지하수층이라 하고 그중의 물을 피압면 지하수라 한다. 이와 같이 지표수가 지하에 침투하는 과정에서 지표에서 오염된 물이 대지의 자정작용을 받아 지하로 깊이 침투할수록 오염물질은 정화되어 수질은 좋아진다. 그러나 지하수는 통과한 지질에 따라 변화하며 또 유리탄산을 다량 함유하고 있으므로 물질의 용해력이 커서 그 결과로 무기질을 다량 용해하여 칼슘, 마그네슘의 중탄산염, 염화물, 황산염을 많이 함유하므로 경도가 높은 물이 많다. 또는 철이나 망간을 함유하는 물이 많아 물에는 철박테리아가 많이 서식하고 있다.

　대지의 자정작용은 일정한 한도가 있으므로 오염수가 계속적으로 통과할 때는 정화능력이 상실되어 인구밀도가 높은 도시 부근의 지하수는 불량하게 된다. 지하수의 수온은 지표수에 비하여 계절적 변화(일반으로 2℃내외)가 적으므로 이용상 양호하다. 지하수의 연평균 온도는 토지의 연평균 온도보다 1-2℃ 높다. 지표하 얕은 곳(淺層水)에 있는 지하수의 온도는 기온의 변화함에 따라 변화되지만 10-20m 이하의 깊은 곳(深層 水)에 있는 지하수는 대체로 1년 중 같은 온도를 유지하고 있다. 심층수는 물 처리를 하지 않아도 좋으며 한발(drought)에도 수량의 영향을 받지 않는다. 지하수의 오염(pollution)의 근원은 변소(특히 수세식 변소에서 유출되는 분뇨의 지하침투로 인한 오염)와 오물류(汚物溜) 등 지표에서 나온다. 농촌에서는 대부분의 수원은 지하수를 이용하나 대도시에서의 지하수를 수원으로 함은 수량의 부족현상을 초래한다.

　▶ 천층수(淺層水: shallow ground water)

　대기 또는 지표에서 오염된 지표수는 대지에 침입하여 지층을 통과하는 사이에 정화되어 그 성질이 변화한다. 이 작용은 정수에 있어서 여과작용과 같은 것이다. 지표수와 같이 운반된 부유 물질은 지층에 의하여 물리적으로 제거되고 반면에 지층에서 다른 물질을 얻는다. 지층의 상층에서 유기질은 토양 중의 세균의 작용으로 분해하여 탄산가스, 암모니아화합물 등으로 된다. 암모니아화합물은 다시 아 질산 생성 균, 질산 생성 균의 작용을 받아 최후로 질산으로 되어 안정하다. 이 작용은 산소가 풍부한 표층에 있어서 성행된다. 그리고 부식토가 풍부한 지방에서는 무기질과 유기질을 포함한다. 무기질이 물에 용해하는 순서는 암석중의 염화물이 먼저 용해하고 다음에 알칼리 금속의 황산염, 칼슘 및 마그네슘이 탄산염, 철 또는 망간의 화합물, 최후로 난용성의 규산염이다. 이와 같이 해서 지하수는 경수가 된다. 여기에서 주의할 것은 지하에 있어서 유기질의 분해이다. 천층수는 왕왕 주택부근에서 하수가 침투하기 쉬우므로 수질은 위생상 위험할 경우가 많으며 대장균군의 출현을 볼 수 있을 경우가 있다.

▶ 심층수(深層水: deep ground water)

심층수는 대지의 정화작용의 완성과 함께 무균 또는 거의 이에 가까운 것이 보통이다. 도시 부에서의 천층수는 오염의 위험이 많지만 심층지하수는 오염된 지표수가 대지로 침투하면서 자유면 지하수층(unconfined-aqifer layer)과 불투수층(impervious layer) 그리고 피압면 지하수층(confined-aqifor layer)을 통과하면서 수질이 정화작용에 의하여 정화되며 세균학적으로도 수질이 양호하다. 또 수온도 사계절을 통하여 거의 일정하고 그 성분도 변화가 적다. 그런데 심층 지하수는 심층에 있어서는 공기의 공급이 충분하지 않으므로 환원작용을 받을 때가 있다. 황산염이 황화수소(H_2S)로, 질산이 암모니아로 환원되는 경우가 있다. 철이 제이철의 형으로 존재할 경우는 제일철로 환원되고 재차 CO_2에 의해서 탄산 제일철로 되어 지하수에 용해한다.

심층수는 원방(遠方)으로부터 표류수(表流水)가 각 지층을 통과하므로 자연 여과로 지표에 오염을 제거할 수 있고 외기의 영향이 거의 없고 수온은 일정하여 수질 변화가 없어 양호하다. 수량은 깊은 지층에 있으므로 정확한 수량의 책정이 곤란하며 안정감도 적다. 심층수를 수원으로 선정할 때에는 전문가의 조사가 필요하다.

▶ 용천수(湧泉水: spring water)

지하수가 자연으로 지표로 솟아 나오는 것을 용천수(湧泉 水: spring water)라 한다. 그 성질은 지하수에 준한다. 예를 들면 지하에 삼투(percolate)한 지하수가 암석(rock), 점토(clay)와 같은 불삼투층(不滲透層: impervious layer)에 막혀서(遮斷) 한쪽으로 출구를 찾아서 솟아나온 것이다. 용천수의 수질은 그 경과해 온 지질상태에 따라 다르겠지만 천연적으로 여과된 물이므로 일반적으로 깨끗하며(清淨) 세균도 적다. 그러나 지표로 솟아 나오는 사이에 지표 및 대기의 유기물에 접촉되어서 약간의 불순물 및 세균을 함유하는 일이 있다. 그러나 우리나라 화강암지대의 용천수는 일반적으로 깨끗하고 수온도 4계절을 통해서 일정하며 유·무기 불순물을 함유하는 예가 적어서 그대로 음료에 제공할 수 있다. 수량상으로 볼 때 한 소개소로부터 다량의 용수를 얻는 일이 적으므로 상수도 수원으로 이용하는 일은 드물다. 그러나 소규모 수도의 보조용 수원으로서는 이용할 수 있을 것이다.

▶ 복류수(伏流水: river-bed water) 또는 집수매거(集水埋渠: water from infiltration galleries)

복류수라 함은 하천이나 호소(湖沼)의 저부(底部) 또는 측부(側部)의 모래, 자갈층(사력층: 砂礫層) 중에 포함되는 물을 말한다. 따라서 하저(河底) 또는 제내지(堤內池) 등의 지하 얕은 장소의 자갈 등의 체수층(滯水層)에 대략 수평으로 관거(管渠: pipe or conduit)를 매설 집수하여 이것을 수원으로 하는 것으로서 현재 많이 사용하고 있는 완전한 수원이라 하겠다.

이 복류수는 어느 정도 여과된 것이므로 지표수(하천수, 호소수)에 비하여 수질이 양호하며 대개의 경우 침전지를 생략할 수 있다. 수질은 천층수와 흡사하다고 하겠으나 적당한 지점에 선정하면 오염될 염려는 없으며 심층수와 같이 철분, 망간 등 광물질을 함유하는 일은 적다. 수량도 심층수에 비하여 안전 확실하다.

하천 증수기에는 하천수의 오탁(汚濁)이 일어나므로 복류 수에도 영향을 미친다. 하상부(河床部)에 집수매거를 포설할 경우에는 장래의 유심의 변화가 일어나지 않으며 오수의 유입지점, 해수의 역류지점, 하상의 상승 및 저하되는 지점을 피하고 그 지층의 지질은 자갈, 모래 또는 양자의 혼합 층으로 될 것이며 함수 능률이 높고 일면 여과력이 큰 하상이 좋고 홍수 시에 세굴(洗掘)되지 않는 지점을 선정할 것이며 집수매거 신설 깊이는 지하 3-5m 또는 10m까지가 가장 적당하다고 한다.

6) 역사에 기록된 비(雨)의 종류

비(雨)는 하늘(一)에서 장대비가 주룩주룩 내리고 있는 형상을 그린 전형적인 상형문자이다. '민이식위천(民以食爲天)', 먹는 것이 가장 큰일이었던 옛날에는 농작물을 생육시키는 비만큼 중요한 존재도 없었다. 이렇게 비가 중요하다보니 한자(漢字)에도 반영되어 기상현상을 뜻하는 거의 모든 글자가 '雨'를 부수(部首, 변)로 하고 있음을 알 수 있다. 雲(구름 운), 露(이슬 로), 雪(눈 설), 霧(안개 무), 雷(천둥 뢰), 電(번개 전), 雹(우박 박), 震(벼락 진), 霜(서리 상) 등이다.

계절에 따라서

 ◆ 춘우(春雨), ◆ 하우(夏雨), ◆ 추우(秋雨),

448

◆ 동우(冬雨)의 구별이 있으며

때에 따라서

◆ 취우(驟雨: 소나기), ◆ 임우(霖雨: 장마철의 비),

◆ 야우(夜雨: 밤비)가 있다.

양에 따라

◆ 세우(細雨: 보슬비), ◆ 음우(陰雨: 궂은 비),

◆ 삽우(霎雨: 가랑비), ◆ 소우(疏雨: 간간이 오는 비)가 있고

상태에 따라

◆ 뇌우(雷雨: 천둥 비), ◆ 폭우(暴雨: 마구 쏟아지는 비)도 있다.

그러나 우리 조상들은 특정한 날에는 비가 내릴 것을 알았다. 특정한 날에 내린 비에 얽힌 한(恨) 맺힌 역사의 뒤안길을 알아보면 아래와 같다.

◆ 태종우(太宗雨)

음력 5월 10일에 내리는 이 비는 태종 말년에 몹시 가물었는데 그 때 사람들은 가뭄 같은 자연 현상을 윗사람이 정치를 잘못하거나 덕이 없어서 하늘이 내리는 재앙으로 알았다.『문헌비고』의 기록에 의하면 태종은 가뭄 속 땡볕 아래 종일토록 앉아 하늘에 비를 빌었다고 한다. 태종이 돌아가기 4년 전에 세종에게 임금의 자리를 물려준 데에도 가뭄의 원인이 자신의 부덕함 때문이라 여겨 하늘의 뜻을 존중한다는 데 있었다 한다.

혹심한 가뭄 속에 세종 4년 5월 10일 태종이 임종할 때 세종에게 "내가 죽어 넋이라도 살아 있다면 이 날만은 기필코 비를 내리게 하리라"고 유언을 했으며 그 후로 이 날만은 반드시 비가 내린다는 것이다. 농가에서는 태종우가 내리는 해는 태풍이 든다 하여 무척 기뻐하는 전통이 내려 왔다. 또 태종우를 피하면 안 된다 하여도 도롱이

따위로 가리지 않고 일부러 맞았다고 한다.

◆ 유두우(流頭雨)

음력 6월 보름 유두날에 비가 오면 연 사흘 동안 비가 내리는데 이 비를 유두우라 한다. 일년 내내 문안에 갇혀 살아야 했던 부녀자에게 오로지 이날 하루만은 외출이 인정되어 동쪽으로 흐르는 물에 머리를 풀어 감고 물놀이를 즐길 수 있었다. 그런데 비가 오면 나갈 수가 없어 사흘을 끄는 뜻은 나들이 못한 많은 부녀자의 한이 눈물 되어 연쇄반응을 일으키기 때문이라 한다.

◆ 남강우(南江 雨)

음력 6월 29일 진주지방에 내리는 비를 남강우라 한다. 바로 이날 임진왜란 때 진주성이 함락되어 남강에 몸을 던진 꽃다운 여인들의 한이 올올이 비에 맺혀 내린다는 것이다.

◆ 광해우(光海 雨)

제주도에서는 음력 7월 1일에 꼭 비가 내리는데 이 비를 광해우라 한다. 이곳에 유배되어 가시 울타리 속에서 죽어간 광해군의 한이 비를 내리게 한다는 것으로 "7월초하룻날이여/대왕 어붕하신 날이여/가물다가도 비오람서라"라는 민요까지 채집되고 있다.

◆ 삼복우(三伏 雨)

초. 중. 말복 날에 내리는 비를 삼복우라 하는데 이 날 비가 내리면 대추로 생계를 이어 온 보은. 청산지역 처녀들은 비처럼 눈물을 흘린다 했다. 또한 대추는 삼복 날에 여무는데 이 날 비가 내리면 대추가 여물지 않아 대추 농사를 망치게 되고 혼수를 장만할 수 없어 그 해에는 시집을 가지 못하게 되기 때문이다. 가을에 혼사를 올리려던 처녀들은 비를 맞아 땅에 떨어진 풋대추를 보며 울었다고 한다.

◆ 쇄루우(灑淚 雨)

견우와 직녀가 1년 만에 만나는 음력 7월 7일 칠석날에 내리는 비는 눈물을 흩뿌리는 비라 해서 쇄루우라 했다. 비 때문에 은하의 양편에서 두 연인은 눈물을 흘릴 수밖에 없었을 것이다.

◆ 시우(時雨) 또는 호우(好雨)

필요할 때 내리는 비로 파종이나 모심기 등 농사철에 맞추어 재 때 내리는 비를 말하며 이럴 때는 특히 곡식의 성장에 도움을 주는 비라 하여 취우(翠雨)라고도 했다.

◆ 감우(甘雨: 단비) 또는 고우(膏雨)

오랜 가뭄 끝에 오는 비는 그야말로 '꿀맛' 같다고 하여 붙인 명칭이고 신용(神龍)의 조화로 여겨 영우(靈雨: 신령스러운 비)라고도 했다. 또 이런 비에 조상들은 하늘에 감사할 줄 알았으니 자우(慈雨)니 택우(澤雨), 혜우(惠雨), 희우(喜憂)라는 이름을 붙였다.

⊙ 우리 조상들이 순수한 우리말로 이름 지어 표현한 비의 종류는 무수히 많다. 열거하여 보면(56개)
 * 안개비: 안개처럼 눈에 보이지 않게 내리는 비
 * 는개: 안개보다 조금 굵은 비
 * 이슬비: 는개보다 조금 굵게 내리는 비
 * 보슬비: 알갱이가 보슬보슬 끊어지며 내리는 비
 * 부슬비: 보슬비보다 조금 굵게 내리는 비
 * 가루비: 가루처럼 포슬포슬 내리는 비

* 잔비: 가늘고 잘게 내리는 비
* 실비: 실처럼 가늘게, 길게 금을 그으며 내리는 비
* 가랑비: 보슬비와 이슬비
* 싸락비: 싸라기처럼 포슬포슬 내리는 비
* 작달비: 굵고 세차게 퍼붓는 비
* 장대비: 장대처럼 굵은 빗줄기로 세차게 쏟아지는 비
* 주룩비: 주룩주룩 장대처럼 쏟아지는 비
* 채찍비: 굵고 세차게 내리치는 비
* 달구비: 달구(땅을 다지는데 쓰이는 쇳덩이나 둥근 나무토막)로 짓누르듯 거세게 내리는 비
* 여우비: 맑은 날에 잠깐 뿌리는 비
* 지나가는 비: 소나기
* 소나기: 갑자기 세차게 내리다가 곧 그치는 비
* 먼지잼: 먼지나 잠재울 정도로 아주 조금 내리는 비
* 개부심: 장마로 홍수가 진 후에 한동안 멎었다가 다시 내려 진흙을 씻어내는 비
* 바람비: 바람이 불면서 내리는 비
* 도둑비: 예기치 않게 밤에 몰래 살짝 내리는 비
* 누리: 우박
* 궂은비: 오래오래 오는 비
* 보름치: 음력보름 무렵에 내리는 비나 눈
* 그믐치: 음력 그믐께 내리는 비나 눈
* 찬비: 차가운 비
* 밤비: 밤에 내리는 비
* 악수: 물을 퍼붓듯이 세차게 내리는 비
* 억수: 물을 퍼붓듯이 세차게 내리는 비
* 웃비: 비가 다 그치지는 않고 한창 내리다가 잠시 그친 비

* 해비: 한쪽에서 해가 비치면서 내리는 비
* 꿀비: 농사짓기에 적합하게 내리는 비
* 단비: 꼭 필요할 때에 알맞게 내리는 비
* 목비: 모낼 무렵에 한목 오는 비
* 못비: 모를 다 낼만큼 흡족하게 오는 비
* 약비: 요긴한 때에 내리는 비
* 복비: 복된 비
* 바람비: 바람이 불면서 내리는 비
* 우제비: 우레가 치면서 내리는 비
* 모다깃비: 뭇매를 치듯이 세차게 내리는 비
* 이른비: 철 이르게 내리는 비
* 늦은비: 철늦게 내리는 비
* 마른비: 땅에 닿기도 전에 증발되어 버리는 비
* 봄비: 봄에 내리는 비
* 여름비: 여름에 내리는 비
* 가을비: 가을에 내리는 비
* 겨울비: 겨울에 내리는 비
* 큰비: 홍수를 일으킬 만큼 많이 내리는 비
* 오란비: 장마의 옛말
* 건들장마: 초가을에 비가 내리다가 개고 또 내리다가 개곤 하는 장마
* 일비: 봄비(봄에는 할 일이 많기 때문에 비가 와도 일을 한다는 뜻으로 쓰는 말)
* 잠비: 여름비 - 여름에는 바쁜 일이 없어 비가 오면 낮잠을 자기 좋다는 뜻으로 쓰는 말
* 떡비: 가을비 - 가을걷이가 끝나 떡을 해 먹으면서 여유 있게 쉴 수 있다는 뜻으로 쓰는 말

* 술비: 겨울비 – 농한기라 술을 마시면서 놀기 좋다는 뜻으로 쓰는 말
* 비꽃: 비 한 방울 한 방울 비가 시작될 때 몇 방울 떨어지는 비.

7) 인간의 건강을 지켜주는 물은 어떤 물인가?

인간은 왜 좋은 물을 마셔야 하는가는 좋은 물은 인간의 정신과 뇌의 활동을 활발하게 하는데 도움을 주기 때문이며 인간이 살아가는데 더욱 정확하고 훌륭하게 사고(思考)할 수 있도록 하는 것은 인간의 두뇌인데 이 인간의 뇌는 약 150억 개의 세포 중 70%가 물로 이루어져 있기 때문이다. 성질이 급한 신경질적인 사람은 너무 자신의 근심과 고민에 집착하여 좋은 물을 마시는 것을 잊어버리고 술, 커피, 홍차, 탄산수인 음료수 등을 마시게 되는데 이런 것들은 위장에서 물이나 다른 음식과 섞여 묽어지지 않으면 열과 산성 독으로 신경을 혼란시킬 뿐만 아니라 이런 상태가 절정에 이르면 위가 쓰리고 가슴이 답답하고 가스로 인하여 살이 붓는 고통을 겪는다. 이러한 상태에 이르면 충분한 물을 마셔야 하는데도 불구하고 아스피린과 같은 진정제를 먹어서 당장의 치유만을 생각하게 되는데 나의 건강을 위해서는 언제나 적당량의 물을 마셔야 활동성에 지장을 받지 않음을 기억, 습관화를 이루어야 된다. 수분이 부족하면 반드시 고통을 당하게 된다. 인간은 자연에서 생성된 액체를 섭취해야 건강과 장수에 필수적인 혈액순환이 좋아지기 때문이다. 물은 어디에나 있지만 마실 수 있는 물은 적다. 물은 기체, 액체, 고체의 형태로 자연 속에 존재하고 또한 수소와 산소의 결합체인 물은 모든 자연 식품에 다소간 들어 있다. 그 물은 100%수소와 산소가 결합된 화학적으로 순수한 물을 의미한다. 즉 순수한 물은 2가지 원천으로부터 나오는데 첫째는 유기 재배를 한 순수

한 과일이나 채소로부터 나오고 다른 하나는 증류 과정이나 이온교환 (ion 交換) 과정을 거쳐 만들어진 증류수가 그것이다. 그러나 사람들은 무기질(mineral)이 있어야 산물이라고들 말을 하고 있다. 그럼 무기질이란 무엇인가?

▷ 무기질(無機質, mineral)

지구상에는 100여 가지의 원소가 분포되어 있다. 이 중 유기물의 주 구성원소인 원자량 16이하의 원소들로 주로 물과 유기질을 만들고 있는 C, H, O, N을 제외한 제 3∼5주기의 금속원소들은 대개가 생명현상 유지를 위해서 필수적인 것들이며 하루에 100mg 이상의 요구량을 지니는 원소를 일컬어 무기질이라고 하며 그 소요량이 그보다 적은 것을 미량원소(trace element)라고 한다.

무기질은 체내에 2∼3% 정도 함유되어 있으며 이중 약 66%가 Ca과 P이고 나머지 34%정도는 K, S, Na, Cl, Mg 등의 원소와 약 10g의 Fe, Zn, Cu, Se, I, Mn, Cr 등의 원소로 구성되어 체내에 들어 있는 양은 적지만 모든 유기영양소가 체내에서 제대로 이용될 수 있도록 도와줄 뿐만 아니라 그 자신들의 고유한 역할 또한 매우 중요하다. 이러한 무기질 영양소를 말하며 일반적인 중요성을 요약하면

① 골격의 구성물질이다: 체내에서의 기능 중 가장 널리 알려진 것은 인체의 지주 역할을 하는 뼈의 구성 성분이라는 것이다. 인체의 뼈에는 Ca과 P이 많이 들어 있으며 Mn, Mg, F, Na, K, Cl 등도 비교적 많이 들어 있다.

② 체액의 삼투압 조절: Na은 체액의 삼투압을 조절하는 주 양이온이다.

③ 세포막의 투과성 조절: Ca과 Mg은 세포막의 선택적 투과성(選

擇的透過性, selective permeability)을 조절하는 주 양이온이다.

④ 신경과 근육간의 자극전달 매개: Na, K, Ca, Mg 등은 신경과 근육사이의 자극 전달에 조력하는 주 양이온이다.

⑤ Ca는 혈액응고에 필수적인 것으로서 칼슘이온이 혈액응고에 관여하는 간단한 기전은 아래와 같다.

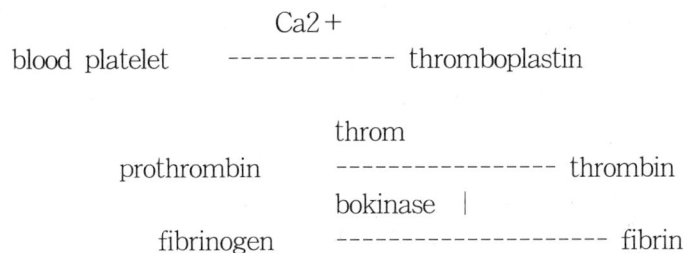

⑥ 체액의 산－염기의 평형상태를 조절한다: 채 조직의 정상적인 활동과 건강을 위하여 혈액과 체액의 산도(pH)는 일정한 범위 내에서 벗어나지 않아야 한다. 건강한 사람의 체액의 산도는 7.4 ±0.1이다. 체액이나 혈액의 산도는 우리가 섭취하는 음식물의 화학적 조성에 의해서 큰 영향을 받게 된다. 대개의 채소나 과일 등은 체액 내에서 염기성(알칼리성)물질을 형성하는데 필요한 Na, Ca, Mg 등의 원소가 많이 들어있어 알칼리성 식품(base-forming food)이라고 하며 대부분의 곡류나 육류에는 산성물질을 형성하는데 필요한 Cl, phosphate(PO_4^{3-}), sulfate(SO_4^{2-}) 등의 음이온 등이 많이 들어 있어 산성식품(acid-forming food)이라고 한다. 혈액이나 체액의 pH를 적정선으로 유지하기 위해서는 이 두 가지 식품을 적당한 비율로 섭취하여야 한다.

⑦ 효소의 활성제(activator)이다: Mg과 Mn 등은 에너지 대사에 관여하는 효소들의 활성(activity)을 증가시켜 주는 필수적인 무기질이다. 또한 Fe과 Cu는 각각 cytochrome oxidase 및 tyrosinase 등의 구성 성

분이 되어 영양소의 대사에 간접적으로 도움을 주는 무기질이다.

⑧ 에너지 발생을 위한 작용을 조절한다: P은 PO43-의 형태로서 adenine, guanine 또는 uridine 등과 결합되어 ATP, GTP 또는 UTP 등의 고에너지화합물을 구성한다.

⑨ 기 타: 이 밖에도 gastrin분비에 관여하는 I와 Zn, 영양소의 대사에서 생성되는 에너지나 대사물질의 운송에 관여하는 Fe, Cu, Mo, 비타민 B12의 구성 성분인 Co, 비타민 E의 합성에 관여하는 Se, 기타 효소의 활성에 관계되는 Zn, P, Fe, Cu, Se, Mo 등도 인체의 세포 내에서 없어서는 아니 될 원소들이다.

▷ 유기 무기질과 무기 무기질

화학물질은 유기물 또는 활성 무기질(active mineral)과 무기물 또는 불활성 무기질(inactive mineral)로 나누어지는데 염소, 명반, 불화나트륨과 같은 무기화학물질은 신체 조직에 건강하게 이용될 수가 없다. 즉 공기, 흙 속 및 물 속에 함유된 미네랄은 대부분 사람이나 동물이 소화 흡수할 수 없는 무기 미네랄이고 식물이나 동물고기에 함유된 미네랄이 사람이 소화 흡수할 수 있는 유기 미네랄이다.

인체에는 19가지의 유기 미네랄이 있는데 인체가 건강하게 살아가는데 있어서 필수적인 것으로 살아 있는 싱싱한 것으로부터 얻는다. 그러나 무기 미네랄도 19가지로 인체는 그것을 생명에 활용하지 못한다. 그 이유로 인체는 식물과 같이 화학 작용을 하지 못하며 오직 식물만이 땅속의 무기 광물질을 유기 광물질로 전환시킬 수가 있기 때문이다. 그러나 사람들은 흔히들 좋은 물은 미네랄이 많이 들어 있어야만 한다는 사고방식 속에서 어떠한 미네랄이 들어 있어야 하는지는 염두에 두지 않는 무지를 나타내고 있다. 그러면 인체가 요구하는 물은 어디에서 얻어야 하는가? 흔히 말하는 셈이나 우물 같은 정화된 물 속에도 약간의 무기 미네랄이 들어 있으므로 지하수나 약수들은 어떠하겠는가. 이 속에 들어있는 무기 미네랄은 인간을 늙게 하는 것만이 아니라 자기의 수명을 다하지 못하도록 하는 것이다. 즉 현대인의 가장 큰 병은 육체적 퇴화로 이것을 촉진시키는 것은 바로 무지의 소치가 아닌가 본다. 그 이유는 인체가 활용하거나 배설할 수 없는 것은 축적되므로 체내에서 소화, 흡수되지 않는 무기미네랄은 축적되어 때가 되면 동맥경화, 신장결석, 관절염, 청각상실 등 각종 질병을 일으키는 주요한 원인이 된다.

세계적으로 유명한 건강학자들인 Bragg, Walker, Banik 박사 등은 미네랄은 반드시 음식(동식물)에서 흡수해야지 만약 물 속에 있는 미네랄을 흡수할 경우에는 우리 몸속의 중추기관을 해치고 각종 질병의 원인이 된다는 사실을 경고하고 있다. 이와 같이 인체가 활용하거나 배설할 수 없는 것이 무엇인지를 모르는 사람들은 건강의 진정한 의미를 알지 못하면서 '보약은 생명의 근원'으로만 인지하고 보약만 먹으면 모든 건강을 찾는 것으로 판단하고 있다. 그렇지만 그 보약도 효용의 가치를 다하려면 끓여야 하는데 물이 없으면 끓이지 못한다는 사실은 아예 생각조차도 하지 않을 뿐 아니라 그 물이 어느 물이냐는 것은 더더욱 관심의 대상에서 제외하는 것이 안타깝다. 보약도 건강을 지켜 주겠지만 근본은 유기미네랄이 들어있는 '물'만이 진정한 건강의 파수꾼임을 명심하여야 된다는 것이다.

만약 인체가 투명하여 그 속을 들여다 볼 수가 있다면 무기미네랄과 화학물질이 모세혈관을 얼마나 많이 침식시키고 있는가를 볼 수 있을 텐데 안타깝게도 보지 못하고 질병으로 인한 고통이 찾아와야 후회하는 아쉬움을 갖는다.

세계적으로 유명한 건강학자들인 브래그, 워커, 배닉 박사 등은 미네랄은 반드시 음식(동식물)에서 흡수해야지 만약 무기미네랄이 들어 있는 물에서 흡수할 경우에는 우리 인체 내의 중추기관을 해치고 각종 질병의 원인이 된다는 사실을 경고하고 있다는 글을 앞에서 지적하였지만 인체가 효율적으로 소화할 수 없다는 것을 인식하지 못한채 섭취하고 있는 각종 무기성 미네랄(칼슘, 마그네슘, 철, 구리, 실리콘)은 관절사이에 축적되면 관절염을 유발시키며 창자벽에 남아있으면 변비를 일으키게 하고 동맥의 혈관 벽을 덮으면 동맥경화를 야기하는 것이다. 또 심장의 판막이 무기미네랄 축적물로 굳어지면 심장수술이 필요하게 되고 신장과 간에 무기 미네랄 축적물이 너무 많아지면 송수관을 막을 정도의 작은 돌처럼 되어 신장의 여과기가 무기물질로 막히게 되면 신장이식 수술을 해야 하게 되며 축적물이 청각신경을 차단한다면 그때는 전체적인 청각상실을 가져오게 된다. 따라서 100%의 건강을 위하여 인체는 무기 미네랄에서 벗어나야 한다.

▷ 좋은 물의 조건

우리 조상들은 물이 건강의 근본임을 잘 알고 있었다. 병이 나면 우선 깨끗한 물을 많이 마시고 물로 씻어 병을 고치도록 하고 그래도 낫지 않을 때에야 비로소 약을 썼다. 물이 건강에 큰 영향을 미친다고 생각하는 것은 동양이나 서양이나 마찬가지였던 것 같다.

그 예로 1955년 세계보건기구 (WHO)에서 "깨끗한 물은 건강을 증진시킨다 (Clean water means better health)".라는 구호를 내걸었던 것만 보아도 알 수 있다.

세계에서 1백세 이상 되는 장수 노인이 많기로 유명한 지방으로 보통 세 곳을 들고 있다. 네팔 북쪽 티베트 근처의 훈자(Hunza), 구소련 변방 코카서스의 아브하지아(Abkhasia), 중미 에콰도르의 빌카밤바(Vilcabamba) 등이다.

왜 이 지역에 장수 노인이 그러한가. 학자들은 고산지대의 깨끗한 공기와 맑은 물 때문이라고 지적하고 있다. 그 지방 주민들의 일상 음식은 현대 의학의 눈으로 보면 아주 거친 식사에 속한다고 할 수 있다. 결국 건강과 수명은 음식으로 섭취하는 영양가보다 날마다 마시는 물의 영향이 더 크다는 것을 증명하고 있다. 훈자 지방 주민들은 자신들이 건강하고 오래 사는 비결을 2,000m 이상의 계곡에서 흘러내리는 생수 때문이라고 믿고 있다.

우리나라에도 옛날부터 전해 내려오는 많은 약수가 있고 아직도 계속 개발되고 있다. 약수(藥水)란 말은 법으로 정하여지거나 학문상의 개념이 아니고 땅이나 바위틈으로 스며든 빗물에 여러 가지 광물질이 녹아 땅 밖으로 솟아나는 물을 말한다. 그러나 그 전부를 약수라고 하지는 않으며 대부분이 석간수나 자연수이다. 좋은 물의 조건은 다음과 같다.

첫째, 병원균 등 인체에 해로운 요소가 없어야 하고.

둘째, 연중 수온의 변함이 없고 냄새가 나지 않아야 하며.

셋째, 탄산가스. 산소. 철분. 칼슘 등의 광물질이 포함되어 있어 성분에 따라 독특한 맛이 있고

넷째, 녹아 있는 성분이 약리작용을 하여 질병에 대한 치료효과가 있거나 건강증진에 도움이 되어야 한다.

천연수를 약수라고 부르는 나라는 우리나라밖에 없는데 이는 약을 즐기는 국민성에서 온 것으로 보는 견해도 있다. 약리작용을 하는 진정한 의미의 약수는 충분한 확인 검사 후 마시는 것이 바람직하다. 특히 장기적으로 마시는 것은 심사숙고할 일이다. 지나쳐서 오히려 병을 일으킬 수도 있다는 점을 간과해서는 안 된다. 그래서 어설픈 약수는 수돗물만도 못하다. 요즈음에는 생수를 약수라고 부르는 경향이 있다. 유명한 의사나 학자들도 생수 마실 것을 권하고 있다.

학자들에 의하면 아침의 물 두 잔은 최상의 보약이라면서 물을 많이 마시는 것이 건강에 좋다고 했으며 담배를 줄이는 데에도 도움이 되고 있다고 말을 하고 있으며 또한 마시는 시기는 공복에 아침, 점심, 저녁때의 3회에 걸쳐 물을 한 컵씩 마시는데 벌컥벌컥 마시는 것이 아니라 약 3분에 걸쳐 조금씩 천천히 마셔야 한다는 1일 3회 3분 음수 법을 주장하면서 물은 되도록 생수가 좋다고 지적하고 있다. 그러나 생수는 수돗물과 달리 소독되지 않은 물이므로 마실 때에는 세심한 주의가 필요하다. 우선 깨끗해야 하며 흐르지 않고 괸 물은 아닌지 들쥐 등이 다니지는 않았는지 세밀히 살핀 뒤 마셔야 한다. 세계에서 가장 훌륭한 금수강산인 우리나라의 천연자원 중 물은 세계에서도 자랑할 만한데 공업화의 물결에 따라 오염되어 가고 있으나 그래도 우리들은 이러한 물을 깨끗이 보존하고 올바르게 마실 수만 있다면 나 자신을 비롯한 우리 국민 모두가 세계적인 장수 민족이 될 것이다.

8) 자연의 용매제로서의 물

▷ 물은 인간 생존의 기본요소

물은 산소와 더불어 인간이 생존에 필요한 가장 중요한 요소이다. 인간은 산소 없이는 단 몇 분밖에 살지 못하며 물이 없이는 며칠밖에 살지 못한다. 인체 내에서의 물의 중요함을 말하자면 단순히 생명을 유지하기 위해 필요하다는 정도를 지나 물이 곧 생명의 일부라 해도 과언이 아닐 정도이다. 물은 세포 내에서는 물질대사의 매체가 되며 세포 밖에서는 세포환경의 매체가 된다. 물질대사는 물 속에서 일어나는 화학반응이며 물질은 물에 녹아 있음으로써 운반될 수 있음으로 물이 없는 곳에서의 생명은 생각하기조차 어렵다. 실로 물은 생명의 원천이며 근원인 것이다.

　지표상의 바다와 육지의 분포비율 7 : 3으로 물이 지구표면의 70%를 차지하고 있듯이 우리들의 인체도 70-80%가 물로 구성되어 있다. 이 체내의 물은 1-2%만 잃어도 심한 갈증과 괴로움을 느끼고 5%정도 잃으면 반 혼수상태에 빠지며 12%를 잃으면 죽고 만다. 사람은 음식을 먹지 않고서도 약 90일간 생존이 가능하지만 물을 마시지 않으면 신진대사가 원활히 이루어지지 않아 체내의 독소를 배출시키지 못하여 자가 중독을 일으키고 1주일도 채 못가 사망하게 된다(아래 표 참조).

인체조직의 물의 구성 비율

뇌	심장	폐	간	신장	근육	뼈	혈액
74.5%	75%	86%	86%	82.7%	75.6%	22%	83%

　영국 속담에는 '물을 많이 마시면 병치레도 안 하고, 빚도 안 지며, 아내를 과부로 만들지 않는다'라는 말도 있다.

▷ 물은 성격형성에 영향을 미친다

　사람의 성격은 선천적인 요인 이외에도 기후, 풍토, 종교, 사회 및 가족제도, 교육 등 많은 후천적 요인이 복합돼 이루어진다. 그런데 평소 아무 생각 없이 마시고 있는 물의 질, 곧 수질도 성격형성에 영향을 미친다. 사람의 체중 3분의 2가, 근육의 75%가 물이며 뼈 속에만도 22%의 물이 들어 있다. 인체에서 물이 차지하는 비중으로 보아 평생을 마시는 물의 질이 성격을 형성하는 데 커다란 영향을 주지 않는다고 하면 그것이 오히려 이상하다고 하겠다.

우리는 흔히 관청 물을 먹었느니 미국 물을 먹었느니 하면서 인간의 성품마저도 물이 좌우하는 양 표현한다. 이는 성격을 형성함에 있어 물의 비중이 크다는 것을 뜻한다. 물이 사람의 성격을 좌우한다고 굳게 믿어온 우리 조상들이 물을 세심하게 골라 마신 것은 당연한 일이었다. 그러면서 그 집의 샘물이 경수(硬水), 연수(軟水)냐, 감수(甘水), 고수(苦水)냐에 따라 성품이 청결하고 탐욕스럽고 유순하고 고집세고 근면하고 게으르고 정절하고 음탕해지는 성격까지 결정한다고 믿었다.

옛날 서울에서는 백호수, 청룡수, 주작수 등의 물을 길어다 파는 도가에 수질을 감별하는 백발노인을 두었다. 또 그 물을 사서 마시는 가정집에서도 식구들의 체질에 따라 물을 골라 마셨고 그 값까지 달랐다 하니 물이 성격형성에 미치는 영향을 이처럼 주의 깊게 다룬 겨레도 없을 것이다. 앞에서 언급했듯이 우리 조상들은 물에 대한 품격도 정해두고 충주 달천수가 으뜸이요, 오대산에서 흐르는 한강의 우중수가 버금이며, 속리산에서 흐르는 삼타수(三陀水)를 그다음으로 친 것이 그것이다.

▷ 물은 생수로서 차가울수록 효용 가치가 크다

2개의 수소(H)원자와 산소(O)원자가 결합되어 있는 물분자(H_2O)는 온도가 높아질수록 5개로 구성된 사슬 모양이나 5각형 고리모양을 이루고 있으며 온도가 내려갈수록 6각형 고리모양이 많아진다. 이 6각형 고리모양의 물은 열용량이 크고 DNA, RNA 등의 생체 기능을 향상시키는 역할을 한다. 생체분자 주위의 물은 주로 6각형 고리모양을 이루고 있는데 사람이 50-60대로 나이가 들면 세포 안의 물의 구조성이 없어져 생체조직 밖으로 빠져나가게 되고 이에 따라 피부에 주름이 잡히는 등의 노화현상이 일어난다. 이때 6각형 고리모양의 구조성이 있는 물을 몸 안에 넣어주면 노화를 늦추는데 도움이 된다. 이 같은 구조화된 물은 과일 속에 많이 포함되어 있고 또 보통 물을 차게 냉각시켜도 많이 생겨난다.

세계보건기구(WHO)에서 '생수를 마시는 것이 건강의 비결'이라고 천명한 것도 다 이런 이유에서이다. 특히 맑은 생수가 장내에 들어갔을 때는 각종 소화효소제를 증식시키고 인체에 9배나 더 많은 유익균을 도우면서 장의 독소를 제거 시켜준다. 또한 장내에 수분을 공급시켜 장을 유연하게 하므로 변비도 없애준다. 이러한 끓이지 않은 생수 속에는 용존 산소와 미네랄 그리고 각종 세균이 풍부하게 들어 있다. 그런데 물을 섭씨 100도가 넘게 끓이면 대부분의 세균은 죽지만 물 속의 용존 산소 및 미네랄 등 물 고유의 생명력도 또한 파괴되어버리는 것이다. 그러나 물 속의 불순물질(무기성 미네랄과 화학 오염물질)과 불쾌한 맛, 냄새는 더욱 응축 응고되어 그러한 물질이 체내에 흡수되면 우리 몸속의 중추기관에 그대로 쌓여 위장장애. 신장결석. 백내장. 동맥경화 등의 원인이 되기도 한다. 또한 끓인 물을 마시면 병원균의 시체는 우리의 몸 안으로 들어가 체내에 존재하는 다른 미생물의 번식을 돕는 비옥한 양분이 된다. 따라서 물은 될 수 있으면 끓이지 않은 정수된 물로 차갑게 해서 마시는 것이 건강의 지름길임을 알아둘 필요가 있다.

9) 물의 생리적 기능

▷ 생리적 현상

물은 흔히 영양소(營養素)로서 취급되지 않는 경우가 있고 심지어는 체내에서의 물의 중요성마저 잊어버리는 수가 있다. 물은 지구상에

가장 널리 대량으로 존재하는 것이기 때
문에 우리가 공기의 귀중함을 인식하기
어렵다. 그러나 물이 없이는 일체의 생리
현상의 유지가 불가능함을 알아야 한다.
Rubner(1854-1932)는 동물은 그 체중의
40% 또는 그 체내에 있는 전 지방과 절
반 이상의 단백질을 잃고도 살 수 있으

나 10% 정도의 물을 잃으면 생명까지 잃기도 한다고 발표하여 일찍
이 물의 중요성을 역설한 바 있다.

동물체의 조성을 화학적으로 보면 유기물(organic substances)과 무
기물(inorganic substances)로 나눌 수 있다. 유기물 중 양적으로 가장
중요한 것은 단백질과 지방이고 이외에 미량의 탄수화물(carbohydrate),
비단백태질소화합물(non-protain nitrogen) 등을 포함한다. 무기물 중
가장 많이 들어 있는 것은 수분이고 Ca 2.5%, N 2.5%, P 1.1%, Na
0.1%, K 0.1%, Cl 0.2%, S 0.1%, Mg 0.07%, F 0.1%, Fe 0.01%을 함유
하며 이밖에도 미량의 Cu, B, Si, Mn, Zn, Co 등이 들어 있다.

이와 같이 인체는 70-80%가 물로 되어 있어 주성분은 물이라는 것
을 알 수 있다. 물의 물리적 특성을 고려하면 물이 인간은 물론 모든
생물의 구성 성분 중 가장 큰 비중을 차지하는 이유를 이해할 수 있
을 것이다. 물의 생체 내에서의 기능을 보면

① 용매제(溶媒劑)로서의 우수성(優秀性)과 이온화하는 힘이 優秀한
가장 理想的인 분산배지(分散培地)이다.

② *비열(比熱 specific heat)이 가장 큰 천연물질로서 체내에서 영
양소의 산화에 의하여 생성되는 열을 효과적으로 흡수하여 급격한 체
온의 상승을 막아준다. 만일 이 열을 흡수하지 않는다면 Cannon
(1932)이 발표한 바와 같이 20분간의 근육운동으로 생기는 열에 의해
서 체단백질(體 蛋白質)의 응고(凝固)가 일어날 것이다.

③ 증발열(蒸發熱 heat of evaporation)이 커서 체온을 효과적으로 조절할 수 있다(물의 증발열은 0.586 kcal/g 이다).

④ 섭취된 영양소를 적당히 희석시켜 주므로 소화를 돕고 영양소와 대사생성물의 수송을 돕는다.

⑤ 영양소의 가수분해와 흡수를 돕는다.

⑥ 체액(體液)의 주요한 구성물질이며 모든 조직 및 기관(器官)의 연결부에서 윤활유의 역할을 한다.

⑦ 불필요한 물질의 배설을 촉진, 수행한다.

음료수 내 중독성 광물질의 안전한계 수준(mg/ℓ)

광물질	안전한계수준	광물질	안전한계수준	광물질	안전한계수준
As	0.2	Cd	0.05	Cr	1.0
Co	1.0	Cu	0.5	F	2.0
Pb	0.1	Hg	0.01	Ni	1.0
NO_3	100	NO_2	10	Vd	0.1
Zn	25				

그러나 요즈음 지표수는 물론 지하수마저 여러 가지 유해물질에 의한 오염이 확산되어져 가기 때문에 깨끗하고 신선한 음료수의 확보가 문제시되고 있다. 음료수내의 가용성 염의 농도 및 광물질의 농도는 인체 내에서 물의 생리적 기능을 좌우할 수 있다. 음료수 내의 중독성 광물질의 안전한계 수준은 위 표에서 보는 바와 같다(Shirley 등, 1974).

▷ 인체와 물

물은 사람의 생명을 유지하는데 음식보다 필수적으로 요구되는 것이다. 사람은 음식을 먹지 않고 일주일간 견딜 수 있지만 물을 먹지

않고는 단 일일밖에 견디지 못한다. 성인의 신체는 약 반 이상이 물로
되어 있다. 체내의 물은 몸 전체에 골고루 분포되어 있으며 물이 어디
에 분포되어 있느냐에 따라서 크게 두 그룹으로 나눌 수 있다.

즉 혈장과 세포간질 액인 세포 외 액(전체 물의 1/4)과 세포 내 액
(전체 물의 약 4분의 3)이다. 사람은 모든 배설물질을 다 포함하고서
하루에 2000~2500cc의 물을 몸 밖으로 배설시키고 있다. 그러므로 우
리는 이만큼 물을 음료로서 또는 식품에 함유되어 있는 수분으로서
신체 내에 공급해 주어야 한다. 식품이 체내에서 대사를 거치고 나면
최종산물로서 물을 생성하지만(1인 11/2컵)우리는 우리의 신체가 필
요로 하는 물을 공급해주기 위해서 물이나 음료로써 하루 6~8컵의
물을 공급해야 한다. 우리가 섭취하는 식품들 중에는 아래와 물의 함
유량이 높은 것도 많다.

일상식품에 함유된 물의 양

식품명	채소	우유	신선한 과실	달걀	쇠고기
함유량	90%	87%	85%	74%	60%

물은 소화기 내에서 혈액과 림프를 통해서 빨리 흡수된다. 그리고
내장 내에선 음식의 찌꺼기와 충분한 양의 물이 남아 있어서 부드러
운 변을 만들어 준다.

▷ 인체에서 물의 역할

물은 혈액 임파액과 체내 분비액뿐만 아니라 변조직의 필수 구성
성분이다. 물은 소화액에 의해 변화되지 않으나 여러 가지 소화액과
모든 체세포의 필수 구성 성분이다. 체내의 모든 기관이 작용하려면
수분이 반드시 필요하며 체내의 여러 화학적 변화는 물의 존재하에

일어난다. 물은 운반을 하여 줌으로써 소화, 흡수, 순환, 배설을 돕고 체온의 조절에 반드시 필요하며 관절의 윤활과 창자의 운동 같은 기계적 작용에서 중요한 역할을 한다. 조직으로부터의 폐물(약 80%가 물로 되어 있다)은 혈액으로 옮겨져서 혈액에 의해 운반되며 신장을 통해 약 97%가 물로 되어 소변으로 배설된다.

동일한 물이 다른 목적을 위해 여러 번째 사용된다. 24시간 동안 약 8,500cc의 소화액이 분비선에 의해 생성되고 분비되며 이것은 소화기관내로 활성효소를 운반하는데 이용된다. 4,000cc이상의 물이 항상 혈액의 흐름에 따라 순환하고 있다. 신장에서도 또한 많은 양의 물이 이뇨관을 통해 용해된 폐기물질을 운반한다. 그러나 이뇨관을 통과할 때 대부분의 물은 용해되어 있는 유용한 물질과 함께 재흡수된다. 배설되는 뇨는 폐기물의 농축된 수용액이다.

다시 강조한다면 물이란 생명체에 있어서 생명의 근원이 되므로 마시는 물은 입→위→장→간장→심장→혈관→세포→혈액→신장→배설과정을 통하여

① 모든 세포에 산소와 영양을 운반해주고

② 땀과 대소변에 섞어 노폐물을 배설시키며

③ 소장과 대장에서 음식물을 녹이고 희석시켜 소화에 도움을 주며

④ 혈액을 중성이나 알칼리성으로 유지시킨다. 그리고

⑤ 세포 속의 형태가 변하지 않도록 혈액과 조직의 순환을 촉진시키며

⑥ 열이 나면 땀을 흘리게 하여 체온을 조절해 준다. 이울러

⑦ 각 관절에서는 윤활유 역할을 해 뼈마다 움직임의 원활을 이루게 하며

⑧ 신체의 골격과 체형의 균형을 유지시키고

⑨ 모든 신체 기능을 원활하게 도와 생명과 건강유지에 큰 역할을 한다.

"건강을 바라거든 생수(生水)를 마셔라." 철학자 수우사란드가 말했듯이 물은 우리에게 아주 중요하다. 우리 인체는 70%정도의 물로 구성되어 있으므로 땀이나 소변 등으로 소모되는 양만큼의 물을 마셔서 보충해 주어야만 건강은 물론 생명이 유지되는 것이다. 인체에 물이 1~2%만 부족하여도 심한 갈증을 느끼게 되고 5%부족하면 혀가 말라 환각증상이 나타날 수 있다. 더구나 15%가량 부족하면 생명이 위험해지거나 또는 죽음에 이르게 된다고 한다. 하지만 이렇게 우리에게 중요한 물은 생명을 유지하고 갈증해소를 위해 마실 뿐이며 영양보충용으로 마시는 것은 아니다.

이렇듯 좋은 물도 환경오염이 극심한 지금은 가려 마셔야 한다. 세계보건기구(WHO)에서 "모든 질병의 80%가 오염된 물을 마시는 것이 원인이다."라고 발표하였듯이 오염된 물은 독약이나 마찬가지다. 아무리 시판 생수나 약수를 많이 마셔도 구속에 약간의 오염물질이 있다면 몸이 좋아질 수는 없다. 혈액 속의 83%가 물인데 중금속 찌꺼기 때문에 혈관 벽이 좁아지면 동맥경화나 중풍의 원인이 될 수도 있고 장 안에 쌓이면 소화흡수를 방해하여 변비를 일으킬 수도 있다. 오염된 물 속에 들어있는 미네랄 중에서 인체에 유익한 1%의 유기 미네랄을 섭취하기 위해 나머지 무익한 99%의 무기 미네랄을 걸러내지 않고 마심으로써 질병을 유발케 해서는 안 된다.

약수는 4~5일 지나면 식수로 사용하기엔 적합하지 않다. 또 수돗물은 끓이면 살균만 돼 질병은 예방되겠지만 수은이나 납, 비소 등 각종 중금속물질 찌꺼기는 그대로 남게 되므로 음식물을 통해 우리 몸에 들어가게 된다.

▷ 인체에서 물의 상실

물은 우리 몸으로부터 다음과 같은 길을 통하여 유실된다. 땀으로 피부를 통하고, 호흡을 통한 폐로부터의 유실, 그리고 변으로 배설되는 장으로부터의 유실이 있다. 물이 과량 상실되면 심한 갈증이 일어난다. 탈수로 인해서 생명이 위험한 경우도 있는 것으로 보아 물이 체내에서 얼마나 중요한가를 알 수 있다.

독일의 생리학자 Rubner는 체내에 저장되어 있는 글리코겐과 지방전체의 단백질 중 약 반은 상실되어도 큰 위험은 없으나 체내 수분량의 10%를 상실하면 위험하며, 20~22%를 상실하면 치명적이라고 하였다. 갈증은 적당한 양의 물의 섭취를 확보하기 위한 자연적인 표현으로 설근과 인후 뒷부분에 건조함을 느끼는 것이다. 여기에는 항상 전해질 균형(電解質 均衡, electolyte balance)에 있어서의 변화에 따른다. 만일 물의 공급을 제한하거나 물의 상실이 과다할 때에는 물의 상실률이 전해질 상실률을 능가한다. 세포외 액은 농축되어 삼투압은 세포로부터 세포외 액으로 물을 끌어낸다. 이러한 상태는 세포 내 탈수(intracellular dehydration)라고 불리며 심한 갈증과 메스꺼움을 동반한다. 이것은 단지 Snively에 의해 현재 알려진 17가지의 특수한 체액 불균형 중 한 예이다.

물이 영양학상 생리학상의 중요성은 쉽게 증명할 수 있다. 물과 탄수화물을 보충할 경우 어떠한 상관적인 영향이 있나를 알기 위해서 6마리의 개를 수레바퀴 위에서 지칠 때까지 달리게 하였다. 이들 개를 마지막으로 식사를 한 지 17시간 후에 음식이나 물을 주지 않고 달리게 했을 때 평균 1190cal를 낼 수 있었다. 탄수화물만 보충하였을 때에는 1300cal를 소비할 수 있었고 달리는 동안 1.5ℓ의 물을 섭취하였을 때에는 2140cal를 소비할 때까지 견딜 수 있었다. Everest산을 처음으로 정복한 Edmund Hillary옹은 그의 성공은 마지막 며칠 동안 다른 원정대에는 결핍되었던 물을 섭취할 수가 있었기 때문이었다고 하였다.

10) 물의 체내교류와 흡수

성인이 하루에 약 1.5ℓ의 물을 마시게 되는데 이것이 체내에서 쓰이는 물의 정미사용량(正味使用量)이 아님을 알아야 한다. 여러 체 조직에서 분비되는 물의 일부분은 배설되는 것이 아니고 다시 흡수되어 이용된다. 그러나 체외로 손실되는 물(땀, 오줌, 呼氣내의 수분)은 식수나 식품 속에 들어 있는 물이나 또는 代謝水(metabolic water)로서 공급되어져야 한다. 다음 표는 하루 24시간 동안에 체중 60kg인 성인이 사용하는 물의 양이다. 체내에서 쓰이는 물의 양은 개인에 따라 큰 차이가 있거니와 먹는 식품의 종류, 그리고 활동의 정도와 외기의 온도 및 습도에 의해서도 크게 달라진다. 식품의 물리적 성상, 화학적 조성 및 채식량(採食量)은 물의 체내 대사평형에 큰 영향을 미치는 요인들이다.

물의 사용량(1인 1일, ㎖)

구분	생성, 분비 또는 배설	최소	최대	구분	생성, 분비 또는 배설	최소	최대
회수 되는 수분	대사수	325	600	잃게 되는 수분	신장(尿)	600	2,000
	타액선	500	1,500		대장(糞)	50	200
	위	1,000	2,400		피부	350	700
	소장	700	3,000		땀	50	4,000
	췌장	700	1,000		젓선	0	900
	담낭	100	400		호흡	600	1,200
	림프선	700	1,500				
소 계		4,025	10,400	소 계		1,650	9,000
총 계						5,675	19,400

위 표에 의하면 성인은 하루에 적어도 5ℓ의 물을 사용하는 것이 되고 많은 경우에는 19ℓ나 됨을 알 수 있다. 그리고 하루에 최소한

1.5ℓ의 물이 체외로부터 공급이 되어져야 한다는 것도 알 수 있다. 수분의 흡수는 소장 벽에서 삼투압에 의하여 이루어진다. 만약 소장 내용물의 수분함량이 장벽에 오는 혈액의 수분함량보다 낮거나 삼투 압이 낮은 경우에는 혈액의 수분이 소장 내로 분비된다. 소장 내에서 의 수분의 흡수는 장 내용물의 성상에 따라 다른바 알려진 바에 의하 면 음료수가 가장 쉽게 흡수된다는 것이다. 수분의 흡수는 대장에서도 일어나는데 어느 경우에도 섭취된 탄수화물의 종류에 따라 수분흡수 가 영향을 받는바 hemicellulose와 같이 장내에서 gel을 형성하는 것은 수분 흡수를 방해한다.

11) 물의 요구량

일반적으로 동물이 요구할 수 있는 물의 요구량은 대사에너지(ME) 1kcal당 1㎖라고 한다. 좀 더 과학적으로 생명유지에 필요한 물의 요구 량을 Adolf(1933)의 방법에 의하여 계산하면 다음 표와 같다.

사람의 최소 수분 손실량(체표면적과 대사에너지 섭취량 기준)

물의 손실 경로	손 실 량(㎖)
오줌(尿)	400 A
똥(糞)	30 A
신장요구	250 A
운동	1.73×0.4 E

** A = 체표면적(㎡) = 0.12×Wkg0.66
   E = 기초대사에너지 이외의 에너지 요구량
   기초대사에너지 = 70×Wkg0.75(Brody)
   W = 체중(kg)

체중이 70kg이고 하루에 2,500kcal 대사에너지(ME)를 소비하는 성인의 물 요구량을 앞의 방법을 이용하여 계산하면 다음과 같다.

분뇨(糞尿) 및 신장요구량(㎖) = (400+30+ 250)×0.12×700.66 = 1,346
운동에 의한 요구량(㎖) = 1.73×0.42,500 - 70(700.75) = 559
물 요구량 총량(㎖) = 1,346+559=1,905

이 중에서 325㎖(13㎖×2,500㎉/100)는 대사수로 공급이 되고 식품으로 500㎖ 정도의 공급이 가능하므로 1일 최소 물의 요구량을 충족시키기 위해서는 음료수로써 1ℓ 정도의 물을 섭취하여야 한다. 그러나 물의 요구량을 이렇게 간단하게 결정할 수 없는데 그 까닭은 여러 가지 환경적 요인 등에 의해서 물의 체외 손실량이 변화하기 때문이다.

12) 물의 섭취와 다이어트

어떤 사람들은 물만 먹어도 살이 찐다고 하는데 이는 잘 몰라서 하는 말이다. 왜냐하면 물 자체에는 칼로리가 없기 때문에 아무리 많이 마셔도 살이 찔 수가 없다. 뚱뚱한 사람들은 물만 먹어도 살이 찌는 것이 아니라 마신 물이 몸에 차서 붓는 부종현상이라고 한다. 그러므로 다이어트 중에 왜 물을 마셔야 하는가에 대해서는 알아두어야 한다.

충분한 수분 섭취는 신진대사를 원활하게 하여 지방이 연소되는 반응을 더욱 촉진시키기 때문이다. 또한 가공식품, 공해, 흡연 등에 의해 몸 안으로 들어오는 독소들이 배설되지 못하면 지방조직에 축적되는데 다이어트로 인해 지방이 분해되는 동안 이런 독소들을 물과 함께 배설시키기 위해 충분한 물 섭취를 필요로 하기 때문이다. 단 신장병이 있거나 신장 기능이 안 좋아 부종이 생기는 경우에는 의사의 지시대로 수분량을 조절할 필요가 있다. 그렇다면 다이어트 중에는 물을 어느 정도 마셔야 할까 하는 의문이 있을 수 있다.

평소에 물을 적게 마시던 사람들이 다이어트를 하면서 물을 갑작스럽게 많이 마셔도 체중 감소가 일어나지 않는데 이것은 원래 몸에 부족하였던 수분을 보충하느라 일시적인 보유현상이 일어나는 것으로 계속 충분한 물 섭취와 운동을 하면 곧 균형을 되찾게 된다. 보통 하루에 6~8컵의 물을 마시는 것이 좋은데 평소에 거의 물을 마시지 않던 사람은 3일에 한 컵씩 서서히 늘려 나간다. 그런데 다이어트 기간 동안 음식을 짜게 먹으면 나트륨에 의해 수분 보유를 더욱 촉진하여 체중 감소를 방해하므로 국이나 찌개의 짠 국물을 먹지 않도록 해야 한다.

13) 맛있는 물 먹는 법

물에도 맛이 있다. 물론 개인 취향에 따라 물맛에 대한 느낌은 차이가 날 수 있다. 전문가들에 따르면 대체로 일정한 조건의 물이 가장 좋은 맛을 낸다고 한다. 우리가 즐겨 마시는 콜라나 주스 등 음료소도 적절한 온도와 성분이 포함되어 있을 때 제 맛을 내는 것과 마찬가지다.

동의보감에 기록되어 있는 것을 보면 조상들은 새벽에 처음 걸어온 정화수나 국화 밑에서 나오는 국화수, 섣달 납향에 온 눈이 녹은 물(납설수) 등을 약으로도 사용했다. 그만큼 물도 골라서 잘 마셔야 하는 셈이다. 온도는 물의 맛을 결정하는 중요한 요소로 체온과 비슷할 때 가장 맛이 없다. 물의 온도를 4~14℃ 정도로 유지하면 물의 용존산소량이 늘어나는 데다 청량감도 있어 보다 맛있어진다. 물은 사기나 유리로 된 용기에 보관한 채 마시는 것이 바람직하다. 금속용기에 담은 물은 유리나 사기용기에 담은 물에 비해 쉽게 변화되기 때문이다. 산화가 빨라 여름에는 하루가 지나면 쉬어버리기 십상이다. 유리나 사기용기에 담으면 사흘 정도 보관해도 원래의 맛을 그대로 느낄 수 있다.

수돗물을 받은 뒤 20~30분 정도 깨끗한 곳에 놓아두는 것도 맛있는 물을 먹을 수 있는 방법이다. 받은 물을 깨끗한 곳에 놓아두면 염소 냄새 등이 없어지고 공기 중의 산소가 녹아 들어가 물의 청량감이 좋아진다. 이때 공기와의 접촉면을 크게 하기 위해 표면적이 큰 용기를 사용하는 것이 현명하다.

▷ 맛있는 물의 조건

- 무색무취일 것
- 수온은 4~14℃일 것
- 수소이온농도(pH)는 중성에 가까울 것
- 미네랄 성분이 100mg/ℓ이하일 것
- 염소이온은 12mg/ℓ 이하일 것
- 증발 잔류물은 40-100mg/ℓ일 것
- 유해성분(중금속, 농약 등)이 없을 것

17. 생활양식(Life style)의 바른길

　경제성장과 함께 국민생활수준이 향상됨에 따라 건강에 대한 욕구증대도 높아져 영양에 관한 관심은 고조되고 있다. 최근 우리의 식생활도 양적, 질적 향상과 더불어 고급화, 다양화, 간편화, 국제화 추세에 있으며 이러한 경향은 사회구조의 변화에 따른 환경적 요인과 함께 질병구조를 변화시켜 성인병 인구를 증가시키고 있다. 현재 전 세계적으로 인식되고 있는 건강의 개념은 질병의 치료대신에 질병의 예방을 통한 건강증진이며 지역사회주변의 건강증진을 위하여 WHO(세계보건기구)에서 가장 우선하는 사업이 보건교육과 영양부문이다. 따라서 우선 건강과 영양상태를 좌우하는 요인을 보면 사람을 둘러싸고 있는 외적, 내적 환경과 각개인의 생활양식을 들 수 있겠다.

　여기에서 외적환경으로는 영양문제 영향을 주는 식량의 이용도(Food availability)와 이와 같은 상관성이 있는 제 요인이며 내적 환경은 우리의 신체 내부 조건이다. 즉 개인의 유전적 조건, 기타 생리적 조건을 말하며 생활양식(Life style)은 생활습성으로 운동량, 흡연, 음주, 심리적 상태 등을 들 수 있다. 이 중 영양상태와 직접적으로 관련싱이 높은 식량의 이용도는 토지(기후, 지리적 조건), 인구(먹는 입의 수), 식품의 생산성, 식량정책, 분배와 유통, 경제사정과 구매력, 식생활 문화, 식습관 등이 복합적으로 작용하여 국민의 영양상태를 구축하고 있으며 이는 곧 건강상태에 영향을 주는 가장 강력한 변인이라 하겠다. 오늘날에 이르기까지 우리나라 사람들이 형성한 식생활 양상 중 질병구조의 변화와 식생활의 추이를 검토한 결과 질병구조가 바뀌어 가고 있음을 알 수 있다.

지난 40~50년간의 주요사인의 변화로 50년대 사인의 상위권에 있던 감염성 질환이 70년대 이후 점차로 변모를 보여 최근에는 각종 암, 뇌혈관질환, 고혈압성질환, 간 질환과 사고사가 사인의 5위를 차지하고 있다. 감염성질환의 감소 반면에 만성질환의 증가추세는 우리나라도 선진산업국가에 진입되었음을 의미한다. 이제는 국가적 차원에서 국민의 건강상태와 식품 및 영양섭취상태, 식생활상태를 전문가(교수 또는 연구요원)들을 통한 교육과 홍보가 절실히 필요할 때라 사료된다.

끝맺으면서

송소철(蘇轍)의 논소언불행찰자(論所言不行札子)에 이러한 말이 있다. "좋은 것을 좋다 하면서도 활용하지 못하고 나쁜 것을 나쁘다고 하면서도 제거하지 못하는 것, 이것이 바로 망하게 되는 원인이다【선선이불능용, 악악이불능거, 차기소이망야(善善而不能用, 惡惡而不能去, 此其所以亡也).】" 즉 색맹인 사람에게는 색채미학을 강요할 나위가 없는 것이고 맵고 짜고 시고 단맛조차 구별 못하는 사람에게 음식 솜씨를 따질 것도 없는 것과 마찬가지로 아직도 성숙하지 못한 우리사회에 편협한 배타주의와 용렬한 우월주의가 팽배해 있어 자신에 대해서 너무도 모르며 살고 있는 것이 현실이다. 그래서 경제적 여유만 있으면 좋은 것을 좋은 줄 알면서도 자기의 과시 욕에 용렬한 우월주의를 앞세워 비메이커나 국내산은 하찮은 것으로 여기어 이용하려 들지도 아니하고 뒤돌아서서 자기가 가장 유식한 사람인 양 행세하는 허세로 나쁜 것을 나쁘다고 하면서도 그것이 메이커 나 외제일 때는 버리지 못함으로 결국 자기 자신의 우월주의로 건강을 망가뜨려 죽어가는 안타까움을 숱하게 듣고 보아왔다. 그래서 논어에 모든 사람이 미워하너라노 반느시 살펴봐야 하고, 모든 사람이 좋아하더라도 반드시 살펴봐야 한다【중악지필찰언, 중호지필찰언(衆惡之必察焉, 衆好之必察焉)는 말이 나왔을 법하다. 아무리 좋든 나쁜 것이라도 확인이 필요하다는 말 같다. 이제는 어리석음을 져버리고 자기 자신에게 맞는 참 생활의 뜻을 되새길 필요가 있다. 한방에서는 약선(藥膳)이라는 말이 있다. 식품들이 인체에 들어가면 어떤 효능을 갖고 있는가를 연구하고 식생활 개선을 통해 병의 예방과 치료를 돕는다는 뜻이다. 이와 같이 식품의 중요성은 생명체와 직·간접으로 역할을 담당함으로 좀더 깊이 있게 알 필요가 있다고 판단된다. 그래서 건강의 소재인 식품에 대해서는 알아야 하며, 특히 우리 민족과 가장 가까이 우리 강산을 지켜온 소나무는 순수 우리 민족수(民族樹)로서 나무 중의 으뜸으로 소나무를 언필칭 백목지장(百木之長)이요 만수지왕(萬樹之王)이요 노군자(老君子)라 표현하고 있는 그 위력을 한마디로 표현한다면 이 지구상에 단일식품 중에 소나무처럼 여러 가지 중요한 작용을 할 수 있는 약재는 흔치 않다는 것이다. 최근 민간요법과 단약처방에 대한 관심이 고조되고 세계의 여러 연구소에서 소나무과의 효능에 대해 과학적으로 밝히고 있다. 소나무는 우리나라 사람의 '주요 사망원인을 해소시키고 있으며 이미 『동의보감』과 『본초강목』 등 수많은 고문헌에서 현실을 예고나 하였듯이 뇌졸중과 고혈압성 질환에 탁월한 약재라고 기록이 되어 있다. 특히 『향약집성방』에서는 노화를 방지하고 원기가 솟는다고 기록이 되어 있는데 최근에 실제 임상실험에서 증명된 사실이다. 이와 같이 우리 조상들은 달리 약재를 구할 수 없기 때문에 병을 고친다는 일념으로 소나무의 약효에 믿음을 갖고 몸을 맡겨 잎도 따서 씹어보고, 부스럼에 송지를 발라도 보고, 속이 아플 때 먹어도 보고 배고플 때는 속껍질을 벗겨 먹어보고, 씨앗도 까먹어 보고, 꽃가루는 떡고물로 이용하기도 하였지만 해로움은 전혀 주지 않고 질병을 해소시켜 준다는 사실을 자연스럽게 터득하게 되었던 것이 사실이다. 그러나 소나무의 탁월한 효능에도 불구하고 현대인들은 관심조차도 가지려고 하지 않았다. 다만 편하고 먹기 좋은 화학 약이나 허무맹랑한 건강보조식품에 의존하여 효과가 없으니 식품에 대한 불신만을 갖게 되었다. 아무리 보화라고 해도 소유자가 없는 보화는 빛을 발하지 못하고 사장되고 마는 것이다.

 또한 지상의 모든 생물은 물 없이는 못 산다. 그래서 물은 곧 생명이라는 정의는 전혀 과장된 것이 아니다. 인간의 음용수뿐만 아니라 식물을 얻는 데도 물은 불가결의 요소다. 한국 사람들은 먹는 물을 주로 연상한다. 우리나라는 그대로 마실 수 있는 물을 가진 나라이기에 먹는 물을 연상하는 것은 당연하다 하겠다. 또 우리만큼 좋은 물을 사랑하고 감식하는 능력이 뛰어난 겨레도 없을 것이다.

 그러나 '산 좋고 물 좋은 금수강산'이란 표현도 이제는 옛말, 앞으로 '공해강산'으로 불러야 할 것이라는 자조 섞인 지탄도 거세게 일고 있다. 그 이유는 지혜로운 우리 조상들이 물려준 자산을 아낄 줄 모르는 데 큰 원인이 되겠지만 세계가 하나의 문화권으로 되면서 공업화의 물결에 풍요를 찾으니 남이야 어떻게 되든지 나 혼자만 잘살면 된다는 이기심과 자신의 건강을 자기 자신이 지켜야 된다는 생각보다는 의약에 의존하는 망상에 사로잡혀 돈만 있으면 건강까지도 해결된다는 어리석음을 가지고 있다. 이러한 사람들의 정신상태를 바로하지 않는 한 오염의 심각성은 날로 더 심해져 국민 전체의 건강에 훼손을 초래할 것이다.   물은 생명의 근원이다. 이러한 물의 자원을 간직할 수 있는 것은 산림정책이고 이 중에서 우리 민족수 소나무가 대부분을 차지하고 있는 현실에 아무리 잘 먹고 풍요로운 삶을 산다고 해도 인체는 생명력 있는 산 물통임을 잊어서는 아니 되고 그 산 물통은 물을 채우지 아니할 때는 물통으로서 가치를 잃어 죽음을 초래하게 된다는 것을 자신 스스로 자각하여야 하며 인체에 변화를 주지 않는 깨끗한 물을 가져야 되겠다는 각오아래 환경이 오염되지 않도록 하여야 하며 이에 산림을 보존하여 금수강산을 다시 찾아 자자손손 아름다운 나라를 이룩하여 세계에서 장수하는 나라로 우리 민족수 소나무가 강산을 이루어 공기 좋은 나라로 변화가 되었을 때 우리 민족 모두가 활기찬 삶을 영유할 것이다.

이제는 우리 것을 소중히 여기는 풍토, 이것이 비메이커나 외제가 아니더라도 자신을 지켜주는 소중한 것이라면 귀한 줄 알고 소중하게 간직함은 물론 식품의 균형과 조화의 틀을 깰 때는 재앙(災殃)과 죽음이 있을 것이다. 따라서 바른 식품이 무엇인가를 올바르게 인지(認知)함으로써 바로 천수(天壽)를 다하는 건강수명(健康壽命)을 늘릴 수 있다는 것이다.

참고 문헌

Herried, E. O., Ruskin, B., Clark, G. L. and Parks, T. B.: Ascorbic acid and riboflavin destruction and flavor development in milk exposed to the sun in amber. clear, paper and rubybottles. J. Dairy Science, 35.772 (1952)

Nakabayashi, T.: Studies on tannin of fruits and vegetables. Nippon Shokuhin Kogyo Gakkaishi, 15, 73(1968).Jenkins, D. J. A.: Dietary Fiber, Diabetes and Hyperlipidenia, Lancet, 2, 1287(1979)

Monnier: Fibers on Glucose Tolerance, Diabetes Care, 1, 83(1983)

Antonia, H., Juan, F. B. and Rafael, G.,: Cellulase inhibition by polyphenols and olive fuits. Food cham., 38, 69(1990).

岩科司: 植物におけるフラボノイド化合物の分布. 食品と開發, 27, 39(1992).

Choi, J. S., Woo, W. S., Young, H. S., and Park, J. H.: Antihyperlipernic effects of flavonoids from prunus davidiana. J. Nat. prod., 54, 218(1991).小出來一博: 外科, 第一出版(1988)

許甲範外 3人: 最新診斷과 治療, 藥業新聞出版(1987)

Mazliak, P. and Catesson, A. M.: Fruits. 23, 247(1963).

眞部孝明, 久保進: 日本食品工業學會誌, 13: 471(1966).

Lueck,E.: Acetic acid. Chap. 22. In "Antimicrobial food Additives. xpfinger-Verlag, New York.(1980).

Halliwell,B. and M.Grootveld: The measurement of free-Radical reactions in humans: Sume thoughts for future experimentation, FEBSLETTERS, 213(1),9-14 (1987)

Lunec, J.: Free-radicals: Their imvolvement in disease processes, Ann. Clin.Biochem. 27, 173-182(1990)

Friberg, L. and Vostal, J.: Mercury in the environment. CRC press, Cleveland, Ohio, p. 215(1972).

Clarkson, T. W., Amin-Zaki, L. and Tikritis, K.: An outbreak of methylmercury poisoning due to consumption and contaminated grain. Fed. Proc. Am. Soc. Exp. Biol., 35, 2395(1976).

Aasetin, J.: Mobilization of methylmercury in vivo and in vitro using N-acetyl DI-penicillamine and other complexing agents, Acta pharmacol. Toxicol., 39, 289 (1976).

Bakir, F., Al-khalidi, A., Clarkson, T. W. and Greenwood, R.: Clinical observations on tretment of alkylmercury poisoning on hospital patients. In Conference Bull., WHO(Suppl), 53,87(1976).

AL-Delaimy, K. S. and Ale, S. H.: Antibacterial action of vegetable extracts on the growth of pathogenic bacteria. J. Sci. Food Agric., 21, 110 (1970).

Labuza, T. P. and Busk, G. C.: An analysis of water binding in gels. J. Food Sci., 44, 1379(1979)

Von Wartung, J. P. and Buhler, R.: Lab. Invest. 50, 5(1984)

정병선: 알코올의 대사적 영향, 한국식품영양학회지, Vol.4. No.2, 207-211(1991)

Miettinen, T.A., Puska, P., Gylling, H., Vanhanen, H. and Vartiainen,

E.: Reduction of serum cholesterol with sitostanol-ester margarine in a mildly hyperholesterolemic population. N. Engl. J. Med. 1995: 333(20): 1308-1312

Gylling, H., Radhakishman R., Miettinen, T.A: Reduction of serum cholesterol in postmenopausal women with previous myocardial infarction and cholesterol malabsorption induced by dietary sitostanol ester margarine Circulation 1997 ; 96: 4226-4231.

손정규: 조선요리. 일한서방, 1940

방신영: 조선요리제법. 한성도서주식회사, 1942

洪萬選: 山林經濟

金善豊: 韓國 口碑 文學 大系 2~8〈江原道 寧越郡 篇 ①〉, 韓國情神文化硏究院, 1986.

韓國民俗綜合調査報告書〈全12卷〉, 文化財 管理局, 1969~1981.

金聖培: 韓國 禁忌語, 吉兆語, 正音社, 1975.

金宅圭: 韓國 農耕 歲時의 硏究, 嶺南大學校 出版社, 1985.

윤서석: 민속과 음식. 한국민속학회, 1982

정병욱: 한국고전 시가론, 신구문화사, 1977.

李永魯: 韓國의 松栢類, 韓國文化叢書 Ⅱ, 梨大出版部, 1986.

高康式: 야생식물생태도감, 祐成 문화사(1998)

吉田俊秀: 醫學の步み. 156, 707 1991.

佐多正行: 農畜産物の加工と貯藏,農文協, p153, 1993.

小山次郎, 大澤利昭: "免疫學", 南江堂(1984)

藤卷正生 監修: "食品機能", 學會出版 センター, p 227(1988)

松崎妙子, 原征彦: 農化學會誌. 59, 129(1985)

484

Kada, T., Kaneko, K., Matsuzaki, S., Matsuzaki, T., Hara, Y.: Mutation Research. 150, 127, 1985

原征彦・中村耕三・藤野令者・坂博明・小久江淺二: 弟43回 日本癌學會總會, 1984

復興眞弓・原征彦・村松敬一郎: 日本營養食糧學會誌, 39, 495, 1986

原征彦・松崎妙子・鈴木建夫: 農學會誌, 61, 803, 1987

鈴木鑛二: 日藥誌 45, 49(1915).

宮崎信, 安江保民: 木材誌2, 210(1956)

長谷川正男, 吉田, 中川: 科學 24, 421(1954)]

李容億, 張壽慶: 營養과 食餌療法. 螢雪出版社(1980)

西勝造: 西式健康讀本 金湖出版社(1983)

小山次郎, 大澤利昭: "免疫學", 南江堂(1984)

西勝造: 西醫學健康原理實踐寶典. 韓國自然健康會(1985)

藤卷正生 監修: "食品機能", 學會出版 センタ-, p 227(1988)

이길상: 자연치유력과 건강법, 기독교문사, (1990)

신효선: 식품분석(이론과 실험). 신광출판사, 87(1985)

全洪基: 改訂版 酵素學, 釜山大學校出版部(1998)

농촌진흥청: 식품 성분표, 제3 개정판(1986)

임화재・윤진숙: 한국인 상용 식품중의 리보플래빈 함량추정에 관한 문제점. 한국 영양 식량 학회지. 19(1).73(1990)

太田靜行: 天然物中の酸化防止劑. New Food Ind., 27(2), 53(1985).

太田靜行: 天然物中の酸化防止劑. New Food Ind., 27(5), 49(1985).

小保靖: 食品成分 と味. 日食工誌. 16~83(1969)

小川眞: マシタケの生物學, 築地書館(1991)寺尾純二: 蛋白質 核酸酵素, 33(16), 3060(1988).

石倉俊治: 機能性 食品の驚異, 講談社(1990)

농촌 영양 개선 연수원: 식품 성분표. 농촌진흥청. P. 194(1991).

宋在徹·梁漢喆: 食品添加物學. 世文社(1993)

한국인 영양 권장량 제 6차 개정. 한국영양학회(1995)

李光默: 食養法에 대한 知識. 경인문화사(1995)

韓國自然醫藥硏究會(洪文和 監修): 生活漢方·民俗藥. 東都文化社(1985)

국주희·마승진·박근형: 솔잎에서 항 미생물 활성을 갖는 benzoic acid의 분리 및 동정. 한국 식품 과학회지. 제29권 제2호(1997).

林茂美·林誠: 氣功 健康法. 하서출판사(1991)

蔡範錫: 사람의 영양학, 아카데미서적(1991)

이강옥: 기(氣)와 인간, 조선대생활지도연구, pp. 53-68(1993)

송일병: 알기 쉬운 사상의학,

이동웅: 누구나 할 수 있는 체질감별,

조선일보: 당신의 건강을 이렇게 지켜라, 조선일보사(1994)

李光默: 물의 이야기, 한농식품(1995)

松崎妙子, 原征彦: 農化學會誌, 59, 129(1985)

김팡애·상선희·김양담·민병옥·박제윤·홍준현 편저: 의학용어, 현문사(1997)

강국희·김영길·서정희: 식품과 생명. 선문대출판부(1988)

강형희: 물건강법, 태웅출판사(1998)

신동원: 조선사람의 생로병사. 한겨레신문사(1999)

전무식: 6각수의 수수께끼, 김영사(2000)

한국경제, 국민일보, 동아일보 조선일보 건강편 (2000. 1~ 10월)

李光默: 營養의 寶庫 民族樹 소나무, 韓農食品(2001)

李光默: 21세기 신소재식품 소나무효소생즙과 프로폴리스, 韓農食品
    (2001)

한국경제: 51면 맑은 물 깨끗한 물(2002. 1. 24)

• 저자 •

이광묵

• 약 력 •

농학박사(영양학전공)
동의대학교, 동의공업대학, 경북전문대학 교수역임
한농식품에서 근무

• 주요논저 •

『식양법에 대한 지식, 경인문화사』
『청소년기의 식행동과 건강』
『노년기의 식행동과 건강』
『식이섬유의 기능과 영양』
『영양의 보고 우리 민족수 소나무』
『소나무효소생즙과 프로폴리스』
『식이요소에 대한 일반 상식과 소나무 가치』
『소나무의 신비』
『말과 행동』
『아름다운 살결 보존과 소나무』
『소나무로 제조된 식초』
「Urease 특성과 저해물질(沮害物質)에 관한 연구」
「곡류(穀類)의 가공방법(加工方法)이 전분(澱粉)의 특성 및 이용효율에 미치는
영향」
「혼합배양이 유산균의 생육에 미치는 영향」
「Microcomputer를 이용한 양파건조 특성」
「곡류의 가공방법이 전분 분해속도에 미치는 영향」
「Effect of intake level and particle size on starch digestion in steer animal」
「X-선 회절도에 의한 곡류의 호화도 측정에 관한 연구」
「효소이용 가스 생성법에 의한 곡류사료 가치 평가방법에 관한 연구」
「Cellulase-amyloglucosidase와 효모의 가스생성법에 의한 사료의 에너지가 측정
에 관한 연구」
「견육(犬肉) 식용(食用)의 역사와 개소주의 영양성분에 관한 연구」
「식품위생 접객업소의 경쟁력 향상을 위한 방안」
「모발과 피부관리」
「피부관리와 식행동」
「꿀벌의 진위 판별에 관한 연구」
「소나무 추출물을 함유한 기능성 식품의 개발에 대한 연구」
「소나무를 이용한 식초산 발효에 관한 연구」
「소나무효소생즙의 Free-redical 소거작용에 관한 고찰」
「소나무 추출물의 첨가가 김치의 발효숙성에 미치는 영향」
외 다수

• 특허 및 개발 •

특 허
특허출원번호 제 37956호
발명특허 번호 제 0198506호
발명명: 소나무의 송절을 이용한 과일음료 가공방법
개 발(산학연 공동기술개발)
개발명: 청송음료 제조 폐기물의 사료자원화 기술개발

건강을 위한 식이요소에 대한 상식과
소나무 가치

- 초판 인쇄 | 2006년 12월 30일
- 초판 발행 | 2006년 12월 30일

- 지 은 이 | 이광묵
- 펴 낸 이 | 채종준
- 펴 낸 곳 | 한국학술정보㈜
             경기도 파주시 교하읍 문발리 526-2
             파주출판문화정보산업단지
             전화 031) 908-3181(대표)ㆍ팩스 031) 908-3189
             홈페이지 http://www.kstudy.com
             e-mail(출판사업부) publish@kstudy.com
- 등   록 | 제일산-115호(2000. 6. 19)
- 가   격 | 32,000원

ISBN   89-534-6026-3 93520 (Paper Book)
           89-534-6027-1 98520 (e-Book)